Curso de Física Estatística

Conselho Editorial da LF Editorial

Amílcar Pinto Martins - Universidade Aberta de Portugal

Arthur Belford Powell - Rutgers University, Newark, USA

Carlos Aldemir Farias da Silva - Universidade Federal do Pará

Emmánuel Lizcano Fernandes - UNED, Madri

Iran Abreu Mendes - Universidade Federal do Pará

José D'Assunção Barros - Universidade Federal Rural do Rio de Janeiro

Luis Radford - Universidade Laurentienne, Canadá

Manoel de Campos Almeida - Pontifícia Universidade Católica do Paraná

Maria Aparecida Viggiani Bicudo - Universidade Estadual Paulista - UNESP/Rio Claro

Maria da Conceição Xavier de Almeida - Universidade Federal do Rio Grande do Norte

Maria do Socorro de Sousa - Universidade Federal do Ceará

Maria Luisa Oliveras - Universidade de Granada, Espanha

Maria Marly de Oliveira - Universidade Federal Rural de Pernambuco

Raquel Gonçalves-Maia - Universidade de Lisboa

Teresa Vergani - Universidade Aberta de Portugal

Torsten Fließbach

Curso de Física Estatística

Tradução de
João da Providência Jr.

2024

Copyright © 2024
1ª Edição

Direção editorial: Victor Pereira Marinho e José Roberto Marinho

Capa: Fabrício Ribeiro

Tradução
do original alemão intitulado
Statistische Physik
6.ª edição revista, 2018

Author: Torsten Fließbach, Alemanha
fliessbach@physik.uni-siegen.de

Edição revisada segundo o Novo Acordo Ortográfico da Língua Portuguesa

Dados Internacionais de Catalogação na publicação (CIP)
(Câmara Brasileira do Livro, SP, Brasil)

Fließbach, Torsten
 Curso de física estatística / Torsten Fließbach; tradução de João da Providência Jr. –
 São Paulo: LF Editorial, 2024.

Título original: Statistische physik.
Bibliografia
ISBN 978-65-5563-475-4

1. Estatística matemática 2. Física 3. Física - Estudo e ensino 4. Termodinâmica I. Título.

24-217471 CDD-530

Índices para catálogo sistemático:
1. Física 530

Tábata Alves da Silva - Bibliotecária - CRB-8/9253

Todos os direitos reservados. Nenhuma parte desta obra poderá ser reproduzida
sejam quais forem os meios empregados sem a permissão da Editora.
Aos infratores aplicam-se as sanções previstas nos artigos 102, 104, 106 e 107
da Lei Nº 9.610, de 19 de fevereiro de 1998

LF Editorial
www.livrariadafisica.com.br
www.lfeditorial.com.br
(11) 2648-6666 | Loja do Instituto de Física da USP
(11) 3936-3413 | Editora

Originalmente publicado na língua alemã:
Statistische Physik pelo Prof. Dr. Torsten Fließbach
Copyright © Springer-Verlag GmbH Germany,
uma parte de Springer Nature, 2018. Todos os direitos reservados.

Prefácio à edição alemã

O presente livro faz parte do curso de Física Teórica constituído pelos volumes de I a IV [1, 2, 3, 4]. Reproduz as matérias, tal como as leciono na disciplina Física Teórica IV sobre Física Estatística. Esta disciplina destinada a estudantes de Física é frequentemente incluída no sexto semestre (curso de bacharelato ou licenciatura), no entanto, por vezes é ministrada apenas no curso de mestrado.

A exposição desenvolve-se no nível médio de um curso em Física Teórica. O acesso aos conteúdos é intuitivo em vez de dedutivo. As deduções formais e demonstrações são efetuadas sem recurso a um formalismo matemático penoso.

Intimamente baseados no texto mas em parte também como desenvolvimento, complemento ou ilustração do texto, são propostos mais de 100 exercícios. Estes exercícios só cumprem a sua finalidade se forem analisados e considerados pelos estudantes tentando resolvê-los com a maior autonomia possível. Este trabalho deve ser necessariamente concretizado antes da leitura das soluções modelo apresentadas no livro *Arbeitsbuch zur Theoretischen Physik* [5]. Para além das soluções, o *Arbeitsbuch* inclui um resumo compacto da matéria apresentada nos livros de texto [1, 2, 3, 4].

O escopo do presente livro vai para além da matéria que normalmente é tratada durante um semestre num curso de física nas universidades alemãs. A matéria está dividida em capítulos, que em média correspondem a aulas teóricas de duas horas. É claro que os diferentes capítulos são baseados uns nos outros. No entanto, tentou-se conceber cada capítulo de tal forma que fosse tão completo quanto possível. Por um lado, isso facilita a seleção de capítulos para um curso específico (por exemplo, um curso de bacharelato) em que a matéria deve ser mais limitada. Por outro lado, o aluno pode mais facilmente ler os capítulos que lhe interessam.

Existem boas exposições da Física Estatística adequadas a um estudo profundo. Refiro aqui apenas alguns livros que privilegiei para consulta e que ocasionalmente são citados no texto. Como obra básica, é indicado o livro *Fundamentals of Statistical and Thermal Physics* de Reif [6], que influenciou substancialmente a minha introdução aos fundamentos. Simultaneamente, tive também em especial conta os livros de Brenig [7], Becker [8] e Landau-Lifschitz [9].

Em relação à quinta edição deste livro, na presente sexta edição foram feitas numerosas pequenas correções. Gostaria de agradecer a João da Providência Jr. (tradutor da edição em português) e a alguns leitores de edições anteriores pelos valiosos comentários. Mais comentários, sugestões ou críticas são sempre bem-vindas, por exemplo, através do link de contacto na minha *homepage www2.uni-siegen.de/ flieba/*. Eventuais listas de correções podem ser encontradas nesta *homepage*.

Agosto de 2018

Torsten Fließbach

Prefácio do tradutor

Conheci o Professor T. Fliessbach e os manuscritos dos seus cursos de Física Teórica quando, em finais dos anos setenta, fui para Siegen, na Alemanha, a fim de preparar o meu doutoramento em Física Teórica. Representou uma grande mudança na minha vida, que entre muitas coisas, me permitiu aprender a língua alemã. Algumas décadas mais tarde traduzi o livro de Física Estatística (terceira edição) com o apoio da Fundação Calouste Gulbenkian no âmbito da sua política editorial de manuais universitários. Este bem sucedido livro de texto esgotou não tendo entretanto sido novamente editado devido à mudança da política da editora. O livro foi utilizado como livro de texto em países de língua oficial portuguesa. Eu próprio o usei nas minhas aulas na Universidade de Coimbra e, mais tarde, na Universidade da Beira Interior na Covilhã. O facto de ter desaparecido das prateleiras das livrarias causou algum desconforto. Assim, é com muito agrado que vejo a sexta edição desta obra agora ser de novo editada em língua portuguesa. Relativamente a anteriores edições, para além de algumas mudanças no texto, gostaria de realçar o conjunto de problemas propostos agora acrescentados e reformulados e que constituem por si só uma via desafiante para penetrar no maravilhoso mundo da Natureza, através da sua compreensão com base na aplicação das leis e princípios da Física.

Este livro oferece uma introdução à Física Estatística ministrada a nível universitário. O autor privilegiou uma apresentação de leitura facilmente compreensível e abrangente. Os passos são pormenorizadamente descritos de modo que o leitor pode seguir o texto sem esforço.

A lei dos grandes números e a lei do limite central começam por ser deduzidas numa introdução à Estatística Matemática. Os fundamentos estatísticos da "física do calor" são tratados minuciosamente. Neste âmbito, definem-se grandezas macroscópicas como a pressão, temperatura e entropia e estabelecem-se as leis da Termodinâmica. Com base nestas leis, a Termodinâmica conduz a relações gerais entre grandezas macroscópicas. Grande parte do livro versa aplicações da Estatística a sistemas muito diversos. Entre estes, incluem-se gases perfeitos e reais, o gás de eletrões num metal, as oscilações da rede num cristal, e as radiações eletromagnéticas num plasma. Como introdução às transições de fase estuda-se o gás de van der Waals, o ferromagnetismo, a teoria de Landau e as leis de escala. Por fim, discutem-se resumidamente processos irreversíveis.

Covilhã, Abril de 2024,   João da Providência Jr.

Bibliografia

[1] T. Fließbach, *Mechanik*, 8. Auflage, Springer Spektrum, Heidelberg 2020

[2] T. Fließbach, *Elektrodynamik*, 7. Auflage, Springer Spektrum, Heidelberg 2022

[3] T. Fließbach, *Quantenmechanik*, 6. Auflage, Springer Spektrum, Heidelberg 2018

[4] T. Fließbach, *Statistische Physik*, 6. Auflage, Springer Spektrum, Heidelberg 2018 (este livro)

[5] T. Fließbach und H. Walliser, *Arbeitsbuch zur Theoretischen Physik – Repetitorium und Übungsbuch*, 4. Auflage, Springer Spektrum, Heidelberg 2018

[6] F. Reif, *Statistische Physik und Theorie der Wärme*, 2. Auflage, de Gruyter-Verlag, Berlin 1985

[7] W. Brenig, *Statistische Theorie der Wärme*, 4. Auflage, Springer Verlag, Berlin 2002

[8] R. Becker, *Theorie der Wärme*, Springer Verlag, Berlin 1966

[9] L. D. Landau, E. M. Lifschitz, *Lehrbuch der theoretischen Physik*, Band V, *Statistische Physik*, 8. Auflage, Akademie-Verlag, Berlin 1987

Índice

Introdução		**1**

	I	**Estatística Matemática**	**3**
	1	Probabilidade	3
	2	Lei dos grandes números	10
	3	Distribuição normal	17
	4	Lei do limite central	24

II Elementos de Física Estatística   **31**

5	Postulado fundamental	31
6	Função de partição do gás perfeito	42
7	Primeira lei	49
8	Processo quase-estático	55
9	Entropia e temperatura	66
10	Forças generalizadas	76
11	Segunda lei e terceira lei	84
12	Reversibilidade	94
13	Física Estatística e Termodinâmica	105
14	Medição de parâmetros macroscópicos	111

III Termodinâmica   **121**

15	Grandezas de estado	121
16	Gás perfeito	129
17	Potenciais termodinâmicos	137
18	Mudanças de estado	146
19	Máquinas térmicas	156
20	Potencial químico	167
21	Transferência de partículas	173

IV *Ensembles* estatísticos   **187**

22	Funções de partição	187
23	Potenciais associados	196

Índice   IX

24 Sistemas clássicos 203
25 Gás perfeito monoatómico 215

V   Sistemas especiais   **221**

26 Sistema ideal de spins 221
27 Gás perfeito diatómico 227
28 Gás rarefeito clássico 241
29 Gás perfeito quântico 249
30 Gás rarefeito quântico 262
31 Gás perfeito de Bose 268
32 Gás perfeito de Fermi 280
33 Gás de fonões 290
34 Gás de fotões 301

VI   Transições de fase   **313**

35 Classificação 313
36 Ferromagnetismo 322
37 Gás de van der Waals 333
38 Hélio líquido 343
39 Teoria de Landau 357
40 Expoentes críticos 368

VII Processos de não-equilíbrio   **377**

41 Estabelecimento do equilíbrio 377
42 Equação de Boltzmann 382
43 Modelo cinético do gás 388

Índice remissivo   **403**

x

Introdução

A *Física Estatística*, ocupa-se de sistemas com muitíssimas partículas, de que são exemplo, os átomos de um gás ou de um líquido, os fonões de um sólido ou os fotões num plasma. As leis do movimento de partículas individuais são dadas pela Mecânica ou pela Mecânica Quântica. Devido ao elevado número de partículas (por exemplo, $N = 6 \cdot 10^{23}$ para uma mole de um gás), as equações de movimento não são resolúveis na prática. O resultado de uma tal resolução, por exemplo, as trajetórias de cerca de $6 \cdot 10^{23}$ partículas, seria também desinteressante e irrelevante. O tratamento destes sistemas é, assim, *estatístico*, ou seja, com base em suposições sobre as probabilidades de diferentes trajetórias ou estados.

Em contraste com o movimento das partículas individuais, é de interesse a determinação de grandezas *macroscópicas*, como a quantidade de energia, a pressão ou a temperatura. A partir de determinadas hipóteses e leis, a *Termodinâmica* (TD) investiga relações entre estas grandezas. Esta disciplina é também denominada TD macroscópica ou TD fenomenológica. A Termodinâmica foi desenvolvida no século XIX sem recurso a princípios microscópicos.

Desde o princípio do século XX, é conhecimento adquirido que "calor é movimento desordenado dos átomos". A teoria do gás de Boltzmann (1898) e o tratamento do movimento browniano por Einstein (1905) são contribuições importantes para este conhecimento. Como hipótese, esta afirmação é consideravelmente mais antiga (Bernoulli, 1738). Tendo como fundamento este conhecimento, a *Física Estatística* determina as grandezas macroscópicas e as suas relações entre si a partir da estrutura *microscópica*. A esta área dá-se também a designação de *Mecânica Estatística*, onde o conceito de Mecânica pretende abranger a Mecânica Quântica.

A Física Estatística parte de grandezas microscópicas e das correspondentes leis fundamentais da Mecânica Clássica e da Mecânica Quântica. Introduz hipóteses plausíveis mas não demonstradas. A estas hipóteses pertence, em especial, a suposição de que "todos os estados acessíveis são igualmente prováveis". Usando métodos estatísticos, são, então, definidas grandezas macroscópicas e deduzidas relações entre as mesmas.

Entre as grandezas macroscópicas, que em Física Estatística são definidas microscopicamente, encontram-se, por exemplo, a pressão e a temperatura. As relações entre estas grandezas são relações gerais, válidas para uma grande classe de sistemas e processos, incluindo, em particular, as leis da Termodinâmica. Por outro lado, são obtidas relações para sistemas particulares, como a equação de estado ($PV = Nk_BT$) e a capacidade calorífica ($C_V = 3Nk_B/2$) de um gás perfeito.

O conteúdo principal deste livro consiste, por um lado, na construção microscópica da Física Estatística e, por outro lado, na sua aplicação a sistemas particulares. Estes sistemas são, em geral, sistemas modelo que podem ser resolvidos de modo exato ou aproximado. No contexto destes modelos, é possível entender e discutir de modo quantitativo muitas propriedades de sistemas reais. São exemplo de tais propriedades o calor específico dos sólidos, o espectro de radiação dos corpos quentes (como o Sol) e o comportamento nas transições de fase (como a ebulição de um líquido).

A maior parte dos resultados da Física Estatística que discutiremos, diz respeito a estados de equilíbrio. Para o tratamento de estados de não-equilíbrio, apresentamos a equação mestra e a equação de Boltzmann bem como uma dedução elementar das equações de transporte mais importantes (como a condução de calor ou a difusão).

Os conhecimentos elementares necessários da Estatística Matemática encontram-se na Parte I. De seguida, são investigados os fundamentos da Física Estatística (Parte II). A Parte III apresenta a Termodinâmica fenomenológica em sentido mais restrito. A Parte IV completa as ferramentas da Mecânica Estatística, com as quais são descritas de modo estatístico, na Parte V, alguns sistemas concretos. As Partes VI e VII dão uma introdução, respectivamente, nos domínios das transições de fase e dos processos de não-equilíbrio.

I Estatística Matemática

1 Probabilidade

Introduzem-se e discutem-se os conceitos de probabilidade, valor médio e desvio médio quadrático. Estes conceitos são ilustrados com o exemplo usual de "jogar os dados".

Comecemos por especificar o conceito de *probabilidade*. Para isso, consideremos a afirmação: " a probabilidade p, de obter um no lançamento de um dado, é 1/6". Isto significa que, em média, 1/6 dos lançamentos conduz a um 1. Numa experiência real, quando efetuamos N ensaios (lançamentos) o acontecimento i (1, 2, 3, 4, 5 ou 6) ocorre N_i vezes. Então, N_i/N é a *frequência* relativa do acontecimento i e

$$p_i = \lim_{N \to \infty} \frac{N_i}{N} \quad \text{probabilidade,} \tag{1.1}$$

é a sua probabilidade. Aí devemos entender por $N \to \infty$ "com frequência suficientemente elevada". Esta condição será posteriormente quantificada. Uma vez que ocorre necessariamente um qualquer dos acontecimentos i (assim se define lançamento dos dados), decorre que

$$\sum_{i=1}^{6} N_i = N \,, \tag{1.2}$$

donde se tem

$$\sum_{i=1}^{6} p_i = 1 \,. \tag{1.3}$$

A determinação da probabilidade p_i, através de N lançamentos, pode ser efetuada de dois modos a que damos a designação de *média temporal* e de *média de ensemble*. Média temporal significa que o mesmo dado foi lançado N vezes nas mesmas condições. Na média de ensemble, consideramos N dados idênticos e para cada um efetuamos um lançamento.

A afirmação $p_i = 1/6$ relativamente ao dado, utiliza-se com dois sentidos diferentes. Entende-se ou uma propriedade *física* ou uma propriedade *hipotética* do sistema. Ilustramos estas duas possibilidades nos parágrafos seguintes.

4 Parte I Estatística Matemática

A propósito do primeiro significado: para um dado real, em geral (1.1) conduz a $p_i \neq 1/6$. Em particular, num dado falseado o centro de gravidade encontra-se deslocado em direção ao 1. Então, $p_6 > 1/6$. Cada dado real mostrará desvios em relação à simetria de um dado ideal (centro de gravidade ligeiramente afastado, arestas arredondadas de modo diferente) que podem conduzir a pequenos afastamentos de $p_i = 1/6$. A determinação experimental das probabilidades p_i, de acordo com (1.1), é, portanto, a *medida de uma propriedade física* do sistema. Como, na prática, N é finito, ocorre esta medida (como qualquer outra) com certa imprecisão. Esta imprecisão é quantificada no próximo capítulo.

Em relação ao segundo significado: para um dado construído de modo simétrico podemos fazer a *suposição* que todos os eventos i são igualmente prováveis, logo $p_i = 1/6$. Esta suposição é razoável e plausível pelo menos antes (*a priori*) de estarem disponíveis medidas. A Física Estatística é precisamente construída sobre uma análoga *hipótese a priori*. Esta hipótese afirma que todos os estados acessíveis de um sistema fechado são igualmente prováveis. Evidentemente, ao contrário dos dados, não pode a suposição básica da Física Estatística ser diretamente comprovada experimentalmente. Apenas as consequências desta suposição podem ser confirmadas ou desmentidas.

Em vez dos dados, consideremos, como exemplo físico, um gás de átomos ou moléculas. A energia cinética ε de um átomo é medida com precisão $\Delta\varepsilon$. Então, podemos associar a cada átomo um valor discreto $\varepsilon_i = i \cdot \Delta\varepsilon$, onde i toma os possíveis valores $0, 1, 2, \ldots$. Através de choques entre si, os átomos modificam, com frequência, a sua energia. No ar, o tempo médio de colisão das moléculas é $\tau \approx 2 \cdot 10^{-10}$ s (capítulo 43). Perguntamos agora, com que probabilidade p_i ocorrem as energias ε_i no gás.

Podemos determinar a média de ensemble, medindo (num determinado instante) as energias de N átomos. Nesse caso, encontraremos N_i vezes a energia ε_i. Em comparação, obtemos uma média temporal quando medimos a energia de um determinado átomo em N instantes diferentes. Representemos novamente por N_i o número de medidas de que resulta ε_i. Nos dois casos, a medida determina a probabilidade de acordo com

$$p_i = p(\varepsilon_i) = \frac{N_i}{N}. \tag{1.4}$$

Suporemos que o número N é tão grande (cerca de $N = 10^{24}$) que podemos prescindir do limite $N \to \infty$. Os intervalos $\Delta\varepsilon$ devem ser escolhidos de modo que $N_i \gg 1$.

Uma vez que os átomos não diferem uns dos outros, são iguais as probabilidades da média de *ensemble* e da média temporal. Aqui, supõe-se que, para a média temporal, os intervalos temporais entre as medidas sejam grandes em comparação com o tempo de colisão τ. Apenas então as energias que resultam da investigação dum átomo, são representativas do conjunto dos átomos. Posteriormente, veremos que as probabilidades (1.4) são dadas por $p_i = \exp(-\beta\varepsilon_i)/\sum_j \exp(-\beta\varepsilon_j)$, onde β é uma constante.

Capítulo 1   Probabilidade   5

Adição e multiplicação

Seguidamente, consideramos N sistemas idênticos, dos quais cada um se encontra num *estado i* discreto. A probabilidade de encontrar um determinado sistema no estado i, é definida de acordo com (1.1). Aqui, substituímos com frequência $N \rightarrow \infty$ pela condição "N suficientemente grande". Nas equações (1.2) e (1.3), as somas estendem-se a todos os estados possíveis do sistema.

Nos exemplos indicados previamente, o sistema consistia num dado ou num átomo do gás. Para o caso de um dado, o estado é um determinado resultado do lançamento do dado, no caso de um átomo de um gás entendemos por estado um determinado intervalo de energias. Em vez de estado, falamos também de um *evento i* resultante do lançamento do dado, ou de uma medida.

Investiguemos o significado da soma e multiplicação de probabilidades. Da definição de p_i em (1.1) decorre de imediato

$$p_i + p_j = p_{(i \text{ ou } j)} \qquad \begin{array}{c} \text{(os acontecimentos} \\ i \text{ e } j \text{ excluem-se),} \end{array} \qquad (1.5)$$

para dois estados discretos ou eventos i e j, do sistema, que se excluam mutuamente. Para tais estados, tem-se que $N_{(i \text{ ou } j)} = N_i + N_j$.

Até aqui considerámos estados elementares como o número de pintas da face do dado. Neste caso, a especificação "excluem-se" para $i \neq j$ é satisfeita de antemão. Exemplos de estados gerais são $a = $ "número par de pintas" e $b = $ "número de pintas menor que 4". Estes estados a e b não se excluem mutuamente. Assim, $p_{(a \text{ ou } b)}$ não é igual a $p_a + p_b$.

A probabilidade de, para dois sistemas, encontrar o primeiro no estado i e o segundo no estado j, é

$$p_{ij} = p_i \, p_j \qquad \begin{array}{c} \text{(os eventos } i \text{ e } j \text{ são indepen-} \\ \text{dentes um do outro).} \end{array} \qquad (1.6)$$

Relativamente ao dado, esta é a probabilidade de resultarem i pintas do primeiro lançamento e depois resultarem j pintas do lançamento seguinte, ou a probabilidade que, do lançamento de dois dados distinguíveis, o primeiro dê i e o segundo dê j. Pressupõe-se que o primeiro lançamento do dado não exerce influência sobre o segundo lançamento, ou que os dois dados não se influenciam mutuamente.

Para justificação de (1.6), partimos de N primeiros sistemas e M segundos sistemas, dos quais N_i estão no estado i e M_j no estado j. Pressupomos iguais probabilidades, $p_i = \lim (N_i/N) = \lim (M_i/M)$. Existem NM pares de sistemas, dos quais $N_i \, M_j$ estão no estado ij. Decorre daqui a probabilidade de encontrar o estado ij:

$$p_{ij} = \lim_{M, N \to \infty} \frac{N_i \, M_j}{NM} = \lim_{N \to \infty} \frac{N_i}{N} \lim_{M \to \infty} \frac{M_j}{M} = p_i \, p_j \,. \qquad (1.7)$$

Valor médio e desvio médio quadrático

Para N sistemas com estados discretos i, a soma

$$\sum_i p_i = 1\,,\tag{1.8}$$

percorre todos os estados possíveis. Consideremos agora uma grandeza x do sistema, arbitrária, que no estado i assume o valor x_i. São exemplos o número de pintas resultante de um lançamento de um dado ($x_i = i$) ou a energia de um átomo ($x_i = \varepsilon_i$). Por definição, o *valor médio* é

$$\boxed{\overline{x} = \sum_i p_i\, x_i \qquad \text{valor médio.}}\tag{1.9}$$

Evidentemente, $\overline{x}$ representa o valor médio de x referido a todos os N sistemas (no limite $N \to \infty$). A definição (1.9) pode ser de imediato transposta para uma função $f(x)$

$$\overline{f(x)} = \sum_i p_i\, f_i = \sum_i p_i\, f(x_i)\,.\tag{1.10}$$

Os valores x_i que ocorrem, de facto, diferem do valor médio $\overline{x}$. No entanto, o valor médio deste afastamento anula-se:

$$\overline{x - \overline{x}} = \sum_i p_i\, (x_i - \overline{x}) = \sum_i p_i\, x_i - \overline{x} \sum_i p_i = \overline{x} - \overline{x} = 0\,.\tag{1.11}$$

Este facto deve-se ao cancelamento dos afastamentos positivos e negativos. Por outro lado, uma medida para o afastamento em relação ao valor médio é dada pelo *desvio médio quadrático* ou *desvio médio* Δx, definido por

$$\boxed{\Delta x = \sqrt{\overline{\left(x - \overline{x}\right)^2}} \qquad \text{desvio médio quadrático.}}\tag{1.12}$$

Podemos exprimir Δx em função de $\overline{x^2}$ e $\overline{x}^2$:

$$(\Delta x)^2 = \sum_i p_i\, (x_i - \overline{x})^2 = \sum_i p_i\, x_i^2 - 2\overline{x} \sum_i p_i\, x_i + \overline{x}^2 \sum_i p_i = \overline{x^2} - \overline{x}^2\,.\tag{1.13}$$

De $(\Delta x)^2 \geq 0$ decorre

$$\overline{x^2} \geq \overline{x}^2\,.\tag{1.14}$$

Como exemplo simples, consideremos para um dado (ideal) a grandeza do sistema $x = $ número de pintas, portanto, $x_i = i$. Esta tem valor médio

$$\overline{x} = \sum_{i=1}^{6} p_i\, i = \frac{1}{6}\left(1 + 2 + 3 + 4 + 5 + 6\right) = \frac{7}{2}\,.\tag{1.15}$$

Capítulo 1   Probabilidade

De
$$\overline{x^2} = \sum_{i=1}^{6} p_i\, i^2 = \frac{1}{6}\left(1 + 4 + 9 + 16 + 25 + 36\right) = \frac{91}{6}, \tag{1.16}$$
decorre
$$(\Delta x)^2 = \overline{x^2} - \overline{x}^2 = \frac{35}{12}, \tag{1.17}$$
e, portanto, o desvio médio $\Delta x \approx 1.7$.

Sobre a física dos dados

Implicitamente assumimos que o resultado do lançamento do dado é aleatório, não é, portanto, previsível. Discutimos este ponto, tendo em vista as equações deterministas que descrevem o movimento do dado.

Imaginemos uma máquina de lançar dados, em que inicialmente vários dados repousam em determinadas posições, e na qual forças dependentes do tempo, previamente conhecidas, atuam sobre os dados. Ao fim de um determinado tempo, as forças deixam de atuar e os dados ficam em repouso. Esta descrição é válida, em particular, para a máquina de loto, que aos sábados, ao fim da tarde, entra em ação na televisão. O movimento das esferas do loto (os dados) é determinado pelas equações de movimento da Mecânica Clássica, nas quais as forças dependentes do tempo previamente conhecidas são incorporadas (para este fim eliminamos a pessoa que lança os dados). Para dadas condições iniciais, estas equações determinam de modo inequívoco o estado do sistema em qualquer instante posterior. Como entender, então, que o resultado do loto não seja previsível?

Uma característica de tais sistemas é que variações muito pequenas no estado podem tornar-se rapidamente grandes. Se, por exemplo, for alterado ligeiramente o parâmetro de choque, no choque entre duas esferas, então, a direção de espalhamento muda também um pouco. No percurso para a carambola seguinte, pode, no entanto, já esta pequena variação dar lugar a uma variação do parâmetro de choque substancialmente maior para a colisão seguinte (figura 1.1). Em resumo, ao fim de poucos choques, dois estados vizinhos muito próximos dão origem a estados absolutamente diferentes. Ora, não é possível especificar as condições iniciais para

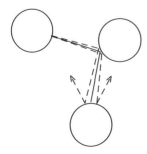

Figura 1.1 Sejam os círculos bolas de bilhar, esferas do loto ou os átomos de um gás. As duas colisões consecutivas da esfera à esquerda, em cima, estão esquematicamente representadas. A figura ilustra que pequenas diferenças, nas condições iniciais, muito rapidamente podem tornar-se grandes e podem conduzir a trajetórias completamente diferentes. Para poucos choques, o percurso é ainda previsível (bolas de bilhar), pelo contrário, não o é para muitos choques (loto, gás).

a máquina de loto com precisão arbitrariamente elevada. No âmbito das possíveis limitações, encontram-se muitíssimas condições iniciais muito próximas, as quais com as equações de movimento determinísticas, conduzem a todos os resultados possíveis.

Devido ao comportamento caótico (estados vizinhos afastam-se muito rapidamente uns dos outros), também outras pequenas perturbações ou incertezas (para além daquelas nas condições iniciais) podem tornar o resultado não previsível. Estas perturbações podem ser: incertezas nas forças exteriores (por exemplo, relativas a oscilações na tensão na rede), o tossir de uma pessoa no estúdio de televisão, flutuações térmicas, incertezas quânticas. Devemos, no entanto, frisar que, para o comportamento aleatório da máquina de loto, nem a temperatura finita nem as incertezas quânticas são necessárias. Em princípio, os dados também podem ser lançados à temperatura $T = 0$ e num mundo (fictício) com $\hbar = 0$.

O comportamento caótico das esferas do loto pode ser comparado com o dos átomos de um gás clássico. Também aqui um estado inicial ordenado (comparável às posições iniciais das esferas do loto) pode tornar-se muito rapidamente caótico. Para um gás, não é necessário revolvê-lo mediante forças exteriores, já que a energia cinética dos átomos cuida deste aspecto.

Capítulo 1   Probabilidade

Exercícios

1.1   Erros tipográficos não detectados

Dois leitores leem um livro. O leitor A encontra 200 erros tipográficos, o leitor B encontra apenas 150. Dos erros de impressão encontrados, 100 são os mesmos. Faça uma estimativa do número de erros de impressão que ficaram por detectar.

1.2   Mesmo dia de aniversário

Determine a probabilidade P_N de que pelo menos 2 de N estudantes façam anos no mesmo dia. Qual é o resultado para $N = 10$? Qual deveria ser o número mínimo N_{min} para que a probabilidade de pelo menos dois estudantes fazerem anos no mesmo dia seja superior a $1/2$?

2 Lei dos grandes números

O passeio aleatório unidimensional é um mecanismo que conduz à distribuição aleatória. Neste caso, as propriedades de distribuições de probabilidade que nos interessam, podem ser obtidas e discutidas com particular facilidade. Estas são, nomeadamente, a lei dos grandes números (neste capítulo) e a distribuição normal (nos capítulos 3 e 4).

Passeio aleatório

No caso a uma dimensão, um passeio aleatório é constituído por N passos efetuados ao longo de uma linha reta. A esta reta damos a designação de eixo dos xx. O passeio aleatório começa em $x = 0$. Um passo consiste num salto de $\Delta x = +1$ ou -1. O salto de $+1$ ocorre com probabilidade p e o salto de -1 ocorre com probabilidade q. Tem-se

$$p + q = 1 \,. \tag{2.1}$$

Os passos individuais são independentes uns dos outros. Seja n_+ o número de passos positivos e seja n_- o número de passos negativos. Somados dão o número total de passos,

$$n_+ + n_- = N \,. \tag{2.2}$$

Ao fim de N passos, calculemos as seguintes grandezas:

1. A probabilidade $P_N(m)$ de alcançar $x = m = n_+ - n_-$. Esta é igual à probabilidade $W_N(n)$ de que sejam efetuados $n = n_+$ passos positivos,

$$P_N(m) = W_N(n) \qquad (m = n_+ - n_-, \quad n = n_+) \,. \tag{2.3}$$

2. Os valores médios $\overline{m}$ e $\overline{n}$.

3. Os desvios médios Δm e Δn.

4. A distribuição contínua para N elevado (capítulo 3).

Apresentamos alguns exemplos de aplicação do passeio aleatório:

- Em cada ponto da rede de um cristal encontra-se um eletrão desemparelhado, cujo spin (e, portanto, cujo momento magnético μ_B) se orienta independentemente dos restantes eletrões (figura 2.1). Num campo magnético externo $\boldsymbol{B} = B\,\boldsymbol{e}_z$, a componente z do spin quântico toma os valores $+\hbar/2$ ou $-\hbar/2$.

Capítulo 2 Lei dos grandes números

Figura 2.1 Num campo magnético externo B, o spin das partículas orienta-se paralelamente a B com probabilidade p, e antiparalelamente a B com probabilidade $q = 1 - p$. Com que probabilidade $W_N(n)$ estão n dos N spins orientados paralelamente ao campo?

Como posteriormente deduziremos, as duas possíveis orientações do spin ocorrem com probabilidades

$$p = C \, \exp(+\mu_B B/k_B T), \quad q = C \, \exp(-\mu_B B/k_B T) \;. \quad (2.4)$$

Aqui, T designa a temperatura, k_B é a constante de Boltzmann e μ_B é o magnetão de Bohr. A constante C é determinada por $p + q = 1$.

Neste exemplo, $P_N(m)$ representa a probabilidade de que o número de spins paralelos a B seja superior em m ao número de spins antiparalelos. O momento magnético médio de N eletrões é igual a $\overline{m}\,\mu_B = N(p-q)\,\mu_B$. Os valores reais do momento magnético apresentam, relativamente a este valor médio, desvios da grandeza de $\Delta m\,\mu_B$.

- Os N átomos do gás num recipiente de volume V deslocam-se de modo estatístico, o que significa que cada átomo ocupa, com igual probabilidade, qualquer posição. Imaginemos o recipiente dividido em duas partes (esquerda e direita) de volumes, respectivamente, pV e qV (figura 2.2). Então, $W_N(n)$ representa a probabilidade de que exatamente n átomos estejam situados na parte esquerda. Em média, encontram-se aqui $\overline{n} = Np$ átomos.

Em sistemas físicos reais, os átomos do gás mudam continuamente de uma parte para a outra. Consequentemente, o número n de átomos que efetivamente se encontram na parte da esquerda varia com o tempo e oscila em torno do valor médio $\overline{n}$. A grandeza da flutuação é dada por Δn.

- O passeio aleatório unidimensional é equivalente a todos os problemas do tipo: com probabilidade p pode ocorrer uma determinada propriedade em N objetos. Então, $\overline{n}$ é o número médio de objetos com esta propriedade e Δn é o correspondente desvio médio.

No exemplo usual de lançamento dos dados, pergunta-se, por exemplo, com que frequência ocorre o 1 em N lançamentos de um dado (ou num lançamento de N dados). Para um dado ideal, tem-se $p = 1/6$. Para $N = 1000$ lançamentos, espera-se que o 1 ocorra $\overline{n} = Np \approx 167$ vezes. Experimentalmente obtém-se, em geral, resultados que apresentam, relativamente a este valor, desvios, por exemplo $n_1 = n = 159$ ou $n_1 = 180$. Os valores prováveis para o desvio $|n_1 - \overline{n}|$ são da ordem de grandeza de Δn.

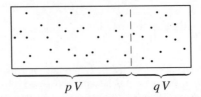

Figura 2.2 O recipiente de volume V, ocupado por gás, é dividido em dois compartimentos de volumes pV e qV. Um determinado átomo do gás (perfeito) encontra-se no volume da esquerda com probabilidade p, e com probabilidade q no volume da direita. Com que probabilidade $W_N(n)$ estão exatamente n partículas, do total de N partículas, no volume à esquerda?

Um problema utilizado para o passeio aleatório é o movimento aleatório dum átomo ou de uma molécula num gás. Entre duas colisões, a partícula descreve o percurso $\boldsymbol{\ell}$. As direções de $\boldsymbol{\ell}$ distribuem-se de modo aleatório e o comprimento $\ell = |\boldsymbol{\ell}|$ encontra-se distribuído em torno do valor médio $\overline{\ell}$. O valor médio $\overline{\ell}$ é o percurso livre médio, no ar tem-se $\overline{\ell} \sim 10^{-7}$ m (capítulo 43). Onde se encontra, então, a partícula ao fim de N choques? A resposta é a distribuição de probabilidade de um passeio aleatório a três dimensões com comprimento dos passos variável.

O *movimento browniano* de pequenas partículas na superfície de um líquido é um passeio aleatório a duas dimensões com passos de comprimento variável.

Distribuição de probabilidade

Uma vez que os passos individuais de um passeio aleatório são independentes uns dos outros, as correspondentes probabilidades deverão ser multiplicadas. Para o percurso $(+1, -1, -1, +1, +1)$, a probabilidade é, portanto,

$$p q q p p = p^3 q^2$$

Existem vários percursos possíveis que conduzem a $m = 1$ ou $n = n_+ = 3$, por exemplo, $(-1, -1, +1, +1, +1)$. Os diferentes percursos que conduzem a $m = 1$ excluem-se mutuamente. Logo, devem somar-se as correspondentes probabilidades. Existem $5! = 1 \cdot 2 \cdot 3 \cdot 4 \cdot 5$ maneiras de ordenar 5 objetos em sequência. No entanto, sendo três objetos idênticos, não diferem as $3!$ permutações (destes três objetos) entre si. No nosso caso, existem, portanto, $5!/(3!\,2!) = 10$ diferentes percursos para $m = 1$, dos quais cada um tem a probabilidade $p^3 q^2$. A probabilidade de atingir $m = 1$ em 5 passos ao longo de qualquer percurso, é por consequência

$$P_5(1) = W_5(3) = \frac{5!}{3!\,2!}\, p^3 q^2 . \tag{2.5}$$

Esta é, ao mesmo tempo, a probabilidade de 3 dos 5 passos serem efetuados exatamente no sentido positivo.

Capítulo 2 Lei dos grandes números

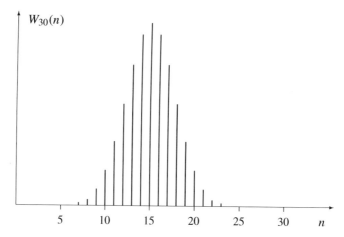

Figura 2.3 Um passeio aleatório unidimensional de 30 passos contém precisamente n passos positivos com probabilidade $W_{30}(n)$. A distribuição está esquematizada para $p = q = 1/2$.

Repetimos estes raciocínios para um passeio aleatório de $N = n_+ + n_-$ passos. Cada percurso constituído por n_+ passos positivos e n_- passos negativos tem a probabilidade $p^{n_+} q^{n_-}$. Existem

$$\frac{N!}{n_+!\, n_-!} = \frac{N!}{n!\,(N-n)!} = \binom{N}{n}, \qquad (2.6)$$

diferentes percursos. Este coeficiente binomial "N a n" é igual ao número de possibilidades de colocar $n_+ = n$ objetos idênticos e $n_- = N - n$ outros objetos idênticos numa determinada ordem. Vem

$$\boxed{P_N(m) = W_N(n) = \binom{N}{n} p^n q^{N-n}.} \qquad (2.7)$$

Quando introduzimos

$$n = \frac{N+m}{2}, \qquad (2.8)$$

podemos também escrever o resultado explicitamente em função de m. Na figura (2.3), está esquematizada a distribuição $W_N(n)$ para um certo exemplo.

Em (2.7), n pode assumir os valores 0, 1, 2, ..., N, e m pode assumir os valores $-N$, $-N+2$, ..., N. Para outros valores, $W_N(n)$ e $P_N(m)$ anulam-se, por exemplo, $P_5(0) = 0$. A soma de todas as probabilidades $W_N(n)$ dá 1,

$$\sum_{n=0}^{N} W_N(n) = \sum_{n=0}^{N} \binom{N}{n} p^n q^{N-n} = (p+q)^N = 1. \qquad (2.9)$$

Parte I   Estatística Matemática

Tendo em vista esta fórmula, podemos também deduzir $W_N(n)$ do seguinte modo. Em

$$1 = \underbrace{(p+q)(p+q)\cdot \ldots \cdot (p+q)}_{N \text{ fatores}}, \tag{2.10}$$

cada fator $(p+q)$ está associado a um dos N passos do passeio aleatório que são efetuados com probabilidade p para a direita ou com probabilidade q para a esquerda. O desenvolvimento do produto (sem trocar a ordem dos fatores p e q) origina 2^N parcelas, referindo-se cada uma a um determinado percurso. Ordenemos agora os fatores e agrupemos todos os termos com $p^n q^{N-n}$. Da Álgebra elementar é sabido que o termo $p^n q^{N-n}$ ocorre exatamente $N!/(n!\,(N-n)!)$ vezes, logo

$$(p+q)^N = \sum_{n=0}^{N} \binom{N}{n} p^n q^{N-n} = \sum_{n=0}^{N} W_N(n). \tag{2.11}$$

O termo com $p^n q^{N-n}$ conduz precisamente a $W_N(n)$. Devido a esta relação, a distribuição $W_N(n)$ é denominada *distribuição binomial*.

Valor médio e desvio médio

Calculemos o valor médio e o desvio médio para um passeio aleatório de N passos. As probabilidades p_i do capítulo 1 são aqui $p_n = W_N(n)$. Os estados possíveis do sistema, portanto, as possíveis posições no fim do passeio aleatório, são dadas pelos valores $n = 0, 1, 2, \ldots, N$. Deste modo, o valor médio de $n = n_+$ é igual a

$$\bar{n} = \sum_{n=0}^{N} n\, W_N(n) = \sum_{n=0}^{N} n \binom{N}{n} p^n q^{N-n}, \tag{2.12}$$

o que podemos escrever na forma

$$\bar{n} = p\, \frac{\partial}{\partial p}\, f(p,q,N) \quad \text{com} \quad f(p,q,N) = \sum_{n=0}^{N} \binom{N}{n} p^n q^{N-n}. \tag{2.13}$$

Com $f(p,q,N) = (p+q)^N$, obtemos

$$\bar{n} = p\, \frac{\partial}{\partial p}\, (p+q)^N = pN(p+q)^{N-1} = Np. \tag{2.14}$$

O resultado é claramente óbvio. Note-se que $p + q = 1$ pode ser introduzido no resultado, mas não pode ser introduzido em $f(p,q,N) = (p+q)^N$. Isto porque para (2.13) é decisiva a dependência da função $f(p,q,N)$ nas variáveis. Analogamente, obtemos

$$\overline{n_-} = N - \overline{n_+} = N - \bar{n} = Nq, \tag{2.15}$$

e

$$\bar{x} = \bar{m} = \overline{n_+} - \overline{n_-} = N(p-q). \tag{2.16}$$

Capítulo 2   Lei dos grandes números   15

Calculemos agora $\overline{n^2}$:

$$\overline{n^2} = \sum_{n=0}^{N} n^2 \binom{N}{n} p^n q^{N-n} = p \frac{\partial}{\partial p} \, p \frac{\partial}{\partial p} \sum_{n=0}^{N} \binom{N}{n} p^n q^{N-n}$$

$$= p \frac{\partial}{\partial p} \, p \frac{\partial}{\partial p} \, (p+q)^N = p \frac{\partial}{\partial p} \, Np(p+q)^{N-1}$$

$$= pN + p^2 N(N-1) = Npq + \overline{n}^2 . \tag{2.17}$$

Daqui obtemos

$$\Delta n \overset{(1.13)}{=} \sqrt{\overline{n^2} - \overline{n}^2} = \sqrt{Npq} . \tag{2.18}$$

Analogamente, obtém-se

$$\Delta m = 2 \sqrt{Npq} . \tag{2.19}$$

Para a largura relativa da distribuição $W_N(n)$, de (2.18) e (2.14) vem

$$\boxed{\frac{\Delta n}{\overline{n}} = \sqrt{\frac{q}{p}} \, \frac{1}{\sqrt{N}} \overset{N \to \infty}{\longrightarrow} 0 \qquad \text{lei dos grandes números.}} \tag{2.20}$$

Para N elevado, $W_N(n)$ torna-se uma distribuição nitidamente localizada em $\overline{n}$. A este comportamento dá-se a designação de *lei dos grandes números*. No capítulo 4, mostra-se que este resultado é também válido para pressupostos substancialmente mais gerais. Analisaremos o significado de (2.20) com dois exemplos:

- Suponhamos que há $N = 10^{24}$ átomos no recipiente de gás da figura 2.2 e admitamos que são iguais os dois compartimentos, $p = q = 1/2$. Em média, mantêm-se, então, $\overline{n} = Np = N/2$ átomos no compartimento da esquerda. No entanto, o número real n de átomos no compartimento da esquerda desvia-se de $\overline{n}$ por valores da ordem de grandeza de $\Delta n = (Npq)^{1/2} = 0.5 \cdot 10^{12}$. Este desvio relativo é extremamente pequeno, nomeadamente, $\Delta n / \overline{n} = 10^{-12}$.

Se existissem maiores desvios relativamente ao valor médio (como, por exemplo, desvios de 10%), poder-se-ia construir um *perpetuum mobile* de segunda espécie. No instante em que um tal desvio ocorresse, introduzir-se-ia lateralmente (portanto, sem realização de trabalho) uma parede entre as duas partes. A maior densidade de partículas de um compartimento significa maior pressão. Devido a esta pressão mais elevada, o gás pode efetuar trabalho. Deste modo, ele é arrefecido. O défice de calor, igual ao trabalho efetuado, seria retirado das vizinhanças. Deste modo, ter-se-ia ganho trabalho (por exemplo, energia elétrica), pelo arrefecimento das vizinhanças.

A impossibilidade de um tal *perpetuum mobile* de segunda espécie é consequência da lei dos grandes números. As flutuações que ocorrem são tão pequenas, que não podem ser utilizadas para a produção de trabalho. A generalização deste enunciado conduz à segunda lei da Termodinâmica.

16 Parte I Estatística Matemática

- Para um dado, utilizamos (2.20) a fim de fazermos uma estimativa do erro da medida de p_1 através de N lançamentos. Quando fazemos $p = p_1$ e $q = 1 - p = p_2 + p_3 + p_4 + p_5 + p_6$, podemos de imediato aplicar as fórmulas do passeio aleatório. Uma experiência concreta constituída por $N \gg 1$ lançamentos do dado, conduziria $n = n_1$ vezes ao resultado 1. Daí fazemos uma estimativa do valor experimental $p_{1,\exp}$ e do erro de medição

$$p_{1,\exp} = \frac{n_1 \pm \Delta n_1}{N} = \frac{n_1}{N} \pm \frac{\sqrt{Npq}}{N} \approx \frac{n_1}{N} \pm \frac{\sqrt{5}}{6} \frac{1}{\sqrt{N}}. \qquad (2.21)$$

No próximo capítulo, dar-se-á uma justificação mais pormenorizada para a estimativa do erro experimental através de $\Delta n_1 / \overline{n_1} = \Delta n / \overline{n}$. Como o termo associado ao erro é pequeno, podem ser aqui introduzidos os valores hipotéticos $p = 1/6$ e $q = 5/6$. Consideremos agora 10^3 lançamentos com um dado. Como resultado, obtém-se 175 vezes o 1. Uma outra experiência com 10^5 lançamentos do dado dá 17500 vezes o 1. De (2.21) obtemos, então,

$$p_{1,\exp} = 0.175 \pm \begin{cases} 0.012 & \left(N = 10^3\right), \\ 0.001 & \left(N = 10^5\right). \end{cases} \qquad (2.22)$$

A primeira experiência com 1000 lançamentos do dado é compatível com a suposição de que se trata de um dado "honesto", portanto, de um dado que tem realmente o valor $p = 1/6 \approx 0.167$. Pelo contrário, o dado da segunda experiência (podia tratar-se do mesmo) é extremamente improvável. As afirmações "compatível" e "extremamente improvável" serão quantificadas no próximo capítulo.

Exercícios

2.1 Três números corretos no loto

Determine a probabilidade p_6 de adivinhar seis números corretos no loto (6 de um total de 49). Determine a probabilidade p_3 de adivinhar precisamente três números corretos no loto (6 de um total de 49). Como explica que esta probabilidade p_3 não seja igual a $W_6(3)$ com $p = 6/49$ e $q = 43/49$?

3 Distribuição normal

No último capítulo, foi explicitada a distribuição $W_N(n)$ de probabilidade de um passeio aleatório, de N passos, conter precisamente n passos positivos. Sob determinados pressupostos, a distribuição $W_N(n)$ para n na vizinhança do valor médio $\bar{n}$, pode ser aproximada por uma gaussiana. Esta gaussiana é denominada distribuição normal.

Funções da forma $f(n) = p^n$ ou $f(n) = n! \approx (n/e)^n$ dependem de modo extremamente sensível de n, pois n encontra-se em expoente. Como consequência, um desenvolvimento em potências de $n - \bar{n}$ converge apenas numa região muito estreita. No entanto, o intervalo de convergência pode ser substancialmente aumentado se desenvolvermos $\ln f(n)$ em vez de $f(n)$. A razão é que $\ln f(n)$ varia muito mais fracamente com n. Demonstramos isto no desenvolvimento em série de Taylor de $f(n) = p^n = \exp(n \ln p)$

$$f(n) = f(\bar{n}) + f'(\bar{n})(n - \bar{n}) + \ldots \approx p^{\bar{n}} + (\ln p) \, p^{\bar{n}} (n - \bar{n}). \tag{3.1}$$

Como aproximação, interrompemos esta série no termo linear. Para $n = \bar{n} + 1$, comparamos a aproximação com o valor exato:

$$f(\bar{n} + 1) = p^{\bar{n}+1} = p^{\bar{n}} \cdot \begin{cases} p & \text{(exato)}, \\ 1 + \ln p & \text{(aproximação (3.1))}. \end{cases} \tag{3.2}$$

Em particular, para $p = 1$ a aproximação coincide com o resultado exato (porque $f(n)$ não depende de n). Para p pequeno, a aproximação, no entanto, falha. Pelo contrário, o desenvolvimento em série de Taylor de $\ln f(n) = n \ln p$ termina no primeiro termo e fornece o resultado exato:

$$\ln f(n) = n \ln p = \bar{n} \ln p + (n - \bar{n}) \ln p. \tag{3.3}$$

Este exemplo mostra que quando uma função $f(x)$ varia fortemente com x (em particular, se ela depende exponencialmente de x), faz sentido desenvolver o logaritmo da função em vez de desenvolver a própria função.

Pretendemos desenvolver a probabilidade $W_N(n)$ de (2.7)

$$W_N(n) = \binom{N}{n} p^n q^{N-n}, \tag{3.4}$$

Parte I Estatística Matemática

em potências de $n - \bar{n}$. A função $W_N(n)$ contém termos como p^n e $n!$, os quais dependem fortemente de n. Por conseguinte, partimos do logaritmo desta função:

$$\ln W_N(n) = \ln N! - \ln n! - \ln(N - n)! + n \ln p + (N - n) \ln q. \qquad (3.5)$$

Para o desenvolvimento em série de Taylor desta função, necessitamos das derivadas em $\bar{n}$. A derivada de $\ln n!$ é aproximada pelo quociente das diferenças com $dn = 1$:

$$\frac{d \ln n!}{dn} \approx \frac{\ln(n + 1)! - \ln n!}{1} = \ln(n + 1) \approx \ln n \qquad (n \gg 1). \qquad (3.6)$$

Este resultado decorre da aproximação $n! \approx (n/e)^n$, que está justificada no exercício 3.1. Obtemos

$$\frac{d \ln W_N(n)}{dn} = -\ln n + \ln(N - n) + \ln p - \ln q \overset{n=\bar{n}}{=} 0, \qquad (3.7)$$

onde utilizamos (3.6) para as derivadas de $\ln n!$ e $\ln(N - n)!$. Para tal, para além de $\bar{n} = N p \gg 1$, deverá ter-se também $N - \bar{n} = N q \gg 1$. Podemos reunir estas condições em

$$N p q \gg 1 \qquad \text{(pressuposto)}. \qquad (3.8)$$

No último passo em (3.7), efetuaram-se as substituições $\bar{n} = N p$ e $N - \bar{n} = N q$. O facto da primeira derivada se anular significa que $\ln W_N(n)$, e também $W_N(n)$, têm um ponto estacionário na posição $n = \bar{n}$. A segunda derivada dá

$$\frac{d^2 \ln W_N(n)}{dn^2} = -\frac{1}{n} - \frac{1}{N - n} \overset{n=\bar{n}}{=} -\frac{1}{N p q} = -\frac{1}{(\Delta n)^2} < 0. \qquad (3.9)$$

Uma vez que a segunda derivada é menor que zero, $\ln W_N(n)$ e também $W_N(n)$ têm um máximo para o valor médio $\bar{n}$. Para posteriores estimativas do erro, calculamos ainda a terceira derivada,

$$\frac{d^3 \ln W_N(n)}{dn^3} = \frac{1}{n^2} - \frac{1}{(N - n)^2} \overset{n=\bar{n}}{=} \frac{q^2 - p^2}{N^2 p^2 q^2}. \qquad (3.10)$$

O desenvolvimento em série de Taylor de $\ln W_N(n)$ vem

$$\ln W_N(n) = \ln W_N(\bar{n}) + \left(\frac{d \ln W_N(n)}{dn} \right)_{\bar{n}} (n - \bar{n}) \qquad (3.11)$$

$$+ \frac{1}{2} \left(\frac{d^2 \ln W_N(n)}{dn^2} \right)_{\bar{n}} (n - \bar{n})^2 + \frac{1}{6} \left(\frac{d^3 \ln W_N(n)}{dn^3} \right)_{\bar{n}} (n - \bar{n})^3 + \dots$$

Desprezando o último termo, obtemos

$$\ln W_N(n) \approx \ln W_N(\bar{n}) - \frac{1}{2} \frac{(n - \bar{n})^2}{N p q} = \ln W_N(\bar{n}) - \frac{(n - \bar{n})^2}{2 \, \Delta n^2}, \qquad (3.12)$$

Capítulo 3 Distribuição normal

ou

$$W_N(n) = W_N(\overline{n}) \exp\left(-\frac{(n-\overline{n})^2}{2\,\Delta n^2}\right). \tag{3.13}$$

Aqui e no que se segue, é $\Delta n^2 = (\Delta n)^2$ e não, por exemplo, $\Delta(n^2)$.

Determinemos o primeiro fator $W_N(\overline{n})$. No domínio relevante $n \sim \overline{n}$, a variação relativa de $W_N(n)$, entre n e $n \pm 1$, é pequena, o que resulta do pressuposto (3.8). Daí podemos substituir a soma sobre n por um integral:

$$\begin{aligned}
1 &= \sum_{n=0}^{N} W_N(n) \approx \int_0^N dx\ W_N(x) \approx \int_{-\infty}^{+\infty} dx\ W_N(x) \\
&= W_N(\overline{n}) \int_{-\infty}^{+\infty} dx\ \exp\left(-\frac{(x-\overline{n})^2}{2\,\Delta n^2}\right) = W_N(\overline{n})\,\sqrt{2\pi}\,\Delta n. \tag{3.14}
\end{aligned}$$

Nos limites de integração 0 e N, o integrando é da ordem de $\exp(-\sqrt{N})$, razão pela qual os limites de integração podem ser deslocados para $\pm\infty$. Tendo em conta (3.14), (3.13) passa a

$$W_N(n) = \frac{1}{\sqrt{2\pi}\,\Delta n} \exp\left(-\frac{(n-\overline{n})^2}{2\,\Delta n^2}\right). \tag{3.15}$$

Substituímos agora o comprimento 1 dos passos do passeio aleatório ao longo do eixo dos xx, por um comprimento arbitrário ℓ. Então, tem-se

$$x = n\ell, \qquad \overline{x} = \overline{n}\ell, \qquad \sigma \equiv \Delta x = \Delta n\,\ell. \tag{3.16}$$

Por definição, a *densidade* de probabilidade $P(x)$ no eixo dos xx é

$$P(x)\,dx = \begin{cases} \text{probabilidade de encontrar a} \\ \text{grandeza aleatória entre } x \text{ e } x + dx. \end{cases} \tag{3.17}$$

Para um intervalo dx que abranja um número $dx/\ell \gg 1$ de valores discretos de n, tem-se

$$P(x)\,dx = \sum_{n' \text{ em } dx} W_N(n') \approx \frac{dx}{\ell}\,W_N(n). \tag{3.18}$$

Daqui, tendo em conta (3.15) e (3.16), decorre a *distribuição normal*:

$$\boxed{\ P(x) = \frac{1}{\sqrt{2\pi}\,\sigma} \exp\left(-\frac{(x-\overline{x})^2}{2\sigma^2}\right) \qquad \text{distribuição normal.}\ } \tag{3.19}$$

A distribuição normal é representada na figura 3.1. Ela é válida sobre pressupostos muito gerais (capítulo 4). A grandeza $\sigma = \Delta x$ é denominada *desvio padrão*. Esta grandeza representa a largura da distribuição. O comprimento ℓ dos passos, introduzido em (3.16), pode ter uma dimensão física. Então, x, $\overline{x}$ e σ têm a mesma dimensão.

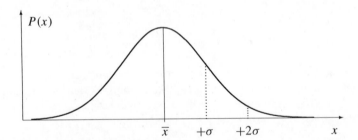

Figura 3.1 A distribuição normal (3.19) é uma gaussiana. A diminuição em relação ao máximo central em $\overline{x}$, é caracterizada por $P(\overline{x} \pm \sigma) \approx 0.6\, P(\overline{x})$.

No passeio aleatório, x é restringido aos valores discretos $x = n\ell$. Não tomemos agora em conta esta limitação e consideremos $P(x)$ uma função contínua da variável x. A soma sobre valores discretos torna-se, então, um integral. A distribuição normal (3.19) está já adequadamente normalizada,

$$\int_{-\infty}^{+\infty} dx\, P(x) = 1. \qquad (3.20)$$

De acordo com (3.17), isto significa que é 1 a probabilidade de ocorrer qualquer valor de x. Calculemos a probabilidade de encontrarmos um valor de x num intervalo de um, dois ou três desvios padrão em torno de $\overline{x}$:

$$\int_{\overline{x}-\nu\sigma}^{\overline{x}+\nu\sigma} dx\, P(x) = \begin{cases} 0.683 & \nu = 1 \\ 0.954 & \nu = 2 \\ 0.997 & \nu = 3 \end{cases}. \qquad (3.21)$$

Isto significa concretamente que um acontecimento, situado para além de três desvios padrão, ocorre com uma probabilidade de 0.3% e é portanto muito improvável. Consideremos a experiência com um dado, apresentada no capítulo anterior, com o resultado (2.22). Em (2.22), foi dado precisamente um desvio padrão $\sigma = \Delta n$ como erro experimental. Na primeira experiência, constituída por $N = 10^3$ lançamentos, situava-se o resultado a menos de um desvio padrão em relação ao valor $p_1 = 1/6$ para um dado ideal. De acordo com (3.21), ocorrem afastamentos de um desvio padrão ou mais, com cerca de 30% de probabilidade. Esta experiência é, portanto, compatível com a suposição dum dado ideal. Na segunda experiência, constituída por $N = 10^5$ lançamentos de um dado, o resultado encontra-se desviado de quase 10 desvios padrão em relação a $p_1 = 1/6$. Por conseguinte, neste caso, pode estar-se (praticamente) seguro de que não se trata de um dado "honesto".

Neste capítulo, partimos da distribuição de probabilidade $W_N(n)$ para ocorrências positivas $n = n_+$. Por consequência, $P(x)$ é a distribuição de probabilidade para um passeio aleatório, no qual apenas os passos positivos são efetuados, $x = n\ell$. Se, pelo contrário, tomarmos em conta os passos negativos, então, o passeio aleatório termina em $x = (n_+ - n_-)\ell$. Nos dois casos, o resultado é dado por (3.19) onde,

Capítulo 3 Distribuição normal

no entanto, os correspondentes parâmetros a escolher são:

$$\bar{x} = Np\,\ell\,, \qquad \sigma = \sqrt{Npq}\;\ell \quad \text{para} \;\; x = n\ell = n_+\ell\,, \qquad (3.22)$$

$$\bar{x} = N(p-q)\,\ell\,, \qquad \sigma = 2\sqrt{Npq}\;\ell \quad \text{para} \;\; x = (n_+ - n_-)\ell\,. \qquad (3.23)$$

Estes valores médios resultam de (2.14) e (2.16), os desvios padrão resultam de (2.18) e (2.19).

Validade da distribuição normal

Na dedução, foram desprezados os termos de ordem superior do desenvolvimento em série de Taylor (3.12). Exigimos que o termo desprezado de terceira ordem seja pequeno em comparação com o termo de segunda ordem:

$$\left| \frac{(\ln\,W)'''\,(n-\bar{n})^3}{(\ln\,W)''\,(n-\bar{n})^2} \right| \;\lesssim\; \frac{|n-\bar{n}|}{Npq} \ll 1\,. \qquad (3.24)$$

Obtém-se também a mesma condição para o quociente entre o termo de ordem $(i+1)$ e o termo de ordem i. Desde que (3.24) seja válido, está, portanto, justificada a interrupção da série de Taylor, e a distribuição normal é uma aproximação válida. Com interesse, são, então, em particular, os valores n que, no máximo, diferem do valor médio $\bar{n}$ apenas de alguns desvios padrão $\sigma = \Delta n$:

$$|n-\bar{n}| = \nu\,\Delta n = \nu\,\sqrt{Npq}\,, \qquad \nu = \mathcal{O}(1)\,. \qquad (3.25)$$

Aqui, (3.24) é satisfeita, caso tenhamos $Npq \gg 1$. No intervalo relevante (3.25) é, assim, válida a distribuição normal, se pressupusermos (3.8). Os erros tendem para zero com $Npq \to \infty$.

A dedução não é válida para afastamentos muito grandes do valor médio, em particular, para $n \approx 0$ ou $n \approx N$. Neste caso, pode tornar-se grande o erro relativo da distribuição (3.15). No entanto, nestes domínios, tanto o valor aproximado, como o valor exato são muito pequenos em valores absolutos, de modo que, em geral, também aqui a aproximação é suficiente.

Note-se, que a condição $N \gg 1$ não é suficiente para a validade da distribuição normal. Com efeito, apesar de $N \gg 1$, o valor médio $\bar{n} = Np$ pode ser da ordem de grandeza de 1 ou menor, para p muito pequeno. Neste caso, obtém-se uma *distribuição de Poisson* em vez da distribuição normal (exercício 3.3).

Parte I Estatística Matemática

Exercícios

3.1 Expressão aproximada para o fatorial

A definição da *função gama* é

$$\Gamma(n+1) = n! = \int_0^\infty dx\, x^n \exp(-x) \qquad (3.26)$$

onde n é um número real, sendo $n > -1$. Utilizamos a definição (3.26) apenas para inteiros positivos. Verifique que $\Gamma(n+1)$, para n inteiro positivo, é igual ao fatorial $n! = 1 \cdot 2 \cdot 3 \cdot \ldots \cdot n$. (A definição (3.26) pode ser generalizada para números reais, mas a representação integral só se aplica com $n > -1$).
O integrando é a função $f(x) = x^n \exp(-x)$. Desenvolva $\ln f(x)$ em série de Taylor em torno do máximo da função $f(x)$ considerando $n \gg 1$. Substitua este desenvolvimento no integral e deduza daí a *fórmula de Stirling*:

$$n! \approx \sqrt{2\pi n}\, n^n \exp(-n) \qquad (n \gg 1) \qquad (3.27)$$

Use este resultado para determinar o valor da distribuição do passeio aleatório $W_N(n) = \binom{N}{n} p^n q^{N-n}$ no ponto $\bar{n} = Np$. Considere que $p + q = 1$ e $Npq \gg 1$.

3.2 Estimativa de uma correlação

Num conjunto de N crianças cujos pais são fumadores compulsivos, 20% das crianças sofrem de miopia. Em comparação, na população em geral, existem apenas 15% de crianças com miopia. Supondo que não existe qualquer correlação entre miopia e pais fumadores, determine a probabilidade w para que 20%, ou mais, das N crianças sofra de miopia.

A grandeza $p_{corr} = 1 - w$ é uma medida para a probabilidade de existir uma correlação positiva. Como deverão ser interpretados os dados para $N = 100$? Qual seria o tamanho N_0 do conjunto de crianças para que se possa admitir, com $p_{corr} = 99\%$ de probabilidade, que existe uma correlação entre a miopia do filhos e o tabagismo dos pais?

3.3 Distribuição de Poisson

Para a dedução da distribuição de Gauss a partir de (3.4), pressupôs-se a condição $Npq \gg 1$. Para p muito pequeno (por exemplo para $Np \sim 1$) esta condição é violada. Mostre que a distribuição (3.4) para $p \ll 1$ e $N \gg 1$ pode ser aproximada pela *distribuição de Poisson*

$$P(\lambda, n) = \frac{\lambda^n}{n!} \exp(-\lambda), \qquad (\lambda = Np) \qquad (3.28)$$

Determine $\bar{n}$ e Δn e mostre que a distribuição está normalizada. Sugestão: considerando $\ln(1 - p) \approx -p$ e $n \sim Np$ obtenha $(1 - p)^{N-n} \approx \exp(-\lambda)$.

Capítulo 3 Distribuição normal

Um livro com 500 páginas contém 500 erros de impressão distribuídos aleatoriamente. Qual é a probabilidade de uma página escolhida ao acaso não conter erros ou de que contenha pelo menos quatro erros?

3.4 Passeio aleatório e equação de difusão

Ocorrendo sempre num passeio aleatório, ao fim de um intervalo de tempo Δt, um passo $s_i = \pm \ell$ com as probabilidades $p = q = 1/2$, resulta uma distribuição de probabilidade dependente do tempo $P(x, t)$ onde $x = \sum_i s_i$ é a distância do ponto de partida e $N = t/\Delta t \gg 1$ é o número de passos. Mostre que $P(x, t)$ satisfaz a equação de difusão

$$\frac{\partial P(x, t)}{\partial t} = D \frac{\partial^2 P(x, t)}{\partial x^2} \tag{3.29}$$

e determine a constante de difusão D. Exprima o quadrado da distância média do ponto de partida em função de D e t. Mostre que decresce monotonamente com o tempo a grandeza

$$\Theta = \int_{-\infty}^{\infty} dx \ \left(\frac{\partial P}{\partial x}\right)^2 \geq 0$$

ou seja que $d\Theta/dt \leq 0$.

4 Lei do limite central

Quando a grandeza $x = \sum s_i$ é uma soma de muitas variáveis aleatórias s_i, então, a distribuição de probabilidade para x é uma distribuição normal. Este é o enunciado da lei do limite central, que deduzimos seguidamente.

O passeio aleatório é uma sequência de N passos s_i, sobre o eixo dos xx, que conduz ao valor de x

$$x = s_1 + s_2 + \ldots + s_N = \sum_{i=1}^{N} s_i \,. \tag{4.1}$$

No passeio aleatório, tem-se, para cada passo individual

$$s_i = +1 \quad \text{ou} \quad s_i = -1 \,, \tag{4.2}$$

onde os dois passos possíveis ocorrem com probabilidades p e q. Como generalização, permitimos agora comprimentos *variáveis s_i* dos passos, os quais ocorrem com determinadas probabilidades:

$$w_i(s_i)\, ds_i = \left\{ \begin{array}{l} \text{probabilidade de que} \\ \text{o } i\text{-ésimo passo tenha um} \\ \text{comprimento entre } s_i \text{ e } s_i + ds_i. \end{array} \right. \tag{4.3}$$

A denominação comprimento de um passo para a *variável aleatória s_i* refere-se a uma interpretação como passeio aleatório. De facto, os s_i podem ser grandezas arbitrárias, tal como, por exemplo, as energias dos átomos de um gás.

Partimos do princípio de que as densidades de probabilidade $w_i(s)$ estão normalizadas,

$$\int_{-\infty}^{\infty} ds \; w_i(s) = 1 \,. \tag{4.4}$$

Deverão ter um valor médio finito

$$\overline{s_i} = \int_{-\infty}^{\infty} ds \; s \; w_i(s) \,, \tag{4.5}$$

e um desvio padrão finito,

$$(\Delta s_i)^2 = \int_{-\infty}^{\infty} ds \; (s - \overline{s})^2 \; w_i(s) = \overline{s_i^2} - \overline{s_i}^2 \,. \tag{4.6}$$

Capítulo 4 Lei do limite central

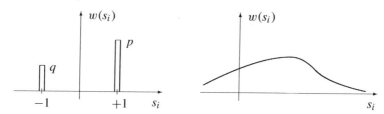

Figura 4.1 No passeio aleatório, o i-ésimo passo ocorre com probabilidades p, para a direita, e $q = 1 - p$, para a esquerda. Isto corresponde à distribuição $w(s_i)$ de probabilidade, esquematizada do lado esquerdo. Neste capítulo, permitimos distribuições $w(s_i)$ mais gerais para os passos individuais como, por exemplo, a representada no lado direito.

O último ponto exclui, por exemplo, a distribuição $w(s) \propto (a^2 + s^2)^{-1}$. Uma distribuição aceitável é, pelo contrário, $w_i(s) \propto s^n \exp(-\beta_i s^2)$ com $n \geq 0$. O passeio aleatório particular (4.2) que considerámos até agora, corresponde à densidade de probabilidade

$$w_i(s) = w(s) = p\,\delta(s-1) + q\,\delta(s+1). \tag{4.7}$$

Este caso particular e a generalização aqui considerada encontram-se ilustrados na figura 4.1.

Supõe-se que as variáveis aleatórias s_i são independentes umas das outras. Daí, as probabilidades deverão ser multiplicadas:

$$w_1(s_1)\,ds_1 \cdot \ldots \cdot w_N(s_N)\,ds_N = \begin{cases} \text{probabilidade de as variáveis} \\ \text{aleatórias se situarem nos intervalos} \\ \text{entre } s_i \text{ e } s_i + ds_i. \end{cases} \tag{4.8}$$

Podemos assim calcular o valor médio de x, a partir de (4.1):

$$\begin{aligned}
\overline{x} &= \int_{-\infty}^{\infty} ds_1\,w_1(s_1) \ldots \int_{-\infty}^{\infty} ds_N\,w_N(s_N)\,(s_1 + s_2 \ldots + s_N) \tag{4.9} \\
&= \int_{-\infty}^{\infty} ds_2\,w_2(s_2) \ldots \int_{-\infty}^{\infty} ds_N\,w_N(s_N)\,(\overline{s_1} + s_2 + \ldots + s_N) = \sum_{i=1}^{N} \overline{s_i}.
\end{aligned}$$

O desvio padrão, $(\Delta x)^2 = \overline{(x - \overline{x})^2}$, resulta de

$$(\Delta x)^2 = \int_{-\infty}^{\infty} ds_1\,w_1(s_1) \ldots \int_{-\infty}^{\infty} ds_N\,w_N(s_N) \left(\sum_{i=1}^{N} (s_i - \overline{s_i}) \right)^2$$

$$= \int ds_1 \dots ds_N \dots \left(\sum_{i=1}^{N} \left(s_i - \overline{s_i} \right) \sum_{j=1}^{N} \left(s_j - \overline{s_j} \right) \right) \qquad (4.10)$$

$$= \int ds_1 \dots ds_N \dots \left(\sum_{i=1}^{N} \left(s_i - \overline{s_i} \right)^2 + \sum_{i \neq j}^{N} \left(s_i - \overline{s_i} \right) \left(s_j - \overline{s_j} \right) \right)$$

$$= \int_{-\infty}^{\infty} ds_1 \, w_1(s_1) \dots \int_{-\infty}^{\infty} ds_N \, w_N(s_N) \sum_{i=1}^{N} \left(s_i - \overline{s_i} \right)^2 = \sum_{i=1}^{N} (\Delta s_i)^2 \, .$$

Donde se tem que a largura relativa da distribuição é

$$\frac{\Delta x}{\overline{x}} = \frac{\sqrt{\sum (\Delta s_i)^2}}{\sum \overline{s_i}} = \mathcal{O}\left(\frac{1}{\sqrt{N}} \right) \qquad \text{(lei dos grandes números).} \qquad (4.11)$$

A estimativa com $\mathcal{O}(N^{-1/2})$ resulta de $\sum_i \dots = \mathcal{O}(N)$. A dedução da lei dos grandes números tem aqui lugar, considerando pressupostos muito mais gerais do que os considerados no capítulo 2.

Em particular, para o caso de distribuições iguais $w_i(s) = w(s)$, tem-se

$$\overline{s_i} = \overline{s} = \int_{-\infty}^{\infty} ds \, s \, w(s) \, , \qquad (4.12)$$

$$(\Delta s_i)^2 = (\Delta s)^2 = \int_{-\infty}^{\infty} ds \, (s - \overline{s})^2 \, w(s) \, . \qquad (4.13)$$

De (4.9) e (4.10) decorre $\overline{x} = N\overline{s}$ e $\Delta x^2 = N \, \Delta s^2$. Assim, de (4.11) tem-se a

$$\boxed{\frac{\Delta x}{\overline{x}} = \frac{\Delta s}{\overline{s}} \frac{1}{\sqrt{N}}} \qquad \text{lei dos grandes números.} \qquad (4.14)$$

Apresentamos dois exemplos:

- Consideremos um gás de $N = 10^{24}$ átomos. O i-ésimo átomo possui energia ε_i com probabilidade $w(\varepsilon_i) \propto \exp(-\varepsilon_i/k_B T)$, em que k_B é a constante de Boltzmann e T é a temperatura. Tanto o valor médio $\overline{\varepsilon}$, como também o desvio padrão $\Delta \varepsilon$, desta distribuição, têm ordem de grandeza $\mathcal{O}(k_B T)$. A energia de uma partícula individual é, portanto, relativamente indeterminada

$$\frac{\Delta \varepsilon}{\varepsilon} = \mathcal{O}(1) \, . \qquad (4.15)$$

Pelo contrário, a energia total $E = \sum \varepsilon_i$ é definida com precisão:

$$\frac{\Delta E}{\overline{E}} = \frac{\Delta \varepsilon}{\overline{\varepsilon}} \frac{1}{\sqrt{N}} = \mathcal{O}\left(10^{-12} \right) \, . \qquad (4.16)$$

A lei dos grandes números significa aqui que a especificação da temperatura (sistema num banho térmico) é, na prática, equivalente à fixação da energia (sistema fechado).

Capítulo 4 Lei do limite central

- Consideremos a peça de um relógio com capacidade para oscilar, por exemplo, a mola ou um cristal de quartzo. O i-ésimo período de oscilação tem a duração t_i com probabilidade $w(t_i)$. A distribuição $w(t_i)$ tem valor médio $\bar{t}$ e largura relativa

$$\frac{\Delta t}{\bar{t}} = 10^{-2}\,. \tag{4.17}$$

Trata-se de uma oscilação forçada no intervalo da ressonância. A frequência própria ω_0 do oscilador determina o valor médio $\bar{t} \approx 2\pi/\omega_0$. A largura da distribuição de frequências e, portanto de Δt, dependem da qualidade do oscilador.

O relógio soma os períodos individuais para obter o tempo total $T = \sum t_i$. Para N períodos de oscilação, o desvio padrão do tempo marcado pelo relógio é igual a $\Delta T = \Delta t\, N^{1/2}$. No entanto, a imprecisão relativa do relógio, devido às flutuações estatísticas, diminui com o crescente número de oscilações

$$\frac{\Delta T}{T} = \frac{\Delta t}{\bar{t}} \frac{1}{\sqrt{N}}\,. \tag{4.18}$$

Ora, num relógio de pulso, o cristal de quartzo oscila cerca de 10^4 vezes mais rápido que uma mola de um relógio tradicional. Portanto, para um dado intervalo de tempo, N em (4.18) é 10^4 vezes maior. A lei dos grandes números esclarece assim que um relógio de cristal de quartzo pode funcionar com precisão substancialmente maior que a de um relógio mecânico.

A grandeza ΔT é o erro a esperar devido às flutuações *estatísticas* das oscilações individuais. Um relógio concreto terá, em geral, um erro maior devido a outros efeitos. Assim, por exemplo, a frequência do oscilador (mola, cristal de quartzo) é uma função da temperatura. Este facto origina um erro *sistemático* do mostrador do relógio.

Dedução da lei do limite central

Voltamos agora à lei do limite central propriamente dita. Esta significa que a distribuição de probabilidade de $x = \sum s_i$ é uma distribuição normal para N suficientemente elevado, logo

$$P(x) = \frac{1}{\sqrt{2\pi}\,\Delta x} \exp\left(-\frac{(x - \bar{x})^2}{2\,\Delta x^2}\right), \tag{4.19}$$

onde $\bar{x}$ e Δx são dados por (4.9) e (4.10).

Comecemos por efetuar a dedução para o caso de distribuições iguais $w_i(s) = w(s)$. Para além de (4.6), admitimos que para $w(s)$ são definidos momentos arbitrários, $\overline{s^n}$ (com $n = 0, 1, 2, \ldots$), e que as grandezas

$$\overline{s^n} = \int_{-\infty}^{\infty} ds\, s^n\, w(s)\,, \tag{4.20}$$

são finitas.

28 Parte I Estatística Matemática

A probabilidade de encontrar as variáveis aleatórias com valores $s_1, \ldots, s_N$, é dada por (4.8). Daqui se obtém a probabilidade de um determinado valor de x, se integrarmos sobre todos os possíveis valores s_i que conduzem ao valor de x explicitado:

$$P(x) = \int_{-\infty}^{\infty} ds_1 \, w(s_1) \ldots \int_{-\infty}^{\infty} ds_N \, w(s_N) \, \delta\left(x - \sum_{i=1}^{N} s_i\right). \tag{4.21}$$

A função δ permite apenas os termos para os quais $\sum s_i = x$. Integrando sobre x a função δ, obtém-se 1. Donde se conclui $\int dx \, P(x) = 1$.

Para o cálculo de (4.21), utilizamos a representação

$$\delta(y) = \frac{1}{2\pi} \int_{-\infty}^{\infty} dk \, \exp(-iky) \tag{4.22}$$

da função δ. Obtemos

$$\begin{aligned}
P(x) &= \frac{1}{2\pi} \int_{-\infty}^{\infty} dk \int_{-\infty}^{\infty} ds_1 \, w(s_1) \ldots \int_{-\infty}^{\infty} ds_N \, w(s_N) \, e^{ik(s_1+\ldots+s_N)} \, e^{-ikx} \\
&= \frac{1}{2\pi} \int_{-\infty}^{\infty} dk \, e^{-ikx} \int_{-\infty}^{\infty} ds_1 \, w(s_1) \, e^{iks_1} \int_{-\infty}^{\infty} \ldots \int_{-\infty}^{\infty} ds_N \, w(s_N) \, e^{iks_N} \\
&= \frac{1}{2\pi} \int_{-\infty}^{\infty} dk \, \left[W(k) \right]^N \exp(-ikx). \tag{4.23}
\end{aligned}$$

No último passo, introduzimos, com $W(k)$, a transformada de Fourier da função $w(s)$. Desenvolvemos este $W(k)$ para k pequeno,

$$W(k) = \int_{-\infty}^{\infty} ds \, w(s) \, \exp(iks) = 1 + ik\,\overline{s} - \frac{1}{2} k^2 \,\overline{s^2} \pm \ldots, \tag{4.24}$$

$$\ln \left[W(k) \right]^N = N \ln\left(1 + ik\,\overline{s} - \frac{1}{2} k^2 \,\overline{s^2} \pm \ldots\right). \tag{4.25}$$

Desenvolvemos o logaritmo, de acordo com $\ln(1 + y) = y - y^2/2 + \ldots$,

$$\ln \left[W(k) \right]^N = N\left(ik\,\overline{s} - \frac{1}{2} k^2 \,\overline{s^2} - \frac{1}{2}(ik\,\overline{s})^2 \pm \ldots\right) = N\left(ik\,\overline{s} - \frac{1}{2} k^2 \Delta s^2 \pm \ldots\right). \tag{4.26}$$

Desprezamos os termos de terceira ordem e de ordens superiores. Então, resulta de (4.26)

$$\left[W(k) \right]^N \approx \exp\left(iN\overline{s}\,k - \frac{N \Delta s^2}{2} k^2\right). \tag{4.27}$$

Substituímos isto juntamente com $\overline{x} = N\overline{s}$ e $\Delta x^2 = N \Delta s^2$ em (4.23), e efetuamos o integral:

$$P(x) \approx \frac{1}{2\pi} \int_{-\infty}^{\infty} dk \, \exp\left(-i(x-\overline{x})\,k - \frac{\Delta x^2}{2} k^2\right) = \frac{1}{\sqrt{2\pi}\,\Delta x} \exp\left(-\frac{(x-\overline{x})^2}{2\,\Delta x^2}\right). \tag{4.28}$$

Para a resolução do integral, o expoente foi completado como um quadrado. O resultado é a lei do limite central para o caso de distribuições iguais ($w_i = w$).

Capítulo 4 Lei do limite central

Generalização

Generalizamos a dedução de (4.28) ao caso de diferentes distribuições $w_i(s_i)$ de probabilidade. Começamos por obter, em substituição de (4.23),

$$P(x) = \frac{1}{2\pi} \int_{-\infty}^{\infty} dk \left(\prod_{j=1}^{N} W_j(k) \right) \exp(-ikx),$$ (4.29)

onde $W_j(k)$ é definido como em (4.24). De (4.25) e (4.26) tem-se

$$\ln \prod_{j=1}^{N} W_j(k) = \sum_{j=1}^{N} \ln \left(1 + ik\,\overline{s_j} - \frac{1}{2} k^2 \overline{s_j^2} \pm \ldots \right)$$ (4.30)

$$= ik \sum_{j=1}^{N} \overline{s_j} - \frac{k^2}{2} \sum_{j=1}^{N} (\Delta s_j)^2 \pm \ldots = i\overline{x}k - \frac{\Delta x^2}{2} k^2 \pm \ldots$$

Desprezamos os termos de ordem superior e substituímos (4.30) em (4.29). O cálculo do integral dá novamente (4.28). A soma de grandezas distribuídas aleatoriamente conduz, então, sob condições muito gerais, a uma distribuição normal. Este é o enunciado da lei do limite central.

Domínio de validade

O desenvolvimento (4.26) é possível, se o termo de ordem $(n + 1)$ for sempre pequeno em comparação com o termo de ordem n:

$$\left| \frac{\overline{s^{n+1}}\, k^{n+1}}{\overline{s^n}\, k^n} \right| \ll 1 \qquad (n = 0, 1, 2, \ldots).$$ (4.31)

O intervalo no qual pretendemos utilizar o resultado, pode ser limitado a alguns desvios padrão. Os valores de k relevantes são, portanto, da ordem de grandeza

$$k \sim \frac{1}{\Delta x} \sim \frac{1}{\sqrt{N}\,\Delta s}.$$ (4.32)

O lado esquerdo de (4.31) dá

$$\left| \frac{\overline{s^{n+1}}\, k^{n+1}}{\overline{s^n}\, k^n} \right| \sim \left| \frac{\overline{s^{n+1}}}{\overline{s^n}\,\Delta s} \right| \frac{1}{\sqrt{N}} \sim \frac{\mathcal{O}(1)}{\sqrt{N}},$$ (4.33)

onde admitimos que os momentos $\overline{s^n}$ têm um comportamento de escala com a largura da distribuição. É este o caso para distribuições usuais. No caso limite $N \to \infty$, o erro da distribuição gaussiana torna-se arbitrariamente pequeno. Este resultado é válido em intervalos relevantes de vários desvios padrão em torno do valor médio.

30 Parte I Estatística Matemática

Resumimos novamente os pressupostos sob os quais deduzimos a lei do limite central. Por um lado, supusemos que as grandezas aleatórias individuais têm uma distribuição com momentos finitos (4.20). Esta restrição pode ser atenuada, considerando que $\overline{s_i}$ e $\overline{s_i^2}$ são finitos. Por outro lado, pressupomos um número suficientemente grande $N \gg 1$ de variáveis aleatórias em que $x = \sum s_i$. A distribuição resultante (4.28) é quantitativamente válida sobre vários desvios padrão $\sigma = \Delta x$ em torno do valor médio. Para grandes valores $|x - \overline{x}|$, a distribuição normal (4.28) e a probabilidade exata (4.21) são ambas muito pequenas em valor absoluto . Assim, neste intervalo, é pequeno o erro absoluto (mas não o relativo).

Exercícios

4.1 Sobreposição de duas distribuições gaussianas

As variáveis aleatórias x e y, independentes uma da outra, satisfazem distribuições gaussianas com valores médios $\overline{x}$ e $\overline{y}$ e desvios padrão Δx e Δy. Calcule a distribuição de probabilidade $P(z)$ para $z = x + y$. Calcule os valores médios $\overline{z}$ und $\overline{z^2}$ e a largura Δz.

4.2 Soma de duas variáveis aleatórias

As variáveis aleatórias x e y, independentes uma da outra, satisfazem as distribuições de probabilidade $P_1(x)$ e $P_2(y)$ com os intervalos de variação das variáveis desde $-\infty$ até ∞. Estas distribuições têm valores médios $\overline{x}$ e $\overline{y}$ e desvios padrão Δx e Δy. De resto, as distribuições $P_1(x)$ e $P_2(y)$ são arbitrárias, em particular podem não ser gaussianas. Determine uma expressão para a distribuição $P(z)$ de probabilidade para $z = x + y$. Calcule os valores médios $\overline{z}$ e $\overline{z^2}$ e a largura Δz.

II Elementos de Física Estatística

5 Postulado Fundamental

Na Parte II, que aqui começa, introduzem-se e discutem-se os conceitos fundamentais da Física Estatística. Em especial, entropia e temperatura são definidas microscopicamente. Estas grandezas são seguidamente relacionadas com grandezas mensuráveis.

A Física Estatística é construída sobre uma suposição relativa a probabilidades de estados microscópicos do sistema considerado. Esta hipótese, o postulado fundamental, é formulada e explicitada neste capítulo.

Microestado

Comecemos por introduzir o conceito *microestado*. Um microestado define-se através da descrição microscópica completa do sistema. Consideramos, como exemplos de tais sistemas, um conjunto de N dados, um gás perfeito e um sistema de spins.

Para um sistema de N dados, um microestado r é definido através da especificação dos N números de pintas,

$$r = (n_1, n_2, \ldots, n_N) \qquad (n_i = 1, 2, ..., 6) . \qquad (5.1)$$

Para N dados, existem 6^N diferentes microestados r.

O sistema físico considerado depende de f graus de liberdade, os quais são descritos pelas coordenadas generalizadas $q = (q_1, ..., q_f)$. A função de Hamilton do sistema, $H(q, p)$, depende destas coordenadas e das correspondentes quantidades de movimento $p = (p_1, ..., p_f)$. Consideremos sistemas fechados para os quais H não depende do tempo. Seja a função de Hamilton igual à energia do sistema. Através da substituição $p \to p_{\mathrm{op}}$, a função de Hamilton é transformada no operador Hamiltoniano $H(q, p_{\mathrm{op}})$. Consideraremos, tanto a descrição quântica, como a descrição clássica de microestados. Começamos com o caso quântico.

Escolhemos como microestados os estados próprios do operador Hamiltoniano. Para um sistema com f graus de liberdade, estes dependem de f números quânticos n_k:

$$\text{microestado:} \quad r = (n_1, n_2, \ldots, n_f) . \qquad (5.2)$$

Parte II Elementos de Física Estatística

Os estados próprios são definidos por $\widehat{H}\,|r\rangle = E_r\,|r\rangle$. Na representação das coordenadas, teremos $H(q, p_{op})\,\psi_r(q, t) = E_r\,\psi_r(q, t)$, onde $\psi_r(q, t)$ é da forma $\varphi_r(q)\exp(-i\,E_r t/\hbar)$. No âmbito da Mecânica Quântica, a função de onda $\psi(q, t)$ constitui a descrição completa do sistema. Assim, a especificação de $\psi(q, t_0)$, num determinado instante t_0, determina a função de onda $\psi(q, t)$ em instantes arbitrários.

Um sistema fechado pode ser encerrado num volume finito. Então, todos os números quânticos são discretos, pelo menos em princípio. Este facto foi pressuposto em (5.2). Cada número quântico pode, por si, assumir muitos valores, os quais podem ser em número finito ou uma infinidade numerável. Assim, por exemplo, o número quântico azimutal m, relativo ao movimento central (função de onda $Y_{lm}(\theta, \phi)$), apenas pode assumir $2l+1$ valores para um valor dado l, pelo contrário, o número quântico l pode assumir um número infinito de valores.

Consideremos dois exemplos de (5.2), o gás perfeito e um sistema de spins. No gás perfeito, movem-se N átomos numa caixa de volume V. A interação entre os átomos é desprezada, de modo que cada átomo se move independentemente dos restantes átomos no interior da caixa. Representemos por p_ν a quantidade de movimento da partícula ν, e as suas componentes cartesianas por $p_{3\nu-2}$, $p_{3\nu-1}$, $p_{3\nu}$. Na totalidade, existem $3N$ componentes cartesianas da quantidade de movimento:

$$p_1, \ldots, p_N := p_1, \ldots, p_{3N} = \ldots, p_{3\nu+j-3}, \ldots, \qquad (5.3)$$

onde ν varia de 1 a N, e j de 1 a 3. Seja a caixa cúbica e tenha um volume $V = L^3$. Uma partícula pode deslocar-se livremente no interior, no entanto, na fronteira a sua função de onda deve anular-se. Desta condição decorre que cada componente da quantidade de movimento apenas pode assumir os valores,

$$p_k = \frac{\pi\hbar}{L}\,n_k \qquad (k = 3\nu + j - 3 = 1, 2, ..., 3N)\,, \qquad (5.4)$$

com $n_k = 1, 2, \ldots$. Assim, o microestado genérico r é indexado por

$$r = (n_1, n_2, \ldots, n_{3N}) \qquad (n_k = 1, 2, 3, ...)\,. \qquad (5.5)$$

Existe um número infinito de microestados r, pois cada número quântico n_k toma os valores $1, 2, \ldots$. No entanto, uma vez fixada a energia, é finito o número de microestados possíveis.

Um exemplo quântico simples, análogo a (5.1), é um sistema de N partículas independentes com spin $1/2$, para as quais apenas os graus de liberdade de spin são considerados. (Este pode ser um modelo adequado para um cristal com um eletrão desemparelhado em cada ponto da rede). Medindo a orientação do spin (considera-se o eixo dos zz), obtém-se a componente do spin $\hbar s_z$, onde s_z toma os valores $+1/2$ ou $-1/2$. Um microestado do sistema de N spins fica, portanto, definido por

$$r = (s_{z,1}, s_{z,2}, \ldots, s_{z,N}) \qquad (s_{z,\nu} = \pm 1/2)\,. \qquad (5.6)$$

Existem 2^N estados possíveis.

Capítulo 5 Postulado fundamental 33

Quando os efeitos quânticos não são importantes, podemos tratar classicamente o sistema considerado. Com essa finalidade definimos, de seguida, microestados clássicos.

Em Mecânica Clássica, o estado de um sistema com coordenadas generalizadas $q_1, ..., q_f$ é definido pela especificação de $2f$ valores para $q_1, ..., q_f$ e $\dot{q}_1, ..., \dot{q}_f$. Isto é válido, tanto para o estado inicial, como para o estado em qualquer outro instante posterior. A especificação de $q_1, ..., q_f$ e $\dot{q}_1, ..., \dot{q}_f$ é equivalente à especificação de $q_1, ..., q_f$ e $p_1, ..., p_f$, onde p_j é a quantidade de movimento generalizada associada a q_j. Podemos, portanto, determinar o microestado de um sistema mecânico através de

$$r = (q_1, ..., q_f, \, p_1, ..., p_f) \qquad \text{(microestado clássico)}. \tag{5.7}$$

Em particular, para o gás perfeito (5.3)–(5.5) o microestado clássico é indexado por

$$r = (\boldsymbol{r}_1, ..., \boldsymbol{r}_N, \, \boldsymbol{p}_1, ..., \boldsymbol{p}_N), \tag{5.8}$$

onde reunimos em vetores as componentes posicionais e das quantidades de movimento.

Espaço das fases

Introduzimos um espaço abstrato com $2f$ dimensões, que é gerado por $2f$ eixos de coordenadas cartesianas correspondentes às grandezas q_i e p_i. Este espaço é denominado *espaço das fases* (figura 5.1). Cada estado r representa um ponto no espaço das fases e, vice-versa, cada ponto representa um estado. Relativamente ao movimento a três dimensões de uma partícula individual, o espaço das fases tem 6 dimensões, para N átomos de um gás o espaço das fases tem $6N$ dimensões.

Em oposição a (5.2), encontram-se grandezas contínuas do lado direito de (5.7). Para um tratamento estatístico, devemos, todavia, contar os estados r, de algum modo. Ora, a especificação exata dos q_i e dos p_i não é necessária nem possível. De acordo com as relações de incerteza, a posição e a quantidade de movimento não podem ser especificadas com precisão superior a

$$\Delta p \, \Delta q \geq \frac{\hbar}{2}, \tag{5.9}$$

em que, por ora, nos limitamos aqui ao caso $f = 1$. Um estado quântico está associado a valores possíveis de posição e de quantidade de movimento, de acordo com (5.9). O estado ocupa, então, uma área da ordem de grandeza $\mathcal{O}(\hbar)$ no espaço das fases. O estudo de sistemas quânticos mais simples (caixa infinita, oscilador unidimensional) mostra que por $2\pi\hbar$ de área do espaço das fases existe precisamente um estado quântico. No espaço das fases a $2f$ dimensões, o volume $(2\pi\hbar)^f$, a $2f$ dimensões, corresponde a um estado. Podemos, portanto, imaginar o espaço das fases dividido em células tais que

$$\text{dimensão de cada célula} = (2\pi\hbar)^f, \tag{5.10}$$

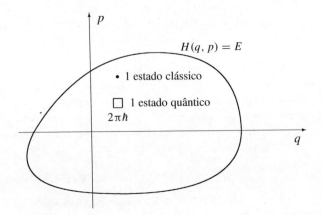

Figura 5.1 Representação do espaço das fases para um sistema unidimensional. Um ponto no espaço das fases, portanto, um par de coordenadas p, q define um microestado clássico. A condição $H(q, p) = E$ representa uma curva que é o lugar geométrico dos estados com energia igual a E. Os pontos no interior desta curva representam estados com energia inferior a E. A cada $2\pi\hbar$ da área do espaço das fases corresponde um estado quântico. O número de estados possíveis com energia menor que E é, então, igual à área da superfície limitada pela curva $H(q, p) = E$, dividida por $2\pi\hbar$.

que contêm apenas um estado (figura 5.1). Podemos enumerar estas células. Assim, tornam-se *contáveis* os estados inicialmente contínuos (5.7).

Historicamente, o espaço das fases foi utilizado, neste contexto, já antes da Mecânica Quântica. Também já se tinha a noção de que o número de estados é proporcional ao volume considerado no espaço das fases. O tamanho de uma célula do espaço das fases (aqui $2\pi\hbar$) ficou, evidentemente, nessa altura, em aberto. Este facto, no entanto, não teve importância, porque os resultados no limite clássico são independentes deste dado.

Macroestado

Em geral, é impossível indicar o microestado efetivo de um sistema de muitas partículas. Assim, o microestado (5.8) de um gás clássico modifica-se continuamente. De resto, o microestado individual, por exemplo, as posições e velocidades de 10^{24} átomos, não tem qualquer interesse. Também entre os microestados quânticos r existem continuamente transições $r \to r'$ entre os numerosos estados de igual energia $E_r = E_{r'}$, para o que bastam perturbações arbitrariamente pequenas. As transições entre microestados ocorrem de modo extremamente rápido. Este comportamento é óbvio para um gás clássico.

Para o sistema físico considerado, não tem interesse definir com precisão os microestados individuais reais nem a sua sequência temporal. É, pelo contrário, relevante quais são os microestados que efetivamente podem ocorrer, e com que peso estatístico. Quando nos limitamos a esta informação, então, descrevemos o

Capítulo 5 Postulado fundamental

estado do sistema pela especificação das probabilidades P_r para os microestados r. O estado do sistema assim determinado é denominado *macroestado*,

$$\text{macroestado: } \{P_r\} = (P_1, P_2, P_3, \ldots) . \tag{5.11}$$

A definição de probabilidade (1.1) pressupõe um grande número M de sistemas idênticos, dos quais M_r ocupam o microestado r:

$$P_r = \lim_{M \to \infty} \frac{M_r}{M} \approx \frac{M_r}{M} . \tag{5.12}$$

Substituímos o limite pela especificação "M suficientemente grande". Ao conjunto dos M sistemas idênticos que determinam os P_r, chama-se ensemble *estatístico*. Diz-se que *o macroestado é representado por um* ensemble *estatístico*. O *ensemble* estatístico é uma construção *conceptual* para a definição dos P_r, portanto, para tratamento estatístico.

Um sistema macroscópico concreto (por exemplo, um gás clássico) encontrar--se-á num determinado instante num determinado microestado (que não é possível nem interessa determinar). O sistema concreto percorre, de algum modo, (que não interessa descrever) todos os microestados possíveis. Então, o sistema estará com determinada probabilidade P_r num microestado r. Nesta representação, é através dos M sistemas, de que necessitamos para (5.12), que um sistema concreto é dado em M diferentes instantes. Em vez disso, podemos também *imaginar* um *ensemble* estatístico constituído por M sistemas idênticos apresentados simultaneamente. Em ambas estas possibilidades introduzimos no capítulo 1 os conceitos de *média temporal* e de *média de* ensemble.

Doravante utiliza-se preferencialmente a *média de* ensemble. O *ensemble* estatístico é, então, o conjunto de um grande número M de sistemas equivalentes, sendo M_r o número de sistemas existentes no estado r. Esclareceremos este conceito, recorrendo a alguns exemplos. Nos capítulos 1 – 4, considerámos, como exemplo, um dado ou uma partícula do gás. Aí o *ensemble* estatístico era um grande número N de dados idênticos ou partículas do gás. Consideraremos agora sistemas de N partículas ou dados. Representaremos o número de sistemas idênticos de muitas partículas por M, como já fizemos em (5.12).

Seja o sistema, a descrever, um conjunto de $N = 10$ dados. Neste caso, o *ensemble* estatístico contém um grande número de conjuntos idênticos de 10 dados. O número deverá ser suficientemente grande a fim de definir a probabilidade P_r de um determinado microestado r. Uma vez que existem 6^N estados diferentes (5.1), o *ensemble* compreenderá $M \gg 6^N$ sistemas idênticos. Por outro lado, a média temporal será obtida através de M lançamentos de um conjunto de N dados.

Para o caso de um recipiente com gás, o *ensemble* estatístico é constituído por um grande número M de recipientes idênticos com gás (igual volume, igual quantidade de gás e igual energia). Como existem muitíssimos microestados, M é tão grande que este *ensemble* só pode existir em idealização. A sua introdução é, assim, conceptualmente necessária a fim de definir as probabilidades P_r. Um sistema individual encontra-se, num determinado instante, num determinado microestado r_0.

36   Parte II Elementos de Física Estatística

Daqui não podem ser calculados os quocientes M_r/M. Em alternativa, poder-se-ia, no entanto, como foi discutido acima, considerar a média temporal de um sistema.

Para a média temporal, a analogia entre o conjunto de dados e o gás é grosseira. Um conjunto de dados tem sempre de ser novamente lançado, enquanto o sistema gás, de certo modo, evolui por ele próprio de microestado para microestado. Nesta medida, pode utilizar-se (5.11) para a descrição de um sistema real individual.

Resumindo: um microestado define o estado microscópico do sistema completamente. Um macroestado, pelo contrário, apenas determina as probabilidades com as quais ocorrem os microestados possíveis.

Formulação do postulado

Começamos por enunciar o postulado fundamental e esclarecer os conceitos assim introduzidos. Seguidamente, determinamos os P_r que resultam do postulado, numa forma adequada como ponto de partida para cálculos mais concretos.

Consideremos sistemas fechados de muitas partículas. Fechado significa que o sistema não interacciona com outros sistemas. O sistema está isolado das suas vizinhanças. Posteriormente, serão consideradas e classificadas possíveis interacções (capítulo 7).

Se se deixar um sistema fechado de muitas partículas entregue a si próprio, as quantidades macroscópicas mensuráveis evoluem para valores que são constantes no tempo. Esta é uma *lei empírica*. A pressão, a temperatura, a densidade ou a magnetização são exemplos de grandezas macroscópicas. O macroestado, no qual as grandezas macroscópicas alcançaram valores constantes, é denominado *estado de equilíbrio* ou, em abreviado, equilíbrio. O estado de equilíbrio é um macroestado particular.

Relativamente ao estado de equilíbrio de um sistema fechado, formulamos o seguinte:

POSTULADO FUNDAMENTAL:

Um sistema fechado em equilíbrio encontra-se
com igual probabilidade em qualquer um dos seus microestados acessíveis.

Este postulado estabelece a ligação entre a estrutura microscópica (os microestados acessíveis r) e as grandezas macroscópicas do estado de equilíbrio (determinadas pelas probabilidades P_r dos microestados r).

O postulado fundamental é uma suposição, sobre a qual a Física Estatística é construída. Esta suposição ou hipótese não pode ser diretamente comprovada. É enorme o número de sistemas equivalentes, necessários para a determinação dos P_r. No entanto, a partir desta hipótese, é possível deduzir resultados que podem ser comprovados empiricamente. A confirmação experimental destes resultados constitui, então, a verificação do postulado fundamental.

No capítulo 41, discute-se a questão da dedução do postulado fundamental a partir de equações fundamentais da Física.

Capítulo 5   Postulado fundamental

Primeiro exemplo

Introduzimos alguns exemplos particularmente simples. Para um conjunto de N dados, cada resultado de um lançamento dos dados constitui um estado acessível. Por isso, o postulado fundamental é equivalente à suposição de que cada um dos 6^N resultados (para dados distinguíveis) é igualmente provável, portanto,

$$P_r = \frac{1}{6^N} \quad \text{para } r \text{ de } (5.1).$$

(5.13)

Para dados construídos simetricamente, esta é uma suposição plausível.

Como exemplo físico simples, consideraremos as orientações dos spins de quatro eletrões num campo magnético. A energia E_r no microestado (5.6) é $E_r = -2\mu_B B \sum s_{z,\nu}$, onde μ_B é o magnetão de Bohr e B é o campo magnético. Admitamos que no estado de equilíbrio considerado (macroestado com grandezas macroscópicas constantes) se tem $E = -2\mu_B B$. Com base nesta informação, concluímos que o sistema pode encontrar-se num dos quatro microestados

$$r = \left(\uparrow, \uparrow, \uparrow, \downarrow \right),\ \left(\uparrow, \uparrow, \downarrow, \uparrow \right),\ \left(\uparrow, \downarrow, \uparrow, \uparrow \right) \text{ ou } \left(\downarrow, \uparrow, \uparrow, \uparrow \right),$$

(5.14)

sendo as orientações dos spins, em $r = (s_{z,1},\ s_{z,2},\ s_{z,3},\ s_{z,4})$, indicadas por meio das setas. O postulado fundamental afirma que

$$P_r = \begin{cases} 1/4 & \text{para } r \text{ da forma } (5.14), \\ 0 & \text{caso contrário.} \end{cases}$$

(5.15)

Neste caso, são acessíveis todos os microestados com a energia indicada. De (5.15) segue-se que é $p = 3/4$ a probabilidade de um spin individual arbitrário estar orientado paralelamente a B.

Determinação dos P_r

Determinemos agora os P_r para o estado de equilíbrio numa forma adequada para futuras aplicações.

Para microestados arbitrários (5.2) ou (5.7), o postulado fundamental pode ser expresso por

$$P_r = \begin{cases} \text{const.} & \text{todos os estados acessíveis,} \\ 0 & \text{todos os outros estados.} \end{cases}$$

(5.16)

Precisaremos seguidamente o significado de "acessível".

Para além das coordenadas e quantidades de movimento, a função de Hamilton do sistema depende, em geral, de uma série de parâmetros x,

$$H = H(q, p; x) = H(q_1, .., q_f, p_1, .., p_f; x_1, x_2, ..., x_n).$$

(5.17)

38   Parte II   Elementos de Física Estatística

Esta forma é válida correspondentemente para o operador Hamiltoniano $H(q, p_{op}; x)$. As grandezas $x = x_1, ..., x_n$ denominam-se *parâmetros externos*. Para um gás, H depende do volume V e do número N de partículas, portanto, depende de $x = (V, N)$. As grandezas que, juntamente com V e N, devem ser consideradas parâmetros externos, dependem do sistema, das condições experimentais, assim como da precisão pretendida. Por exemplo, para a matéria polarizável, um campo elétrico externo é um possível parâmetro externo. Por outro lado, um campo elétrico fraco apenas tem, a maior parte das vezes, uma influência diminuta nas energias dos estados e pode, portanto, não ser tomado em consideração. O campo magnético ou o campo gravítico são outros possíveis parâmetros externos. Para os estados de equilíbrio aqui contemplados, pressupomos parâmetros externos constantes. Variações dos parâmetros externos serão tratadas posteriormente.

O estado de equilíbrio dependerá, em geral, dos parâmetros externos x. Em simultâneo, depende de todas as grandezas que condicionam a acessibilidade dos microestados. Estas são, em particular, todas as constantes do movimento do sistema. Sabe-se da Mecânica Clássica, assim como da Mecânica Quântica, que, para sistemas fechados, a energia E é uma grandeza que se conserva. Por consequência, apenas são acessíveis microestados r para os quais E_r coincide com a energia conservada E. Por outro lado, a quantidade de movimento e o momento angular do sistema são em geral quantidades não conservadas, visto que as condições externas (recipientes ou caixas) quebram as correspondentes simetrias.

As energias dos microestados r

$$E_r = E_r(x) = E_r(x_1, \ldots, x_n),\qquad(5.18)$$

resultam do operador Hamiltoniano $\widehat{H}$ ou da função de Hamilton $H(q, p; x)$. No caso da Mecânica Quântica, os microestados $r = (n_1, ..., n_f)$ são os estados próprios do operador Hamiltoniano, $\widehat{H}(x)|r\rangle = E_r(x)|r\rangle$. As quantidades $E_r(x)$ são os valores próprios do operador Hamiltoniano. Para os microestados clássicos $r = (q, p)$, a energia é dada diretamente pela função de Hamilton, $E_r = H(q, p; x)$.

Para um sistema fechado, a energia total E é uma quantidade que se conserva. Assim, apenas os microestados r, cujos valores da energia E_r coincidem com a energia conservada E do sistema, são *acessíveis* no sentido do postulado fundamental. A energia E apenas pode ser determinada com uma precisão finita δE, onde $\delta E \ll E$, por exemplo, $\delta E = 10^{-5}E$. Denominamos o número de estados entre $E - \delta E$ e E, *função de partição microcanónica* $\Omega(E, x)$,

$$\Omega(E, x) = \sum_{r:\, E - \delta E \,\leq\, E_r(x) \,\leq\, E} 1.\qquad(5.19)$$

Fazendo uma escolha adequada de δE, Ω apenas depende insignificantemente de δE (capítulo 6). A função de partição (5.19) é definida, tanto para microestados

Capítulo 5 Postulado fundamental 39

quânticos, como para microestados clássicos. No caso clássico, cada célula do espaço das fases (5.10) é contada como um estado.

A função de partição Ω é igual ao número de estados acessíveis do sistema fechado. De acordo com o postulado fundamental, são igualmente prováveis todos os $\Omega(E, x)$ estados. Logo

$$
P_r(E, x) = \begin{cases} \dfrac{1}{\Omega(E, x)} & E - \delta E \leq E_r(x) \leq E\,, \\ 0 & \text{caso contrário.} \end{cases} \tag{5.20}
$$

A partir dos P_r e, portanto, a partir de $\Omega(E, x)$, podem ser calculados todos os valores médios estatísticos. O cálculo de $\Omega(E, x)$ resulta dos $E_r(x)$, de acordo com (5.19), portanto, do operador Hamiltoniano ou da função de Hamilton. Assim, é, em princípio, claro como as grandezas macroscópicas (valores médios calculados com os P_r) são deduzidas a partir da estrutura microscópica (descrita por $H(x)$). Este programa será seguidamente explicitado para alguns sistemas simples, principalmente para o gás perfeito.

Define-se o *ensemble* estatístico a partir dos P_r. É constituído por um número M de sistemas suficientemente elevado. Destes sistemas encontram-se $M_r = M P_r$ no estado r. O *ensemble* estatístico aqui considerado é denominado ensemble *microcanónico*. Em termos físicos, este *ensemble* é definido pela condição de o sistema ser fechado. Uma outra condição possível seria a de o sistema se encontrar num banho térmico. Então, é a temperatura e não a energia que é fixada. Introduziremos na Parte IV os correspondentes ensemble*s* estatísticos.

Macroestado e estado de equilíbrio

O sistema físico em consideração é descrito por um Hamiltoniano $H(x)$ que depende de parâmetros externos x. Os macroestados são definidos por probabilidades $\{P_r\} = (P_1, P_2, \ldots)$ dos microestados individuais r.

O equilíbrio de um sistema fechado é um macroestado particular em que os P_r são dados por (5.20).

$$
\text{Estado de equilíbrio: } \{P_r\} \quad \text{com} \quad P_r \overset{(5.20)}{=} P_r(E, x_1, \ldots, x_n) \tag{5.21}
$$

Assim, o estado de equilíbrio é determinado pelas grandezas E e x. Podemos, portanto, também defini-lo por

$$
\text{Estado de equilíbrio: } E, x_1, \ldots, x_n \tag{5.22}
$$

Todas as grandezas macroscópicas que são fixas no estado de equilíbrio denominam-se *grandezas de estado*. A estas correspondem, para já, por um lado E e $x = x_1, \ldots, x_n$, e também todas as grandezas que, no estado de equilíbrio, são

Parte II Elementos de Física Estatística

funções destas grandezas, $y_i = y_i(E, x)$. Em vez de $E, x_1, .., x_n$ o estado de equilíbrio também pode ser determinado por outras $n + 1$ grandezas de estado adequadas $y_1, ..., y_{n+1}$:

$$\text{Estado de equilíbrio: } y_1, \ldots, y_{n+1} \tag{5.23}$$

Assim, o estado de um gás pode ser determinado de uma vez por E, V e N, e de outra vez por T, P e N, onde T é a temperatura e P é a pressão. Estas grandezas serão definidas mais tarde. Denominamos *variáveis de estado* as grandezas de estado assim selecionadas.

Em Termodinâmica, num sentido restrito, não se tomam em consideração os fundamentos microscópicos das grandezas macroscópicas. Além do mais, limitamo-nos, em geral, a estados de equilíbrio. Daí, o conceito de *estado* em Termodinâmica utiliza-se no sentido de (5.24) ou (5.25), isto é, para estados de equilíbrio que são determinados por parâmetros macroscópicos adequados.

A transição da descrição microscópica para a descrição macroscópica implica uma drástica redução do número de variáveis consideradas. Por exemplo, o macroestado de um gás é, em geral, determinado por três quantidades, E, V e N. Para a caracterização do microestado quântico, são, pelo contrário, necessários $f + n$ valores numéricos (com $f \approx 2 \cdot 10^{24}$ para uma mole de um gás monoatómico e $n = 2$ para V e N).

A designação *microscópico* utiliza-se no sentido de (5.21), enquanto que a designação *macroscópico* se refere a (5.22) – (5.25).

Observação final

Finalmente, realce-se mais uma vez a plausibilidade do postulado fundamental. O postulado (5.20) é do mesmo tipo da suposição $p_i = 1/6$ para um dado construído de modo simétrico. Para isso, comparem-se os seguintes enunciados:

- Cada um dos seis estados possíveis de um dado ocorre com igual probabilidade, logo $p_i = 1/6$.

- Cada um dos $\Omega(E, x)$ estados possíveis ocorre com igual probabilidade, portanto, $P_r = 1/\Omega(E, x)$.

Ambas as suposições são plausíveis e simples, desde que nenhum dos estados seja, de algum modo, excepcional. Para um dado, esta hipótese pode, evidentemente, ser comprovada diretamente. Para sistemas de muitas partículas, apenas pode ser comprovada indiretamente, através das suas consequências.

Capítulo 5   Postulado fundamental

Exercícios

5.1 Espaço das fases do oscilador

O oscilador a uma dimensão tem a função de Hamilton

$$H(q, p) = \frac{p^2}{2m} + \frac{m \omega^2 q^2}{2}$$

Qual é a forma da curva $H(q, p) = E$ no espaço das fases? Determine a medida da região do espaço das fases $V_{PR}(E) = \int dq \int dp$, limitada por esta curva. A partir do conhecimento dos valores próprios da energia $E_n = \hbar \omega (n + 1/2)$, obtém-se o número N_E de estados com $E_n \leq E$. Estabeleça a relação entre este número N_E e o volume do espaço das fases $V_{PR}(E)$.

6 Função de partição do gás perfeito

Calcula-se a função de partição Ω para o gás perfeito monoatómico. Os parâmetros externos são, neste caso, como para muitos outros sistemas, o volume V e o número N de partículas.

No operador Hamiltoniano $H = H(q, p_{op}; x)$, suprimiremos seguidamente os argumentos q e p_{op}. Tomamos $x = (V, N)$ para parâmetros externos. Assim, $H = H(V, N)$. O tratamento estatístico de estados de equilíbrio pode ser esquematizado do seguinte modo:

$$H(V, N) \xrightarrow{1.} E_r(V, N) \xrightarrow{2.} \Omega(E, V, N) \xrightarrow{3.} \begin{cases} S = S(E, V, N)\,, \\ E = E(T, V, N)\,, \\ P = P(T, V, N)\,. \end{cases}$$

$$(6.1)$$

Os passos individuais são:

1. Determinação dos valores próprios $E_r(V, N)$ do operador Hamiltoniano $H(V, N)$.

2. Cálculo da função de partição $\Omega(E, V, N)$ a partir dos valores próprios $E_r(V, N)$.

3. Determinação da entropia $S = S(E, V, N) = k_B \ln \Omega(E, V, N)$ e de todas as outras grandezas macroscópicas e relações. A estas relações pertencem em especial a equação de estado calórica $E = E(T, V, N)$ e a equação térmica de estado $P = P(T, V, N)$.

Executamos, seguidamente, o primeiro e o segundo passos para o gás perfeito. Para estes passos, é conveniente classificar os estados em termos da Mecânica Quântica, mesmo que os efeitos quânticos não sejam importantes. O passo 3. será apresentado nos capítulos 9 e 10. Aí serão também definidos novos conceitos.

O operador Hamiltoniano do gás perfeito monoatómico de N partículas é

$$H(N, V) = \sum_{\nu=1}^{N} \left(-\frac{\hbar^2}{2m} \Delta_\nu + U(\boldsymbol{r}_\nu) \right) = \sum_{\nu=1}^{N} h(\boldsymbol{r}_\nu, \boldsymbol{p}_{op,\nu}; V)\,, \qquad (6.2)$$

onde Δ_ν é o operador Laplaciano, $\boldsymbol{r}_\nu$ é a posição e $\boldsymbol{p}_{op,\nu}$ é o operador quantidade de movimento da partícula ν. O potencial $U(\boldsymbol{r}_\nu)$ é nulo no interior de uma região de volume V e infinito no restante espaço, restringindo as partículas à região de volume V. Relativamente ao operador Hamiltoniano de um gás real, são desprezados os seguintes efeitos:

Capítulo 6 Função de partição do gás perfeito

1. Não é tomada em conta a interação das partículas do gás entre si. A um gás sem interações, dá-se a designação de *gás ideal*. Na prática, podem ser desprezadas as interações num gás real se a densidade for baixa e se a temperatura for elevada.

2. Não são tomadas em conta rotações ou vibrações das moléculas do gás. A discussão aplica-se, portanto, a um gás monoatómico.

3. Não são tomados em conta graus de liberdade internos dos átomos. Para a temperatura ambiente, esta é uma aproximação excelente. As energias de excitação próprias de graus de liberdade internos (eletrónicos) são da ordem do eletrão-volt. Uma excitação térmica de tais energias só é possível a temperaturas muito elevadas (da ordem de $10\,000\,^\circ\text{C}$).

Como foi explicitado em (6.2), H é a soma de N operadores de um corpo $h(\nu)$. O problema do operador Hamiltoniano (6.2) reduz-se ao problema quântico de um corpo, "partícula num poço de potencial infinitamente alto". Tal como em (5.3) representamos as quantidades de movimento das partículas por $\boldsymbol{p}_\nu$ e as componentes da quantidade de movimento por $p_k = p_{3\nu+j-3}$. Para maior simplicidade, consideramos um poço de potencial cúbico com $V = L^3$. Então, cada uma das $3N$ componentes cartesianas da quantidade de movimento toma os valores discretos (5.4),

$$p_k = p_{3\nu+j-3} = \frac{\pi\hbar}{L}\, n_k \qquad \text{onde} \quad \begin{cases} \nu = 1, 2, ..., N, \\ j = 1, 2, 3, \\ k = 1, 2, ..., 3N. \end{cases} \tag{6.3}$$

O microestado é dado por (5.5),

$$r = (\dots, n_k, \dots) = (n_1, n_2, \dots, n_{3N}) \qquad (n_k = 1, 2, \dots), \tag{6.4}$$

correspondendo-lhe o valor próprio da energia

$$E_r(V, N) = \sum_{\nu=1}^{N} \frac{\boldsymbol{p}_\nu^2}{2m} = \sum_{k=1}^{3N} \frac{\pi^2 \hbar^2}{2m L^2}\, n_k^2\,. \tag{6.5}$$

O potencial de barreira infinita $U(\boldsymbol{r}_\nu)$, em (6.2), não fornece qualquer contribuição para a energia. Ele somente faz com que a função de onda se anule na fronteira da região. Este comportamento conduz à quantização (6.3) das quantidades de movimento.

A função

$$\Phi(E, V, N) = \sum_{r:\, E_r(V, N)\, \le\, E} 1\,, \tag{6.6}$$

dá-nos o número $\Phi(E)$ de estados, cuja energia é menor ou igual a E. A função de partição microcanónica (5.19) é pois

$$\Omega(E) = \Phi(E) - \Phi(E - \delta E)\,. \tag{6.7}$$

44 Parte II Elementos de Física Estatística

A soma sobre r é uma soma múltipla sobre $n_1, \ldots, n_k, \ldots$. Calculemos as somas individuais na suposição de que para as somas contribuem valores elevados de n_k, sendo, deste modo,

$$\overline{p_k} = \frac{\pi\hbar}{L}\,\overline{n_k} \gg \frac{\pi\hbar}{L} \qquad \text{(limite clássico)} . \tag{6.8}$$

As quantidades de movimento das partículas deverão, pois, ser muito maiores que o valor quântico mínimo $(\Delta p)_{\text{m.q.}} = \pi\hbar/L$, que se obtém pelo facto da partícula estar limitada à caixa. Tendo em conta a indistinguibilidade das partículas, obtém--se, de facto, a condição mais forte $p \gg N^{1/3}\hbar/L$ para o limite clássico (capítulo 30). Para os gases habituais, também esta condição é quase sempre satisfeita. Com efeito, baixando a energia E, um gás de átomos ou moléculas condensa muito antes desta condição deixar de ser satisfeita.

Devido a (6.8), as somas em (6.6) podem ser substituídas por integrais. Em relação aos integrais, permitimos também valores negativos n_k e corrigimos este facto, introduzindo um fator 1/2 em cada integração:

$$\sum_{r\,:\,E_r \leq E} 1 = \underbrace{\sum_{n_1 = 1, 2, \ldots} \cdots \sum_{n_{3N} = 1, 2, \ldots}}_{E_r \leq E} 1 \approx \frac{1}{2^{3N}} \underbrace{\int dn_1 \ldots \int dn_{3N}}_{E_r \leq E} 1 . \tag{6.9}$$

O cálculo desta soma está ilustrado na figura 6.1. Substituímos as variáveis de integração n_k por $p_k = (\pi\hbar/L)\,n_k$. Assim, (6.6) transforma-se em

$$\Phi(E, V, N) = \frac{V^N}{(2\pi\hbar)^{3N}} \underbrace{\int dp_1 \ldots \int dp_{3N}}_{\sum_k p_k^2 \leq 2mE} 1 , \tag{6.10}$$

onde fizemos a substituição $V = L^3$ e usamos (6.5). O fator $V^N = L^{3N}$ pode também ser expresso por integrais nas coordenadas posicionais sobre o espaço acessível (interior da caixa):

$$\Phi(E, V, N) = \frac{1}{(2\pi\hbar)^{3N}} \underbrace{\int dp_1 \ldots \int dp_{3N}}_{\sum_k p_k^2 \leq 2mE} \int_0^L dx_1 \ldots \int_0^L dx_{3N}\, 1$$

$$= \frac{\text{volume do espaço das fases}}{(2\pi\hbar)^{3N}} . \tag{6.11}$$

Este facto mostra que o resultado quântico (6.10) coincide com o resultado clássico (lado direito de (6.11)). Esta conclusão resulta naturalmente de (6.8) implicar o limite clássico.

Calculemos agora (6.10). A integração $\int dp_1 \ldots \int dp_{3N}$ dá o volume de uma esfera a $3N$ dimensões com raio

$$R = \sqrt{2mE} . \tag{6.12}$$

Capítulo 6 Função de partição do gás perfeito

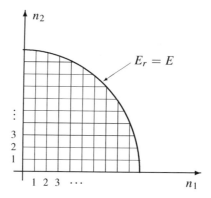

Figura 6.1 Cada ponto de intersecção (de hiperplanos perpendiculares aos eixos) no espaço n_1-n_2-... representa um estado quântico discreto. A energia do estado $r = (n_1, n_2, ...)$ é dada por $E_r = \text{const.} \cdot \sum n_i^2$. Geometricamente $E_r = E = \text{const.}$ representa, então, uma esfera multidimensional no espaço n_1-n_2-.... Na secção indicada, representa um círculo. O número de estados com $E_r \leq E$ é igual ao volume desta esfera, visto que a cada célula unitária corresponde exatamente um ponto de intersecção.

Este volume é proporcional a R^{3N}. A menos de um primeiro fator numérico tem-se,

$$\Phi(E, V) = c\, V^N\, E^{3N/2}. \tag{6.13}$$

Este resultado dá a dependência completa em E e V. Para a determinação da dependência em N, devemos tomar em consideração o primeiro fator associado ao volume da esfera a $3N$ dimensões, assim como outro efeito que será abordado posteriormente (última secção deste capítulo). Por essa razão, não foi aqui apresentado N entre os argumentos de Φ.

Comparemos $\Phi(E)$ com $\Phi(E - \delta E)$, para $3N/2 = 10^{24}$ e $\delta E/E = 10^{-5}$:

$$\begin{aligned}
\Phi(E) &= \text{const.} \cdot E^{10^{24}} = \text{const.} \cdot \left(E - \delta E\right)^{10^{24}} \left(\frac{E}{E - \delta E}\right)^{10^{24}} \\
&= \left(\frac{1}{1 - 10^{-5}}\right)^{10^{24}} \Phi(E - \delta E) \geq \left(\exp\left(10^{-5}\right)\right)^{10^{24}} \Phi(E - \delta E) \\
&= \exp\left(10^{19}\right) \Phi(E - \delta E) \gg \Phi(E - \delta E).
\end{aligned} \tag{6.14}$$

Tem-se, então, de (6.7)

$$\Omega(E, V) \approx \Phi(E, V). \tag{6.15}$$

Para (6.14), o erro relativo desta aproximação é da ordem de 10^{-19}. Este resultado significa que, de facto, Ω não depende de δE.

De (6.15) e (6.13) obtemos a função de partição Ω para o gás perfeito. Consideremos o logaritmo de Ω:

$$\ln \Omega(E, V) = \frac{3N}{2} \ln E + N \ln V + \ln c. \tag{6.16}$$

46 Parte II Elementos de Física Estatística

Ao contrário do próprio Ω, $\ln \Omega$ tem uma dependência moderada na energia E e no volume V. Por esta razão, são, por exemplo, possíveis desenvolvimentos em série de Taylor de $\ln \Omega$. Visto que o próprio Ω é definido como um número sem dimensões, a soma de todos os logaritmos no lado direito de (6.16) é automaticamente o logaritmo de um número sem dimensões.

Dependência em N

A equação (6.16) reproduz a dependência correta em E e V. Para a dependência correta em N, deverão ser tomados em conta os dois pontos seguintes:

1. O volume de uma esfera em $3N$ dimensões com raio $R = \sqrt{2mE}$ (exercício 6.3) é:

$$V_{3N}(R) = \frac{\pi^{3N/2}}{(3N/2)!} R^{3N} \approx a^{3N/2} \left(\frac{R^2}{N} \right)^{3N/2} . \qquad (6.17)$$

O fatorial foi aproximado por $n! \approx (n/e)^n$ (exercício 3.1). Para (6.13), utilizamos $V_{3N} \propto R^{3N}$. Os outros fatores em V_{3N} podem ser tomados em conta em (6.16), através das substituições $E \rightarrow E/N$ e $\ln c \rightarrow N \ln c'$.

2. Átomos da mesma espécie são *indistinguíveis*. Este é um efeito quântico: através da troca das coordenadas de duas partículas arbitrárias, a função de onda adquire meramente um fator $+1$ para bosões (partículas com spin inteiro) e -1 para fermiões (partículas com spin semi-inteiro). A troca de $\boldsymbol{p}_\nu \leftrightarrow \boldsymbol{p}_{\nu'}$ ou

$$n_{3\nu+j-3} \quad \longleftrightarrow \quad n_{3\nu'+j-3} \qquad (\nu, \nu' \text{ arbitrários}, \ j = 1, 2 \text{ e } 3), \qquad (6.18)$$

em $r = (n_1, ..., n_{3N})$ não conduz assim a um estado novo. De cada estado r da forma (6.4) resultam, em geral, por permuta $N!$ estados que são contados em (6.6) como se fossem distintos. Através da substituição

$$\Omega \ \rightarrow \ \frac{\Omega}{N!}, \qquad (6.19)$$

tomamos agora em conta que efetivamente $N!$ estados são iguais. Com $N! \approx (N/e)^N$, somos conduzidos às substituições $V \rightarrow V/N$ e $\ln c \rightarrow N \ln c'$ em (6.16).

Os dois pontos implicam:

$$
\boxed{
\begin{array}{c}
\text{Função de partição do gás perfeito:} \\
\ln \Omega(E, V, N) = \dfrac{3N}{2} \ln \left(\dfrac{E}{N} \right) + N \ln \left(\dfrac{V}{N} \right) + N \ln c ,
\end{array}
}
\qquad (6.20)
$$

com uma constante nova c. A dependência em N, agora completamente explicitada, indica que o logaritmo do número de estados, por átomo, é função logarítmica de V/N e de $(E/N)^{3/2}$. A energia e o volume surgem a dividir pelo número de partículas.

Capítulo 6   Função de partição do gás perfeito

Generalização

Exprimimos a dependência da função calculada $\Omega(E)$, para $f = 3N$ graus de liberdade do sistema, na energia

$$\Omega(E) \propto \left(\frac{E}{N}\right)^{3N/2} \propto \left(\frac{E}{f}\right)^{\gamma f}. \tag{6.21}$$

Nesta forma, a dependência na energia é válida também para outros sistemas com muitos graus de liberdade: se, por exemplo, se multiplicar a energia por um fator 100, teremos à disposição de cada partícula ou de cada grau de liberdade uma energia em média 100 vezes superior. Deste modo, o número de estados alcançáveis por estes graus de liberdade vem multiplicado pelo fator correspondente ($\sim (E/f)^{\gamma}$). O número de estados do sistema no seu todo vem, então, multiplicado por este fator elevado a f.

O pressuposto para a forma (6.21) é, evidentemente, que, para energia mais elevada, surjam sempre mais estados disponíveis. Isto não é válido, em geral, para sistemas de spins. Para N partículas de spin 1/2 num campo magnético B, a energia é $E_r = -2\mu_\text{B} B \sum_\nu s_{z,\nu}$. Então, os possíveis valores da energia situam-se entre $E_\text{min} = -N\mu_\text{B} B$ e $E_\text{max} = N\mu_\text{B} B$. Para estes sistemas, (6.21) apenas é válida no intervalo de energias $\mu_\text{B} B \ll E - E_\text{min} \ll N\mu_\text{B} B$.

Exercícios

6.1   Função exponencial com expoentes muito grandes

Pretende-se desenvolver em série de Taylor, em torno de E_0, a função $f(E) = E^N$, com $N = \mathcal{O}(10^{24})$. Que condição deve ser satisfeita, para que o termo de primeira ordem em $(E - E_0)$ seja pequeno em comparação com o termo de ordem zero? Que se obtém, caso $\ln f(E)$ seja desenvolvido em vez de $f(E)$?

48 Parte II Elementos de Física Estatística

6.2 Função de partição de mistura de gases

Numa caixa de volume V, encontram-se N_1 átomos do gás do tipo 1 e N_2 átomos do gás do tipo 2. Trate o sistema como uma mistura de gases perfeitos monoatómicos e calcule a função de partição Ω.

6.3 Volume da esfera a n-dimensões

Determine o volume

$$V_n(R) = C_n R^n$$

de uma esfera a n dimensões com raio R. Com base neste resultado determine a função de partição $\Omega(E, V, N)$ de um gás ideal.

Sugestão: baseie-se na relação

$$\int_{-\infty}^{\infty} dx_1 \ldots \int_{-\infty}^{\infty} dx_n \, \exp\left(-\sum_{i=1}^{n} x_i^2\right) = \int_0^{\infty} dR \, A_n(R) \, \exp\left(-R^2\right) \quad (6.22)$$

sendo $R^2 = \sum x_i^2$, e $A_n(R) = dV_n/dR$ é a superfície da esfera considerada. Do cálculo dos dois lados obtém-se C_n.

6.4 Sistema ideal de spins

Em cada nó da rede de um cristal, encontra-se um eletrão desemparelhado. Ao spin s_ν (aqui sem o fator $\hbar$) do eletrão ν está associado um momento magnético $\boldsymbol{\mu}_\nu = -2\mu_{\mathrm{B}} s_\nu$ onde $\mu_{\mathrm{B}} = e\hbar/(2mc)$ é o magnetão de Bohr. No campo magnético $\boldsymbol{B}$ uma partícula tem a energia $\varepsilon = -\boldsymbol{\mu} \cdot \boldsymbol{B}$. Relativamente ao campo magnético $\boldsymbol{B} = B\,\boldsymbol{e}_z$, o spin pode orientar-se paralelamente ou antiparalelamente, $s_{z\nu} = \pm 1/2$. Os microestados $r = (s_{z,1}, s_{z,2}, \ldots, s_{z,N})$ têm a energia

$$E_r(B) = 2\mu_{\mathrm{B}} B \sum_{\nu=1}^{N} s_{z,\nu} \quad (6.23)$$

Determine a função de partição $\Omega(E, B)$.

Sugestão: que valor E_n tem a energia, se exatamente n momentos magnéticos estiverem alinhados paralelamente ao campo magnético? Determine o número Ω_n de microestados com energia E_n. Se δE for escolhido tal que no intervalo δE se encontre precisamente um dos valores E_n, tem-se $\Omega(E, B) = \Omega_n$ com $E \approx E_n$. Pressupõe-se $n \gg 1$ e $N - n \gg 1$. Mostre que

$$\ln \Omega(E, B) = -\frac{N}{2}\left(1 - \frac{E}{N\mu_{\mathrm{B}} B}\right) \ln\left(\frac{1}{2} - \frac{E}{2N\mu_{\mathrm{B}} B}\right) - \frac{N}{2}\left(1 + \frac{E}{N\mu_{\mathrm{B}} B}\right) \ln\left(\frac{1}{2} + \frac{E}{2N\mu_{\mathrm{B}} B}\right)$$

$$(6.24)$$

Que alteração se verifica se o intervalo δE abranger vários valores E_n?

7 Primeira lei

Formula-se a lei de conservação da energia para o macroestado de um sistema de muitas partículas. Uma possível variação da energia do sistema vem repartida em calor e trabalho.

Valor médio da energia

Um sistema físico é descrito pelo operador Hamiltoniano ou pela função de Hamilton $H(x)$. Deste modo, ficam determinados os microestados r e as suas energias $E_r(x)$. Para um determinado macroestado (5.22), são dadas as probabilidades P_r e os parâmetros externos x. Deste modo, fica também determinado o valor médio da energia do macroestado:

$$\overline{E_r} = \sum_r P_r \, E_r(x_1, ..., x_n) = \sum_r P_r \, E_r(x) = E \, . \tag{7.1}$$

Mais pormenorizadamente, notamos que:

- O valor médio da energia de um macroestado arbitrário é dado por (7.1), portanto, para P_r arbitrários. Este macroestado pode também ser um estado de não-equilíbrio.

- A fim de aplicarmos (7.1) ao estado de equilíbrio de um sistema fechado, deverão ser introduzidos os $P_r(E, x)$ de (5.20). Então, $\overline{E_r}$ encontra-se entre $E - \delta E$ e E, portanto, na prática, fica em E, pois $\delta E \ll E$. De facto, $\overline{E_r}$ fica também no intervalo $[E - \delta E, E]$ muito próximo de E, porque aí existem muitos mais microestados que próximo de $E - \delta E$, (6.14). Do lado direito de (7.1) encontra-se, portanto, para estados de equilíbrio, a energia E de (5.20).

- Designamos também por E os valores médios $\overline{E_r}$ para macroestados arbitrários (portanto, também para sistemas não fechados ou para estados de não-equilíbrio). Em vez de "valor médio da energia", dizemos simplesmente "energia". Esta energia E é uma grandeza macroscópica (definida no macroestado).

- Na introdução matemática (Parte I), a um valor médio como (7.1) deu-se a designação de $\overline{E}$. Utilizamos a notação alternativa $\overline{E_r}$. A notação $\overline{E}$ evidencia que o valor médio não depende do índice r. A notação $\overline{E_r}$ é, no entanto, mais adequada para a discussão posterior da dependência em x. Esta notação torna claro que é efetuada uma média sobre microestados com energia $E_r(x)$.

50   Parte II Elementos de Física Estatística

Consideremos agora um processo que conduz de um macroestado a a um outro macroestado b. Para isso, pretendemos examinar a variação ΔE do valor médio (7.1) da energia:

$$\Delta E = E_b - E_a \qquad \text{para o processo} \quad a \to b \,. \tag{7.2}$$

Por *processo*, entendemos a transição dum estado inicial para um estado final. O estado a é determinado, de acordo com (5.22), por $P_r(a)$ e x_a. O mesmo vale para b, *mutatis mutandis*. Para o processo com $\Delta E \neq 0$, é necessário um contacto do sistema considerado com as suas vizinhanças, visto que em sistemas fechados a energia seria conservada.

De acordo com (7.1), são possíveis variações de energia, se os parâmetros externos $x = (x_1, ..., x_n)$ se alterarem, ou se se modificarem as ocupações no *ensemble* estatístico (portanto, os P_r). Pelo contrário, as funções $E_r(x)$ permanecem invariantes, visto que resultam da estrutura microscópica do sistema físico descrita por $H(x)$.

Calor e trabalho

A variação de energia $\Delta E = E_b - E_a$ pode ser repartida em duas contribuições. Esta divisão é definida pelas seguintes condições *experimentais* :

1. Transferência de energia com parâmetros externos x constantes.

2. Modificação dos parâmetros externos com simultâneo isolamento térmico do sistema.

O significado destas condições esclarece-se seguidamente com mais pormenor.

No primeiro caso, os parâmetros externos são mantidos constantes. Para um gás, estes são, por exemplo, o volume V e o número N de partículas. Por definição, a energia ΔE, transferida nestas condições, é a *quantidade de calor fornecida ao sistema*, ΔQ,

$$\Delta Q = \Delta E \qquad \text{(parâmetro } x \text{ constante)} \,. \tag{7.3}$$

A quantidade de calor (também denominada calor para abreviar) ΔQ pode ser positiva ou negativa. Para $\Delta Q < 0$, o sistema cede energia. Uma transferência de energia deste tipo pode ocorrer, casualmente, pelo mero contacto do sistema com as vizinhanças, mais quentes ou mais frias (condução de calor), ou através de um aquecimento intencional do sistema, ou por radiação térmica emitida pelo sistema.

Na investigação experimental da transferência de calor, com parâmetros externos constantes, verifica-se que em certas condições ela pode ser impedida. Designamos estas condições por *isolamento térmico* do sistema. Por exemplo, estas condições poderiam ser conseguidas por meio de paredes espessas de esferovite.

Por definição, a variação da energia relativa à variação dos parâmetros externos $x_1,...,x_n$, com simultâneo isolamento térmico (portanto, $\Delta Q = 0$), é o *trabalho*

Capítulo 7   Primeira lei

51

efetuado sobre o sistema ΔW,

$$\Delta W = \Delta E \qquad \text{(isolamento térmico)}. \qquad (7.4)$$

Aqui, o exemplo clássico é o trabalho efetuado durante a compressão de um gás. Neste caso, é modificado o parâmetro externo $x_1 = V$. Para este efeito, é, por exemplo, deslocado o pistão de um cilindro com gás. O trabalho despendido $\Delta W > 0$ aumentou a energia do gás.

A transferência de calor e a realização de trabalho podem ocorrer simultaneamente. Por conseguinte, em geral, temos

$$\boxed{\Delta E = \Delta W + \Delta Q \qquad \text{primeira lei.}} \qquad (7.5)$$

A esta condição damos a designação de *primeira lei*[1]. Para um processo de um sistema fechado, temos $\Delta Q = 0$ e $\Delta W = 0$. A energia do sistema é, então, conservada. Um processo com $\Delta Q = 0$ chama-se *adiabático*[2].

A introdução da classificação (calor ou trabalho) partiu da alternativa "parâmetro constante" ou "parâmetro variável". São, assim, tomadas em conta todas as possíveis transferências de energia. Simultaneamente, a forma alternativa de transferência de energia foi excluída pelas condições experimentais (ou "parâmetros constantes", ou "condições adiabáticas"). Segue-se daqui que deverão ser adicionadas ambas as contribuições.

Discussão microscópica

A primeira lei (7.5) é a equação de balanço da energia para os macroestados do sistema considerado.

A primeira lei é válida para macroestados arbitrários a e b. Por simplicidade, limitamos, no entanto, a discussão seguinte ao caso em que a e b são estados de equilíbrio com os P_r dados por (5.20). Os estados de equilíbrio a e b são completamente determinados por E_a, x_a e E_b, x_b. Na prática, obtêm-se tais estados de equilíbrio isolando o sistema físico do meio exterior antes e depois do processo e deixando o sistema durante algum tempo entregue a si próprio.

O estado inicial a é representado por um *ensemble* constituído por M sistemas idênticos, dos quais $M_r = M P_r$ estão no microestado r. Através da interação com a vizinhança, podem ter lugar transições entre microestados ($r \rightarrow r'$), e os $E_r(x)$ podem variar devido a variações de x. Deste modo, em geral, do *ensemble*

---

[1]Com frequência, ΔW é também definido como o trabalho efetuado pelo sistema (por exemplo, em [5]). Então, tem-se $\Delta E = -\Delta W + \Delta Q$. Parece contudo mais consequente escolher a mesma convenção de sinais (em si arbitrária) para ΔW e ΔQ.

[2]Note-se que, noutros ramos da Física (por exemplo, na teoria das perturbações em Mecânica Quântica) entende-se por "adiabático" o mesmo que "lento em relação ao movimento interno do sistema".

52   Parte II   Elementos de Física Estatística

de equilíbrio obtém-se um *ensemble* de não-equilíbrio. Os estados intermédios são, então, macroestados cujos P_r se afastam de (5.20).

Com base em (7.1), apresenta-se do seguinte modo a divisão (7.5) da primeira lei:

1. Quando temos transferência de calor, permanecem constantes os parâmetros x e, portanto, os valores próprios da energia $E_r(x)$. Então, uma variação de energia $\Delta E \neq 0$ só pode ocorrer da variação dos P_r em (7.1). No *ensemble* de M sistemas idênticos, $M_r = MP_r$ encontram-se no estado r. Uma alteração dos P_r significa que ocorrem transições entre os microestados do *ensemble*. Através da transferência de calor, no *ensemble* estatístico passam a ser mais intensamente ocupados estados com energia mais elevada. Por isso, obtém-se, em geral, P_r que se afastam de (5.20), ou seja, obtêm-se estados de não-equilíbrio. Depois de terminada a transferência de calor, o sistema relaxa novamente para um estado de equilíbrio, o que significa novamente uma variação dos P_r para $P_r(E_b, x_b)$.

   Se o calor for transferido *quase-estaticamente* (portanto, muito lentamente), então, em cada etapa do processo, pode descrever-se o macroestado pelo *ensemble* com os $P_r(E, x)$ dados por (5.20). Neste caso, é sempre de introduzir a energia em cada instante.

2. Quando os parâmetros externos são alterados numa situação de isolamento térmico, modificam-se tanto os E_r como os P_r. Os níveis microscópicos de energia $E_r(x)$ variam devido à sua dependência em x. Além do mais, podem ocorrer transições entre microestados devido à dependência temporal dos parâmetros externos. Destes processos resultam, em geral, P_r que se afastam de (5.20). Uma vez terminada a interação com a vizinhança, o sistema relaxa novamente para um estado de equilíbrio. Isto significa uma repetida alteração dos P_r para $P_r(E_b, x_b)$.

   Num sistema isolado termicamente, ocorrem relações particularmente simples se ocorrer de modo *quase-estático* a variação do parâmetro externo. Neste caso, não ocorrem transições entre diferentes microestados, e em cada fase do processo ocorre novamente um estado de equilíbrio. Neste caso quase-estático, obtém-se a variação da energia a partir da dependência em x de $E_r(x)$ (capítulo 8).

Resumindo: durante a transferência de calor ou durante a realização de trabalho, o sistema encontra-se, em geral, em estados de não-equilíbrio. Neste caso, a nossa discussão permanece qualitativa. Não se procura indicar efetivamente os P_r para estados intermédios. Em particular, para processos quase-estáticos, resultam, no entanto, simplificações substanciais. Então, o sistema percorre macroestados com os $P_r(E, x)$ dados por (5.20), onde deverão ser sempre introduzidos os valores de E e x em cada instante.

Capítulo 7   Primeira lei   53

Exemplos

Para esclarecimento da discussão anterior, consideremos dois processos concretos:

A) Se aquecermos por fora um recipiente cheio de gás, no interior do sistema considerado, irão decorrer fenómenos dependentes do tempo de condução de calor. Por conseguinte, durante a transferência de calor, o sistema não está num estado de equilíbrio. Depois de terminada a transferência de calor e uma vez isolado o sistema, estabelece-se novamente um estado de equilíbrio. Como este estado tem os mesmos valores dos parâmetros externos que o estado inicial, a variação de energia ΔE define a quantidade de calor recebida ΔQ.

B) Se se puxar o pistão de um cilindro cheio com gás, altera-se o parâmetro externo "volume". Quando o pistão for puxado de modo suficientemente lento, o sistema percorre uma sequência de estados de equilíbrio. Pode, no entanto, alterar-se também o volume de um gás sem realização de trabalho (puxar muito rapidamente o pistão ou remover lateralmente uma parede interposta). Em cada caso, temos para um sistema termicamente isolado $\Delta W = \Delta E$.

Classificação das diferenciais

Em vez de processos arbitrários, trataremos, com frequência, variações infinitesimais. Então, de (7.5) tem-se

$$dE = \bar{d}W + \bar{d}Q \qquad \text{primeira lei},\qquad (7.6)$$

onde designamos as grandezas infinitesimais com "d", para a energia, e com "$\bar{d}$", para as quantidades de calor e trabalho. A razão desta distinção é que E é uma grandeza de estado, mas não Q e W.

Grandezas de estado são, segundo o capítulo 5, todas as grandezas macroscópicas que num dado estado de equilíbrio têm valores determinados. Variáveis de estado são aquelas grandezas de estado escolhidas para a caracterização do estado. As variáveis de estado podem ser a energia E e os parâmetros externos $x_1, ..., x_n$, ou $n + 1$ outras grandezas de estado $y_1, ..., y_{n+1}$, (5.24) ou (5.25). Quando os valores próprios da energia são da forma $E_r = E_r(V, N)$, então, E, V e N representam um possível conjunto de variáveis de estado. Experimentalmente é, no entanto, com frequência, mais cómodo caracterizar o estado de equilíbrio através da temperatura T, da pressão P e do número N de partículas.

O calor absorvido pelo sistema e o trabalho efetuado sobre o sistema não são grandezas de estado. Para este fim, consideremos um gás no estado de equilíbrio E_a, V_a e os seguintes processos que conduzem ao mesmo estado final com $E_b = E_a + \Delta E$ e $V_b = V_a$:

1. É fornecido o calor $\Delta Q = \Delta E$.

54   Parte II   Elementos de Física Estatística

2. Pelo movimento oscilatório do pistão com velocidade finita é transferida para
   o gás a energia $\Delta W = \Delta E$. A posição final do pistão deverá coincidir com
   a posição inicial. (Este exemplo é considerado quantitativamente na última
   parte do capítulo seguinte, figura 8.3.)

Neste exemplo, são dados os estados inicial e final. Assim, fica fixa a variação ΔE
da grandeza de estado E. Porém, os estados inicial e final não determinam, no processo $a \rightarrow b$, as quantidades de trabalho e calor intervenientes. Por esse motivo, o
trabalho e calor não são grandezas de estado.

Um outro exemplo é um ciclo que, de um estado de equilíbrio a passando por
outros estados, conduz novamente a a. Para uma quantidade fixa de gás, um processo deste tipo é discutido na figura 19.3. Visto que a energia é uma grandeza de
estado, tem-se $\oint dE = 0$. Por outro lado, $\oint đQ$ e $\oint đW$ são diferentes de zero.

Resumindo: a energia $E = E(y_1, ..., y_{n+1})$ é uma grandeza de estado. Portanto,
também a diferencial total $dE = \sum (\partial E / \partial y_i) \, dy_i$ é definida. As grandezas W ou
Q não são grandezas de estado. As diferenciais dW e dQ não são exatas. Por este
motivo, variações infinitesimais de W ou Q não são designadas pelos símbolos dW
e dQ, mas antes por $đW$ e $đQ$.

8 Processo quase-estático

Estuda-se como se altera a energia (7.1) num processo quase-estático. Deste modo, é-se conduzido à definição de força generalizada. Discutem-se em pormenor a expansão dum gás perfeito e a correspondente força generalizada (pressão).

Um processo é denominado *quase-estático* (q.e.), quando o sistema percorre uma sequência de estados de equilíbrio.

À escala temporal na qual ocorrem as modificações (por exemplo, variações dos parâmetros externos ou uma transferência de calor) damos a designação de τ_{exp}. Por outro lado, designamos por τ_{relax} o tempo que o sistema necessita para regressar novamente a um estado de equilíbrio, depois de uma alteração brusca. A condição para que um processo seja "quase-estático" é satisfeita no caso limite $\tau_{\text{exp}}/\tau_{\text{relax}} \rightarrow \infty$, ou seja, para um processo "infinitamente lento". Um processo é aproximadamente quase-estático, quando ocorre tão lentamente que se verifica que $\tau_{\text{exp}} \gg \tau_{\text{relax}}$. A condição $\tau_{\text{exp}}/\tau_{\text{relax}} \rightarrow \infty$, é discutida neste capítulo no caso da expansão de um gás, e na última secção do capítulo 9 é discutida noutros exemplos.

Para um processo quase-estático, tem-se:

1. Durante uma modificação dos parâmetros externos e/ou durante uma transferência de calor, estabelece-se sempre de novo um estado de equilíbrio. O sistema percorre uma sequência de estados de equilíbrio.

2. A modificação dos parâmetros externos x_i não causa qualquer transição entre os microestados do sistema. Em Mecânica Quântica, a probabilidade de transição $r \rightarrow r'$ por unidade de tempo é proporcional a $\dot{x}_i^2$, sendo, portanto, arbitrariamente pequena para uma modificação quase-estática dos x_i. A função de onda $\psi_r(q; x)$ e a energia $E_r(x)$ adaptam-se continuamente às modificações dos x_i.

Exemplo de um processo quase-estático é o puxar lento do pistão dum cilindro termicamente isolado e cheio com gás, figura 8.1. O parâmetro externo é aqui a posição do pistão, $x_1 = L$. A velocidade do pistão é $\dot{x}_1 = dL/dt$. Ao valor médio do módulo da velocidade das partículas do gás damos a designação de $\bar{v}$. A condição $\tau_{\text{exp}}/\tau_{\text{relax}} \rightarrow \infty$ para que um processo seja "quase-estático" transforma-se, neste caso, em $|\dot{x}_1|/\bar{u} \rightarrow 0$. Os efeitos não-quase-estáticos são proporcionais a $\dot{x}_1/\bar{v}$.

Consideremos agora um processo quase-estático no qual se modifica o parâmetro x_1, e os restantes parâmetros $x_2, ..., x_n$ permanecem constantes. Não excluímos

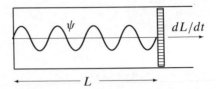

Figura 8.1 A propósito de uma expansão quase-estática. No gás perfeito, o movimento de cada átomo individual é descrito pela função de onda ψ. Quando o pistão se move, no volume de gás considerado, com velocidade dL/dt suficientemente pequena, permanecem inalterados os números quânticos do estado ψ. Como consequência, o comprimento de onda modifica-se proporcionalmente ao comprimento L do cilindro. Daqui resulta a variação da energia do gás durante a expansão quase-estática.

que, durante o processo, também tenhamos transferência de calor. Calculemos a variação de energia E a partir de (7.1):

$$dE = d\sum_r P_r E_r(x_1, x_2, ..., x_n) = \sum_r dP_r E_r + \sum_r P_r \frac{\partial E_r}{\partial x_1} dx_1$$

$$\stackrel{\text{(q.e.)}}{=} đQ_{\text{q.e.}} + \overline{\frac{\partial E_r}{\partial x_1}} dx_1 = đQ_{\text{q.e.}} + đW_{\text{q.e.}}. \tag{8.1}$$

Para um processo quase-estático (q.e.), designamos por $đW_{\text{q.e.}}$ e $đQ_{\text{q.e.}}$ as quantidades infinitesimais de trabalho e calor. Da primeira lei decorre a igualdade entre dE e $đQ_{\text{q.e.}} + đW_{\text{q.e.}}$. As igualdades entre $đW_{\text{q.e.}}$ e $\sum P_r (\partial E_r/\partial x_1) dx_1$ e entre $đQ_{\text{q.e.}}$ e $\sum dP_r E_r$ são justificadas pelas seguintes considerações. O sistema permanece no mesmo estado quântico quando é efetuada uma modificação quase-estática do parâmetro x_1. Donde dx_1 conduz apenas a uma variação $dE_r = (\partial E_r/\partial x_1) dx_1$ do valor da energia E_r, mas não a uma modificação da probabilidade $P_r = M_r/M$. Portanto, o trabalho $đW_{\text{q.e.}}$ associado a dx_1 não origina qualquer contribuição para $\sum dP_r E_r$. Por outro lado, $đQ_{\text{q.e.}}$ não contribui para o segundo termo ($\propto dx_1$), pois $đQ$ foi definido como a energia transferida com os parâmetros externos constantes.

O valor médio $\overline{\partial E_r/\partial x_1}$ é calculado com os $P_r(E, x)$ relativos ao estado de equilíbrio. Por hipótese, o sistema percorre uma sequência de tais estados. Para um processo finito (por exemplo, para o cálculo de $\Delta W_{\text{q.e.}} = \int đW_{\text{q.e.}}$), são inseridos em $P_r(E, x)$ os valores instantâneos de E e x, respectivamente.

Definimos por

$$\boxed{X_i = -\overline{\frac{\partial E_r(x_1, ..., x_n)}{\partial x_i}} \qquad \text{força generalizada.}} \tag{8.2}$$

a *força generalizada* X_i associada ao parâmetro x_i. O sinal menos é uma convenção. Para a escolha explicitada do sinal, a força generalizada associada ao volume $x_1 = V$ é igual à pressão, $X_1 = P$. Como valor médio, poderia também dar-se

Capítulo 8 Processo quase-estático   57

a designação $\overline{X_i}$ à força generalizada. Tal como para a energia $(E = \overline{E} = \overline{E_r})$ e outras quantidades macroscópicas, suprimiremos, no entanto, as barras.

Os $E_r(x_1, ..., x_n)$, aqui considerados, são os valores próprios dos estados quânticos r pois, apenas nestes estados, não ocorrem transições em transformações quase-estáticas. Portanto, a equação (8.1) e a definição (8.2) apenas são aplicáveis aos estados quânticos r. Uma vez que a Mecânica Quântica contém, como caso limite, a Mecânica Clássica, esta restrição é apenas uma limitação prática mas não uma limitação de princípio. No capítulo 10, é obtida, a partir de (8.2), uma relação direta entre as forças generalizadas e $\ln \Omega(E, x)$, que é, então, diretamente aplicável a sistemas clássicos.

De (8.1) e (8.2) decorre $\mathit{d}W_{\text{q.e.}} = -X_1\, dx_1$. Caso sejam modificados vários parâmetros externos, $(\partial E_r/\partial x_1)\, dx_1$ em (8.1) deverá ser substituído por $\sum_i (\partial E_r/\partial x_i)\, dx_i$ e obtém-se

$$\boxed{\mathit{d}W_{\text{q.e.}} = -\sum_{i=1}^{n} X_i\, dx_i \,.} \tag{8.3}$$

Deste modo, as forças generalizadas X_i são, por definição, grandezas mensuráveis (a medida do trabalho e dos parâmetros externos supõe-se conhecida).

O exemplo habitual de uma força generalizada é a pressão, o qual será discutido seguidamente em pormenor. Outro exemplo simples é um sistema composto de partículas independentes de spin 1/2 num campo magnético $x_1 = B$. Para os microestados definidos em (5.6), tem-se a energia E_r

$$E_r = -2\mu_{\text{B}} B \sum_{\nu=1}^{N} s_{z,\nu}\,, \tag{8.4}$$

onde $s_{z,\nu}$ toma os valores $\pm 1/2$. A força externa

$$X_1 = -\,\overline{\frac{\partial E_r}{\partial B}} = 2\mu_{\text{B}} \overline{\sum_{\nu} s_{z,\nu}} = 2N\mu_{\text{B}}\,\overline{s_z} = VM\,, \tag{8.5}$$

é igual ao momento magnético médio de todas as partículas. Designa-se por M a magnetização (momento magnético por unidade de volume).

Pressão

Consideremos um gás num recipiente cilíndrico com um pistão móvel, figura 8.1. O parâmetro externo variável é a posição L do pistão. O gás exerce uma força F sobre o pistão. Para o deslocamento dL do pistão, é realizado o trabalho

$$\mathit{d}W_{\text{q.e.}} = -F\, dL = -\frac{F}{A} A\, dL = -P\, dV\,. \tag{8.6}$$

Parte II Elementos de Física Estatística

Aqui pode-se introduzir, como parâmetro externo, o volume V em vez de L. A força generalizada é, então, igual à *pressão* $P = F/A = $ força/área.

Pela definição (8.6) a pressão é uma grandeza mensurável. Para o cálculo microscópico da pressão, consideremos (8.3) e (8.2), escolhendo para o parâmetro externo $x_1 = V$:

$$\bar{d}W_{\text{q.e.}} = -X_1\, dx_1 = \frac{\overline{\partial E_r(V)}}{\partial V}\, dV\,. \qquad (8.7)$$

Comparando com (8.6), decorre

$$\boxed{P = -\frac{\overline{\partial E_r(V)}}{\partial V}} \qquad \text{pressão,} \qquad (8.8)$$

sendo esta a definição microscópica da pressão. Para um gás, a pressão é sempre positiva. Um aumento de volume ($dV > 0$) significa, portanto, que o sistema efetua trabalho ($\bar{d}W_{\text{q.e.}} < 0$).

A relação $\bar{d}W_{\text{q.e.}} = -P\, dV$ é independente da forma do volume. Visto que no estado de equilíbrio a pressão é a mesma em toda a parte, cada pequeno deslocamento da superfície conduz a uma contribuição $P\, \delta v$, onde $\sum \delta v = dV$. Assim, a definição (8.8) da pressão não está limitada à geometria particular da figura 8.1.

Discute-se em pormenor, na seguinte secção, o estabelecimento da pressão para um gás perfeito. Completamos a definição quântica (8.8), através do correspondente quadro clássico. Os dois tratamentos são comparados sumariamente de seguida:

1. Gás perfeito quântico: num processo quase-estático, não é modificado r e, portanto, também não são alterados os números quânticos $n_1, ..., n_{3N}$. Um deslocamento do pistão para o interior do cilindro, mantendo inalterado o número $n_i - 1$ de nodos, aproxima os nodos da função de onda de uma partícula (figura 8.1). Assim, aumenta a quantidade de movimento e a energia da partícula. Tem de ser efetuado trabalho sobre o sistema. O cálculo efetua-se segundo (8.8).

2. Gás perfeito clássico: a reflexão de uma partícula no pistão em movimento aumenta (baixa) a velocidade da partícula, quando o pistão se desloca lentamente para o interior (exterior), figura 8.2. Daqui se obtém $\bar{d}W_{\text{q.e.}} = -P\, dV$. Pelo contrário, a fórmula (8.8) não é aplicável de imediato, visto que se refere a estados quânticos r.

Pressão do gás perfeito

Tratamento quântico

Calculemos (8.8) para o gás perfeito. Com esse fim, consideremos um volume com forma de um paralelipípedo, sendo L_1, L_2 e L_3 os comprimentos das arestas. Como

Capítulo 8 Processo quase-estático   59

parâmetro externo variável, fixemos o comprimento da aresta $x_1 = L_1$. Um estado microscópico r para N partículas do gás é definido por (6.4),

$$ r = (n_1, \ldots, n_{3N}) = (\ldots, n_{3v+j-3}, \ldots) \, . \tag{8.9} $$

O índice v da partícula varia de 1 a N, o índice j varia de 1 a 3. A quantidade de movimento $\boldsymbol{p}_v := (p_{3v-2}, p_{3v-1}, p_{3v})$ da partícula v tem componentes:

$$ p_{3v+j-3} = \frac{\pi \hbar}{L_j} \, n_{3v+j-3} \, . \tag{8.10} $$

A energia do estado (8.9) é

$$ E_r = \sum_{v=1}^{N} \frac{\boldsymbol{p}_v^2}{2m} = \sum_{v=1}^{N} \sum_{j=1}^{3} \frac{\hbar^2 \pi^2}{2m L_j^2} \left(n_{3v+j-3} \right)^2 \, . \tag{8.11} $$

Durante uma variação quase-estática de $x_1 = L_1$ tem-se, de acordo com (8.3),

$$ {\mathchar'26\mkern-12mu d} W_{\text{q.e.}} = \overline{\frac{\partial E_r}{\partial L_1}} \, dL_1 = -\frac{2}{L_1} \overline{\sum_{v=1}^{N} \frac{\hbar^2 \pi^2}{2m L_1^2} \left(n_{3v-2} \right)^2} \, dL_1 \, . \tag{8.12} $$

No equilíbrio, são igualmente prováveis todos os estados possíveis. Devido a isto, são, em particular, igualmente prováveis todas as possíveis orientações da quantidade de movimento de uma partícula arbitrária. Decorre daqui que a energia cinética média de translação é igual para as três orientações espaciais, logo

$$ \overline{\sum_{v=1}^{N} \frac{\hbar^2 \pi^2}{2m L_1^2} \left(n_{3v-2} \right)^2} = \frac{1}{3} \sum_{j=1}^{3} \overline{\sum_{v=1}^{N} \frac{\hbar^2 \pi^2}{2m L_j^2} \left(n_{3v+j-3} \right)^2} = \frac{1}{3} \overline{E_r} = \frac{E}{3} \, . \tag{8.13} $$

Esta média implica que se volta a estabelecer um novo estado de equilíbrio na sequência de cada deslocamento do pistão. Para esse fim, devem ser considerados implicitamente processos de interação entre as partículas – os quais, de outro modo, no modelo do gás perfeito, são desprezados. Este aspecto será discutido mais em pormenor no âmbito do tratamento clássico.

Tendo em conta (8.13), obtém-se de (8.12)

$$ {\mathchar'26\mkern-12mu d} W_{\text{q.e.}} = -\frac{2}{L_1} \frac{E}{3} \, dL_1 = -\frac{2}{3} \frac{E}{V} \, dV \, . \tag{8.14} $$

Numa variação finita do volume, é introduzido em cada fase do processo o valor instantâneo de E/V. A dedução de (8.14) não exclui que também seja fornecido calor durante o processo. Visto que a média pressupõe estados de equilíbrio, também este calor deverá, no entanto, ser fornecido de modo quase-estático.

Para a pressão P, definida microscopicamente por (8.8), obtemos, de (8.14),

$$ P = \frac{2}{3} \frac{E}{V} \qquad \text{(gás perfeito)} \, . \tag{8.15} $$

A pressão foi aqui determinada a partir da variação da energia. Através de uma variação quase-estática do volume, permanecem constantes os números quânticos. Então, as quantidades de movimento comportam-se como $p_{3v-2} \propto 1/L_1$. Isto implica $dE = d̄W_{q.e.} \propto -dV$, sendo a pressão o coeficiente de proporcionalidade.

Calculamos, neste exemplo, a força generalizada X_i a partir da estrutura microscópica do sistema, por conseguinte a partir de $E_r(x)$.

Tratamento clássico

Para uma dedução clássica direta da pressão P, partimos da figura 8.2. A reflexão de um átomo na parede em movimento eleva a energia cinética quando há diminuição do volume, e reduz a energia cinética quando há aumento do volume. Calculemos esta variação da energia.

No sistema do laboratório, SL, o recipiente com gás encontra-se em repouso, o pistão move-se com velocidade $u\,e_1$ e uma partícula arbitrária move-se com $v = \sum v_i\,e_i$. Para um tratamento simples da reflexão, passamos transitoriamente para o sistema em repouso do pistão, SR ($u' = 0$). No SR, move-se uma partícula com velocidade (v'_1, v'_2, v'_3) em direção ao pistão ($v'_1 > 0$). Depois de uma reflexão elástica, ela tem, então, velocidade $(-v'_1, v'_2, v'_3)$. Voltamos agora de SR para SL. Formalmente, esta é uma transformação de Galileu com velocidade $-u\,e_1$. De $v'_1 \to -v'_1$ no SR tem-se $v'_1 + u \to -v'_1 + u$ no SL. Com $v_1 = v'_1 + u$, obtém-se, então,

$$(v_1,\ v_2,\ v_3) \xrightarrow{\text{reflexão}} \left(-(v_1 - 2u),\ v_2,\ v_3\right). \tag{8.16}$$

Havendo uma reflexão, modifica-se a energia cinética $\varepsilon = m v^2/2$ da partícula de

$$\Delta\varepsilon = -2m v_1 u + 2m u^2 \qquad (\text{uma reflexão, } v_1 > 0). \tag{8.17}$$

O tempo entre duas reflexões da partícula é $\Delta t = 2L/v_1$. Durante esse tempo o pistão desloca-se de $\Delta L = u\,\Delta t$. Assim, tem-se

$$\frac{\Delta L}{L} = \frac{2u}{v_1} \qquad (\text{partícula refletida uma vez}). \tag{8.18}$$

Este deslocamento é pequeno, $|\Delta L|/L = 2|u|/v_1 \ll 1$. De (8.17), (8.18) e $\varepsilon_1 = m v_1^2/2$ decorre

$$\Delta\varepsilon = -2\,\varepsilon_1\,\frac{\Delta L}{L} + 2\,\varepsilon_1\,\frac{u}{v_1}\,\frac{\Delta L}{L} \overset{(\text{q.e.})}{=} -2\,\varepsilon_1\,\frac{\Delta L}{L}. \tag{8.19}$$

O último passo é válido no limite quase-estático $u/v_1 \to 0$. O termo que aí foi desprezado será considerado na seguinte secção. Este termo conduz a correções não quase-estáticas.

Para um gás de N partículas, ocorrem N reflexões durante o deslocamento ΔL de (8.18). Fazemos uma média sobre todas as N partículas ou reflexões. No limite quase-estático, o sistema percorre uma sequência de estados de equilíbrio. Assim,

Capítulo 8   Processo quase-estático

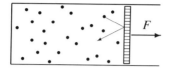 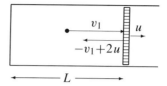

Figura 8.2 Através da reflexão no pistão cada partícula transfere um impulso que é igual a menos a variação da sua quantidade de movimento. A média temporal sobre muitos impulsos traduz-se numa força F (praticamente constante) aplicada no pistão (parte esquerda). Para a determinação desta força, calcula-se a variação de energia da partícula refletida, quando o pistão se move com velocidade $u = dL/dt$ (parte direita). Para uma partícula arbitrária, indica-se como se altera a velocidade v_1 através de uma reflexão no pistão.

tem-se $\overline{\Delta \varepsilon} = \Delta \overline{\varepsilon}$ e $\overline{\varepsilon_1} = \overline{\varepsilon}/3$. Depois de calculada a média, dividimos (8.19) por $\overline{\varepsilon}$ e introduzimos a energia $E = N \overline{\varepsilon}$:

$$\frac{dE}{E} = -\frac{2}{3}\frac{dL}{L} = -\frac{2}{3}\frac{dV}{V}. \tag{8.20}$$

Aqui, substituímos ΔE e ΔL por dE e dL. Para $N \sim 10^{24}$, ocorrem ainda muitas colisões, mesmo para dL muito pequeno. A variação da energia devida à variação quase-estática de um parâmetro externo é igual ao trabalho fornecido:

$$dE = đW_{\text{q.e.}} = -\frac{2}{3}\frac{E}{V} dV. \tag{8.21}$$

Esta conclusão está de acordo com o resultado quântico (8.14).

Num gás real, ocorrem continuamente choques entre as partículas do gás. Estes choques são implicitamente pressupostos na nossa dedução. Se não ocorressem choques no gás, o movimento do pistão conduziria apenas a uma variação da energia cinética na direção e_x. Deste modo, ocorreria um estado de não-equilíbrio. No entanto, ao fazermos a média de (8.19) pressupusemos um estado de equilíbrio (por exemplo, ao termos utilizado $\overline{\varepsilon_1} = \overline{\varepsilon}/3$). Tal estado de equilíbrio ocorre através dos choques entre as partículas.

Para obtermos (8.18), atuamos como se a partícula escolhida ao acaso percorresse com velocidade constante a distância $2L$. No entanto, num gás real ocorrem colisões mesmo que os trajetos sejam muito curtos. No ar, em condições normais, um percurso livre médio é da ordem de $\lambda \approx 10^{-7}$ m. Isto, no entanto, não altera o *número de reflexões* no pistão. O número de reflexões em cada intervalo de tempo apenas depende, no entanto, da densidade e da distribuição de velocidades nas vizinhança imediata do pistão. Estas grandezas são independentes de λ.

Variação de volume não-quase-estática

Calculemos os efeitos não-quase-estáticos que ocorrem durante uma variação de volume, a qual ocorre com velocidade finita (figura 8.3). Este é um exemplo parti-

62 Parte II Elementos de Física Estatística

cularmente transparente para o esclarecimento da condição para que um processo seja "quase-estático". O pistão que encerra o gás deverá oscilar:

$$L = L_0 + A \sin(\omega t) \qquad (A \ll L_0),$$

$$u = \frac{dL}{dt} = A \omega \cos(\omega t) \qquad (A \omega \ll \overline{v}). \tag{8.22}$$

Tal como em (8.16), consideremos a reflexão de uma partícula. Calculemos a respectiva variação de energia (8.19)

$$\Delta \varepsilon = -2 \varepsilon_1 \frac{\Delta L}{L} + 2 \varepsilon_1 \frac{u}{v_1} \frac{\Delta L}{L}. \tag{8.23}$$

No limite quase-estático, anula-se o segundo termo. Calculemos agora, à custa deste termo, as correções não-quase-estáticas. Para tal, façamos novamente a média sobre as N partículas do gás ou sobre N reflexões no pistão, pressupondo um movimento lento do pistão, $|u| \ll \overline{v}$. Então, os estados que ocorrem durante o processo não estão muito afastados do equilíbrio. Isto é suficiente para que, no seguinte desenvolvimento, seja possível calcular as médias. No entanto, o sistema apenas percorre estados exatamente de equilíbrio quando $u/\overline{v} \to 0$.

Para $v_1 > 0$, obtemos $\overline{\varepsilon_1/v_1} = m \, \overline{v_1}/2 \approx \overline{\varepsilon_1}/\overline{v} = \overline{\varepsilon}/(3 \, \overline{v})$. Um tratamento mais exato daria um fator adicional $\mathcal{O}(1)$. De resto procedemos como ao passar de (8.19) para (8.20). Assim, a média sobre (8.23) conduz a

$$\frac{dE}{E} = \underbrace{-\frac{2}{3} \frac{dL}{L}}_{\text{reversível}} + \underbrace{\frac{2}{3} \frac{u}{\overline{v}} \frac{dL}{L}}_{\text{irreversível}}. \tag{8.24}$$

Integramos esta quantidade desde $t = 0$ até $t = 2\pi/\omega$, portanto, sobre um período de oscilação do pistão:

$$\ln \left(\frac{E(2\pi/\omega)}{E(0)} \right) = -\frac{2}{3} \left(\ln \frac{L(2\pi/\omega)}{L(0)} \right) + \frac{2}{3\overline{v}} \int_0^{2\pi/\omega} dt \, \frac{u(t)^2}{L(t)}. \tag{8.25}$$

Os termos dE/E e dL/L foram integrados diretamente. No último termo, foi introduzido $dL = u \, dt$.

O primeiro termo no lado direito de (8.25) anula-se devido a $L(2\pi/\omega) = L(0)$ O termo $(-2/3) \, dL/L$ em (8.24) aumenta, com efeito, a energia do gás na fase de compressão. No entanto, na fase de expansão, a energia diminui da mesma quantidade. Este facto explica a designação "reversível".

O segundo termo do lado direito de (8.25) conduz a uma variação de energia $\Delta E_{\text{irrev}}^{(1)} = E(2\pi/\omega) - E(0)$, onde o índice superior de $\Delta E_{\text{irrev}}^{(1)}$ indica o número de períodos de oscilação. Uma vez que é pequena a variação de energia, tem-se $\ln (1 + \Delta E_{\text{irrev}}^{(1)}/E(0)) \approx \Delta E_{\text{irrev}}^{(1)}/E$. Obtemos

$$\frac{\Delta E_{\text{irrev}}^{(1)}}{E} \approx \frac{2}{3\overline{v}} \int_0^{2\pi/\omega} dt \, \frac{A^2 \omega^2 \cos^2 \omega t}{L_0} = \frac{2\pi}{3} \frac{A \omega}{\overline{v}} \frac{A}{L_0}. \tag{8.26}$$

Capítulo 8 Processo quase-estático

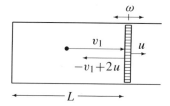

Figura 8.3 Um gás perfeito clássico encontra-se encerrado por um pistão que oscila para um lado e para o outro, $L = L_0 + A \sin(\omega t)$. Para uma velocidade finita do pistão, a energia do gás é, gradualmente, aumentada. O sistema está termicamente isolado.

No integral, introduzimos $L(t) \approx L_0$. Desprezamos, portanto, termos de ordem de grandeza relativa $A/L_0 \ll 1$. Relativamente ao integral que resta, tem-se $\int dt \cos^2 \omega t = \pi/\omega$.

Calculemos (8.26) com as seguintes suposições: o gás é ar à temperatura ambiente, tendo-se, então, $\bar{v} \approx 400 \, \text{m/s}$. O pistão oscila com velocidade $A\omega = 20 \, \text{cm/s}$ e amplitude $A = L_0/10$. Então, ao fim de 100 oscilações, a energia do gás E é aumentada de 1%,

$$\frac{\Delta E_{\text{irrev}}^{(100)}}{E} \approx 0.01 \,. \tag{8.27}$$

A energia E consiste na energia cinética (desordenada) das moléculas do gás. Neste processo, é transformado trabalho (movimento do pistão) em calor. Um processo deste tipo é irreversível. O calor não pode novamente (pelo menos na sua totalidade) ser transformado em trabalho. O aumento da energia provém do termo em (8.24) designado "irreversível". Para assinalar este facto, foi utilizado em (8.26) e (8.27) o índice "irrev". Efeitos irreversíveis adicionais são obtidos por meio do atrito do pistão nas paredes do recipiente.

Formalmente, a irreversibilidade intervém no modo de calcular do procedimento para a média, ao passar de (8.23) para (8.24). Ao calcular a média, supõe-se que o aumento da energia, devido ao segundo termo em (8.23), se distribui regularmente por todos os graus de liberdade. Esta função é desempenhada nos gases reais pelas colisões.

A classificação aqui considerada reversível/irreversível é generalizada no capítulo 12 a processos arbitrários. Aí se discute mais pormenorizadamente a assim chamada reversibilidade/irreversibilidade de processos quase-estáticos/não-quase--estáticos.

A energia $\Delta E_{\text{irrev}}^{(1)}$ é fornecida ao gás durante um período de oscilação com duração $T = 2\pi/\omega$, donde se segue

$$\frac{dE_{\text{irrev}}}{dt} = \Delta E_{\text{irrev}}^{(1)} \frac{\omega}{2\pi} \propto A^2 \omega^2 \propto \left(\frac{dL}{dt}\right)^2 \,. \tag{8.28}$$

Numa teoria das perturbações em Mecânica Quântica, a dependência no tempo do parâmetro $x(t)$, em $H(x(t))$, conduz a probabilidades de transição, por unidade de tempo, que são proporcionais a $(dx/dt)^2$. Estas transições conduzem a uma variação de energia irreversível por unidade de tempo, a qual é proporcional a $(dx/dt)^2$. Nesta medida, o resultado (8.28) representa uma grande classe de processos.

64 Parte II Elementos de Física Estatística

Recapitulando, observamos:

- A reversibilidade exata apenas é válida no caso limite $dx/dt \to 0$.

Esta situação corresponde, simultaneamente, ao caso limite designado quase-
-estático.

Trabalho numa expansão arbitrária

Discutimos os possíveis valores de ΔW num processo arbitrário de expansão.

Comecemos por considerar a expansão de V_a para $V_b > V_a$ que ocorre com
velocidade *constante* do pistão ($u = \Delta L/\tau_{\text{exp}}$) no período de tempo τ_{exp}. O tempo
de relaxação do sistema é da ordem de grandeza de $\tau_{\text{relax}} \sim L/\overline{v}$. O caso limite
quase-estático $\Delta W = \Delta W_{\text{q.e.}}$ ocorre para $\tau_{\text{exp}}/\tau_{\text{relax}} \to \infty$ ou $|u|/\overline{v} \to 0$. No caso
limite oposto, $\tau_{\text{exp}}/\tau_{\text{relax}} \to 0$ ou $|u|/\overline{v} \to \infty$, o pistão move-se tão rapidamente
que ao deslocar-se para o exterior nenhuma partícula é refletida. Então, anula-se o
trabalho efetuado, $\Delta W = 0$, visto que, sem reflexões, nenhuma força atua sobre o
pistão. (Na prática, esta expansão livre é efetuada considerando uma válvula, figura
16.1). Se o valor de $\tau_{\text{exp}}/\tau_{\text{relax}}$ se situar entre ∞ e zero, então, obtemos também para
o trabalho ΔW qualquer valor intermédio.

$$\Delta W_{\text{q.e.}} \leq \Delta W \leq 0 \qquad \begin{array}{l}\text{(velocidade constante} \\ \text{do pistão).}\end{array} \qquad (8.29)$$

O limite superior $\Delta W \leq 0$ não é válido em geral: um processo de expansão poderia
consistir em oscilações iniciais do pistão durante algum tempo, atingindo depois o
estado de repouso, para um valor superior do volume. Em n oscilações é transferido
para o gás o trabalho $\Delta W = n \cdot \Delta E_{\text{irrev}}^{(1)}$, com $\Delta E_{\text{irrev}}^{(1)}$ dado por (8.26). Obviamente,
este trabalho não é limitado superiormente.

Desta discussão segue-se que

$$\boxed{ \delta W \geq \delta W_{\text{q.e.}} \qquad \text{qualquer processo.} } \qquad (8.30)$$

Mostrou-se aqui a plausibilidade desta relação para variações do volume. No entanto, ela é válida em geral. Nomeadamente, o processo pode ser acompanhado de uma
transferência de calor.

Capítulo 8 Processo quase-estático 65

Exercícios

8.1 Gás perfeito numa esfera

Um gás perfeito encerrado numa esfera de raio R é descrito pela Mecânica Quântica. A parte radial da equação de Schrödinger admite como soluções funções esféricas de Bessel cujos zeros se supõem conhecidos. Determine para esta geometria particular a pressão $P = -\overline{\partial E_r(V)/\partial V}$ em função de E e V.

8.2 Aquecimento no inverno

À pergunta „Por que ligamos o aquecimento no inverno?", o leigo responde: „Para aumentar a temperatura do ar interior". Atendendo à primeira lei um físico poderia talvez responder: „Nós adicionamos a quantidade de calor ΔQ para aumentar a energia E do ar no espaço interior". Calcule a variação da energia do ar no espaço interior associada à elevação da temperatura ΔT, considerando o ar como um gás perfeito com $c_V = $ const. Observe que a pressão $P = P_0$ é mantida constante igual à pressão ambiente devido às frestas nas portas e janelas.

9 Entropia e temperatura

A entropia e a temperatura são definidas microscopicamente. A fórmula de Boltz-mann $S = k_B \ln \Omega$ é o resultado central que relaciona a entropia S com o número Ω de microestados acessíveis.

Historicamente, a temperatura e a entropia foram inicialmente introduzidas co-mo grandezas macroscópicas mensuráveis (capítulo 14). O seu significado mi-croscópico ("calor é o movimento desordenado dos átomos") só mais tarde foi des-coberto.

Consideremos dois sistemas A e B que estão em contacto térmico (figura 9.1). Am-bos os subsistemas possuem números muito elevados de graus de liberdade. São exemplos uma barra em cobre A imersa numa quantidade de água B, ou dois recipi-entes contendo gás, A e B, cujas capacidades caloríficas desprezamos. Sejam fixos os parâmetros externos de A e B.

Suporemos o sistema composto fechado, de modo que se conserve a energia E,

$$E = E_A + E_B = \text{const.}. \tag{9.1}$$

Consideremos o problema de saber como, no equilíbrio, a energia se divide em E_A e E_B. Uma vez que todos os parâmetros externos são constantes, a transferência de energia entre A e B é uma transferência de calor.

No equilíbrio, todos os $\Omega_0(E)$ microestados do sistema composto são igual-mente prováveis, $P_r = 1/\Omega_0(E)$. Queremos determinar a probabilidade $W(E_A)$ de o sistema da esquerda ter energia E_A. Esta probabilidade é a soma das proba-bilidades dos microestados r, cuja energia se encontra distribuída de acordo com $E = E_A + E_B$:

$$W(E_A) = \sum_{r:\, E_A,\, E_B} P_r = \sum_{E_{r,A}=E_A} \sum_{E_{r,B}=E_B} \frac{1}{\Omega_0(E)} = \frac{\Omega_A(E_A)\, \Omega_B(E - E_A)}{\Omega_0(E)}.$$
$$\tag{9.2}$$

onde Ω_A e Ω_B designam as funções de partição dos subsistemas. Os parâmetros externos constantes não foram explicitados. Escrevendo $E_{r,A} = E_A$, tem-se em mente a limitação da soma a $E_A - \delta E \leq E_{r,A} \leq E_A$, onde o índice de $E_{r,A}$ designa um microestado do sistema A. O resultado desta soma é $\Omega_A(E_A)$. O resultado da soma sobre os microestados de B, com $E_{r,B} = E_B$ é, então, $\Omega_B(E_B)$. O produto $\Omega_A \Omega_B$ é o número de estados do sistema composto compatíveis com a divisão $E_A + E_B$. A probabilidade $W(E_A)$ é o número de casos favoráveis (microestados

Capítulo 9 Entropia e temperatura

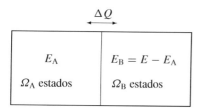

Figura 9.1 Um sistema fechado consiste em dois subsistemas macroscópicos que podem trocar entre si calor. Como se divide, então, no equilíbrio térmico a energia total $E = E_A + E_B$?

com uma determinada divisão da energia) dividido pelo número total de casos (Ω_0 microestados).

Para a discussão da função $W(E_A)$, partimos da dependência da energia apresentada em (6.21),

$$\Omega(E) = c \, E^{\gamma f}, \tag{9.3}$$

onde f é o número de graus de liberdade, e $\gamma = \mathcal{O}(1)$ é um número. Visto que $\Omega(E)$ depende fortemente de E, consideremos o logaritmo de $W(E_A)$,

$$\begin{aligned}
\ln W(E_A) &= \ln \Omega_A(E_A) + \ln \Omega_B(E - E_A) - \ln \Omega_0(E) \\
&= \gamma f_A \ln E_A + \gamma f_B \ln(E - E_A) + \text{const.}
\end{aligned} \tag{9.4}$$

Visto que apenas interessa a dependência de E_A, $\Omega_0(E)$ é constante. A função $\ln W(E_A)$ está representada na figura 9.2. Estamos a estudar a região $0 \leq E_A \leq E$. Na fronteira desta região, $\ln W(E_A)$ tende para $-\infty$. Na região intermédia, $\ln W(E_A)$ é por toda a parte contínuo e diferenciável. Visto que a equação

$$\frac{d \ln W(E_A)}{d E_A} = \frac{\gamma f_A}{E_A} - \frac{\gamma f_B}{E - E_A} = 0, \tag{9.5}$$

apenas tem uma solução, a função $\ln W(E_A)$ apresenta um único extremo, isto é, um máximo cuja localização é determinada por (9.5),

$$\frac{\overline{E_A}}{f_A} = \frac{E - \overline{E_A}}{f_B} = \frac{\overline{E_B}}{f_B}. \tag{9.6}$$

Desenvolvendo a função $\ln W(E_A)$ em série de Taylor em torno do máximo, obtemos:

$$\ln W(E_A) = \ln W(\overline{E_A}) - \frac{(E_A - \overline{E_A})^2}{2 \Delta E_A^2} \pm \dots. \tag{9.7}$$

O erro motivado pela interrupção no termo quadrático é desprezável para sistemas macroscópicos. A estimativa do erro decorre como na dedução da distribuição normal para $W_N(n)$ no capítulo 3. A grandeza ΔE_A é determinada pela segunda derivada de $\ln W(E_A)$:

$$\frac{1}{\Delta E_A^2} = -\left(\frac{d^2 \ln W}{d E_A^2}\right)_{\overline{E_A}} \stackrel{(9.4)}{=} \frac{\gamma f_A}{\overline{E_A}^2} + \frac{\gamma f_B}{\overline{E_B}^2}. \tag{9.8}$$

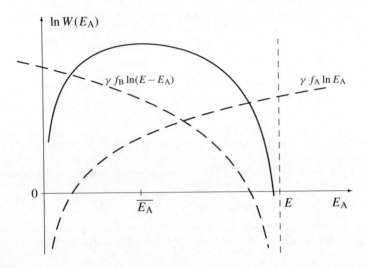

Figura 9.2 A função $\ln W(E_A)$ de (9.4) tem no domínio em que é definida $0 < E_A < E$ exatamente um máximo. Na vizinhança do máximo, pode ser aproximada por uma série de Taylor.

De (9.7) obtemos

$$W(E_A) = W(\overline{E_A}) \exp\left(-\frac{(E_A - \overline{E_A})^2}{2 \Delta E_A^2}\right). \quad (9.9)$$

Vê-se daqui que a posição do máximo $\overline{E_A}$ é igual à posição do valor médio, e que a grandeza ΔE_A, definida por (9.8), é a largura da distribuição. Com a estimativa

$$\Delta E_A = \left(\frac{\gamma f_A}{\overline{E_A}^2} + \frac{\gamma f_B}{\overline{E_B}^2}\right)^{-1/2} < \frac{\overline{E_A}}{\sqrt{\gamma f_A}}, \quad (9.10)$$

vemos que, para um sistema de muitas partículas (por exemplo, com $f_A = \mathcal{O}(10^{24})$) a largura relativa da distribuição é extremamente pequena,

$$\frac{\Delta E_A}{\overline{E_A}} < \frac{1}{\sqrt{\gamma f_A}} \sim 10^{-12}. \quad (9.11)$$

A distribuição (9.9) encontra-se representada na figura 9.3.

O argumento seguinte explora a agudeza da distribuição, ou seja, a pequenez de $\Delta E_A / \overline{E_A}$. Por conseguinte, não é aplicável a sistemas com $f_A < 100$ (por exemplo, ao núcleo atómico). Por outro lado, um pedaço de matéria com 10^{-10} gramas é aceitável ($f_A = \mathcal{O}(10^{12})$).

Capítulo 9 Entropia e temperatura

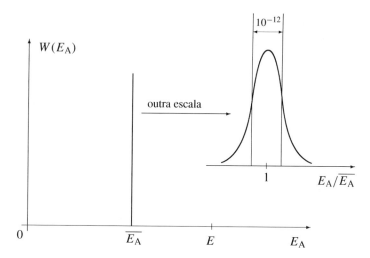

Figura 9.3 A função de Gauss $W(E_A)$ é tão estreita que ocorre como um traço. O setor ampliado indicado (numa outra escala) ilustra que a largura é efetivamente muito menor que a espessura usada para o traço.

A figura 9.3 e a equação (9.11) mostram que (quase) todos os $\Omega_A \Omega_B = \Omega_0 W(E_A)$ microestados se situam próximos de $E_A = \overline{E_A}$. Por essa razão, o *equilíbrio* é determinado por

$$\ln(\Omega_A \Omega_B) = \ln \Omega_A(E_A) + \ln \Omega_B(E - E_A) = \text{máximo}. \quad (9.12)$$

O máximo encontra-se em $E_A = \overline{E_A}$. De acordo com (9.6), tem-se

$$\boxed{\frac{\overline{E_A}}{f_A} = \frac{\overline{E_B}}{f_B}} \quad \text{(condição de equilíbrio em relação a transferência de calor).} \quad (9.13)$$

Isto significa que, por meio da transferência de calor, a energia reparte-se de tal modo que é máximo o número de estados possíveis. Nesta divisão, a energia por grau de liberdade tem o mesmo valor em ambos os subsistemas.

Exprimimos agora os resultados centrais deste capítulo, (9.12) e (9.13), através das noções de entropia e de temperatura. Definimos *entropia S* de um sistema em equilíbrio por

$$\boxed{S = S(E, x) = k_B \ln \Omega(E, x)} \quad \text{definição de entropia,} \quad (9.14)$$

e definimos *temperatura T* por

$$\boxed{\frac{1}{T} = \frac{1}{T(E, x)} = \frac{\partial S(E, x)}{\partial E}} \quad \text{definição de temperatura,} \quad (9.15)$$

70   Parte II   Elementos de Física Estatística

onde $\Omega(E, x)$ é a função de partição do sistema considerado. Em muitas aplicações, os parâmetros externos são $x = (V, N)$, o volume e o número de partículas, sendo, em geral, os parâmetros de que depende o operador Hamiltoniano $H(x)$. A *constante de Boltzmann* k_B em (9.14) é, à partida, uma constante arbitrária.

Com esta definição, tem-se, de (9.12),

$$S(E_A) = S_A(E_A, x) + S_B(E - E_A, x') = \text{máximo}, \qquad (9.16)$$

onde $S(E_A) = k_B \ln(\Omega_A \Omega_B)$ designa a entropia do sistema composto em função de E_A. Os parâmetros externos (x para A e x' para B) não foram incluídos em $S(E_A)$, por se manterem fixos. De $\partial S(E_A)/\partial E_A = 0$ decorre $\partial S_A/\partial E_A - \partial S_B/\partial E_B = 0$. Portanto,

$$T_A = T_B. \qquad (9.17)$$

As equações (9.16) e (9.17) são as condições de equilíbrio para o caso em que os sistemas podem trocar entre si calor. Quando colocamos em contacto dois sistemas a temperaturas diferentes, a temperatura iguala-se devido a trocas de calor. Isto significa que a diferença de temperatura pode ser vista como a força motriz para a transferência de calor.

Para a entropia e temperatura assim introduzidas, concluímos:

1. As definições de entropia e temperatura referem-se ao estado de equilíbrio de um sistema de muitas partículas. De facto, só este macroestado se encontra relacionado com a função de partição por meio de $P_r = 1/\Omega$. Estas definições podem, no entanto, ser também aplicadas se apenas existir equilíbrio local (ponto 4).

2. A entropia e a temperatura são macroscopicamente mensuráveis. A sua medida é descrita no capítulo 14.

3. A ligação entre a estrutura microscópica (Ω) e as grandezas macroscopicamente mensuráveis S e T, é efetuada por meio de $S(E, x) = k_B \ln \Omega(E, x)$. Esta equação fundamental da Física Estatística foi estabelecida em 1877 por Boltzmann.

4. A entropia é aditiva, visto que, para dois subsistemas, se tem $\Omega = \Omega_A \Omega_B$. Portanto,

$$S = k_B \ln \Omega = k_B \ln(\Omega_A \Omega_B) = k_B \left(\ln \Omega_A + \ln \Omega_B \right) = S_A + S_B. \quad (9.18)$$

Na figura 9.1, podemos começar por ter equilíbrios separados nas zonas A e B. Encontram-se, então, definidas as temperaturas (T_A e T_B) a as entropias (S_A e S_B) para cada subsistema. Deste modo, pode ser aplicada ao *equilíbrio local* a definição aqui dada de temperatura e entropia.

Se $T_A \neq T_B$, o sistema composto encontra-se num estado de não-equilíbrio. Não existe qualquer temperatura T para o sistema composto. Pelo contrário, a entropia S do sistema composto é definida por (9.18), $S = S_A + S_B$.

Capítulo 9   Entropia e temperatura

Se na figura 9.1 se permitir uma transferência de energia entre estados de equilíbrio inicialmente separados, estabelece-se, então, um equilíbrio global com $T = T_A = T_B$ e $S = S_A + S_B = $ máximo.

5. *A entropia é uma medida da desordem do sistema.*

   Ordem completa consiste em haver apenas um microestado possível do sistema, $\Omega = 1$ e $S = 0$. Quanto maior é o número Ω de microestados acessíveis, tanto mais desordenado é o estado de equilíbrio, pois no estado de equilíbrio todos os Ω estados são igualmente representados.

6. *A temperatura representa a energia por grau de liberdade.*

   Com (9.3), obtemos, de (9.15):

   $$\frac{1}{\beta} = k_B T = \frac{E}{\gamma f}, \tag{9.19}$$

   onde β é a abreviatura habitualmente utilizada para $1/(k_B T)$. A menos da constante k_B e do fator numérico γ, a temperatura é igual à energia por grau de liberdade. Seria, pois, natural e faria sentido considerar $k_B = 1$ e medir a temperatura em joules. Qualquer outra convenção para T implica, pelo contrário, utilizar uma determinada constante k_B. A dimensão desta constante é, então, $[k_B] = [\text{energia}]/[T]$.

7. Em (9.19), E é a energia disponível para transferência, sendo zero o seu valor mínimo. Tem-se, assim

   $$T \geq 0. \tag{9.20}$$

   Designa-se zero absoluto a temperatura $T = 0$.

   Para um gás perfeito monoatómico, tem-se $\Omega \propto E^{3N/2}$, portanto, $\gamma f = 3N/2$. De (9.19) decorre $E/N = 3k_B T/2$. Por outro lado, E/N é igual à energia cinética média por partícula $\overline{p^2}/2m$. De $\overline{p^2} \geq 0$ segue-se que $T \geq 0$.

O princípio "$S = $ máximo no equilíbrio" significa também que a entropia é menor para estados de não-equilíbrio. Consideremos, para tal, novamente a figura 9.1. A transferência de calor entre A e B ocorre tão lentamente que cada um dos dois subsistemas percorre uma sequência de estados de equilíbrio. Então, as entropias S_A e S_B dos subsistemas são definidas durante o processo, portanto, para diferentes valores de E_A. Poderíamos, então, indicar, em qualquer instante, a entropia do sistema composto $S(E_A) = S_A + S_B$, embora o sistema não se encontre globalmente em equilíbrio. Inicialmente, a entropia S do sistema composto não tem o valor máximo, aproximando-se dele, no entanto, por transferência de calor.

Pressupostos das definições de entropia e de temperatura

As definições (9.14), (9.15) de S e T pressupõem um sistema de muitas partículas em equilíbrio (pelo menos local).

Apenas o estado de equilíbrio está associado com o número Ω de microestados acessíveis através de $P_r = 1/\Omega$. Pelo contrário, um macroestado arbitrário pode ter qualquer P_r. Assim, as grandezas definidas a partir de $\Omega(E, x)$, isto é, a entropia S e a temperatura T, apenas têm significado físico para este estado de equilíbrio. Assim, apenas para o estado de equilíbrio, podem também estas grandezas ser relacionadas com as correspondentes grandezas mensuráveis (capítulo 14).

As definições de S e T pressupõem um sistema com muitíssimas partículas. Só, então, é suficientemente pequena a largura (9.11) para que (quase) todos os microestados se situem no máximo da distribuição $W(E_A)$. Apenas neste caso, podemos caracterizar o equilíbrio pela posição desse máximo, isto é, pela condição $S = $ máximo.

Discutamos os pressupostos do equilíbrio com ajuda de um exemplo. Uma barra de cobre é aquecida numa extremidade. Então, a temperatura da barra começa por ser dependente da posição e do tempo, não estando o sistema em equilíbrio. Depois de termos definido a temperatura para estados de equilíbrio, coloca-se a questão do significado de temperatura neste caso. Para tal, consideram-se pequenos domínios (por exemplo, $V = 1\,\text{mm}^3$ da barra de cobre), nos quais muito rapidamente se estabelece um equilíbrio *local* relativo a transferências de calor. Num tal domínio, existem ainda muitíssimas partículas, de modo que pode aqui ser aplicada a definição de temperatura. A temperatura assim definida pode, então, ser dependente da posição e do tempo. A variação com o tempo deve, portanto, ser tão lenta que os domínios locais passem por uma série de estados de equilíbrio.

Segundo a descrição agora adotada, também se pode definir a densidade de entropia em função da posição (e do tempo). Este ponto de vista é comparável com a especificação de S_A e S_B em (9.18) para $E_A \neq \overline{E_A}$. Para uma determinada divisão da energia, $E = E_A + E_B$, pode cada um dos subsistemas encontrar-se em equilíbrio *de per si*, mas não o sistema composto. Estes subsistemas podem ser entendidos como simplificação esquemática da barra de cobre aquecida. Em vez de diferentes pequenos domínios em equilíbrio local, são apenas consideradas duas partes. Isolando esta barra, ocorre o equilíbrio global ao fim de algum tempo. Esta evolução tem lugar devido à transferência de calor. No estado de equilíbrio, a entropia da barra é máxima e a temperatura é igual por toda a parte.

Um outro exemplo é a atmosfera. Aqui, é evidente a dependência da temperatura na posição e no tempo. A temperatura pode começar por ser definida para uma região pequena (de volume, por exemplo, $1\,\text{m}^3$) na qual exista equilíbrio relativo a transferências de calor. Deverá ser entendida neste sentido a indicação meteorológica de uma temperatura $T = T(\boldsymbol{r}, t)$ dependente da posição e do tempo. Por ser $T \neq$ const., a atmosfera não está, globalmente, em equilíbrio relativamente a transferências de calor. Isto não é surpreendente, visto que não se trata de um sistema fechado (Sol !). Também a barra de cobre não atingiria o equilíbrio com $T = $ const., se fosse continuamente aquecida numa das extremidades. Também na atmosfera a pressão $P = P(\boldsymbol{r}, t)$ é, em geral, dependente da posição e do tempo. O sistema não está, portanto, em equilíbrio relativamente a variações de volume (capítulo 10).

Capítulo 9 Entropia e temperatura

Tempos de relaxação

Num processo quase-estático, o sistema percorre uma série de estados de equilíbrio. O processo poderia ter origem numa transferência de calor ou na variação de algum parâmetro externo (capítulo 8). As forças generalizadas (em especial a pressão) e a temperatura do sistema considerado, encontram-se definidas em cada instante apenas quando estas modificações ocorrem muito lentamente. Discutimos a condição para que um processo seja "quase-estático", recorrendo a alguns exemplos. Esta discussão é qualitativa e utiliza conceitos (condução de calor) que só posteriormente serão introduzidos.

Designamos, por $\tau_{\exp}$, a escala temporal na qual ocorre a intervenção externa. Poderia ser, por exemplo, o tempo durante o qual o volume do gás se modifica de $\Delta V = V/10$, ou durante o qual é transferido o calor $\Delta Q = E/10$. O tempo ao fim do qual o sistema atinge novamente o equilíbrio, após uma perturbação brusca e passageira ($\Delta V, \Delta Q$), designa-se *tempo de relaxação* τ_{relax}. A classificação "quase--estático" significa, então,

$$\boxed{\dfrac{\tau_{\exp}}{\tau_{\text{relax}}} \to \infty \qquad \begin{array}{l} \text{condição para um processo} \\ \text{ser quase-estático.} \end{array}} \qquad (9.21)$$

Como exemplo, consideremos um gás cujo volume é reduzido de 10% durante o intervalo de tempo

$$\tau_{\exp} \sim 1\,\text{s}. \qquad (9.22)$$

Inicialmente, o gás é comprimido na proximidade do pistão. Esta compressão estende-se como uma onda de densidade com velocidade do som $c_s \approx 300\,\text{m/s}$. Para um sistema com a extensão de $L = 30\,\text{cm}$, este processo dura cerca de

$$\tau_{\text{relax}} = \mathcal{O}(L/c_s) \approx 10^{-3}\,\text{s}. \qquad (9.23)$$

Já que as ondas de som são amortecidas, a densidade macroscópica torna-se uniforme ao fim do intervalo de tempo L/c_s. Por esta razão L/c_s, é uma estimativa do tempo de relaxação do sistema. Tal como foi calculado em $(8.22)-(8.27)$, ocorrem efeitos não-quase-estáticos (irreversíveis) de duração $\tau_{\text{relax}}/\tau_{\exp} \approx 10^{-3}$. (Na descrição aqui dada, o amortecimento da onda de som conduz a uma transformação em calor de parte do trabalho efetuado no pistão.) O processo considerado é aproximadamente quase-estático, porque os efeitos irreversíveis são pequenos.

Consideremos agora a mesma experiência, colocando, no entanto, o recipiente de gás num banho térmico (figura 9.4). Suponhamos que o sistema inicialmente está em equilíbrio, tendo, portanto, o gás a temperatura T do banho térmico. Comprimimos agora o gás no intervalo de $\tau_{\exp} = 1\,\text{s}$, de modo que atinge uma temperatura T' mais elevada. Deixa, então, de estar em equilíbrio com o banho térmico. A uniformização da temperatura poderia ocorrer, por exemplo, no intervalo de tempo

$$\tau'_{\text{relax}} \approx 10^2\,\text{s}. \qquad (9.24)$$

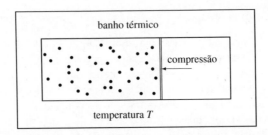

Figura 9.4 Um gás, que, em contacto com um banho térmico, adquiriu a temperatura T, é comprimido num intervalo de tempo de um segundo. Aqui, a condição para que um processo seja "quase-estático" é satisfeita pelo próprio gás. O gás percorre uma sequência de estados de equilíbrio. Visto que o gás é aquecido durante a compressão, ele deixa de estar em equilíbrio com o banho térmico. Demora muito mais que um segundo para o sistema igualar a sua temperatura à do banho térmico. O processo não é quase-estático para o sistema composto (gás e banho térmico).

Se o contacto térmico for mau, (por exemplo, paredes de esferovite) é também possível que $\tau'_{relax} \gg 10^2$ s. Em qualquer caso, tem-se $\tau'_{relax} \gg \tau_{exp}$. O sistema "gás e banho térmico" não está, portanto, em equilíbrio durante a compressão, não sendo, para ele, o processo quase-estático. Por ser

$$\tau_{exp} \ll \tau'_{relax}, \qquad (9.25)$$

podemos, no entanto, descrever a experiência como se houvesse um isolamento térmico entre o gás e o banho térmico. Então, a compressão pode ser considerada de modo aproximado como se fosse quase-estática e adiabática. Na medida em que a uniformização da temperatura entre o gás e o banho térmico ocorre lentamente, o gás passa novamente por uma sequência de estados de equilíbrio.

Podemos tratar, considerando estados de equilíbrio, tanto processos com $\tau_{exp} \gg \tau_{relax}$, como processos com $\tau_{exp} \ll \tau_{relax}$. Em comparação são, pelo contrário, complicados os processos $\tau_{exp} \approx \tau_{relax}$. Nestes casos, limitamo-nos, em geral, a relações relativas ao estado inicial e ao estado final.

Tempos de relaxação infinitamente grandes

Até agora admitimos que um sistema fechado, ao fim de um tempo suficientemente grande, evolui para o estado de equilíbrio. Efetivamente, existem sistemas particulares com um tempo de relaxação infinitamente longo. Citamos dois exemplos.

Por um lado, pode haver sistemas que têm um estado praticamente estável num máximo local da entropia. Um exemplo desta situação é o diamante. A transformação do diamante em grafite iria, de facto, aumentar a entropia. Esta transformação é, no entanto, impedida e não ocorre *de per si*, sendo infinito o correspondente tempo de relaxação. Num diamante (no sistema fechado), ao fim de um tempo relativamente pequeno, ocorre equilíbrio parcial em relação a todos os outros graus

Capítulo 9 Entropia e temperatura

de liberdade do sistema (por exemplo, para oscilações da rede), o que corresponde a um máximo local da entropia. Por consequência, na prática, o tratamento estatístico do diamante ocorre como para qualquer outro sistema em equilíbrio.

Os sistemas com efeitos de histerese são outro caso, para o qual o estado que se estabelece (também para τ_{exp} muito grande) depende da história prévia. O exemplo mais conhecido é de um ferromagnete. A magnetização (força generalizada) pode, para parâmetros dados (campo magnético), tomar diferentes valores praticamente estáveis. Também, neste caso, é infinito o tempo de relaxação para o equilíbrio (absoluto). A modificação do campo magnético externo B origina aqui efeitos irreversíveis que também não se anulam no caso limite $\dot{B} \rightarrow 0$.

Tendo em vista estes casos especiais, a condição experimental de "infinitamente lento" não implica forçosamente uma "sequência de estados de equilíbrio". A condição para que um processo seja "quase-estático", apresentada no capítulo 8, é uma condição mais forte que a de "infinitamente lento". Apenas neste sentido, os processos quase-estáticos (sequência de estados de equilíbrio) são também reversíveis (capítulo 12).

Exercícios

9.1 Variação da entropia ao misturar

Dois gases perfeitos com a mesma temperatura T e com o mesmo número N de partículas ocupam volumes V iguais separados por uma parede. Retirando a parede separadora, os gases misturam-se. Qual será a variação de entropia neste processo, se se tratar (i) de gases iguais ou (ii) de gases diferentes (por exemplo, gás hélio e gás argon)? A função de partição $\Omega(E, V, N)$ é suposta conhecida.

10 Forças generalizadas

A relação "S = máximo" do último capítulo é válida para o estado de equilíbrio em relação à transferência de calor. Mostramos, sob pressupostos gerais, que "S = máximo" determina o equilíbrio estatístico de um sistema fechado.

A temperatura é a força motriz para a transferência de calor. Analogamente, a força generalizada X_i (por exemplo, a pressão) é a força motriz para uma transferência de x_i (por exemplo, uma transferência de volume). A temperatura é determinada pela derivada da entropia $S(E, x)$ em ordem à energia E. De modo análogo, podemos exprimir a força generalizada X_i em termos da derivada da entropia em ordem a x_i.

Distribuição geral de probabilidade

Alargamos (9.9) à distribuição de probabilidade $W(\xi)$ para uma grandeza macroscópica extensiva arbitrária ξ. Por extensiva (ou também aditiva), entendemos que ξ é proporcional ao número N de partículas. O equilíbrio é determinado pelo máximo de $W(\xi)$ ou da entropia. Este equilíbrio diz-se *estatístico*, visto que se baseia na hipótese das iguais probabilidades para todos os microestados acessíveis. Baseia-se, pois, no postulado fundamental.

Para além da energia total E, o estado macroscópico de um sistema fechado depende da grandeza macroscópica ξ. Suporemos constantes outras grandezas de que o estado dependa, as quais, por esse motivo, não surgem explicitamente na notação. Partimos da entropia

$$S = S(E, \xi), \tag{10.1}$$

e investigamos qual o valor assumido por ξ no equilíbrio estatístico. No equilíbrio, todos os $\Omega(E, \xi)$ microestados são igualmente prováveis. A probabilidade $W(\xi)$ dum determinado valor de ξ é, pois, proporcional ao número $\Omega(E, \xi)$ de microestados com este valor,

$$W(\xi) = C\,\Omega(E, \xi) = C\,\exp\left(\frac{S(E, \xi)}{k_B}\right), \tag{10.2}$$

onde $S = k_B \ln \Omega$ e C é uma constante independente de ξ. Desenvolvemos o logaritmo de $W(\xi)$ em torno do valor de $\overline{\xi}$, por ora arbitrário,

$$\ln W(\xi) = \ln W(\overline{\xi}) + \frac{1}{k_B}\left(\frac{\partial S}{\partial \xi}\right)_{\overline{\xi}}(\xi - \overline{\xi}) + \frac{1}{2k_B}\left(\frac{\partial^2 S}{\partial \xi^2}\right)_{\overline{\xi}}(\xi - \overline{\xi})^2 + \dots . \tag{10.3}$$

Capítulo 10   Forças generalizadas

Seja agora $\overline{\xi}$ o valor de ξ que maximiza $S(E, \xi)$,

$$\left(\frac{\partial S(E, \xi)}{\partial \xi}\right)_{\xi = \overline{\xi}} = 0 \qquad \text{(valor médio)}. \tag{10.4}$$

Daqui resulta que $\overline{\xi}$ é igual ao *valor médio* de ξ para a distribuição $W(\xi)$. A segunda derivada define o *desvio padrão*

$$\Delta \xi = \sqrt{-\frac{k_B}{(\partial^2 S/\partial \xi^2)_{\overline{\xi}}}} \qquad \text{(desvio padrão)}. \tag{10.5}$$

De $(10.3)-(10.5)$ obtemos a distribuição de probabilidade procurada,

$$W(\xi) = \frac{1}{\sqrt{2\pi}\,\Delta\xi}\,\exp\left(-\frac{(\xi - \overline{\xi})^2}{2\,\Delta\xi^2}\right). \tag{10.6}$$

O primeiro fator assegura a normalização $\int d\xi\ W(\xi) = 1$.

Visto que a grandeza macroscópica ξ é extensiva, tem-se $\xi = \mathcal{O}(N)$. De (10.5) e $S = \mathcal{O}(N)$ decorre, então, $\Delta\xi = \mathcal{O}(N^{1/2})$ e por consequência

$$\frac{\Delta\xi}{\overline{\xi}} = \mathcal{O}\left(1/\sqrt{N}\right). \tag{10.7}$$

Isto é simultaneamente a ordem de grandeza do quociente entre os termos de ordem $(n + 1)$ e os termos de ordem n no desenvolvimento em série de Taylor (10.3). Este facto justifica que se termine a expansão (10.3) no termo quadrático.

A pequenez do desvio padrão relativo (10.7) implica que quase todos os micro-estados se situam muito próximo do máximo. O máximo determina, assim, o estado de equilíbrio

$$\boxed{S(E, \xi) = \text{máximo} \qquad \begin{array}{l}\text{estado de equilíbrio de}\\ \text{um sistema fechado.}\end{array}} \tag{10.8}$$

Entende-se aqui o máximo de $S(E, \xi)$ relativo a ξ. A energia E de um sistema fechado é constante.

Discussão

Quando ξ é uma grandeza transferível entre dois subsistemas, então, a condição (10.4) dá lugar à igualdade das correspondentes forças. Isto significa concretamen-te: igualdade de temperatura associada à troca de calor (capítulo 9), igualdade de pressão associada à troca de volume (abaixo) e igualdade de potencial químico as-sociada à troca de partículas (capítulo 20).

Em equilíbrio estatístico, o valor de ξ encontra-se na proximidade de $\overline{\xi}$. No entanto, em geral, o valor de ξ afasta-se de $\overline{\xi}$, oscilando ou *flutuando* em torno do

78 Parte II Elementos de Física Estatística

valor médio $\overline{\xi}$. Consequentemente, ocorrem pequenos desvios do valor médio. A grandeza destas flutuações é determinada pelo desvio padrão ou desvio médio quadrático $\Delta\xi$. O conceito *desvio médio quadrático* refere-se, por um lado, à própria grandeza $\Delta\xi$, e, por outro lado, utiliza-se como sinónimo de *flutuação*.

A probabilidade $W(\xi)$ refere-se a um *ensemble* estatístico constituído por muitos sistemas idênticos (capítulo 5). No entanto, também podemos entender como média temporal a média relativa a $W(\xi)$. Consideramos, por exemplo, a porção de gás representada na figura 2.2. Neste sistema, estão permanentemente a mudar de compartimento algumas partículas do gás. No compartimento da esquerda, o número de partículas ora é superior, ora é inferior, à média. O número efetivo $\xi = N_{\text{esquerda}}$ de partículas oscila no tempo em torno do valor médio $\overline{N}_{\text{esquerda}}$. Também podemos entender flutuações neste sentido concreto.

As flutuações das grandezas macroscópicas são pequenas, (10.7). Isto não é válido para grandezas microscópicas. Assim, por exemplo, a flutuação relativa da energia de uma partícula individual do gás é da ordem de grandeza de 1. Uma tal partícula choca repetidamente com outras partículas, mudando substancialmente a sua energia. Também se pode obter a distribuição de probabilidade para a partícula individual (capítulo 22), mas esta, no entanto, não é distribuição de Gauss como (10.6).

Devido à pequenez do valor médio relativo (10.7), é possível, em muitas aplicações, desprezar as flutuações. Em particular, o estado de equilíbrio é determinado apenas pela especificação dos valores médios de grandezas macroscópicas adequadas.

As flutuações $\xi = \overline{\xi} + \delta\xi$ implicam flutuações da entropia:

$$S(E, \overline{\xi} + \delta\xi) \approx S(E, \overline{\xi}) + \frac{1}{2}\left(\frac{\partial^2 S}{\partial\xi^2}\right)_{\overline{\xi}}(\delta\xi)^2 = S_{\max} - k_{\text{B}}\left(\frac{\delta\xi}{\Delta\xi}\right)^2. \qquad (10.9)$$

De acordo com (10.6), são prováveis afastamentos do valor médio $\delta\xi = \mathcal{O}(\Delta\xi)$. Deste modo, ocorrem também desvios da entropia do seu valor máximo e de equilíbrio, da ordem de grandeza de k_{B}. Visto que $S_{\max} = \mathcal{O}(Nk_{\text{B}})$, estes afastamentos são, no entanto, muito pequenos, $\delta S/S_{\max} = \mathcal{O}(1/N)$.

Definição geral de forças generalizadas

Consideremos a dependência da entropia nos parâmetros externos e determinemos as derivadas parciais $\partial S/\partial x_i = k_{\text{B}}\partial\ln\Omega/\partial x_i$. Isto conduz à definição geral de forças generalizadas.

A função de partição microcanónica está definida em (5.19),

$$\Omega(E, x) = \Omega(E, x_1, x_2, ..., x_n) = \sum_{r:\, E-\delta E \,\leq\, E_r(x)\, \leq\, E} 1. \qquad (10.10)$$

Capítulo 10 Forças generalizadas

Para o parâmetro x_1, escolhido sem perda de generalidade, a derivada parcial é

$$\frac{\partial \ln \Omega(E, x)}{\partial x_1} = \frac{\ln \Omega(E, x_1 + dx_1, x_2, ..., x_n) - \ln \Omega(E, x_1, x_2, ..., x_n)}{dx_1}.$$

(10.11)

Comecemos por calcular

$$\Omega(E, x_1 + dx_1, ..., x_n) = \sum_{r:\, E - \delta E \leq E_r(x_1 + dx_1, ..., x_n) \leq E} 1$$

$$= \sum_{r:\, E - \delta E \leq E_r(x) + dE_r \leq E} 1 = \sum_{r:\, E - \overline{dE_r} - \delta E \leq E_r(x) \leq E - \overline{dE_r}} 1$$

$$= \Omega(E - \overline{dE_r}, x_1, ..., x_n).$$

(10.12)

Substituímos a variação $dE_r = (\partial E_r / \partial x_1) \, dx_1$ pelo seu valor médio $\overline{dE_r}$, o que é permissível porque a soma sobre o elevadíssimo número de microestados, é efetuada num intervalo da ordem de grandeza δE situado junto a E, contribuindo todos os microestados com o mesmo peso. Isto corresponde ao cálculo do valor médio com os $P_r(E, x)$ de (5.20). O valor médio do desvio da energia $\overline{dE_r}$ pode ser expresso através da força generalizada X_1 definida em (8.2):

$$\overline{dE_r} = \frac{\overline{\partial E_r(x)}}{\partial x_1} \, dx_1 = -X_1 \, dx_1.$$

(10.13)

Substituindo $dx_1 = -\overline{dE_r} / X_1$ e (10.12) em (10.11), obtém-se:

$$\frac{\partial \ln \Omega(E, x)}{\partial x_1} = -\frac{\ln \Omega(E - \overline{dE_r}, x) - \ln \Omega(E, x)}{\overline{dE_r} / X_1}$$

$$= \frac{\partial \ln \Omega(E, x)}{\partial E} X_1 = \beta X_1,$$

(10.14)

onde $\beta = \partial \ln \Omega / \partial E = 1 / k_B T$. Com x_i em vez de x_1, vem

$$\boxed{X_i = k_B T \, \frac{\partial \ln \Omega(E, x)}{\partial x_i} \qquad \text{força generalizada.}}$$

(10.15)

Doravante, adotaremos esta definição de força generalizada. Em contraste com a anterior definição (8.2) que pressupõe o uso de estados quânticos r, para (10.15) basta a função de partição $\Omega(E, x)$, a qual também é definida para microestados clássicos. A presente definição (10.15) é, pois, mais geral, sendo também mais fácil de calcular. É uma definição análoga à de temperatura (9.15).

A partir da estrutura microscópica (ou seja, de $\Omega(E, x)$) podemos agora determinar as seguintes grandezas macroscópicas: a entropia $S(E, x) = k_B \ln \Omega$, a temperatura $1/T(E, x) = \partial S / \partial E$ e as forças generalizadas $X_i(E, x) = T \, \partial S / \partial x_i$.

80 Parte II Elementos de Física Estatística

Todas estas grandezas macroscópicas são funções das grandezas E e x que fixam o estado de equilíbrio. Com frequência, consideraremos um único parâmetro externo, $x = V$. Assim, as grandezas macroscópicas introduzidas são:

$$S(E, V) = k_B \ln \Omega(E, V), \qquad \frac{1}{T} = \frac{\partial S(E, V)}{\partial E}, \qquad \frac{P}{T} = \frac{\partial S(E, V)}{\partial V}. \tag{10.16}$$

Outros exemplos de forças generalizadas são a magnetização M, para o campo magnético $x = B$, ver (8.5), e o potencial químico μ, para o número $x = N$ de partículas (capítulos 20, 21).

Variação de volume

Quando o parâmetro externo x_i é uma grandeza transferida entre dois subsistemas, então, a condição de equilíbrio (10.4) transforma-se na igualdade das forças generalizadas dos dois sistemas. Um dos parâmetros externos mais importantes é o volume. Consideremos a transferência de volume entre dois subsistemas.

Troca de volume e de calor

Deduzimos a condição de equilíbrio para dois sistemas, os quais podem transferir entre si calor e volume, figura 10.1. O sistema fechado tem energia

$$E = E_A + E_B = \text{const.}, \tag{10.17}$$

e volume

$$V = V_A + V_B = \text{const.}. \tag{10.18}$$

A entropia do sistema fechado é máxima no estado de equilíbrio:

$$S(E_A, V_A) = S_A(E_A, V_A) + S_B(E - E_A, V - V_A) = \text{máximo}. \tag{10.19}$$

Neste caso, a variável ξ é um par de grandezas, $\xi = (E_A, V_A)$. Suporemos constantes outros parâmetros externos que não serão explicitados. As condições de máximo são:

$$\frac{\partial S}{\partial E_A} = 0 \quad \longleftrightarrow \quad \frac{1}{T_A} - \frac{1}{T_B} = 0, \tag{10.20}$$

e

$$\frac{\partial S}{\partial V_A} = 0 \quad \longleftrightarrow \quad \frac{P_A}{T_A} - \frac{P_B}{T_B} = 0. \tag{10.21}$$

Da dependência de $\Omega(E, V)$ em E e V decorre que, neste ponto, existe efetivamente um máximo. Um resultado análogo foi discutido no capítulo 9 para a dependência na energia. No equilíbrio relativo a trocas de calor e volume, tem-se pois

$$P_A = P_B, \quad T_A = T_B \qquad \text{(trocas de calor e volume)}. \tag{10.22}$$

Capítulo 10 Forças generalizadas   81

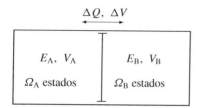

Figura 10.1 Um sistema fechado é constituído por dois subsistemas macroscópicos, os quais podem trocar entre si calor e volume. Como se divide no equilíbrio térmico a energia e o volume?

Troca de volume por meio de uma parede adiabática

Consideremos que a parede móvel representada na figura 10.1 não permite transferência de calor, bastando para isso revesti-la de esferovite. Então, entre os subsistemas, apenas pode haver transferência de volume. Em equilíbrio deve ser nula a soma das forças aplicadas à parede móvel, ou seja

$$P_A = P_B \quad \text{(apenas troca de volume)} \quad (10.23)$$

Pelo contrário, a condição (10.21) não é válida porque não leva em conta as mudanças de energia que ocorrem inevitavelmente associadas à troca de volume.

Consideramos um cenário possível com uma diferença de pressão finita. A parede móvel e termicamente permeável é solta num estado inicial com $P_A \neq P_B$. Então a parede (por exemplo, um pistão) balança para frente e para trás. Através do atrito, parte da energia $E_A + E_B$ é convertida em calor. (Por outro lado, a transferência irreversível de energia é de acordo com (8.26) bastante irrelevante, uma vez que o a velocidade do pistão é geralmente muito menor do que as velocidades das partículas de gás.) O modo como esse calor se distribui pelos gases e pelo recipiente depende da constituição particular do sistema. Depois de mais ou menos muitas oscilações o pistão fica em repouso, altura em que o sistema fechado alcançou o estado de equilíbrio.

Como deverá esta ocorrência ser entendida no âmbito da condição geral $S = $ máximo? Construímos[1] um sistema fechado em que nós, além dos gases A e B incluímos uma engenhoca C que por meio do movimento do pistão pode absorver ou libertar energia. Consideramos que a dependência de volume deste dispositivo é desprezável ($V_C \approx$ const.). Então verifica-se

$$E_A + E_B + E_C = \text{const.} \quad \text{e} \quad V = V_A + V_B = \text{const.} \quad (10.24)$$

A condição de equilíbrio para o sistema fechado é

$$S = S_A(E_A, V_A) + S_B(E_B, V_B) + S_C(E_C) = \text{máximo} \quad (10.25)$$

O dispositivo C é acoplado ao pistão, de tal forma que o movimento do pistão é quase-estático. Na alteração quase-estática e adiabática do volume não se alteram as

---
[1]Gostaria de agradecer a João da Providência Jr. pela discussão esclarecedora

82   Parte II   Elementos de Física Estatística

entropias de gases[2], portanto $S_A = $ const. e $S_B = $ const. Então de (10.25) obtém-se $S_C(E_C) = $ máximo ou $E_C = $ máximo. A partir de $E_C = $ máximo e $E_A + E_B + E_C = $ const. obtém-se $E_A + E_B = $ mínimo, portanto

$$E_{A+B}(V_A) = E_A(S_A, V_A) + E_B(S_B, V - V_A) = \text{mínimo} \qquad (10.26)$$

O mínimo é determinado em relação à dependência de V_A (onde S_A, S_B, V são constantes) donde resulta (10.23). No caso em análise, a condição de extremo $S = $ máximo para o sistema fechado dá lugar à condição de extremo $E_A + E_B = $ mínimo para o subsistema (composto por A e B).

Os processos reais associados à equalização irreversível da pressão são em geral mais complicados. Assim, por exemplo, devido ao atrito, pode ser gerado calor em vários locais pelo movimento do pistão e portanto aquecer também os próprios gases. Portanto, todas as contribuições em (10.25) aumentariam (e não apenas S_C como no processo descrito acima). Em qualquer caso, o máximo da entropia é alcançado quando deixa de ser possível a continuação da conversão de energia em calor.

Caso geral

A discussão aqui indicada pode ser transposta para a transferência de um parâmetro arbitrário externo x_i entre dois sistemas A e B, se se tiver $x_i = x_{i,A} + x_{i,B} = $ const.. Analogamente a (10.26) obtemos a condição de equilíbrio $X_{i,A} = X_{i,B}$. As condições de equilíbrio que estão ligadas aos argumentos de $\Omega(E, x)$, são:

$$X_{i,A} = X_{i,B} \qquad \text{(equilíbrio relativo à transferência de } x_i), \qquad (10.27)$$

$$T_A = T_B \qquad \text{(equilíbrio relativo à transferência de calor)} \qquad (10.28)$$

No capítulo 5 concluímos, com base nos dados empíricos, que um sistema fechado evolui, por si só, em direção ao equilíbrio. O equilíbrio relativamente à transferência de calor, significa que a temperatura tem valores iguais, o equilíbrio relativamente à transferência de x_i significa que as forças X_i têm valores iguais. A evolução para o equilíbrio implica que temperaturas diferentes acabam por ficar iguais através da transferência de calor e que forças generalizadas diferentes se tornam iguais através da transferência dos correspondentes parâmetros externos. A diferença de temperatura é, portanto, a força motriz para a transferência de calor, assim como a diferença de pressão constitui a força motriz para a transferência de volume. De facto, o fluxo de calor é aproximadamente proporcional à diferença de temperatura (equação da condução de calor, capítulo 43).

---

[2]Para $S(E, V)$ tem-se $dS = (\partial S/\partial E) \, dE + (\partial S/\partial V) \, dV = 0$ pois $dE = đW_{\text{q.s.}} = -P \, dV$. A expansão quase-estática e adiabática é discutida com mais detalhes no próximo capítulo.

Capítulo 10   Forças generalizadas

Exercícios

10.1   *Contribuições para a pressão numa mistura de gases*

Num recipiente de volume V, encontra-se uma mistura de gases perfeitos (constituída por N_i partículas do tipo i, $i = 1, ..., m$). Determine a função de partição $\Omega(E, V, N_1, ..., N_m)$ e a partir desta calcule a pressão. Como contribuem para a pressão os gases individuais pertencentes à mistura?

11 Segunda e terceira leis

São formuladas e discutidas a segunda e a terceira leis. A segunda lei dá um limite inferior para a variação da entropia de um sistema. A terceira lei afirma que a entropia tende para zero, quando $T \to 0$.

Começamos por enunciar a primeira lei, apresentada no capítulo 7, para que a seguinte exposição seja auto-contida:

$$\boxed{dE = đQ + đW \qquad \text{primeira lei da Termodinâmica.}} \qquad (11.1)$$

De acordo com este enunciado, as variações da energia dE de um sistema repartem-se na categoria de calor absorvido $đQ$ e na de trabalho efetuado sobre o sistema $đW$. Na prática, esta distinção é estabelecida pelas condições experimentais "ausência de variação dos parâmetros externos" ou "isolamento térmico". A primeira lei é válida para processos arbitrários, incluindo processos não-quase-estáticos. Em geral, o sistema considerado não é fechado, visto que, de outro modo, ter-se-ia $đQ = đW = 0$.

Segunda lei

Sistema fechado

Estabeleceu-se, o princípio verificado empiricamente, que um sistema fechado evolui, por si só, para o estado de equilíbrio. O estado de equilíbrio é descrito recorrendo a um *ensemble*, no qual todos os microestados acessíveis são igualmente prováveis. Praticamente todos os microestados se situam em valores de parâmetros macroscópicos para os quais a entropia atinge o máximo. Também a entropia S evolui no sentido do seu valor máximo. A variação da entropia de um sistema fechado satisfaz, pois, a relação:

$$\boxed{\Delta S \geq 0 \qquad \begin{array}{l} \text{segunda lei da Termodinâmica} \\ \text{(sistema fechado).} \end{array}} \qquad (11.2)$$

Este resultado refere-se à variação de entropia $\Delta S = S_b - S_a$ num processo $a \to b$. Nos capítulos 9 (transferência de calor), 10 (transferência de ξ) e 12 (transferência de partículas), são investigados, para os processos em causa, os fundamentos estatísticos da relação $\Delta S > 0$.

Capítulo 11 Segunda e Terceira leis

A definição de entropia apresentada no capítulo 9 pressupõe a existência de equilíbrio local, o que significa, por exemplo, equilíbrios separados para os subsistemas A e B da figura 9.1. A entropia do sistema composto é, então, $S = S_A + S_B$. Para que a relação $\Delta S = S_b - S_a \geq 0$ seja significativa, é indispensável que os estados inicial e final, a e b, satisfaçam os requisitos de macroestados em equilíbrio local. Pelo contrário, os macroestados que ocorrem durante o processo $a \to b$, são arbitrários.

No capítulo 41, cuja leitura pode ser antecipada, é deduzida a relação $dS/dt \geq 0$, onde S designa a entropia de um macroestado arbitrário, a partir da equação mestra.

De acordo com (10.9), a entropia de um sistema fechado apresenta flutuações permanentes em torno do seu valor máximo, depois de o atingir. Significa isto que, numa escala de k_B, existem violações da condição (11.2). No entanto, em comparação com $S_{max} = \mathcal{O}(Nk_B)$ estes desvios são desprezavelmente pequenos. Em particular, não permitem a construção dum *perpetuum mobile* de segunda espécie (capítulo 19).

Sistema aberto

A entropia $S(E, x) = k_B \ln \Omega(E, x)$ dum estado de equilíbrio depende da energia E e dos parâmetros externos $x = (x_1, ..., x_n)$. Calculemos a diferencial total da entropia,

$$dS = \frac{\partial S(E, x)}{\partial E} dE + \sum_{i=1}^{n} \frac{\partial S(E, x)}{\partial x_i} dx_i = \frac{dE}{T} + \sum_{i=1}^{n} \frac{X_i}{T} dx_i. \tag{11.3}$$

Entrando com a primeira lei e com (8.3), $\sum X_i dx_i = -đW_{q.e.}$, obtemos:

$$dS = \frac{1}{T} \left(đQ + đW - đW_{q.e.} \right). \tag{11.4}$$

Daqui decorre, para um processo quase-estático,

$$\boxed{dS = \frac{đQ_{q.e.}}{T}}. \tag{11.5}$$

Ora, de acordo com (8.29), tem-se que

$$đW \geq đW_{q.e.}. \tag{11.6}$$

De (11.4) vem, então,

$$\boxed{dS \geq \frac{đQ}{T} \qquad \begin{array}{l} \text{segunda lei da Termodinâmica} \\ \text{(sistema aberto).} \end{array}} \tag{11.7}$$

86 Parte II Elementos de Física Estatística

Este resultado contém (11.5) como caso particular. Conclui-se do argumento anterior que a igualdade em (11.7) só não é válida se tiver havido realização de trabalho não-quase-estático. Como exemplo, citamos as oscilações não-quase-estáticas do pistão da figura 8.3, para as quais se tem $dS > đQ/T = 0$. No capítulo 8, este processo foi classificado de irreversível. Retomaremos esta classificação no próximo capítulo.

A lei formulada em (11.7) pressupõe a prévia definição da temperatura T do sistema, a qual, no processo $a \to b$, poderá ser a temperatura T_a do estado inicial a. A variação de temperatura $dT = T_b - T_a$ é infinitesimal, pelo que é irrelevante se é T_a ou T_b que deve surgir no denominador de (11.7).

Quando, no capítulo 9, introduzimos as noções de entropia e temperatura, considerámos um sistema que apresentava um mero equilíbrio local (cada um dos subsistemas A e B encontrava-se *de per si* em equilíbrio). Para aplicação de (11.7), basta que a temperatura esteja localmente definida (por exemplo, em função da posição, tal como foi discutido no capítulo 9 na secção 'Pressupostos das definições de entropia e de temperatura').

A secção ulterior intitulada 'transferência de calor', mostra, a partir de (11.5), como é possível calcular a variação de entropia de um sistema, se forem de equilíbrio os estados inicial e final. Não é necessário fazer quaisquer pressupostos sobre os macroestados que ocorrem durante o processo.

As relações (11.2) e (11.7) sobrepõem-se parcialmente. Assim, por exemplo, a partir de (11.5) pode-se calcular o acréscimo de entropia $\Delta S > 0$ durante a uniformização da temperatura no sistema fechado (capítulo 12). A relação (11.2) apenas se encontra parcialmente contida em (11.7), visto que (11.7) pressupõe uma temperatura do sistema considerado.

Uma transferência de calor $đQ \neq 0$ pode ocorrer pelo contacto com um banho térmico. A transferência ocorre quase-estaticamente, se a temperatura do banho térmico for igual à temperatura do sistema. Efetivamente, deverá, no entanto, existir uma pequena diferença de temperatura, de modo que a transferência de calor possa ocorrer num tempo finito. O caso ideal limite 'quase-estático', apenas é alcançado quando se anula a diferença de temperatura (sendo, então, a duração do processo infinitamente longa). Qualquer processo real contém transformações parciais não-quase-estáticas por mais pequenas que sejam (e, assim, de acordo com o capítulo 12, apresenta sempre subprocessos irreversíveis).

Caso geral

Para uma transformação arbitrária, é possível resumir as relações (11.2) e (11.5) do seguinte modo. Suponhamos que a troca de calor se dá com um banho térmico à temperatura T_W. Nos pontos de contacto com o banho térmico, o sistema tem também a temperatura local T_W. Concretamente, este contacto poderia ter lugar ao longo da superfície do sistema que se encontra mergulhado no banho térmico. Nessas circunstâncias o banho térmico transfere quase-estaticamente o calor $đQ$. De acordo com (11.5), obtém-se o valor $d_e S = đQ/T_W$, para a variação externa

Capítulo 11 Segunda e Terceira leis

(*d*ₑ) da entropia S do sistema. Ao mesmo tempo, no interior do sistema, podem decorrer processos arbitrariamente diversos. Para as respectivas variações internas (d_i) da entropia S, tem-se, de acordo com (11.2), $d_i S \geq 0$. Ao todo obtém-se a variação total de entropia $dS = d_e S + d_i S$

$$dS = \frac{\dj Q}{T_W} + d_i S, \qquad d_i S \geq 0 \qquad \text{(segunda lei da Termodinâmica).} \qquad (11.8)$$

Num processo real, apenas é possível separar contribuições $d_e S$ e $d_i S$ se nos pontos de contacto térmico, a temperatura do sistema coincidir efetivamente com a temperatura T_W do banho térmico. O argumento teórico apenas exige, no entanto, que o banho térmico tenha a temperatura T_W.

Exemplificaremos o enunciado (11.8), considerando a transferência de calor por radiação solar para a Terra. A radiação solar que nos atinge é caracterizada (capítulo 33) pela temperatura da superfície do Sol $T_W = T_\odot$ (cerca de 6000 K). Poderíamos absorver (em princípio) esta energia com um recipiente à temperatura $T_{\text{recipiente}} = T_\odot$. Deste modo, a entropia começa por aumentar de $d_e S = \dj Q/T_W$. A temperatura do recipiente pode posteriormente igualar-se à temperatura da superfície da Terra (com $T_E \approx 300$ K) por condução de calor. Então, $d_i S = \dj Q(1/T_E - 1/T_W)$ seria máximo e obter-se-ia ao todo $dS = \dj Q/T_E$. (O cálculo da variação da entropia associada à uniformização da temperatura será ainda considerado em pormenor no próximo capítulo.) No entanto, é também possível utilizar a transferência de calor, da temperatura mais elevada T_W para a temperatura mais baixa T_E, para transformar em trabalho útil parte da quantidade de calor $\dj Q$. Por exemplo, é isto que acontece na Natureza, quando parte do calor se transforma em energia eólica e, tecnicamente, em qualquer tipo de central solar. Neste caso, tem-se $dS < \dj Q/T_E$.

Segundo o exemplo, o contacto com o banho térmico não tem necessariamente de ocorrer à superfície do sistema (que, no caso concreto considerado, seria a camada externa da atmosfera). Pelo contrário, o contacto pode ocorrer no interior do sistema.

A respeito do recipiente, pretendemos notar, neste exemplo, o seguinte. Quando o recipiente está exatamente à temperatura da radiação, então, emite exatamente a quantidade de energia que absorve. Na prática, deverá, portanto, ter uma temperatura, pelo menos, um pouco menor, $T_{\text{recipiente}} = T_\odot - \Delta T$. De acordo com a discussão no fim da secção anterior, o processo quase-estático corresponde ao caso limite $\Delta T \to 0$.

Num forno solar, os raios solares são concentrados no foco de um espelho côncavo. Num forno solar real, atinge-se quando muito perto de 4000 a 5000 K, o que se situa nitidamente abaixo do limite superior teórico $T_W = T_\odot$. Assim, a variação de entropia contém, para além de $dS = \dj Q/T_{\text{recipiente}}$, que corresponde ao primeiro termo em (11.8), uma parte $d_i S$ que envolve transferência de calor da temperatura T_W para $T_{\text{recipiente}}$.

88   Parte II   Elementos de Física Estatística

Formulações diversas

Encontram-se na literatura diferentes formulações da segunda lei da Termodinâmica. Em relação a este assunto, são dados nesta secção alguns esclarecimentos.

As formulações históricas de Clausius (1850), Kelvin (1851) e Carnot (1824) são muitas vezes reproduzidas verbalmente:

1. Clausius: não existe qualquer processo termodinâmico que apenas consista no fluxo de calor de um sistema com temperatura $T_<$ para um sistema com $T_>$ (onde $T_< < T_>$).

2. Kelvin: não existe qualquer processo termodinâmico que apenas consista em transformar calor em trabalho. Ou não existe qualquer *perpetuum mobile* de segunda espécie.

3. Carnot: não existe qualquer máquina térmica que seja mais eficiente que o ciclo de Carnot.

Em relação ao ponto 1, note-se que um processo deste tipo para um sistema fechado significaria $\Delta S = \Delta Q(1/T_> - 1/T_<) < 0$. Os outros pontos são considerados no capítulo 19, sobre máquinas térmicas, como consequências da segunda lei da Termodinâmica. Muitos autores[1] partem destas formulações.

Atualmente, em geral, dá-se a designação de segunda lei da Termodinâmica a uma equação ou a uma inequação. Alguns autores[2] dão à relação (11.2) a designação de segunda lei da Termodinâmica. Outros autores (por exemplo, a segunda edição deste livro) apresentam a relação (11.7) como resultado central e atribuem-lhe a designação de segunda lei da Termodinâmica. Reif [5] dá a ambas as relações (11.2) e (11.5) a designação de segunda lei da Termodinâmica. A formulação (11.8) é dada por Brenig [6] (quarta edição) e de modo análogo por Schmutzer[3]. Nas formulações, em que a (11.2) é atribuída a designação de segunda lei da Termodinâmica, também é obviamente utilizada a relação $dS = đQ_{q.e.}/T$. Pelo contrário, para um sistema fechado $\Delta S \geq 0$ é sempre válida.

Para fundamentação da Termodinâmica, (11.2) e (11.5) constituem formulação suficiente da segunda lei da Termodinâmica. Estas relações, não são, no entanto, independentes uma da outra. De facto, de (11.5) decorre o aumento da entropia $\Delta S > 0$ quando a temperatura se uniformiza, globalmente, no sistema fechado (capítulo 12).

Transferência de calor

Para processos arbitrários $a \to b$ entre dois estados de equilíbrio, a variação de entropia $\Delta S = S_b - S_a$ pode ser calculada a partir de (11.5) se se imaginar um

---

[1]Por fovemplo, K. Huang, *Statistical Mechanics*, 2nd ed., John Wiley, 1987

[2]Por exemplo, Landau-Lifschitz [8] ou F. Mandl, Statistical Physics, 2nd ed., John Wiley, 1988

[3]E. Schmutzer, *Grundlagen der Theoretischen Physik*, Teil 1, B.I.-Wissenschaftsverlag, Zürich 1989

Capítulo 11 Segunda e Terceira leis

Tabela 11.1 Calores específicos c_P da água, do cobre e do ferro (à pressão normal e à temperatura ambiente).

Sistema	Calor específico	Temperatura de fusão	Calor de fusão
água	4.2 J/(g K)	273.15 K	334 J/g
cobre	0.38 J/(g K)	1356.6 K	205 J/g
ferro	0.45 J/(g K)	1808 K	277 J/g

percurso quase-estático do estado a para o estado b. O sistema percorre, então, uma série de estados de equilíbrio ao longo do processo imaginado, de modo que em

$$\Delta S = \int_a^b \frac{dQ_{\text{q.e.}}}{T}\,, \tag{11.9}$$

se encontra definido $T = T(E, x)$. Já que também é possível a realização quase-estática de trabalho, podem ser alcançados estados finais arbitrários.

Em processos quase-estáticos, a temperatura de um sistema é elevada de T para $T + dT$ pela transferência do calor $Q_{\text{q.e.}}$. A *capacidade calorífica* é definida pelo quociente

$$C = \frac{dQ_{\text{q.e.}}}{dT}\,. \tag{11.10}$$

À capacidade calorífica por unidade de massa, $c = C/M$ damos a designação de *calor específico*. Na tabela 11.1, são dados valores experimentais para a água e para o cobre. A capacidade calorífica e o calor específico dependem do parâmetro macroscópico (por exemplo, V ou P) que é mantido constante durante a transferência de calor. São, então, rotulados através de um índice correspondente (C_V e C_P). No caso de o volume ser mantido constante, não existe qualquer realização de trabalho ligada ao processo (pois $dW_{\text{q.e.}} = -P\,dV = 0$). Posteriormente, serão discutidas as diferenças entre capacidades caloríficas distintas (em particular, $C_P - C_V$). Para sólidos e líquidos, as diferenças entre capacidades caloríficas são, em geral, pequenas. A capacidade calorífica e o calor específico são funções de grandezas de estado macroscópicas, $C = C(T, P, ...)$.

Seguidamente, supomos que é constante a capacidade calorífica do sistema considerado, $C = \text{const.}$. De (11.9) e (11.10) decorre, então,

$$\Delta S = \int_a^b \frac{dQ_{\text{q.e.}}}{T} = \int_a^b \frac{C\,dT}{T} = C\,\ln\left(\frac{T_b}{T_a}\right), \tag{11.11}$$

e

$$\Delta Q = \int_a^b dQ_{\text{q.e.}} = C\,(T_b - T_a)\,. \tag{11.12}$$

Para o cálculo do integral em (11.11), consideramos um percurso quase-estático. A condição para que um processo seja "quase-estático" é satisfeita através de um

90 Parte II Elementos de Física Estatística

processo suficientemente lento (lenta transferência de calor e (eventualmente) lenta mudança de parâmetros externos). Então, está sempre definida uma temperatura, em cada fase do processo $a \to b$.

Quando é fornecida ao sistema a quantidade de calor ΔQ para parâmetros externos constantes, então (11.11) e (11.12) são também válidas para um processo não-quase-estático. Neste caso o estado final b é determinado pelo estado inicial $a = (E_a, x_a)$ e por ΔQ a partir de $E_b = E_a + \Delta Q$ e $x_b = x_a$. Deste modo encontram-se também fixadas as temperaturas T_a e T_b e a variação de entropia $\Delta S = S_b - S_a$.

A transferência não-quase-estática de calor poderia resultar concretamente, de um pedaço de matéria ser aquecido localmente (por exemplo com um bico de Bunsen ou num disco do fogão) sendo depois isolado termicamente. No sistema (pedaço de matéria) começam por decorrer processos de condução de calor dependentes do tempo e da posição, portanto processos não-quase-estáticos. Finalmente estabelece--se, no entanto, novamente um estado de equilíbrio.

Quando a matéria é aquecida a pressão constante, ela expande-se (em geral), não sendo, por conseguinte, constantes os parâmetros externos. Frequentemente a expansão é tão lenta que a produção de trabalho a ela ligada ocorre quase--estaticamente (sendo, portanto, igual a $-\Delta W_{q.e.} = \int P \, dV$). Também neste caso o estado final alcançado é independente de a quantidade de calor ser efetivamente transferida quase-estaticamente. Pode-se novamente calcular ΔS de acordo com (11.11) (agora com $C = C_P$), mesmo que o calor seja localmente fornecido sendo o processo no seu conjunto não-quase-estático.

Terceira lei

Os sistemas considerados em Mecânica Quântica têm, normalmente, um único estado cuja energia E_0 é a mais baixa possível. Esse é o estado fundamental. Este estado encontra-se separado do primeiro estado excitado por uma energia finita $E_1 - E_0$. No caso limite em que $E \to E_0$, o intervalo $[E, E + \delta E]$ acaba por conter um único estado,

$$\Omega(E) = 1 \quad \text{para } E \to E_0 , \tag{11.13}$$

e

$$S(E) = k_B \ln \Omega(E) \xrightarrow{E \to E_0} 0 . \tag{11.14}$$

Pelo contrário, até agora considerámos sempre sistemas e energias, para os quais o intervalo δE contém muitíssimos estados.

A energia $E - E_0$ está disponível para excitação dos graus de liberdade. Deste modo, de (6.21) obtém-se

$$\Omega(E) \propto (E - E_0)^{\gamma f} . \tag{11.15}$$

Capítulo 11 Segunda e Terceira leis 91

Segue-se daqui que

$$\frac{1}{T} = k_{\mathrm{B}} \, \frac{\partial \ln \Omega}{\partial E} \propto \frac{\gamma f}{E - E_0} \overset{E \to E_0}{\longrightarrow} \infty \,. \tag{11.16}$$

Assim, o limite $E \to E_0$ é equivalente a $T \to 0$. Este resultado traduz o significado físico da temperatura, como a energia (disponível) por grau de liberdade. Na Parte IV, é apresentada uma justificação mais rigorosa da relação entre os limites $E \to E_0$ e $T \to 0$ para sistemas quânticos cujos estados formam um conjunto discreto (E_0, $E_1, \dots$). De (11.14) e (11.16) decorre

$$\boxed{\; S \overset{T \to 0}{\longrightarrow} 0 \qquad \text{terceira lei da Termodinâmica.} \;} \tag{11.17}$$

Este resultado denomina-se terceira lei da Termodinâmica ou teorema de Nernst.

Experimentalmente não é possível alcançar exatamente $T = 0$. Na prática, são alcançados valores da ordem de $T = 10^{-7}$ K. Em aplicações práticas, com frequência, considera-se que $T \to 10^{-3}$ K é equivalente a $T \to 0$. A tais temperaturas quase todos os graus de liberdade estão congelados, encontrando-se a matéria no estado fundamental. Porém, a orientação dos spins dos núcleos atómicos constitui uma exceção. Os núcleos atómicos com um número ímpar de nucleões têm sempre um spin finito. Este spin nuclear interacciona com a sua vizinhança através do seu pequeno momento magnético μ_{K}. Este momento magnético é da ordem de grandeza do momento magnético de um nucleão e, portanto, cerca de um fator 10^3 mais pequeno que o momento magnético de um eletrão. A interação dos spins nucleares entre si e com a vizinhança é, pois, extremamente fraca. Para estes spins nucleares, a temperatura $T = 10^{-3}$ K pode ser uma temperatura *elevada* na qual todos os estados possíveis de spin são igualmente prováveis. Para N núcleos com spin $1/2$, isto significa que todas as $\Omega_0 = 2^N$ orientações dos spins (5.6) são igualmente prováveis. Neste caso, para baixas temperaturas, a entropia tende para o valor $S_0 = k_{\mathrm{B}} \ln \Omega_0 = N k_{\mathrm{B}} \ln 2$. O valor de S_0 apenas depende do tipo de núcleos atómicos, mas não da energia ou de parâmetros externos do sistema. Neste sentido, a terceira lei da Termodinâmica admite também o seguinte enunciado

$$S \overset{T \to 0^+}{\longrightarrow} S_0 \qquad \text{(terceira lei da Termodinâmica)} \,, \tag{11.18}$$

onde $T \to 0^+$ deverá significar a aproximação de uma temperatura muito baixa, alcançável, na prática, e S_0 é uma constante. No entanto, em princípio, (11.17) é também válida para sistemas com spin nuclear. Com efeito, também os spins nucleares se orientam ordenadamente para uma temperatura suficientemente baixa. Estabelece-se uma ordem nos spins, quando $k_{\mathrm{B}} T$ for comparável com a intensidade da interação dos spins nucleares entre si ou com o campo magnético residual nos sólidos.

Complemento

A primeira, a segunda e a terceira lei constituem os fundamentos da Termodinâmica, a qual investiga as relações entre grandezas macroscópicas. A Termodinâmica refere-se essencialmente a sistemas em equilíbrio. Relativamente a estados de não-equilíbrio, apenas produz afirmações qualitativas, tendo por base a lei empírica "os sistemas isolados deslocam-se em direção ao equilíbrio". Assim se conclui qualitativamente, a partir da condição de equilíbrio "$T_1 = T_2$" relativa à troca de calor, que qualquer diferença de temperatura "$T_1 \neq T_2$" origina a transferência de calor que conduz à evolução do sistema de um estado de não-equilíbrio para um estado de equilíbrio.

As três leis da Termodinâmica não são completas em sentido axiomático. Para a definição da temperatura (através de um processo de medida), necessitamos, nomeadamente, de admitir que a existência de equilíbrio em relação a trocas de calor é equivalente à temperatura ser a mesma. Este enunciado é ocasionalmente denominado lei zero da Termodinâmica [5]. Para aplicações práticas, necessitamos também de aceitar, como facto empiricamente confirmado, que os sistemas fechados evoluem efetivamente no sentido de alcançarem o equilíbrio (em tempo finito). Em comparação com este enunciado, o resultado $\Delta S \geq 0$ tem um alcance mais fraco.

Capítulo 11 Segunda e Terceira leis
93

Exercícios

11.1 Variação de entropia por troca de calor I

Meio litro de água está à temperatura ambiente num recipiente de aço com a massa de 2 kg. Um cubo de gelo de 100 g é adicionado à água e o sistema é isolado termicamente. Qual é o valor da temperatura da água que se obtém no estado final? Calcule a variação da entropia.

11.2 Variação de entropia por troca de calor II

Um quilograma de água a 10 °C é colocada em contacto térmico com um reservatório de calor a 90 °C. Seguidamente, o sistema atinge novo estado de equilíbrio. Calcule, para este processo, a variação de entropia da água, do reservatório de calor e do sistema composto.

11.3 Entropia de um elástico

Considere-se um elástico como um sistema cujo único parâmetro externo é o seu comprimento L. Pretende-se calcular a dependência em L da entropia $S(E, L)$ no contexto do seguinte modelo: o elástico é simulado por uma cadeia de N elos de comprimento d que se encontram alinhados sobre um eixo retilíneo, estando a extremidade anterior de determinado elo unida à extremidade posterior do elo seguinte, e podendo, no entanto, cada elo estar orientado com igual probabilidade, no sentido positivo do eixo ou no sentido negativo. Determine o número Ω_L de configurações para L fixo e a partir daí a entropia

$$S(E, L) - S(E, 0) = -\frac{k_{\mathrm{B}} L^2}{2 N d^2} \qquad \text{para} \quad L \ll N d$$

Comece por exprimir Ω_L em função de $m = n_+ - n_- = L/d \ll N$ onde $n_\pm$ é o número de elos orientados para a direita (esquerda). Calcule também a força f com a qual o elástico é colocado sob tensão.

12 Reversibilidade

A partir da segunda lei classificam-se os processos em reversíveis ou irreversíveis. Finalmente, investiga-se uma série de processos (transferência de calor e expansão), tendo em vista esta classificação. Aprofundam-se aqui, com especial ênfase, os fundamentos microscópicos da irreversibilidade da expansão livre.

Sistema fechado

Partindo de (11.2), distinguimos dois casos

$$\Delta S \ = \ 0 \qquad \text{processo reversível,} \qquad\qquad (12.1)$$

$$\Delta S \ > \ 0 \qquad \text{processo irreversível.} \qquad\qquad (12.2)$$

São exemplos de processos irreversíveis, a uniformização da temperatura e a expansão livre, figura 12.1. Estes exemplos são agora discutidos pormenorizadamente.

Os processos reversíveis são situações ideais limite. Os processos reais são, quando muito, quase-reversíveis. Concretamente, isto significa que o processo pode ser invertido com um esforço externo arbitrariamente pequeno. Citaremos, como exemplo, a expansão quase-estática.

Sistema aberto

Partindo de (11.7), distinguimos dois casos:

$$dS \ = \ \frac{đQ}{T} \qquad \text{processo reversível,} \qquad\qquad (12.3)$$

$$dS \ > \ \frac{đQ}{T} \qquad \text{processo irreversível.} \qquad\qquad (12.4)$$

Para um processo quase-estático, é válido o sinal de igualdade. Um processo deste tipo é, portanto, reversível. Por este motivo, é também usual o índice "rev" em vez de "q.e." em (11.4),

$$dS = \frac{đQ_{\text{q.e.}}}{T} = \frac{đQ_{\text{rev}}}{T} \qquad \text{(notações alternativas).} \qquad (12.5)$$

Se não for válido o sinal de igualdade em (11.7), o processo não é quase-estático, sendo, portanto, irreversível, de acordo com (12.4). Um processo quase-estático ou

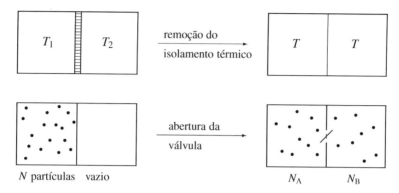

Figura 12.1 Depois de serem retiradas restrições, estão, em geral, acessíveis para o sistema mais microestados que antes. Na parte superior, é iniciado um processo através da remoção do isolamento térmico entre dois subsistemas. Seguidamente, a temperatura uniformiza-se. Na parte inferior, inicia-se um processo pela abertura de uma válvula. Seguidamente, o gás expande-se, ocupando todo o volume disponível. Nenhum dos processos pode ocorrer no sentido inverso em sistemas fechados, sendo, portanto, os processos irreversíveis.

reversível consiste numa sequência de estados de equilíbrio. A designação "quase-
-estático" acentua o pressuposto experimental ($\tau_{exp}/\tau_{relax} \to \infty$). A designação
"reversível" acentua a reversibilidade do processo. O tempo de relaxação (e casos
especiais com tempo de relaxação infinito) foi discutido na última secção no capítulo 9.

Um processo dito *reversível* em sistema aberto pode ser *invertido* no sentido
que seguidamente se descreve, ou seja, é reversível em sentido literal. Consideremos uma variação de parâmetros externos $x_a \to x_b$ e/ou uma transferência de
calor que conduz ao processo quase-estático $a \to b$. Os estados de equilíbrio
que ocorrem a, ...estados intermédios, ..., b podem também ser percorridos no sentido inverso se for invertida a variação dos parâmetros externos ($dx_i \to -dx_i$, o
que implica $đW_{q.e.} \to -đW_{q.e.}$) e se o sinal da transferência de calor for trocado ($đQ_{q.e.} \to -đQ_{q.e.}$). Através deste processo, o sistema regressa do estado
final E_b, x_b ao estado inicial E_a, x_a. Como $đQ_{q.e.} \to -đQ_{q.e.}$, tem-se também
$dS \to -dS$ para $dS = đQ_{q.e.}/T$ para os processos parcelares. Por inversão, passa-
-se novamente de S_b para S_a.

São sempre positivos os eventuais desvios das variações mínimas de entropia
$dS = đQ_{q.e.}/T$. Quando se tenta inverter o processo $a \to b$, não é possível anular
completamente estes desvios. Se tais desvios não podem ser ignorados, o processo
diz-se não-invertível.

Como exemplo de um processo irreversível, consideremos novamente o gás na
figura 8.3, o qual se encontra encerrado num recipiente cilíndrico vedado por um
pistão que oscila. Depois de um período de oscilação do pistão, o volume do gás re-

96 Parte II Elementos de Física Estatística

toma o valor inicial. Os parâmetros externos variaram de modo a retomarem valores iniciais. A energia sofre, no entanto, um aumento de $\Delta E = \Delta E_{irrev}^{(1)}$, (8.26). O caso limite da reversibilidade $\Delta E_{irrev} \to 0$ é exatamente válido, quando a velocidade do pistão tende para zero. Qualquer variação real de volume ocorre com velocidade finita conduzindo, portanto, a processos parcelares irreversíveis. Analogamente, no caso de transporte de calor, têm lugar pequenos desvios da uniformidade térmica (e, portanto, processos parcelares ligeiramente irreversíveis) que temos inevitavelmente de aceitar para que a transferência de calor ocorra em tempo finito. Verifica-se em geral que qualquer processo real ocorre com velocidade finita envolvendo, portanto, fenómenos irreversíveis.

Resumindo, observamos que os processos reversíveis (12.3), assim como (12.1) são casos ideais limite. Efetivamente, apenas existem processos reversíveis de modo aproximado que são aqueles cuja irreversibilidade se encontra circunscrita a zonas pouco extensas ou é pouco acentuada.

Uniformização da temperatura

Consideremos o mecanismo uniformização de temperatura entre dois sistemas cujas temperaturas eram diferentes antes de terem sido colocados em contacto térmico (figura 12.1 em cima) que conduziu, posteriormente, à uniformização da temperatura. O sistema composto é fechado e atinge finalmente o equilíbrio térmico. Investigamos este processo no capítulo 9, dando especial ênfase a considerações estatísticas. Abordaremos brevemente de novo esta matéria e trataremos depois este processo do ponto de vista termodinâmico.

O mecanismo de intercâmbio de calor esquematizado na figura 9.1 é equivalente ao processo de uniformização da temperatura aqui abordado. A figura 9.3 esclarece que em equilíbrio ($T_1 = T_2$), o número Ω_b de microestados acessíveis é muito maior que no estado inicial a, logo

$$\Omega_b \gg \Omega_a \,. \qquad (12.6)$$

Esta é a razão microscópica para que não haja retrocesso (irreversibilidade): no estado final b todos os Ω_b microestados são igualmente prováveis. Nestes, estão também incluídos os Ω_a microestados do estado inicial. Devido a (12.6), eles têm, no entanto, um peso estatístico desprezavelmente pequeno. A sua ocorrência é extremamente improvável. No exemplo da expansão livre considerado, seguidamente mostra-se que "improvável" tem aqui o significado de "praticamente impossível".

Tratemos agora a uniformização irreversível da temperatura no âmbito da Termodinâmica. O cálculo da variação da entropia dos subsistemas apoia-se em (12.3), ou seja, admitindo que cada um dos subsistemas percorre *de per si* uma sequência de estados de equilíbrio. De acordo com a discussão na secção 'transferência de calor' no capítulo 11, a variação de entropia ΔS assim calculada também está correta, embora a transferência de calor não ocorra lentamente. As variações de entropia $\Delta S = S_b - S_a$ dos subsistemas dependem apenas dos estados inicial e final. Estas são, no entanto, determinadas pelas temperaturas iniciais de ambos os sistemas.

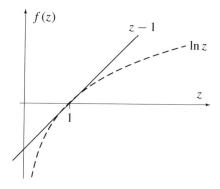

Figura 12.2 Gráfico das funções $\ln z$ e $z - 1$. Por ser $z - 1 \geq \ln z$, ΔS obtido de (12.13) é sempre maior ou igual a zero.

Como exemplo concreto, consideremos o arrefecimento de uma garrafa de cerveja B num lago S. Suponhamos que as capacidades caloríficas dos dois sistemas têm valores constantes C_B e C_S. Por contacto com o lago, a garrafa de cerveja vai absorver a quantidade de calor

$$\Delta Q_B = C_B (T_b - T_a), \qquad (12.7)$$

onde T_a é a temperatura inicial e T_b é a temperatura final da garrafa de cerveja. Tendo arrefecido a garrafa de cerveja, tem-se $T_b < T_a$ e $\Delta Q < 0$. No entanto, (12.7) e as seguintes equações são também válidas para $T_b > T_a$. A energia é constante no sistema fechado "garrafa de cerveja + lago"

$$\Delta E = \Delta E_B + \Delta E_S = \Delta Q_B + \Delta Q_S = 0. \qquad (12.8)$$

Não é efetuado trabalho. Visto que $\Delta Q_S = -\Delta Q_B$, a variação de temperatura ΔT_S do lago é

$$|\Delta T_S| = \frac{|\Delta Q_S|}{C_S} = \frac{|\Delta Q_B|}{C_S} = \frac{C_B}{C_S} |T_b - T_a| \ll |T_b - T_a|. \qquad (12.9)$$

O lago desempenha o papel de *banho térmico* (ou reservatório de calor). Por ser $C_S \gg C_B$, podemos desprezar a variação da temperatura do lago (do banho térmico), logo

$$T_S = \text{const.}, \qquad T_b = T_S. \qquad (12.10)$$

No estado de equilíbrio, são iguais as temperaturas dos subsistemas. No estado final b, a garrafa de cerveja e o lago têm a mesma temperatura T_b.

Calculemos as variações de entropia dos sistemas:

$$\Delta S_S = \int_a^b \frac{dQ_{S,\text{q.e.}}}{T} = \frac{\Delta Q_S}{T_b} = -\frac{\Delta Q_B}{T_b} = C_B \frac{T_a - T_b}{T_b}, \qquad (12.11)$$

$$\Delta S_B = \int_a^b \frac{dQ_{B,\text{q.e.}}}{T} = \int_{T_a}^{T_b} \frac{C_B \, dT}{T} = C_B \ln\left(\frac{T_b}{T_a}\right). \qquad (12.12)$$

98 Parte II Elementos de Física Estatística

Obtemos, daqui, a variação de entropia do sistema composto:

$$\Delta S = \Delta S_S + \Delta S_B = C_B (z - 1 - \ln z) \quad \text{com} \quad z = T_a/T_b .$$ (12.13)

Da figura 12.2 constata-se de imediato que

$$\ln z \leq z - 1 .$$ (12.14)

Das duas últimas equações segue-se que

$$\Delta S \geq 0 \qquad \text{(garrafa de cerveja + lago)} .$$ (12.15)

O sinal de igualdade apenas é válido para $T_b = T_a$. Se a diferença de temperatura for finita, a uniformização da temperatura (arrefecimento ou aquecimento da garrafa de cerveja no lago) implica um aumento da entropia do sistema fechado. Tal uniformização da temperatura é irreversível.

Consideramos, para o cálculo de ΔS, um processo quase-estático. Isto significa que a troca de calor ocorre tão lentamente que o sistema garrafa de cerveja tem em cada instante uma temperatura bem definida. No entanto, os resultados assim calculados, em especial ΔS_S e ΔS_B, são também válidos se apenas o estado final for estado de equilíbrio (ver secção da transferência de calor no capítulo 11). De facto, durante o processo de arrefecimento, são de esperar, para a garrafa de cerveja, temperaturas que dependem da região da garrafa e do tempo.

Expansão livre

Um recipiente de volume V está dividido em duas partes de volumes iguais por meio de uma parede separadora. Uma das partes contém gás, a outra nada (está, pois, vazia). Abre-se uma válvula situada na parede de separação (figura 12.1 abaixo). A abertura da válvula não consome trabalho, $đW = 0$. Suponhamos que o sistema composto está isolado termicamente, sendo, pois, $đQ = 0$. A energia E permanece, assim, inalterada, $dE = đQ + đW = 0$. Também o número N de partículas permanece inalterado. A abertura da válvula conduz, no entanto, à duplicação do volume acessível, $V_b = 2V_a$. De acordo com (6.16), tem-se $\Omega \propto V^N$. Assim, tem-se para o processo considerado em sistemas fechados

$$\Omega_b = 2^N \Omega_a \gg \Omega_a .$$ (12.16)

Por ser $\Omega_b \gg \Omega_a$ (portanto, $\Delta S = S_b - S_a > 0$), o processo $a \to b$ é irreversível. Discutiremos seguidamente os fundamentos estatísticos desta irreversibilidade.

Antes da abertura da válvula, o sistema encontrava-se no estado de equilíbrio a. Depois da abertura, o gás distribuiu-se subitamente pelas duas partes do recipiente. Aqui, a escala temporal é L/c_s, onde L é a dimensão do comprimento do recipiente e c_s é a velocidade do som. Depois da abertura da válvula, gera-se uma distribuição espacial da densidade dependente do tempo, formando-se, portanto, estados de não-equilíbrio. Ao fim de algum tempo da ordem L/c_s, estabelece-se novo estado de equilíbrio b.

Capítulo 12 Reversibilidade

Todos os Ω_b microestados do estado final b, são igualmente prováveis. Entre estes microestados encontram-se os Ω_a microestados do estado inicial a. Estes microestados continuam a ser estados acessíveis no sentido do postulado fundamental. No conjunto dos Ω_b estados, estes Ω_a estados têm, no entanto, um peso estatístico desprezável. A probabilidade de, no *ensemble* do estado final b, encontrar qualquer um dos Ω_a estados é

$$P = \frac{\Omega_a}{\Omega_b} = 2^{-N} \approx 10^{-2 \cdot 10^{23}} \qquad \left(N = 6 \cdot 10^{23}\right). \qquad (12.17)$$

Para a determinação do valor numérico, supusemos que o recipiente considerado contém uma mole de gás. O valor de P encontrado significa, efetivamente, a impossibilidade de encontrar qualquer dos Ω_a microestados no estado final b. Analisaremos esta "impossibilidade" mais pormenorizadamente.

Os microestados de um gás perfeito clássico (5.8) podem ser representados por

$$r = (r_1, ..., r_N, \ p_1, ..., \ p_N). \qquad (12.18)$$

Em cada instante, o gás encontra-se em determinado estado r, no instante seguinte encontra-se noutro. Equilíbrio significa que todos os estados r ocorrem com igual probabilidade.

Dividimos em classes os microestados do *ensemble* do estado final b. Define-se cada classe k pela distribuição das partículas nas duas partes. A notação

$$k = (+, +, -, -, -, +, +, -, +, -, +, ...), \qquad (12.19)$$

indica que as partículas 1, 2, ..., N se encontram na parte da esquerda $(+)$ ou na parte da direita $(-)$. Existem 2^N distribuições possíveis ou classes, $k = 1, 2, ..., 2^N$. Para maior simplicidade, consideraremos partículas distinguíveis. Cada classe contém o mesmo número de microestados, ou seja, $\Omega_b/2^N = \Omega_a$.

O estado inicial $a = (+, +, +, +, +, + ...)$ representa uma das 2^N classes. A fim de responder à questão se, e quando, o estado a volta a ser alcançado, investiguemos, ao fim de que tempo Δt, o sistema muda de uma classe para outra.

À temperatura ambiente, as moléculas do ar deslocam-se com a velocidade $\bar{v} \approx 400$ m/s. Num gás perfeito, cada partícula choca ao fim de um tempo $\mathcal{O}(L/\bar{v})$ com a parede separadora. Aqui, L designa a dimensão do recipiente, medida na direção perpendicular à parede separadora. Se a área do orifício da válvula for 10^{-3} da área da parede de separação, uma determinada partícula passa em média, de uma parte para a outra, ao fim do tempo

$$\tau \sim \frac{L}{\bar{v}} \, 10^3 \approx 1 \text{ s}. \qquad (12.20)$$

Obtivemos o valor numérico, considerando o volume de uma mole em condições normais, $V = L^3 = 22.4 \cdot 10^3 \text{ cm}^3$. Não importa aqui um fator 10 a mais ou menos. Também não tem importância para o argumento presente que, num gás real,

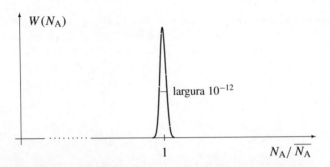

Figura 12.3 Os N átomos de um gás perfeito encontram-se por toda a parte na região acessível de volume V com igual probabilidade (figura 12.1 abaixo, à direita). Donde se segue a probabilidade aqui representada $W(N_A)$ de que precisamente N_A partículas se encontrem na parte da esquerda. A distribuição indicada é extremamente delgada. A largura finita indicada implica que o valor 2 da abcissa (todas as partículas no compartimento inicial) está a cerca de um milhão de quilómetros à direita do centro da distribuição. Se em alternativa tivéssemos colocado o 2 na abcissa explicitada, então a distribuição seria um traço com espessura de cerca de 10^{-10} mm (portanto, invisível).

o processo decorra de outro modo. Ao fim do tempo τ, aproximadamente todos os $N = 6 \cdot 10^{23}$ átomos mudaram uma vez de lado. Entretanto, o sistema considerado mudou N vezes de uma classe (12.19) para outra. O sistema muda, pois, de classe ao fim do tempo

$$\Delta t = \frac{\tau}{N} \sim 10^{-24} \text{ s} . \qquad (12.21)$$

O tempo ao fim do qual *todas* as 2^N classes (12.19) são percorridas precisamente uma vez, é

$$T \sim 2^N \, \Delta t . \qquad (12.22)$$

Em aproximadamente este tempo, o estado inicial *a* é também percorrido uma vez, o que, com alguma sorte, poderá eventualmente acontecer já ao fim do tempo $T/100$. Fazemos uma estimativa numérica de T,

$$T \sim 2^{6 \cdot 10^{23}} \, 10^{-24} \text{ s} \approx 10^{2 \cdot 10^{23} - 24} \text{ s} = 10^{2 \cdot 10^{23} - 24 - 18} \, t_{\text{universo}} . \qquad (12.23)$$

O tempo T é tão grande que podemos afirmar que o estado inicial *a nunca* volta a ser alcançado. Também se T for expresso como um múltiplo da idade do universo, $t_{\text{universo}} \approx 10^{10}$ anos, o expoente do primeiro fator é pouco alterado. Na verdade, os microestados do *ensemble a* fazem parte do *ensemble b*. Têm, no entanto, um peso estatístico desprezável. A improbabilidade da sua ocorrência implica uma impossibilidade de facto.

Calcularemos ainda explicitamente a probabilidade $W(N_A)$, de se encontrarem N_A partículas num dos compartimentos do recipiente (figura 12.1, abaixo, à direita). Para compartimentos de igual volume, cada partícula tem a probabilidade $p = 1/2$ de estar à esquerda e a probabilidade $q = 1/2$ de estar à direita. No capítulo 3,

Capítulo 12   Reversibilidade

foi calculada a probabilidade $W_N(n)$, de estarem precisamente $n = N_A$ partículas num dos compartimentos. Por ser $Npq \gg 1$, $W_N(n)$ pode ser aproximado por uma gaussiana,

$$W(N_A) = W_N(N_A) \overset{(3.15)}{=} \frac{1}{\sqrt{2\pi}\,\Delta N_A}\,\exp\left(-\frac{\left(N_A - \overline{N_A}\right)^2}{2\,\Delta N_A^2}\right), \qquad (12.24)$$

onde $\overline{N_A} = Np = N/2$ e $\Delta N_A = \sqrt{Npq} = \sqrt{N}/2$. Esta distribuição encontra--se representada na figura 12.3. Para um sistema macroscópico (por exemplo, com $N = 10^{24}$), ela é extraordinariamente delgada,

$$\frac{\Delta N_A}{\overline{N_A}} = \frac{1}{\sqrt{N}} = 10^{-12}. \qquad (12.25)$$

O facto de a distribuição ser tão delgada, significa que quase todas as 2^N classes estão na vizinhança imediata de $\overline{N_A} = N/2$, portanto, na proximidade do máximo da distribuição de probabilidade. O equilíbrio pode, portanto, ser caracterizado por

$$\text{equilíbrio:}\quad W(N_A) = \text{máximo}. \qquad (12.26)$$

A expansão livre discutida nesta secção é instrutiva pelas seguintes razões:

1. A ligação com os fundamentos estatísticos (passeio aleatório no capítulo 3) é particularmente próxima e transparente.

2. O exemplo é característico de outras distribuições em equilíbrio estatístico. Substituindo $\xi = N_A$ na distribuição geral $W(\xi)$ de (10.6), obtemos (12.24). Para $\xi = E_A$, obtemos a correspondente distribuição para a transferência de calor (capítulo 9). A relação (12.26) corresponde a "$S = $ máximo".

3. O exemplo elucida, dum modo particularmente simples e transparente, a origem da irreversibilidade de um processo com $\Delta S > 0$ (ou $\Omega_b \gg \Omega_a$) de um sistema fechado.

Expansão adiabática

Consideremos agora diferentes processos adiabáticos de expansão (figura 12.4). No capítulo 8, encontramos para este caso:

$$\Delta W = \begin{cases} \Delta W_{\text{q.e.}} = -\int dV\,P & \text{expansão quase-estática,} \\ 0 & \text{expansão livre,} \\ \text{sem limite superior} & \text{expansão arbitrária.} \end{cases} \qquad (12.27)$$

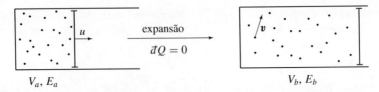

V_a, E_a V_b, E_b

Figura 12.4 Um gás expande-se adiabaticamente. Seja u o módulo da velocidade do pistão e seja $\overline{v}$ o valor médio do módulo da velocidade das partículas do gás. No limite quase-estático ($u/\overline{v} \to 0$), o trabalho efetuado é $\Delta W = \Delta W_{\text{q.e.}} = -\int dV\, P < 0$. A expansão é reversível apenas neste caso limite. No caso de se forçar o pistão a deslocar-se muito rapidamente ($u \gg \overline{v}$), tem-se $\Delta W = 0$ (expansão livre). Quando o pistão, no percurso de V_a para V_b, oscila durante algum tempo com velocidade finita, o gás é aquecido nesta fase. Para um processo de expansão arbitrário, não existe, pois, qualquer limite superior para ΔW. Em todos os casos, tem-se $E_b - E_a = \Delta W$.

Caso quase-estático

No caso quase-estático, tem-se $\Delta W = \Delta W_{\text{q.e.}}$. Deste modo, são válidos os sinais de igualdade em (11.6) e (11.7). A expansão quase-estática é um processo reversível.

Discutiremos o número de microestados envolvidos numa expansão quase-estática adiabática, tomando como exemplo, o caso de um gás ideal monoatómico. De acordo com (6.20), tem-se

$$\ln \Omega(E, V, N) = \frac{3N}{2} \ln\left(\frac{E}{N}\right) + N \ln\left(\frac{V}{N}\right) + N \ln c. \qquad (12.28)$$

Consideremos uma expansão quase-estática adiabática. A variação de energia associada à variação de volume dV obtém-se de

$$dE = \mathchar'26\mkern-12mu dQ_{\text{q.e.}} + \mathchar'26\mkern-12mu dW_{\text{q.e.}} = \mathchar'26\mkern-12mu dW_{\text{q.e.}} \stackrel{(8.14)}{=} -\frac{2}{3}\frac{E}{V} dV. \qquad (12.29)$$

Assim, obtemos

$$d \ln \Omega = \frac{3N}{2}\frac{dE}{E} + \frac{N}{V} dV = \frac{3N}{2}\frac{-2}{3V} dV + \frac{N}{V} dV = 0, \qquad (12.30)$$

donde se segue $d\Omega/dV = 0$ e

$$\Omega_b = \Omega_a. \qquad (12.31)$$

A expansão quase-estática adiabática satisfaz (12.3), sendo, portanto, reversível. É também possível construir um sistema fechado e deste modo realizar um processo reversível, de acordo com (12.1). Para este efeito, ao sistema esquematizado na figura 12.4 é associado com um acumulador, para armazenamento do trabalho efetuado pelo gás. Poderia, por exemplo, erguer-se um peso por meio de uma engrenagem. Para o sistema fechado, constituído pelo gás e pelo acumulador, tem-se $\Omega_b = \Omega_a$ ou $\delta S = 0$, visto que o pequeno número de graus de liberdade do acumulador pode ser desprezado no cálculo do número de microestados. Tem-se, assim, um processo

Capítulo 12 Reversibilidade 103

(quase) reversível num sistema fechado, pois o trabalho acumulado pode ser utilizado para comprimir novamente o gás ao longo do percurso inverso. Efetivamente, para o processo ser invertido, torna-se necessária uma intervenção (arbitrariamente) pequena do exterior.

Caso não-quase-estático

No caso não-quase-estático, tem-se $\Delta W > \Delta W_{q.e.}$, sendo, assim, válidos os sinais de maior em (11.6) e (11.7), e portanto, (12.4). A expansão não quase-estática é um processo irreversível.

Na última secção, foi discutida, em particular, a expansão livre. De $E_b = E_a$ e $V_b = 2\,V_a$ resulta $\Omega_b \gg \Omega_a$, sendo esta a origem estatística da irreversibilidade.

O último caso contemplado em (12.27) foi analisado no capítulo 8, através do exemplo de um gás encerrado num recipiente vedado por um pistão que oscila. O movimento do pistão (com velocidade finita) transfere irreversivelmente energia para o gás. Esta energia é proporcional ao tempo de duração das oscilações, não sendo, portanto, limitada. No exemplo numérico, tínhamos obtido em (8.27) $E_b = 1.01\,E_a$ para 100 oscilações do pistão, sendo, ao mesmo tempo, $V_b = V_a$. Visto que $\Omega \propto E^{3N/2}$, tem-se novamente $\Omega_b \gg \Omega_a$.

Em ambos os casos (expansão livre e pistão oscilante) tem-se $\Delta S > 0$ e $\Delta Q = 0$, pelo que (12.4) é válida. Os processos são irreversíveis. O exemplo de um pistão a oscilar torna claro que o caso limite reversível apenas é atingido quando a velocidade tende para zero.

Conclusão

Para um processo arbitrário, $đQ/T$ é um limite inferior do aumento de entropia. Fenómenos irreversíveis conduzem a um acréscimo adicional (muitas vezes indesejado) da entropia.

Trabalho $đW$ pode sempre ser transformado em calor $đQ$ (forno elétrico). Pelo contrário, calor apenas pode ser transformado em trabalho de modo limitado (máquina térmica, capítulo 19). A fim de evitar desperdício da forma valiosa de energia que é o trabalho, em determinado processo o trabalho fornecido ao sistema deverá ser tão pouco quanto possível. De acordo com (11.5), isto significa manter a transformação tão próxima do caso limite quase-estático (portanto, reversível) quanto possível. De (11.6) decorre (11.7) e vice-versa. A diferença em relação ao limite inferior para o trabalho $đW_{q.e.}$ é igual à diferença de $T\,dS$ em relação ao limite inferior de $đQ$. São precisamente as partes irreversíveis do processo que conduzem à diferença em relação a estes limites inferiores (os valores óptimos).

Sob o ponto de vista da preservação da forma valiosa de energia que é o trabalho, consideremos novamente a expansão livre. O processo $E_a,\,V_a \rightarrow E_a,\,V_b$ pode ser conduzido alternativamente do seguinte modo: o gás expande-se quase-estaticamente de V_a até V_b efetuando, então, o trabalho $-\Delta W > 0$. É, então, fornecida a quantidade de calor $\Delta Q = -\Delta W$, de modo que o sistema recupera a

104 Parte II Elementos de Física Estatística

energia inicial E_a. Em relação a esta condução do processo, a expansão livre significa uma transformação de trabalho (mais valioso) em calor (menos valioso). A relação entre irreversibilidade e transformação de trabalho em calor foi já analisada no contexto de um processo alternativo. No exemplo de um pistão a oscilar, a relação é óbvia.

Exercícios

12.1 Discussão da curva $f(x) = x - 1 - \ln x$

Discuta a função $f(x) = x - 1 - \ln x$. Determine os extremos e faça um esboço do gráfico da função.

Uma pedra com capacidade calorífica C tem a temperatura T_1. É lançada para o interior de uma piscina com temperatura (constante) T_2 e passa a estar à temperatura T_2. Determine a variação de entropia do sistema e estabeleça a relação com a análise realizada da curva.

12.2 Variação da entropia durante a troca de calor III

Uma quantidade da substância A com temperatura inicial T_A é colocada em contacto térmico com uma quantidade da substância B à temperatura inicial T_B. As quantidades de calor transferidas são obtidas considerando

$$\mathtt{đ}Q_{A,\,q.e.} = C_A\, dT, \qquad \mathtt{đ}Q_{B,\,q.e.} = C_B\, dT$$

sendo dadas as capacidades caloríficas aproximadamente constantes C_A e C_B.

Determine a temperatura do estado de equilíbrio resultante. Calcule neste processo a variação de entropia ΔS do sistema composto. Mostre que $\Delta S \geq 0$.

13 Física Estatística e Termodinâmica

Resumimos os fundamentos da Física Estatística, tal como foram introduzidos nos capítulos 5 – 12. Comparamos os objetivos principais da Física Estatística e da Termodinâmica.

Física Estatística

A Física Estatística parte da estrutura microscópica do sistema considerado e trata estatisticamente os graus de liberdade microscópicos. Esta perspetiva conduz a resultados relativos às grandezas macroscópicas e às suas relações mútuas. Limitamo-nos aqui essencialmente a estados de equilíbrio.

A dedução das propriedades macroscópicas de um sistema a partir da sua estrutura microscópica pode ser esquematizada do seguinte modo

$$H(x) \xrightarrow{\;1.\;} E_r(x) \xrightarrow{\;2.\;} \Omega(E, x) \xrightarrow{\;3.\;} S(E, x),\; T(E, x),\; X(E, x). \quad (13.1)$$

Descrevemos os passos referidos, primeiro no caso geral e depois para o gás perfeito:

1. O ponto de partida é o operador Hamiltoniano H do sistema. Representemos por $x = (x_1, ..., x_n)$ os parâmetros de que depende H. Estes parâmetros podem ser, por exemplo, o número de partículas, o volume, ou o campo magnético exterior. O primeiro passo (primeira seta em (13.1)) consiste na determinação dos valores próprios da energia $E_r(x)$ de $H(x)$. Deste modo, são determinados os

$$\text{microestados } r \text{ do sistema com energia } E_r(x). \quad (13.2)$$

Para o sistema considerado de muitas partículas, a determinação dos valores próprios de H é um problema complexo não solúvel em geral. Por esta razão, investigam-se, com frequência, modelos de operadores Hamiltonianos ou soluções aproximadas.

2. O segundo passo consiste no cálculo da função de partição

$$\Omega(E, x) = \sum_{r\,:\,E - \delta E\, \leq\, E_r(x)\, \leq\, E} 1\,. \quad (13.3)$$

106 Parte II Elementos de Física Estatística

Também este passo é não trivial. Constatamos que a soma sobre r é constituída por f somas sobre os números quânticos n_i que figuram em $r = (n_1, ..., n_f)$. Para $f = \mathcal{O}(10^{24})$, estas somas só são exequíveis em casos particularmente simples.

3. Para o terceiro passo, pressupõe-se o postulado fundamental, portanto,

$$P_r = \begin{cases} \dfrac{1}{\Omega(E, x)} & E - \delta E \leq E_r(x) \leq E , \\ 0 & \text{de outro modo.} \end{cases} \qquad (13.4)$$

Limitamo-nos, assim, a estados de equilíbrio. Estes macroestados são determinados pelos parâmetros E e x. Portanto, todas as outras grandezas macroscópicas podem ser expressas através de E e x. A estas grandezas macroscópicas pertencem, em particular, a entropia, a temperatura e as forças generalizadas:

$$S(E, x) = k_B \ln \Omega(E, x) , \qquad (13.5)$$

$$\frac{1}{T} = \frac{\partial S(E, x)}{\partial E} , \qquad \frac{X_i}{T} = \frac{\partial S(E, x)}{\partial x_i} . \qquad (13.6)$$

O terceiro passo em (13.1) consiste concretamente em estabelecer a igualdade (13.5) e em calcular as derivadas parciais (13.6). Implica pressupostos não triviais, tais como a existência de estados de equilíbrio e a sua descrição por meio do postulado fundamental. Este passo estabelece a ligação entre o plano microscópico (Ω) e o plano macroscópico (S) e é, portanto, conceptualmente de significado decisivo. Como passo a efetuar, é, no entanto, trivial em contraste com os primeiros dois passos. Basta simplesmente igualar S a $k_B \ln \Omega$ e calcular as derivadas parciais.

O esquema (13.1) é também aplicável a sistemas clássicos. Neste caso, H é a função de Hamilton, e ao efetuar a soma (13.3) deverá tomar-se em conta que cada microestado corresponde a um elemento de volume finito do espaço das fases.

Para sistemas concretos, calcularemos posteriormente, a maior parte das vezes, em vez da função de partição microcanónica Ω, a função de partição canónica ou a função de partição *grand* canónica (Parte IV). Destas outras funções de partição também se obtêm todas as grandezas macroscópicas relevantes.

Para o gás perfeito monoatómico (capítulo 6), percorremos de novo, um a um, os passos esquematizados:

1. O operador Hamiltoniano $H(x)$ é dado por (6.2). Os parâmetros externos são $x = (V, N)$. Os microestados r e a suas energias E_r são

$$r = (n_1, \dots, n_{3N}) , \qquad E_r(V, N) = \sum_{k=1}^{3N} \frac{\pi^2 \hbar^2}{2mL^2} n_k^2 . \qquad (13.7)$$

Capítulo 13 Física Estatística e Termodinâmica

2. O cálculo das funções de partição, com estes E_r, conduz a (6.20),

$$\ln \Omega(E, V, N) = \frac{3}{2} N \ln \left(\frac{E}{N} \right) + N \ln \left(\frac{V}{N} \right) + N \ln c . \qquad (13.8)$$

3. Daqui se obtém a entropia

$$S(E, V, N) = \frac{3}{2} Nk_B \ln \left(\frac{E}{N} \right) + Nk_B \ln \left(\frac{V}{N} \right) + Nk_B \ln c . \qquad (13.9)$$

A primeira parte de (13.6) dá a equação calórica de estado

$$E = \frac{3}{2} Nk_B T . \qquad (13.10)$$

Para $x = V$ e $X = P$, a segunda parte de (13.6), dá a equação térmica de estado

$$PV = Nk_B T . \qquad (13.11)$$

Como foi aqui esboçado, em geral, e em particular para o gás perfeito, a Física Estatística deduz relações entre as variáveis macroscópicas a partir da estrutura microscópica do sistema. Na Parte V, aplicamos este método a diversos sistemas.

Termodinâmica

A Termodinâmica tem apenas por objetivo o estudo de grandezas macroscópicas e das suas relações entre si, sem referência à estrutura microscópica subjacente. Historicamente, desenvolveu-se como uma disciplina autónoma, antes de ter sido reconhecida a sua ligação à estrutura microscópica. Esta ligação é caracterizada pela equação fundamental $S = k_B \ln \Omega$. Esta equação foi estabelecida por Boltzmann, numa altura em que S apenas estava definida macroscopicamente (como grandeza mensurável).

Leis da Termodinâmica

A Física Estatística apoia-se no conhecimento do operador Hamiltoniano do sistema considerado e no postulado fundamental. Pelo contrário, a Termodinâmica apoia-se nas suas leis:

$$dE = đQ + đW \qquad \text{primeira lei,} \qquad (13.12)$$

$$\begin{aligned} \Delta S \geq 0 \qquad &\text{(sistema fechado)} \\ dS = đQ_{\text{q.e.}}/T \quad &\text{(processo quase-estático)} \end{aligned} \qquad \text{segunda lei,} \qquad (13.13)$$

$$S \xrightarrow{T \to 0} 0 \qquad \text{terceira lei.} \qquad (13.14)$$

A primeira, a segunda e a terceira leis podem ser entendidas como leis fundamentais da Termodinâmica, por exemplo, desempenhando papel análogo ao dos axiomas de

108 Parte II Elementos de Física Estatística

Newton na Mecânica ou das equações de Maxwell na Eletrodinâmica. Tais leis da Natureza não podem ser deduzidas. São postuladas ou, então, estabelecidas como generalização de factos experimentais básicos.

Nos capítulos anteriores, relacionamos as leis da Termodinâmica com a estrutura microscópica fundamental. Aí referimos a sua plausibilidade. Recorde-se, por exemplo, a discussão da improbabilidade de encontrar, casualmente, todos os átomos do gás perfeito numa região parcial (capítulo 12). Este exemplo explica os fundamentos estatísticos da impossibilidade de ocorrer, de facto, em sistemas fechados, um processo para o qual $\Delta S < 0$. Adicionalmente recorremos também a leis empíricas, às quais pertence, em particular, a lei da evolução de um sistema fechado em direção ao equilíbrio. Foram ainda introduzidas definições que se referem a condições experimentais. É este, por exemplo, o caso da classificação das possíveis transferências de energia na primeira lei da Termodinâmica.

Grandezas mensuráveis

Nos capítulos anteriores, definimos microscopicamente grandezas macroscópicas (em particular, a entropia e a temperatura). Daqui obtêm-se propriedades destas grandezas que permitem associá-las a grandezas mensuráveis. Uma propriedade fundamental da temperatura é (9.17),

$$T_A = T_B \qquad \text{(equilíbrio em relação ao contacto térmico)} . \qquad (13.15)$$

Na Termodinâmica, a temperatura é, à partida, introduzida como uma grandeza mensurável, sendo pressuposto (13.15).

Equações de estado

As leis da Termodinâmica não se referem a sistemas particulares. As relações que se obtêm destas leis são, portanto, completamente gerais. Uma tal relação é, por exemplo, a eficiência de uma máquina térmica ideal. São obtidas relações mais detalhadas se adicionalmente forem utilizadas as equações de estado do sistema considerado. Na Física Estatística, estas equações de estado são determinadas de acordo com o esquema (13.1). Na Termodinâmica, introduzem-se as equações de estado como suposições ou como hipóteses fenomenológicas.

Consideramos principalmente *sistemas homogéneos em equilíbrio*. Um sistema homogéneo tem a mesma estrutura em todos os pontos de determinada região de volume V. Isto é válido, por exemplo, para uma porção de gás ou para uma vareta de cobre, mas não para o sistema "gás e vareta" ou para uma vareta de cobre prateada. Estes sistemas compostos podem eventualmente ser descritos como dois sistemas homogéneos. Com frequência, os parâmetros externos que caracterizam os sistemas homogéneos, são apenas o volume V e o número N de partículas. Neste caso, o parâmetro $N = M/m$ pode ser substituído pela massa M do sistema. Neste aspecto, este parâmetro não pressupõe qualquer informação microscópica.

Capítulo 13 Física Estatística e Termodinâmica 109

Quando apenas recorre aos parâmetros externos V e N, o estado de equilíbrio é determinado por E, V e N. Assim, ficam determinados

$$T = T(E, V, N) \qquad P = P(E, V, N) \,.$$ (13.16)

Resolvendo em ordem a E a primeira equação, tem-se

$$E = E(T, V, N) \qquad \text{equação calórica de estado.}$$ (13.17)

Substituindo E na segunda relação, vem

$$P = P(T, V, N) \qquad \text{equação térmica de estado.}$$ (13.18)

Como veremos, na Termodinâmica estas duas equações de estado não são completamente independentes uma da outra. Enquanto que na Física Estatística as equações de estado são obtidas a partir da estrutura microscópica (como (13.10) e (13.11)), na Termodinâmica as equações de estado são *suposições* adicionais ou *hipóteses fenomenológicas*.

Estados de equilíbrio

Partindo da estrutura microscópica $H(x)$, concluiu-se que o estado de equilíbrio de um sistema é determinado pela energia E e pelos parâmetros $x = (x_1, ..., x_n)$. Todas as outras grandezas macroscópicas como S, T, P ou X ficam também determinadas no estado de equilíbrio, sendo, portanto, funções de E e $x_1, ..., x_n$. As grandezas macroscópicas que estão fixas no estado de equilíbrio denominam-se *grandezas de estado* (termodinâmicas). A fim de caracterizar o estado, deverão ser explicitadas $n + 1$ grandezas de estado. Estas grandezas de estado selecionadas denominam-se *variáveis de estado* (termodinâmicas). Por exemplo:

$$\text{estado de equilíbrio} = \begin{cases} E, x_1, \ldots, x_n \\ \text{ou} \\ y_1, \ldots, y_{n+1} \end{cases} = \begin{cases} E, \ V \\ T, \ V \\ T, \ P \\ V, \ P \\ S, \ V \\ \vdots \end{cases}$$ (13.19)

Os exemplos na coluna da direita referem-se ao caso frequente em que os parâmetros externos são V e $N = \text{const.}$. Não foi explicitada a grandeza constante N.

Na Física Estatística, partimos dos valores próprios da energia $E_r(x_1, ..., x_n)$. As variáveis de estado primordiais são, portanto, $E, x_1, ..., x_n$. Pode, no entanto, ser preferível utilizar outras grandezas de estado $y_i = f_i(E, x_1, ..., x_n)$ como variáveis de estado. Na Termodinâmica, à partida, são equivalentes todos os possíveis conjuntos de variáveis de estado. Assim, depende de um ponto de vista pragmático, qual dos conjuntos equivalentes é usado. Muitos cálculos em Termodinâmica dizem respeito à transição entre diferentes variáveis.

110 · Parte II Elementos de Física Estatística

Exercícios

13.1 Magnetização num sistema ideal de spins

Um sistema de N partículas de spin $1/2$ independentes num campo magnético externo B tem a função de partição Ω em (6.24). Determine a energia $E = E(T, B)$. Estabeleça a relação entre a magnetização M (momento magnético por unidade de volume) e a força generalizada correspondente a B. Calcule a magnetização $M(T, B)$ e faça um esboço da mesma em função de B/T.

13.2 Entropia e temperatura no sistema de dois níveis

Um sistema consiste num grande número N de partículas distinguíveis e independentes. Cada partícula tem à sua disposição dois níveis com energia $\varepsilon_1 = 0$ e $\varepsilon_2 = \varepsilon$. Determine o número Ω_n de estados, onde exatamente n partículas se encontram no nível (excitado) ε_2. Calcule o número $\Omega(E)$ de estados no intervalo de energias entre $(E, E - \varepsilon)$, a entropia $S(E)$ e a temperatura T do estado de equilíbrio. Determine o quociente $n/(N - n)$ dos números (médios) de ocupação e a energia E como função da temperatura. O que se conclui da condição $T \geq 0$ para o quociente dos números de ocupação? Que energia é obtida quando $T \to \infty$?

14 Medição de parâmetros macroscópicos

Discutimos a possibilidade, em princípio, das grandezas macroscópicas serem medidas. Em particular, são definidas quantidades mensuráveis a entropia ($S = k_B \ln \Omega$) e a temperatura ($1/T = \partial S/\partial E$), inicialmente definidas microscopicamente.

Energia

Consideremos dois estados de equilíbrio a e b de um sistema. Pressupõe-se a definição de trabalho como grandeza mensurável. É possível medir o trabalho A_{ab} necessário para passar de a para b. Da conservação da energia decorre que

$$E_b - E_a = A_{ab} = \text{trabalho fornecido ao sistema.} \tag{14.1}$$

Por definição, assim se mede a diferença de energia. A unidade de energia é

$$[E] = J = Nm = VAs, \tag{14.2}$$

ou seja, o joule, o newton-metro ou o volt-ampere-segundo. Por (14.1), a energia de qualquer sistema fica determinada a menos de uma constante. Esta constante é deixada em aberto. Em alternativa, é também possível escolher como o zero da energia um estado de equilíbrio arbitrário a.

Usando o exemplo do gás, mostraremos como através da realização de trabalho, é possível passar de um estado a para um estado b. Um estado de equilíbrio de uma determinada quantidade de gás, pode ser determinado pela pressão P e pelo volume V. Suporemos constante o número N de partículas. Consideremos dois estados arbitrários determinados por P_a, V_a e P_b, V_b, ou seja, por dois pontos no diagrama P-V da figura 14.1.

Comecemos por expandir (ou comprimir) quase-estaticamente de V_a para V_b o gás termicamente isolado. Ao gás é fornecida a energia $A_{\text{mec}} = \Delta W_{\text{q.e.}} = -\int P \, dV$. Consoante o sinal de $V_a - V_b$, assim A_{mec} é positivo ou negativo. Deste modo, o gás atinge o estado de equilíbrio P_b', V_b. Seguidamente, fornecemos ao gás a volume constante, por meio de uma resistência elétrica a energia A_{eletr}, até que seja atingida a pressão pretendida P_b. Visto que os parâmetros externos (ou seja, o volume) permanecem constantes, A_{eletr} é igual ao calor absorvido pelo sistema, $\Delta Q = A_{\text{eletr}} > 0$. Pela primeira lei o balanço energético (14.1) reduz-se a

$$E_b - E_a = \Delta E = \Delta Q + \Delta W = A_{\text{eletr}} + A_{\text{mec}}. \tag{14.3}$$

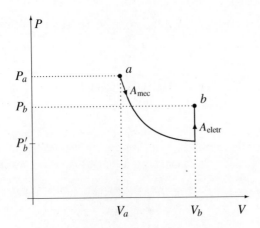

Figura 14.1 A diferença de energia entre dois estados de equilíbrio a e b pode determinar-se medindo o trabalho fornecido.

Pelo processo indicado é possível relacionar dois estados arbitrários P_a, V_a e P_b, V_b. A direção do processo ($a \to b$ ou $b \to a$) é fixada de modo que $A_{\text{eletr}} > 0$. Tal como foi pressuposto em (14.1), o lado direito de (14.3) é uma grandeza mensurável.

Calor

Para um processo arbitrário $a \to b$, podemos exprimir a primeira lei na forma

$$\Delta Q = \Delta E - \Delta W, \qquad (14.4)$$

onde ΔQ é a quantidade de calor absorvida pelo sistema, $\Delta E = E_b - E_a$ é a variação de energia do sistema e ΔW é o trabalho efetuado sobre o sistema. De acordo com a secção anterior, ΔE é determinado por processos de medida. Também pressupomos que ΔW é medido diretamente. Então, (14.4) define calor ΔQ como uma grandeza mensurável. O calor, tal como a energia, é também medido em joules,

$$[Q] = \text{J} = \text{Nm} = \text{VAs}. \qquad (14.5)$$

No passado, foi usada a unidade caloria. Uma caloria é a quantidade de calor que aquece um grama de água à pressão normal de 14.5 °C até 15.5 °C. O calor específico da água é, pois,

$$c_P = 1 \,\frac{\text{cal}}{\text{g K}} \approx 4.1868 \,\frac{\text{J}}{\text{g K}} \qquad (\text{água}, P = 1 \text{ atm}, T \approx 15\,°\text{C}). \qquad (14.6)$$

Daqui obtém-se a conversão 1 cal $\approx$ 4.2 J, de caloria a joule. Definiremos seguidamente a unidade K em (14.6), denominada Kelvin.

Forças generalizadas

Os parâmetros externos $x = (x_1, ..., x_n)$ são grandezas macroscópicas mensuráveis, como, por exemplo, o volume V, o número N de partículas (equivalente à

Capítulo 14 Medição de parâmetros macroscópicos 113

massa) e o campo magnético externo B. Quando o parâmetro de ordem i varia quase-estaticamente, é fornecido ao sistema o trabalho

$$\mathchar'26 d W_{\text{q.e.}} = -X_i \, dx_i \qquad (\text{quase-estático}, \, dx_{j \neq i} = 0) \, . \tag{14.7}$$

As grandezas $\mathchar'26 d W_{\text{q.e.}}$ e dx_i podem ser medidas. Assim, também fica definida, como uma grandeza mensurável, a força generalizada X_i.

Se, em particular, o parâmetro considerado for o volume, $x_i = V$, a força generalizada é a pressão, $X_i = P$. De acordo com (14.7), a pressão tem a dimensão de energia por volume ou de força por superfície. A unidade da pressão é

$$[P] = \text{Pa} = \text{pascal} = \frac{\text{N}}{\text{m}^2} = 10^{-5} \, \text{bar} \, . \tag{14.8}$$

Outras unidades anteriormente usadas são 1 at $= 1 \, \text{kgf/cm}^2 \approx 0.98 \, \text{bar}$ (atmosfera técnica, kgf = kilograma-força), 1 atm $= 760 \, \text{Torr} \approx 1.013 \, \text{bar}$ (atmosfera física = pressão normal).

Para o parâmetro $x_i = N$, a força generalizada é simétrica do potencial químico $X_i = -\mu$ (capítulo 20). Para o campo magnético $x_i = B$, a força generalizada, tal como apresentada em (8.5), é igual ao momento magnético $X_i = VM$.

Temperatura

Passamos agora para o tema central deste capítulo, a medida da temperatura. Para a temperatura, introduzida no capítulo 9, tem-se:

$$T_{\text{A}} = T_{\text{M}} \qquad \begin{array}{l} (\text{equilíbrio entre A e M por meio} \\ \text{de contacto térmico}). \end{array} \tag{14.9}$$

Também deduzimos a equação de estado (13.11) para o gás perfeito,

$$PV = Nk_{\text{B}}T \, . \tag{14.10}$$

Consideremos dois sistemas macroscópicos em equilíbrio A e B com temperaturas (desconhecidas) T_{A} e T_{B}. Para a medida da temperatura, utilizamos um terceiro sistema M constituído por uma pequena quantidade de um gás perfeito num volume fixo. Comecemos por colocar o sistema M em contacto com A e depois em contacto com B. Visto que a quantidade de gás é pequena, a temperatura que se pretende medir não é alterada de modo perceptível (comparar com a discussão, no capítulo 12, do sistema "garrafa de cerveja + lago"). De acordo com (14.9), o gás em contacto com A adquire a temperatura $T_{\text{M}} = T_{\text{A}}$, e em contacto com B adquire a temperatura $T_{\text{M}} = T_{\text{B}}$. De acordo com (14.10), o gás tem, então, respectivamente, as pressões $P_{\text{A}} = Nk_{\text{B}}T_{\text{A}}/V$ e $P_{\text{B}} = Nk_{\text{B}}T_{\text{B}}/V$. Segue-se daqui que

$$\frac{T_{\text{A}}}{T_{\text{B}}} = \frac{P_{\text{A}}}{P_{\text{B}}} \, . \tag{14.11}$$

114 Parte II Elementos de Física Estatística

As pressões P_A e P_B do gás podem ser medidas. Fica assim definida a medida da razão T_A/T_B das temperaturas de dois sistemas arbitrários.

Para densidades baixas, um gás real aproxima-se de um gás perfeito. Portanto, na prática, fizemos a substituição (14.11) por

$$\left(\frac{P_A}{P_B}\right)_{real} \xrightarrow{N/V \to 0} \left(\frac{P_A}{P_B}\right)_{ideal} = \frac{T_A}{T_B}. \qquad (14.12)$$

A pressão de um gás real em contacto com A ou B é medida para diferentes densidades. Representa-se, então, graficamente P_A/P_B em função da densidade N/V. Deste gráfico infere-se o limite pretendido para $N/V \to 0$. Evidentemente, este método não é adequado para temperaturas muito baixas, visto que todos os gases reais acabam por condensar, passando a líquidos. Neste caso, a equação (14.10) deverá ser substituída por uma outra relação que juntamente com T apenas contenha grandezas mensuráveis.

Se, para um dado sistema B, fixarmos arbitrariamente o valor de T_B, então (14.11) fixa o valor de T_A de todos os possíveis sistemas A. Como sistema clássico para definição de um ponto fixo, considera-se um sistema de água pura, no qual coexistem três fases, vapor de água, água e gelo em equilíbrio. Para este ponto triplo da água, estipula-se, por convenção,

$$T_t \overset{\text{def}}{=} 273.16 \text{ K} \qquad (K = \text{Kelvin}). \qquad (14.13)$$

Convenciona-se exatamente este valor numérico, portanto, $273.160000\dots$. Assim, 1 K é simplesmente a parte $1/273.16$ do intervalo de temperatura entre $T = 0$ e T_t. Esta convenção é comparável com a de que um grau é $1/360$ de uma volta completa. A fim de assinalarmos este facto poderíamos também introduzir o "grau Kelvin" (ou seja, $^\circ$K). Este floreado é, no entanto, apenas usual na escala de Celsius ainda por introduzir.

Neste ponto, faremos algumas observações relativas ao diagrama de estado (também chamado diagrama de fases) da água, representado na figura 14.2. O estado de equilíbrio de uma determinada quantidade de água pode ser fixado por dois parâmetros. A pressão P e a temperatura T são experimentalmente acessíveis de modo particularmente fácil. No diagrama P-T, cada ponto traduz um determinado estado de equilíbrio. Em determinados domínios P-T, a água existe como líquido, como sólido (gelo) ou como gás (vapor de água). Duas destas *fases* são, em geral, separadas uma da outra por uma curva no diagrama P-T, figura 14.2. Para valores P-T situados nesta curva, encontram-se em equilíbrio entre si as duas fases contíguas. Assim, se numa tina termicamente isolada flutuarem pedaços de gelo em água, a temperatura da água e do gelo é uma função bem definida da pressão. Num determinado ponto do diagrama de estado (figura 14.2), encontram-se as três curvas, cada uma das quais separa duas fases. Um sistema, no qual se encontram em equilíbrio água, gelo e vapor de água tem, pois, uma temperatura bem definida e é por este motivo adequado para fixar a escala de temperaturas.

Capítulo 14   Medição de parâmetros macroscópicos

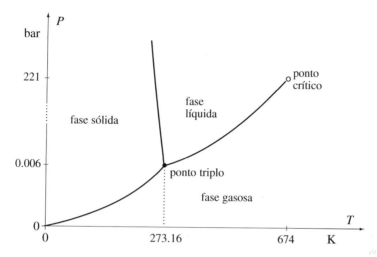

Figura 14.2 Esboço qualitativo do diagrama de estado da água. Por definição, à temperatura do ponto triplo da água é atribuído, *exatamente*, o valor de 273.16 K. É assim fixada a unidade Kelvin. No diagrama, são também indicadas a temperatura e a pressão do ponto crítico.

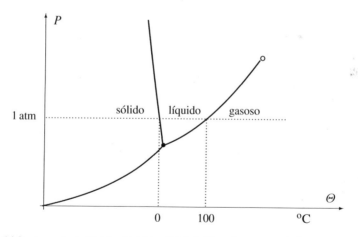

Figura 14.3 A escala de Celsius histórica foi definida pelos pontos de fusão e de ebulição da água à pressão normal (1 atm ≈ 1.013 bar). A estes pontos são atribuídos os valores para a temperatura 0 °C e 100 °C. Este esquema não está traçado numa escala uniforme. Assim, por exemplo, o ponto triplo situa-se em 0.01 °C, ou seja, na escala indicada encontra-se praticamente à mesma temperatura do ponto de fusão.

Parte II Elementos de Física Estatística

Tabela 14.1 Comparação da definição da temperatura T da escala de Kelvin e de Θ da escala de Celsius. O ponto triplo, o ponto de congelação e o ponto de ebulição referem-se à água. Além disso, o ponto de congelação e o ponto de ebulição referem--se à pressão normal. Quando não são usados os sinais "$\approx$", os valores numéricos são exatos. O valor numérico em $T_t = 273.16\,\text{K}$ foi escolhido de modo que dê lugar a uma conversão simples de acordo com (14.14) e (14.15)

	T	$\Theta_{\text{histórico}}$	Θ
Zero absoluto	$0\,\text{K}$	$\approx -273.15\,^{\circ}\text{C}$	$-273.15\,^{\circ}\text{C}$
Ponto triplo	$273.16\,\text{K}$	$\approx 0.01\,^{\circ}\text{C}$	$0.01\,^{\circ}\text{C}$
Ponto de congelação	$\approx 273.15\,\text{K}$	$0\,^{\circ}\text{C}$	$\approx 0\,^{\circ}\text{C}$
Ponto de ebulição	$\approx 373.15\,\text{K}$	$100\,^{\circ}\text{C}$	$\approx 100\,^{\circ}\text{C}$

Escala de Celsius

Como complemento, definimos temperatura Θ na escala de Celsius por

$$\Theta \overset{\text{def}}{=} \left(\frac{T}{\text{K}} - 273.15 \right) {}^{\circ}\text{C} . \tag{14.14}$$

Assim, a diferença de temperatura de 1 Kelvin é exatamente igual a um grau Celsius,

$$\Delta T = 1\,\text{K} = 1\,^{\circ}\text{C} = \Delta\Theta . \tag{14.15}$$

Em (14.14), foram introduzidos símbolos diferentes T e Θ para unidades diferentes. Na utilização prática, o símbolo T é também utilizado para a escala de Celsius, por exemplo, $T = 15\,^{\circ}\text{C}$.

Historicamente, a escala de Celsius foi definida pelos pontos de congelação e de ebulição da água à pressão normal, ver figura 14.3 e a tabela 14.1. A escolha do valor numérico (14.13), conjugado com a definição de (14.14), é tal que

$$\Theta \approx \Theta_{\text{histórico}} . \tag{14.16}$$

A tabela 14.1 compara a escala de Kelvin, a escala de Celsius histórica e a escala atual de Celsius. As diferenças da escala histórica de Celsius e da escala atual de Celsius são da ordem de grandeza de $10^{-3}\,^{\circ}\text{C}$.

Quando foi introduzida a escala de Celsius, a existência dum limite inferior para a temperatura, o zero absoluto $T = 0$, não era ainda conhecida. Na escala histórica de Celsius, a temperatura do zero absoluto é, pois, uma temperatura determinada experimentalmente. A temperatura T introduzida posteriormente implica a existência do zero absoluto e é, portanto, também denominada temperatura "absoluta". Não utilizamos esta designação.

Capítulo 14 Medição de parâmetros macroscópicos 117

Termómetro

O processo descrito, $(14.10)-(14.12)$, permite definir T como grandeza mensurável. No entanto, para uma medição concreta, a adequabilidade deste processo apresenta limitações. Discutiremos pois a questão de instrumentos adequados à medição de T. *Termómetro* pode considerar-se qualquer sistema macroscópico M que satisfaça as seguintes condições:

1. Um parâmetro macroscópico ϑ sofre variações adequadas quando M é colocado em contacto térmico com outro sistema.

2. O sistema M deve ser suficientemente pequeno em comparação com o sistema medido.

A primeira condição implica que se pode ler facilmente a variação de ϑ. A segunda condição garante que é desprezavelmente pequena a perturbação do sistema medido. A adequabilidade do sistema M depende da sua aplicação, em particular, do intervalo de temperaturas a medir, do sistema examinado e da precisão desejada. Exemplos de tais sistemas são:

- termómetro de mercúrio: $\vartheta = h = $ altura da coluna.

- gás a pressão constante: $\vartheta = V = $ volume.

- resistência elétrica: $\vartheta = R = $ resistência.

O termómetro começa por ser colocado em contacto com sistemas cuja temperatura T é conhecida (por exemplo, água no ponto triplo). A leitura dos valores ϑ permite associar-lhes valores T:

$$T = T_{\mathrm{M}}(\vartheta) \qquad \text{(calibração)}. \qquad (14.17)$$

Em concreto, este processo permite que, no termómetro considerado, se estabeleça uma escala para T. Dois termómetros diferentes M e M$'$, assim calibrados, indicam a mesma temperatura.

Entropia

De acordo com a segunda lei da Termodinâmica, tem-se para a diferença de entropia entre dois estados de equilíbrio a e b,

$$S_b - S_a = \int_a^b \frac{\mathring{d}Q_{\mathrm{q.e.}}}{T}. \qquad (14.18)$$

Desta maneira, a medida da entropia pode ser reduzida à medida da quantidade de calor e à medida da temperatura. Assim, podem ser medidas as diferenças de entropia entre todos os estados de equilíbrio. O valor absoluto da entropia pode ser fixado a partir da terceira lei da Termodinâmica.

118   Parte II Elementos de Física Estatística

A unidade da entropia é

$$[S] = \frac{J}{K}.$$ (14.19)

Constante de Boltzmann

A definição (14.13) fixa a constante de Boltzmann k_B. A pressão de um gás perfeito constituído por N átomos numa região de volume V à temperatura T_t tem determinado valor P. Substituindo os valores medidos para P, V e N e $T_t = 273.16$ K em (14.10), obtém-se para k_B o valor[1]:

$$k_B = (1.380658 \pm 0.000012) \cdot 10^{-23} \frac{J}{K} \quad \text{(constante de Boltzmann)}.$$ (14.20)

Com frequência, a unidade de energia eletrão-volt (eV) é mais prática que $J = C V$. Em eV, designa-se por e, a carga elementar com a grandeza $1.6 \cdot 10^{-19}$ C, onde C representa o coulomb, unidade de carga elétrica. Para uma estimativa, note-se que a temperatura ambiente corresponde a aproximadamente 1/40 eV,

$$300 \, k_B K \approx \frac{1}{40} \, eV.$$ (14.21)

Começamos por fixar a escala de temperatura, da qual decorre o valor de k_B. Da definição microscópica de temperatura no capítulo 9, concluiu-se que $k_B T$ (com k_B arbitrário) é proporcional à energia por grau de liberdade. Do ponto de vista teórico, o mais simples seria fazer $k_B = 1$ e medir a temperatura em unidades de energia:

$$k_B = 1 \quad \longrightarrow \quad [T] = \text{joule}.$$ (14.22)

Com esta escolha, a temperatura do ponto triplo da água seria igual a $T_t \approx 3.77 \cdot 10^{-21}$ J. Unidades como o Kelvin ou o grau Celsius são, portanto, completamente dispensáveis. São a origem do fator k_B em $k_B T$. Estas unidades são um inútil peso histórico e são embaraçosas para a compreensão física da temperatura.

Constante de Loschmidt

A massa m de um átomo é (praticamente) proporcional ao número A de nucleões no núcleo atómico. Decorre daí que A gramas de diferentes gases monoatómicos contêm o mesmo número de partículas. Este número é designado constante de Loschmidt L_0 (ou também constante de Avogrado). Surgem desvios da simples proporcionalidade a A, devidos às diferentes massas de neutrões e protões, defeito de massa (cujo origem é a ligação nuclear), devidos às contribuição dos eletrões para

---

[1]E. R. Cohen e B. N. Taylor, *The fundamental physical constants*, Physics Today, August 1991, BG9–13

Capítulo 14 Medição de parâmetros macroscópicos

a massa e a possíveis misturas de isótopos. Assim, L_0 é por definição o número de átomos em $12\,\text{g}$ de ^{12}C puro. O valor de L_0, escolhido deste modo, é determinado experimentalmente[1].

$$L_0 = (6.022\,1367 \pm 0.0000036) \cdot 10^{23} . \tag{14.23}$$

Definimos agora a mole, ou 1 mol, a massa de L_0 moléculas dum determinado tipo de matéria X (por exemplo, H_2O ou O_2). Tem-se

$$1\,\text{mol X} = L_0\,m_\text{x}\,\text{X} \qquad (m_\text{x} = \text{massa de uma molécula}) . \tag{14.24}$$

Uma mole de água é, portanto, cerca de $18\,\text{g}$ de água, uma mole de oxigénio é cerca de 32 gramas de oxigénio. Utilizamos também a constante de Loschmidt na forma

$$L = \frac{L_0}{\text{mol}} \approx \frac{6 \cdot 10^{23}}{\text{mol}} . \tag{14.25}$$

A quantidade de uma substância pode exprimir-se pela *massa* ($M = Nm_\text{x}$, na unidade grama ou kg) ou como a *quantidade de matéria* v (na unidade mol). Para a quantidade de matéria, tem-se

$$v = \frac{M}{L_0\,m_\text{x}}\,\text{mol} = \frac{N}{L_0}\,\text{mol} = \frac{N}{L} . \tag{14.26}$$

Fazemos $v = N/L$ na equação de estado do gás perfeito (14.10):

$$P V = N k_\text{B} T = v L k_\text{B} T = v R T . \tag{14.27}$$

Relacionamos aqui k_B e L com a *constante dos gases* R, historicamente mais antiga,

$$R = L k_\text{B} \approx 8.3145\,\frac{\text{J}}{\text{K mol}} . \tag{14.28}$$

A grandeza R refere-se a uma mole, assim como k_B se refere a uma partícula. Estas grandezas têm a mesma dimensão da entropia. Em geral, tem-se

$$S = N\,\mathcal{O}(k_\text{B}) = v\,\mathcal{O}(R) . \tag{14.29}$$

Na descrição microscópica, relacionamos as grandezas preferencialmente a uma partícula e utilizamos k_B. Pelo contrário, em Termodinâmica relacionamos as grandezas, com frequência, a uma mole e utilizamos R. Para a equação de estado do gás perfeito, estas alternativas são

$$\begin{aligned} P v &= k_\text{B} T \qquad \text{para } v = V/N , \\ P v &= R T \qquad \text{para } v = V/v . \end{aligned} \tag{14.30}$$

Para V/N e V/v, utilizamos o mesmo símbolo v, sendo o respectivo significado obtido a partir do contexto. O volume por mole é denominado volume molar.

120   Parte II   Elementos de Física Estatística

Condições normais

O estado de sistemas homogéneos pode, com frequência, ser fixado pela especificação da pressão e da temperatura. Então, as constantes do material (como, por exemplo, a densidade, o calor específico, a compressibilidade, a condutividade) são funções de P e T. Quando, por exemplo, se diz que a densidade é igual a um determinado número de quilogramas por metro cúbico, deverão ser explicitados simultaneamente os valores de P e T. Quando falta tal especificação, referimo-nos, normalmente, às *condições normais* para P e T, pelo que se entende

$$P = 101\,325\,\text{Pa} \approx 1\,\text{bar},$$
$$T = 0\,^{\circ}\text{C} = 273.15\,\text{K} \approx 300\,\text{K}, \qquad \text{condições normais.} \qquad (14.31)$$

De modo aproximado, são estas as condições que se obtêm em laboratório quando não se tomam precauções especiais. Quando são dadas a pressão P, a temperatura T e o número N de partículas de um gás, o volume V fica determinado. Calculemos o volume de uma mole de um gás perfeito:

$$\left. \begin{array}{c} PV = Nk_{\text{B}}T, \quad N = L_0 \\ \text{condições normais} \end{array} \right\} \quad \longrightarrow \quad V \approx 22.4\,l\,. \qquad (14.32)$$

Este valor pode ser, com frequência, utilizado em estimativas relativas a gases habituais. Assim, 22 litros de ar da sala de aula pesam cerca de 30 gramas.

III Termodinâmica

15 Grandezas de estado

No capítulo 13, descrevemos as tarefas e os objetivos da Termodinâmica, os quais são considerados na Parte III, aqui iniciada. A Termodinâmica ocupa-se das propriedades macroscópicas dos sistemas sem referência à sua estrutura microscópica. As leis da Termodinâmica constituem a base do estudo. Elas são complementadas postulando equações de estado para sistemas particulares.

Começamos neste capítulo por considerar grandezas de estado e relações gerais entre as mesmas. Grandezas de estado são observáveis macroscópicos cujos valores ficam fixos pelo estado termodinâmico.

Variável de estado

Em Termodinâmica, por *estados* entendemos, em princípio, estados de equilíbrio. Os processos que vamos considerar seguidamente começam e terminam em estados de equilíbrio. Analisamos, com frequência, processos quase-estáticos, nos quais todos os estados intermédios são estados de equilíbrio. Caso admitamos processos não-quase-estáticos, omitiremos quaisquer informações específicas relativas a estados intermédios (que são, então, estados de não-equilíbrio).

Limitamo-nos, por ora, a sistemas homogéneos, cujos únicos parâmetros externos são V e N. Em vez do número N de partículas, pode também aparecer a quantidade de matéria v, (14.26). O estado de equilíbrio é determinado por E, V e N, ou por três outras grandezas macroscópicas. As grandezas que fixam o estado são denominadas *variáveis de estado* e são designadas sumariamente por y. Para os sistemas homogéneos considerados, são possíveis variáveis de estado:

$$\text{variáveis de estado:} \quad y = (E, V, N), \ (T, V, N), \ (T, P, N), \ (S, V, N), \dots .$$

$$(15.1)$$

Exemplos de sistemas homogéneos podem ser gases, líquidos ou sólidos. Pelo contrário, fases em equilíbrio (por exemplo, água e gelo) constituem um sistema composto de dois ou mais sistemas homogéneos.

Grandezas de estado são grandezas físicas, cujos valores num estado de equilíbrio são fixos. Tais grandezas são pois funções (unívocas) das variáveis de estado:

$$\text{grandezas de estado:} \quad f = f(y) \stackrel{\text{p.e.}}{=} f(T, P, N) . \qquad (15.2)$$

122   Parte III   Termodinâmica

As variáveis de estado são também grandezas de estado.

Para sistemas homogéneos, as grandezas de estado a considerar são ou *extensivas* ou *intensivas*. Dividindo-se um sistema homogéneo em duas partes A e B, tem-se para as grandezas de estado f :

$$f \text{ é extensiva, se } \quad f = f_A + f_B,$$
$$f \text{ é intensiva, se } \quad f = f_A = f_B . \tag{15.3}$$

A energia, a massa (ou o número de partículas), a capacidade calorífica, a entropia e o volume constituem exemplos de grandezas extensivas. Pelo contrário, a densidade de energia, a densidade de partículas, o calor específico, a temperatura e a pressão são grandezas intensivas. Visto que é arbitrária a divisão nos subsistemas A e B, e uma vez que o sistema é homogéneo, as quantidades extensivas são proporcionais a N, enquanto que as quantidades intensivas não dependem de N. Em particular, para as variáveis de estado T, P, N tem-se

$$f = \begin{cases} N g(T, P) & \text{extensiva,} \\ f(T, P) & \text{intensiva.} \end{cases} \tag{15.4}$$

Por outro lado, para as variáveis E, V e N, uma grandeza extensiva seria da forma $f = N g(E/N, V/N)$.

Comecemos por nos limitar a processos nos quais N é constante. Tem-se, então, de (15.1)

$$\text{variáveis de estado: } \quad y = (E, V), \ (T, V), \ (T, P), \ (S, V), \ \ldots . \tag{15.5}$$

Se, por exemplo, se escolherem as variáveis de estado T e V, serão, então, grandezas de estado $S = S(T, V)$, $P = P(T, V)$ ou $E = E(T, V)$ (juntamente com T e V). A escolha das variáveis obedece a critérios de conveniência. Num tratamento microscópico (como, por exemplo, o gás perfeito no capítulo 6), E e V são as variáveis escolhidas. Por outro lado, pode ser experimentalmente vantajoso escolher grandezas fáceis de controlar, T e P. De acordo com a grandeza a calcular, passa-se, com frequência, em Termodinâmica de um par de variáveis para outro.

Derivadas parciais

As grandezas de estado são funções de várias variáveis. Nos processos termodinâmicos, analisam-se as variações das grandezas de estado. A derivada parcial mostra o comportamento de uma grandeza de estado em função de determinada variável de estado, quando as demais variáveis de estado são mantidas fixas.

Notação física

Descrevemos a forma de escrever específica, própria da Termodinâmica, para as funções (15.2) e para as suas derivadas parciais. Como exemplo, consideremos a

Capítulo 15 Grandezas de estado

expressão da entropia S como grandeza de estado, sendo T, V ou E, V variáveis de estado. São do seguinte teor a notação matemática (à esquerda) e a forma física de escrever (à direita):

$$S = f(T, V) = g(E, V) \quad \text{ou} \quad S = S(T, V) = S(E, V). \qquad (15.6)$$

Obtêm-se *diferentes* funções conforme S se exprime em função de T, V ou de E, V. Este facto exprime-se, à esquerda, recorrendo a diferentes designações (f e g). Por outro lado, $f(T, V)$ e $g(E, V)$ representam a mesma grandeza física e, portanto, no mesmo estado têm o mesmo valor. Por essa razão, é usual em Física, usar a mesma letra, por exemplo, S.

A notação física pode ser traiçoeira na medida em que designa funções diferentes pelas mesmas letras. A substituição dos argumentos por expressões ou valores pode conduzir a erros. Assim, por exemplo, se trabalharmos com variáveis sem dimensões, $S(3, 4)$ é, evidentemente, ambíguo. Referindo-se esta expressão, por um lado, a $S(E, V)$ e, por outro lado, a $S(T, V)$, poderemos, então, ter $S(3, 4) \neq S(3, 4)$. Para evitarmos este tipo de ambiguidade, teríamos, normalmente, de trabalhar com pelo menos quatro conjuntos de variáveis diferentes. Aqui, se quiséssemos designar funções diferentes de modo diferente (formalmente correcto), teríamos que introduzir quatro letras diferentes para a entropia. Temos, portanto, de escolher entre a notação mais perigosa e desconcertantes designações múltiplas. É usual decidir-se pela primeira opção.

A reter: para uma grandeza de estado, utilizamos sempre a mesma letra (por exemplo, S), mesmo se por uma mudança de variável passarmos para outra função. Quando as variáveis são designadas por letras, por exemplo, $S(E, V)$ ou $S(T, V)$, a convenção para a designação das variáveis indica implicitamente qual é a função referida.

Para ambas as possibilidades consideradas em (15.6), escrevemos a diferencial total dS como:

$$dS = \frac{\partial S(E, V)}{\partial E}\, dE + \frac{\partial S(E, V)}{\partial V}\, dV = \frac{\partial S(T, V)}{\partial T}\, dT + \frac{\partial S(T, V)}{\partial V}\, dV. \quad (15.7)$$

O valor de S, num determinado estado, é independente deste ser fixado por E, V ou T, V. O mesmo é também verdadeiro para a diferença de entropia dS entre dois estados infinitamente próximos. Em Termodinâmica, as derivadas parciais são usualmente escritas na forma

$$\left(\frac{\partial S}{\partial E}\right)_V \equiv \frac{\partial S(E, V)}{\partial E}. \qquad (15.8)$$

Então, a primeira forma de dS em (15.7) fica

$$dS = \left(\frac{\partial S}{\partial E}\right)_V dE + \left(\frac{\partial S}{\partial V}\right)_E dV. \qquad (15.9)$$

124   Parte III   Termodinâmica

Para um processo quase-estático, decorre de $dE = đQ_{\text{q.e.}} + đW_{\text{q.e.}}$ (primeira lei), $T\,dS = đQ_{\text{q.e.}}$ (segunda lei) e $đW_{\text{q.e.}} = -P\,dV$ a diferencial total:

$$dS = \frac{1}{T}\,dE + \frac{P}{T}\,dV\,. \tag{15.10}$$

Daí temos que dS é dada pela variação (dE, dV) das variáveis, por meio de (15.9) ou (15.10). Por essa razão, deverão coincidir os coeficientes das diferenciais das variáveis, portanto,

$$\frac{1}{T} = \left(\frac{\partial S}{\partial E}\right)_V\,, \qquad \frac{P}{T} = \left(\frac{\partial S}{\partial V}\right)_E\,. \tag{15.11}$$

Nestas expressões, estão implícitas as seguintes afirmações:

1. As variáveis de estado são E e V. A entropia deverá ser entendida como função destas grandezas, $S = S(E, V)$.

2. Os lados direitos significam $\partial S(E, V)/\partial E$ e $\partial S(E, V)/\partial V$, sendo, portanto, funções de E e V. Através de (15.11), T e P/T são dados como funções de E e V, logo $T = T(E, V)$ e $P = P(E, V)$.

Capacidade calorífica

A capacidade calorífica é uma derivada parcial particular. Para a sua definição, pressupomos que T é uma variável de estado, ou seja, $y = (T, z)$. Consideremos agora um processo, no qual as outras variáveis z são mantidas fixas e no qual o calor é transferido quase-estaticamente. Uma vez que a transferência de calor altera o estado, a temperatura deverá mudar. A razão entre o calor transferido $đQ_{\text{q.e.}}$ e a variação da temperatura dT é, por definição, a *capacidade calorífica* C_z do sistema:

$$C_z = \left.\frac{đQ_{\text{q.e.}}}{dT}\right|_{z=\text{const.}} = \lim_{\Delta T \to 0} \left.\frac{\Delta Q_{\text{q.e.}}}{\Delta T}\right|_{z=\text{const.}}. \tag{15.12}$$

Com a especificação "$z = $ const.", o quociente $đQ_{\text{q.e.}}/dT$ é definido de modo inequívoco. No entanto, este quociente não pode ser considerado derivada parcial, pois Q não é uma grandeza de estado (não existe qualquer função $Q(T, z)$). Com a segunda lei $\Delta Q_{\text{q.e.}} = T\,\Delta S$, podemos, no entanto, escrever (15.12) como uma derivada parcial da entropia:

$$C_z = \lim_{\Delta T \to 0} \left.\frac{T\,\Delta S}{\Delta T}\right|_{z=\text{const.}} = T\left(\frac{\partial S}{\partial T}\right)_z\,. \tag{15.13}$$

Uma vez que $S(T, z)$ é grandeza de estado, segue-se que também $C_z(T, z)$ é grandeza de estado.

Capítulo 15 Grandezas de estado

125

A capacidade calorífica de um sistema homogéneo arbitrário é dada por C_z. Para um tal sistema, distinguimos em (15.3) entre grandezas extensivas e intensivas. A capacidade calorífica é uma grandeza extensiva. Designamos a razão

$$c_z = \frac{C_z}{N}, \quad c_z = \frac{C_z}{M} \quad \text{ou} \quad c_z = \frac{C_z}{\nu}, \tag{15.14}$$

por *calor específico* da substância considerada. O calor específico é uma grandeza de estado intensiva. O calor específico pode dizer respeito ao número N de partículas ou à massa M (em gramas) ou à quantidade de matéria ν (em moles). Não introduzimos qualquer símbolo especificamente para este efeito.

Como variáveis de estado T, z, interessam especialmente T, V, N ou T, P, N. Então, o calor específico (por partícula) é

$$
\begin{aligned}
c_P &= c_P(T, P) &= \frac{T}{N} \frac{\partial S(T, P, N)}{\partial T}, \\
c_V &= c_V(T, V/N) &= \frac{T}{N} \frac{\partial S(T, V, N)}{\partial T},
\end{aligned}
\tag{15.15}
$$

onde nos argumentos de c_P e c_V, tomamos em conta que c_P e c_V são grandezas intensivas. No índice z de c_z, não é especificado N, pois, para o calor específico, supõe-se sempre $N = \text{const.}$.

Diferencial total

Consideremos a função $f(x, y)$ que depende de duas variáveis, tendo em vista enunciar alguns resultados gerais de Matemática. Nas aplicações, x e y são variáveis de estado e f é uma grandeza de estado.

Admitimos que a função $f(x, y)$ é definida e duas vezes diferenciável para todos os valores das variáveis com interesse. A diferenciabilidade de uma função de duas variáveis é equivalente a qualquer das duas seguintes afirmações: (i) na posição considerada a superfície $z = f(x, y)$ pode ser aproximada por um plano tangente; (ii) as derivadas parciais existem e são contínuas. Pelo contrário, a simples existência das derivadas parciais não basta para assegurar a diferenciabilidade. Para uma função de várias variáveis, a diferenciabilidade é uma condição mais forte que para uma função de uma variável.

A diferencial exata (ou total) da função $f(x, y)$ é

$$
\begin{aligned}
df &= \frac{\partial f(x, y)}{\partial x} dx + \frac{\partial f(x, y)}{\partial y} dy = \left(\frac{\partial f}{\partial x}\right)_y dx + \left(\frac{\partial f}{\partial y}\right)_x dy \\
&= A(x, y) dx + B(x, y) dy
\end{aligned}
\tag{15.16}
$$

Seguidamente, consideramos a integração de df para obter $f(x, y)$ e algumas relações que ocorrem associadas a (15.16).

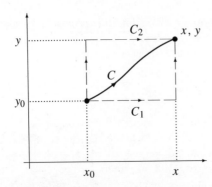

Figura 15.1 A diferencial total df de uma função $f(x, y)$ pode ser integrada ao longo de um percurso arbitrário C. Em geral, é especialmente fácil o cálculo para os percursos C_1 ou C_2.

Integração

A grandeza df representa a diferença entre $f(x + dx, y + dy)$ e $f(x, y)$. Somando as diferenças df, obtém-se a diferença finita

$$f(x, y) - f(x_0, y_0) = \int_{x_0, y_0}^{x, y} df. \qquad (15.17)$$

Deste modo, anula-se qualquer integral linear fechado de df,

$$\oint df = 0. \qquad (15.18)$$

A integração (15.17) pode ser efetuada ao longo de um percurso arbitrário que no plano x-y conduza de (x_0, y_0) a (x, y). O resultado é necessariamente independente do percurso escolhido, visto que ao somar as diferenças df apenas permanecem os valores nos pontos extremos. Na figura 15.1, encontram-se esquematizados três possíveis percursos, dois dos quais são:

$$\begin{aligned} C_1: & \quad (x_0 \to x, \ y = y_0) \quad \text{e} \quad (x = \text{const.}, \ y_0 \to y) \\ C_2: & \quad (x = x_0, \ y_0 \to y) \quad \text{e} \quad (x_0 \to x, \ y = \text{const.}) \end{aligned} \qquad (15.19)$$

Para o percurso C_1, o integral (15.17) é

$$f(x, y) - f(x_0, y_0) = \int_{x_0}^{x} dx' \frac{\partial f(x', y_0)}{\partial x'} + \int_{y_0}^{y} dy' \frac{\partial f(x, y')}{\partial y'}. \qquad (15.20)$$

Como consequência, a função $f(x, y)$ é calculável, a menos de uma constante, a partir das suas derivadas parciais.

Como alternativa, é possível proceder do seguinte modo: uma *ansatz* geral para uma função, cuja derivada parcial em ordem a x é a função $A(x, y)$, é

$$f(x, y) = \int^{x} dx' \, A(x', y) + F_1(y) = \int dx \, A(x, y) + F_1(y). \qquad (15.21)$$

Capítulo 15 Grandezas de estado

127

Aqui, ocorre o habitual integral indefinido que pode também ser considerado um integral definido com o limite superior x e o limite inferior constante. A constante de integração que ocorre, pode ser função da variável y que foi mantida constante. Analogamente, conclui-se da derivada parcial em ordem a y, que é conhecida, que $f(x, y)$ é da forma

$$f(x, y) = \int^y dy' \, B(x, y') + F_2(x) = \int dy \, B(x, y) + F_2(x) \,. \tag{15.22}$$

A função desconhecida $F_1(y)$ está incluída no integral indefinido em (15.22) e correspondentemente $F_2(x)$ está incluída no integral em (15.21). Pode determinar-se $f(x, y)$ das duas maneiras, a menos de uma constante.

Relações entre derivadas parciais

A partir da dupla diferenciabilidade de $f(x, y)$ decorre

$$\frac{\partial^2 f(x, y)}{\partial x \, \partial y} = \frac{\partial^2 f(x, y)}{\partial y \, \partial x} \,. \tag{15.23}$$

Para (15.16), isto significa

$$\left(\frac{\partial A}{\partial y} \right)_x = \left(\frac{\partial B}{\partial x} \right)_y \,. \tag{15.24}$$

Para uma expressão da forma $A \, dx + B \, dy$ com funções arbitrárias $A(x, y)$ e $B(x, y)$, tem-se

$$\begin{array}{c} A(x, y) \, dx + B(x, y) \, dy \\ \text{é uma diferencial total} \end{array} \quad \longleftrightarrow \quad \left(\frac{\partial A}{\partial y} \right)_x = \left(\frac{\partial B}{\partial x} \right)_y \,. \tag{15.25}$$

Partimos aqui do lado esquerdo, (15.16), e chegamos ao lado direito, (15.24). No exercício 15.1, prova-se a implicação no outro sentido.

A razão entre dx e dy, para f *constante*, pode obter-se a partir da expressão para a diferencial total (15.16). De $df = 0$ vem

$$\left(\frac{\partial x}{\partial y} \right)_f = - \frac{\left(\dfrac{\partial f}{\partial y} \right)_x}{\left(\dfrac{\partial f}{\partial x} \right)_y} \,. \tag{15.26}$$

Para y constante, portanto, para $dy = 0$, tem-se de (15.16) a relação

$$\left(\frac{\partial x}{\partial f} \right)_y = \frac{1}{\left(\dfrac{\partial f}{\partial x} \right)_y} \,. \tag{15.27}$$

A diferencial total (15.16) existe para todas as grandezas de estado. Então, (15.24), (15.26) e (15.27) conduzem a uma multiplicidade de relações entre derivadas parciais.

Exercícios

15.1 Integral de caminho e diferencial total exata

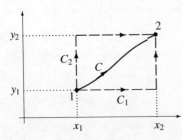

O integral de caminho
$$I = \int_{1,C}^{2} \left[A(x,y)\, dx + B(x,y)\, dy \right]$$
com os pontos extremos fixos 1 e 2 pode ser calculado ao longo de diferentes percursos C. Mostre que I é independente do caminho se e somente se $\partial A/\partial y = \partial B/\partial x$.

Sugestão: Exprima o integral na forma $I = \int_C d\boldsymbol{r} \cdot \boldsymbol{V}$ com $d\boldsymbol{r} = dx\, \boldsymbol{e}_x + dy\, \boldsymbol{e}_y$. Considere dois percursos distintos C_1 e C_2 (por exemplo os representados na figura ou outros percursos), que têm os mesmos pontos extremos e utilize o teorema de Stokes.

16 Gás ideal

Apresentamos cálculos típicos da Termodinâmica, tomando como exemplo o gás perfeito. Mostramos que a energia do gás perfeito não depende do volume, calculamos a diferença dos calores específicos, $c_P - c_V$, e a entropia.

Equação de estado

Em Termodinâmica formulamos *hipóteses* sobre as equações de estado para sistemas particulares. As relações usadas com maior frequência para a equação de estado térmica de um gás são:

$$P \ = \ \frac{\nu R T}{V} = \frac{R T}{v} \qquad \text{(gás perfeito)}, \qquad (16.1)$$

$$P \ = \ -\frac{a}{v^2} + \frac{R T}{v - b} \qquad \text{(gás de van der Waals)}, \qquad (16.2)$$

onde $v = V/\nu$ é o volume por unidade de matéria (em moles). Estas equações aparecem na Termodinâmica como relações empíricas. Pelo contrário, a equação (16.1) foi obtida no capítulo 13 partindo da estrutura microscópica. A equação de van der Waals é uma *ansatz* mais geral que procura dar conta, com ajuda de dois parâmetros a e b, do afastamento de (16.1) por parte dos gases reais. É aqui apresentada, como exemplo, a fim de tornar claro que (16.1) é apenas uma aproximação ao comportamento dos gases reais. O mesmo é também válido para (16.2). No capítulo 28, a equação de estado (16.2) é analisada em termos microscópicos.

Energia

Mostremos que a energia do gás perfeito é independente do volume. A quantidade de matéria considerada ν mantém-se, em geral, constante. Por esse motivo, podemos considerar apenas duas variáveis de estado, por exemplo T, V ou T, P.

A partir de $dE = đQ_{\text{q.e.}} + đW_{\text{q.e.}}$ (primeira lei), $T\,dS = đQ_{\text{q.e.}}$ (segunda lei) e $đW_{\text{q.e.}} = -P\,dV$, obtém-se:

$$\boxed{\ dS = \frac{1}{T}\,dE + \frac{P}{T}\,dV \ }. \qquad (16.3)$$

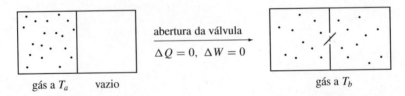

Figura 16.1 Esboço da experiência de Gay-Lussac. Num dos compartimentos, encontra-se inicialmente gás (temperatura T_a), e no outro vazio. O sistema está termicamente isolado. Através da abertura de uma válvula, o gás expande-se sem que seja efetuado trabalho. No estado final, é medida a temperatura T_b. Para um gás perfeito, tem-se $T_b = T_a$.

Em Termodinâmica, partimos, com frequência, desta relação fundamental. Introduzimos (16.1), $P/T = \nu R/V$, e a diferencial total dE de $E(T, V)$:

$$dS = \underbrace{\frac{1}{T}\left(\frac{\partial E}{\partial T}\right)_V}_{(\partial S/\partial T)_V} dT + \underbrace{\left[\frac{1}{T}\left(\frac{\partial E}{\partial V}\right)_T + \frac{\nu R}{V}\right]}_{(\partial S/\partial V)_T} dV. \qquad (16.4)$$

Obtém-se a identificação indicada com as derivadas parciais de $S(T, V)$, comparando (16.4) com a diferencial total dS de $S(T, V)$. A segunda derivada $\partial^2 S/\partial T \partial V$, tanto pode ser calculada a partir do primeiro, como a partir do segundo coeficiente:

$$\frac{\partial^2 S(T, V)}{\partial T \partial V} = \begin{cases} \dfrac{\partial}{\partial V}\left(\dfrac{\partial S}{\partial T}\right)_V = \dfrac{1}{T}\dfrac{\partial^2 E(T, V)}{\partial V \partial T}, \\ \\ \dfrac{\partial}{\partial T}\left(\dfrac{\partial S}{\partial V}\right)_T = \dfrac{1}{T}\dfrac{\partial^2 E(T, V)}{\partial T \partial V} - \dfrac{1}{T^2}\dfrac{\partial E(T, V)}{\partial V}. \end{cases} \qquad (16.5)$$

Visto que ambas as expressões são iguais, decorre

$$\left(\frac{\partial E}{\partial V}\right)_T = 0 \qquad \text{(gás perfeito)}. \qquad (16.6)$$

A energia de um gás perfeito pode, portanto, exprimir-se como função de T,

$$E = E(T, V) = E(T) \qquad \text{(gás perfeito)}. \qquad (16.7)$$

Na figura 16.1, encontra-se esquematizada uma experiência simples, com a qual pode verificar-se se um gás real tem este comportamento. Para esse efeito, o gás expande-se adiabaticamente ($đQ = 0$) e sem realização de trabalho ($đW = 0$) do volume V_a para o volume V_b. Esta expansão *livre* é caracterizada por $dE = đQ + đW = 0$, ocorrendo sem alteração da energia:

$$E_b - E_a = E(T_b, V_b) - E(T_a, V_a) = 0 \qquad \text{(expansão livre)}. \qquad (16.8)$$

Capítulo 16   Gás perfeito

131

De (16.7) decorre, então,

$$E(T_b) - E(T_a) = 0, \quad \text{portanto } T_b = T_a \qquad \text{(expansão livre do gás perfeito).} \qquad (16.9)$$

Visto que a energia não depende do volume, a temperatura não é alterada numa expansão livre. Pelo contrário, um gás real arrefece durante uma expansão livre (capítulo 18).

Numa expansão livre, é fácil de compreender microscopicamente que $T_b = T_a$. Para um gás perfeito, E é a soma das energias cinéticas dos átomos. A velocidade de uma partícula não é alterada quando esta escapa para o outro compartimento. A energia média por partícula e, portanto, a energia permanecem iguais.

Calores específicos

Calculemos a diferença $c_P - c_V$ dos calores específicos de um gás perfeito. A capacidade calorífica foi definida em (15.13) por

$$C_z = T \left(\frac{\partial S}{\partial T} \right)_z . \qquad (16.10)$$

Seja a temperatura, T, uma das variáveis de estado, e seja a outra $z = V$ ou $z = P$. De (16.3) decorre

$$T \, dS = dE \quad \text{para } V = \text{const.}. \qquad (16.11)$$

Assim, obtemos

$$C_V = T \left(\frac{\partial S}{\partial T} \right)_V = \left(\frac{\partial E}{\partial T} \right)_V . \qquad (16.12)$$

Este resultado é válido, em geral, visto que a equação de estado não foi aqui utilizada.

Substituamos agora (16.12) e (16.6) em (16.4):

$$dS = \frac{C_V(T)}{T} \, dT + \frac{\nu R}{V} \, dV \qquad \text{(gás perfeito)}. \qquad (16.13)$$

Por (16.7), $C_V(T) = (\partial E / \partial T)_V$ é apenas uma função de T.

A fim de determinarmos C_P, exprimamos dS em função de dT e dP. Para tal, exprimamos a equação de estado na forma $V = V(T, P) = \nu R T / P$ e escrevamos a diferencial exata,

$$dV = \frac{\nu R}{P} \, dT - \frac{\nu R T}{P^2} \, dP , \qquad (16.14)$$

que substituímos em (16.13):

$$dS = \left(\frac{C_V}{T} + \frac{\nu^2 R^2}{PV} \right) dT - \frac{\nu^2 R^2 T}{V P^2} \, dP \overset{(16.1)}{=} \frac{C_V + \nu R}{T} \, dT - \frac{\nu R}{P} \, dP ,$$

$$(16.15)$$

Tabela 16.1 A tabela compara o calor específico $c_P = 5/2\, R$ de um gás perfeito monoatómico com o de alguns sistemas reais. Quando se considera o calor específico por partícula $c_P = C_P/N$, a constante dos gases R deverá ser substituída pela constante de Boltzmann k_B. Os dados são válidos para pressão e temperatura normais.

Sistema	$c_P = C_P/\nu$
Gás perfeito (monoatómico)	$5/2\ R$
Gases raros	$2.5\ R$
Hidrogénio	$3.5\ R$
Água	$9.0\ R$
Benzeno	$16.4\ R$
Cobre	$2.9\ R$
Diamante	$0.7\ R$

Tabela 16.2 A tabela dá os valores experimentais para c_P e $\gamma = c_P/c_V$ nas condições normais. A partir do valor experimental c_P calculou-se, de acordo com (16.17), um valor de γ_{teor} (última coluna).

Gás	Símbolo	c_P/R	γ_{exp}	γ_{teor}
Hélio	He	2.50	1.667	1.667
Oxigénio	O_2	3.521	1.397	1.397
Dióxido de carbono	CO_2	4.312	1.301	1.302
Etanol	C_2H_5OH	7.419	1.16	1.156

Capítulo 16 Gás perfeito 133

donde podemos obter C_P:

$$C_P = C_V + \nu R \quad \text{ou} \quad c_P - c_V = R \quad \text{(gás perfeito)}. \tag{16.16}$$

A diferença $(C_P - C_V)\,dT$ é igual ao trabalho de expansão $P\,dV = \nu R\,dT$, que o gás tem de efetuar quando sujeito a um acréscimo da temperatura a pressão constante.

O resultado $c_P = c_V + R$ é consequência das leis da Termodinâmica e da equação de estado do gás perfeito. Do tratamento microscópico obtivemos para os gases perfeitos monoatómicos $E(T, V) = 3\nu R T/2$, (13.10). Daqui resultam os calores específicos $c_V = 3R/2$ e $c_P = 5R/2$.

Na tabela 16.1, são dados os calores específicos c_P de alguns sistemas. Valores típicos de c_P são da ordem de alguns R (por mole) ou de alguns k_B (por partícula). O diamante tem um calor específico particularmente baixo. Em geral, os materiais com moléculas poliatómicas têm valores mais elevados visto que nestes existe um maior número de graus de liberdade por molécula que podem ser excitados. O próprio calor específico c_P é uma grandeza de estado e, portanto, uma função de T e P. Os valores explicitados são válidos para temperatura e pressão normais.

Partindo da equação de estado (16.1), não se obtêm os valores absolutos de c_V e c_P, mas apenas a sua diferença. A fim de se comparar o resultado (16.16) com a experiência consideremos a razão sem dimensões

$$\gamma \equiv \frac{c_P}{c_V} \overset{\text{(gás ideal)}}{=} \frac{1}{1 - R/c_P}. \tag{16.17}$$

Quando do lado direito introduzimos os valores medidos para c_P, obtemos uma estimativa teórica γ_{teor}. Esta grandeza é comparada na tabela 16.2 com valores experimentais γ_{exp} para os gases reais (por exemplo, a partir da medida direta de c_V e c_P, ou a partir da velocidade do som, Exercício 16.1). A comparação com γ_{exp} mostra que a relação $c_P - c_V = R$ que obtivemos para os gases perfeitos, é também, com frequência, bem satisfeita pelos gases reais. Obviamente, este comportamento deixa de ser válido à medida que o sistema se aproxima da curva de vaporização.

Equações adiabáticas

A curva que se obtém para $T = $ const. num diagrama P-V é uma *isotérmica*. Portanto, para o gás perfeito

$$PV = \text{const.} \quad \text{(isotérmica)}. \tag{16.18}$$

Esta relação é denominada *lei de Boyle-Mariotte*.

Consideremos agora as curvas *isentrópicas*, as quais são obtidas para $S = $ const.. Limitamo-nos a considerar processos quase-estáticos de modo que estas curvas são simultaneamente *adiabáticas* ($đQ = 0$).

134 Parte III Termodinâmica

Para além de $S = $ const., admitiremos ainda que as capacidades caloríficas são independentes da temperatura,

$$C_V(T) = \text{const.} \tag{16.19}$$

Esta hipótese é válida para um gás perfeito monoatómico com $C_V = 3Nk_B/2$. Para gases poliatómicos, (16.19) pode ser uma aproximação útil em intervalos de temperatura limitados.

Para $dS = 0$, de (16.13), tem-se

$$C_V \frac{dT}{T} + \left(C_P - C_V\right) \frac{dV}{V} = 0, \tag{16.20}$$

onde utilizamos $C_P = C_V + \nu R$. Dividamos esta equação por C_V. Tendo em conta (16.19), podemos integrar de imediato,

$$\ln T + (\gamma - 1) \ln V = \text{const.}, \tag{16.21}$$

onde $\gamma \equiv c_P/c_V$. O lado esquerdo pode ser expresso como $\ln(T\,V^{\gamma-1})$. Assim, obtemos

$$T\,V^{\gamma-1} = \text{const.} \tag{16.22}$$

Analogamente, obtém-se de (16.15) com $dS = 0$

$$C_P \frac{dT}{T} - \left(C_P - C_V\right) \frac{dP}{P} = 0. \tag{16.23}$$

Depois da divisão por C_P e integração, temos

$$T\,P^{1/\gamma-1} = \text{const.} \tag{16.24}$$

A eliminação de T entre (16.22) e (16.24) dá finalmente

$$P\,V^{\gamma} = \text{const.} \quad \text{(adiabática)}. \tag{16.25}$$

Esta adiabática deverá ser comparada com a isotérmica (16.19) num diagrama P-V. As relações (16.22), (16.24) e (16.25) são também designadas por equações de Poisson. Chama-se mais uma vez a atenção para o facto de estas equações adiabáticas apenas serem válidas sob os pressupostos $S = $ const. e $C_V = $ const..

Entropia

Calculemos a entropia $S(V, T)$ de um gás perfeito. Através de (16.13), é dada a diferencial exata dS da entropia $S(T, V)$ do gás perfeito, que integramos tendo em conta (15.21) e (15.22):

$$S(T, V) = \int dT' \frac{C_V(T')}{T'} + F_1(V) \tag{16.26}$$

$$S(T, V) = \int dV' \frac{\nu R}{V'} + F_2(T) \tag{16.27}$$

Capítulo 16 Gás perfeito

135

A função desconhecida $F_1(V)$ é dada a menos de uma constante pelo integral em (16.27) e a função desconhecida $F_2(V)$ é dada a menos de uma constante pelo integral em (16.26). Obtemos, assim, a entropia de um gás perfeito:

$$S(T, V) = \nu \left(\int^{T} dT' \, \frac{c_V(T')}{T'} + R \ln V + \text{const.} \right), \qquad (16.28)$$

onde $c_V = C_V/\nu$. Para limites de integração determinados, temos

$$S(T, V) - S(T_0, V_0) = \nu \int_{T_0}^{T} dT' \, \frac{c_V(T')}{T'} + \nu R \ln \frac{V}{V_0}. \qquad (16.29)$$

No caso do calor específico ser independente da temperatura, decorre que

$$S(T, V) - S(T_0, V_0) = \nu \, c_V \, \ln \frac{T}{T_0} + \nu R \ln \frac{V}{V_0} \qquad (c_V = \text{const.}). \qquad (16.30)$$

Os argumentos dos logaritmos em (16.29) e (16.31) são grandezas sem dimensões. Em (16.28), $\ln V$ deverá ser complementado por uma parcela correspondente à constante.

Apresentamos ainda a dependência da entropia no número de partículas. Em vez de $c_V = C_V/\nu$, utilizamos $c_V = C_V/N$ (sem recorrermos a um símbolo novo) devendo, então, $\nu \, c_V$ ser substituído por $N c_V$. Juntamente com $\nu R = N k_B$, de (16.28) tem-se

$$S(T, V, N) = N \left(\int^{T} dT' \, \frac{c_V(T')}{T'} + k_B \ln V + g(N) \right). \qquad (16.31)$$

Como até agora se supôs $N = \text{const.}$, a constante em (16.28) pode depender de N. Como quantidade extensiva, S é da forma $S = N s(T, V/N)$, donde se segue $g(N) = -k_B \ln N + \text{const.}$, portanto,

$$S(T, V, N) = N \left(\int^{T} dT' \, \frac{c_V(T')}{T'} + k_B \ln \frac{V}{N} + \text{const.} \right). \qquad (16.32)$$

136 Parte III Termodinâmica

Exercícios

16.1 Compressibilidade e velocidade do som

Determine a compressibilidade adiabática e a velocidade do som de um gás perfeito:

$$\kappa_S = -\frac{1}{V} \left(\frac{\partial V}{\partial P} \right)_S, \qquad c_S = \sqrt{\left(\frac{\partial P}{\partial \varrho} \right)_S} \qquad (16.33)$$

onde ϱ representa a densidade de massa do gás. Faça uma estimativa de c_S para o ar ($\gamma \equiv c_P/c_V \approx 1.4$) sob condições numéricas normais. Medir a velocidade do som é um método simples para determinação de γ.

16.2 Relação volume-pressão particular

A variação de volume de um gás ideal ocorre sob a condição

$$\frac{dP}{P} = a \frac{dV}{V} \qquad (16.34)$$

onde a é uma constante dada. Determine $P = P(V)$, $V = V(T)$ e a capacidade calorífica $C_a = đQ/dT$. O que é que se obtém nos casos limites $a = 0$ e $a \to \infty$?

16.3 Entropia do gás perfeito

Da equação de estado dos gases ideais, $PV = Nk_B T$ obtém-se para a entropia

$$S(T, V, N) = N \left(\int dT \, \frac{c_V(T)}{T} + k_B \ln \frac{V}{N} + \text{const.} \right) \qquad (16.35)$$

A partir de $S = k_B \ln \Omega$ com $\Omega(E, V, N)$ de (6.20) obtém-se uma expressão diferente $S(E, V, N)$ para a entropia de um gás ideal. De que maneira estão relacionadas as duas expressões?

16.4 Misturando um gás

Um recipiente fechado encontra-se dividido em duas regiões com volumes V_1 e V_2 separadas por uma parede. Em cada compartimento, encontram-se N partículas do mesmo gás perfeito monoatómico. As temperaturas T_1 e T_2 são fixadas de tal modo que seja igual a pressão em ambos os compartimentos ($P_1 = P_2 = P_0$).

A parede é, então, retirada. Determine a temperatura e a pressão do estado de equilíbrio resultante. Determine a variação da entropia em função de T_1, T_2 e N. Que se obtém para $T_1 = T_2$?

17 Potenciais termodinâmicos

São introduzidos os conceitos de entalpia, energia livre e entalpia livre. Estas gran-dezas, juntamente com a energia, constituem os potenciais termodinâmicos. Mostra--se que todas as relações termodinâmicas podem ser derivadas de qualquer um destes potenciais.

Consideremos sistemas homogéneos, cujos estados de equilíbrio sejam determina-dos por duas variáveis de estado (15.5). Limitar-nos-emos aos seguintes pares de variáveis:

$$\text{variáveis de estado:}\quad (S, V),\ (T, V),\ (S, P)\ \text{ou}\ (T, P)\,. \tag{17.1}$$

Os *potenciais termodinâmicos* que discutiremos têm as seguintes propriedades:

1. São grandezas de estado com dimensões de energia.

2. As suas derivadas parciais em ordem às variáveis de estado são expressões simples.

A fim de mostrarmos a analogia com o potencial da Mecânica, consideremos o mo-vimento a duas dimensões de uma partícula. A posição da partícula é determinada pelas variáveis (x, y). Se a partícula se move no potencial $U = U(x, y)$, as deriva-das parciais

$$F_x = -\frac{\partial U(x, y)}{\partial x}\,, \qquad F_y = -\frac{\partial U(x, y)}{\partial y}\,, \tag{17.2}$$

constituem as forças que aceleram a partícula na direção x ou na direção y. Das leis da Termodinâmica ($dE = đQ_{\text{q.e.}} + đW_{\text{q.e.}}$, $đQ_{\text{q.e.}} = T\,dS$) e $đW_{\text{q.e.}} = -P\,dV$ decorre

$$dE = T\,dS - P\,dV\,. \tag{17.3}$$

Daqui obtemos

$$T = \frac{\partial E(S, V)}{\partial S}\,, \qquad P = -\frac{\partial E(S, V)}{\partial V}\,. \tag{17.4}$$

A temperatura T é a força motriz para a transferência de calor ou de entropia, e a pressão P é a força motriz para a transferência de volume (capítulos 9 e 10). Nesta medida, T e P são *forças termodinâmicas*, que produzem uma transformação do estado (S, V) do sistema, em analogia com as forças F_x e F_y que causam uma variação da posição (x, y).

138   Parte III   Termodinâmica

A analogia com a Mecânica não subsiste num ponto essencial: em Mecânica, o estado de uma partícula é dado através da sua posição (x, y) e da sua velocidade $(\dot{x}, \dot{y})$. Por este motivo, as mudanças de estado mecânico são processos *dinâmicos*. Um estado termodinâmico é determinado apenas pelas variáveis (17.1) que correspondem à posição da partícula. A velocidade de alteração das variáveis não tem importância em Termodinâmica. Isto deve-se a que, em (17.3), nos limitamos a processos *quase-estáticos*. Por este motivo, seria mais adequado o nome Termo*stática* em vez de Termo*dinâmica*.

Não obstante esta limitação, consideramos também processos não-quase--estáticos que conduzem de um estado (de equilíbrio) a, através de outros estados não especificados, a um estado b. Neste caso, limitar-nos-emos a relações relativas aos estados inicial e final, por exemplo, à especificação de $E_b - E_a$.

Seguidamente, consideramos por ordem os quatro potenciais termodinâmicos, que correspondem aos quatro pares de variáveis explicitados em (17.1). As quatro combinações resultam de uma das variáveis ter de ser escolhida do par (S, T) e a outra do par (V, P).

Definição

As quatro grandezas de estado que têm dimensão de uma energia são

$$
\begin{array}{lll}
\text{energia:} & E\,, & \\
\text{energia livre:} & F = E - TS\,, & \\
\text{entalpia:} & H = E + PV\,, & (17.5) \\
\text{entalpia livre:} & G = E - TS + PV\,. &
\end{array}
$$

A entalpia livre é também chamada de potencial de Gibbs.

Diferenciais

A partir de (17.3) e

$$ d(TS) = T\,dS + S\,dT \quad \text{e} \quad d(PV) = P\,dV + V\,dP\,, \qquad (17.6) $$

obtêm-se as seguintes diferenciais totais das grandezas de estado em (17.5):

$$
\begin{array}{rll}
dE &=& T\,dS - P\,dV\,, \qquad\qquad (17.7) \\
dF &=& -S\,dT - P\,dV\,, \qquad\qquad (17.8) \\
dH &=& T\,dS + V\,dP\,, \qquad\qquad (17.9) \\
dG &=& -S\,dT + V\,dP\,. \qquad\qquad (17.10)
\end{array}
$$

Os potenciais transformam-se sempre de acordo com o esquema:

$$ dA = \ldots \pm X\,dY \ldots \quad \implies \quad dB = d(A \mp XY) = \ldots \mp Y\,dX \ldots\,. \qquad (17.11) $$

Uma transformação deste tipo denomina-se *transformação de Legendre*.

Capítulo 17 Potenciais termodinâmicos

139

Variáveis naturais

As grandezas de estado E, F, H e G definidas em (17.5) denominam-se *potenciais termodinâmicos*, quando são expressas como funções das *variáveis naturais*. Estas variáveis são as que ocorrem como diferenciais do lado direito de (17.7)–(17.10). Os potenciais termodinâmicos são, portanto, da forma

$$E = E(S, V) \qquad \text{(energia)}, \tag{17.12}$$

$$F = F(T, V) \qquad \text{(energia livre)}, \tag{17.13}$$

$$H = H(S, P) \qquad \text{(entalpia)}, \tag{17.14}$$

$$G = G(T, P) \qquad \text{(entalpia livre)}. \tag{17.15}$$

Por exemplo, para obter o potencial termodinâmico energia livre, há que utilizar na definição $F = E - TS$ as variáveis correspondentes, ou seja

$$F = F(T, V) = E(T, V) - T\, S(T, V)\,. \tag{17.16}$$

Forças termodinâmicas

Para cada função em (17.12)–(17.15), escrevamos a diferencial exata. A comparação com (17.7)–(17.10) dá, então, para cada potencial uma expressão simples para a derivada parcial em relação às variáveis naturais que é a força termodinâmica. Reunamos estas relações:

$$\left(\frac{\partial E}{\partial S}\right)_V = T\,, \qquad \left(\frac{\partial E}{\partial V}\right)_S = -P\,, \tag{17.17}$$

$$\left(\frac{\partial F}{\partial T}\right)_V = -S\,, \qquad \left(\frac{\partial F}{\partial V}\right)_T = -P\,, \tag{17.18}$$

$$\left(\frac{\partial H}{\partial S}\right)_P = T\,, \qquad \left(\frac{\partial H}{\partial P}\right)_S = V\,, \tag{17.19}$$

$$\left(\frac{\partial G}{\partial T}\right)_P = -S\,, \qquad \left(\frac{\partial G}{\partial P}\right)_T = V\,. \tag{17.20}$$

Em todos os casos, a derivada parcial é uma variável simples de estado.

Relações de Maxwell

A relação (15.24) resulta de serem permutáveis as derivadas parciais de uma função $f(x, y)$. Em relação a (17.17)–(17.20), obtemos as respectivas relações quando

140 Parte III Termodinâmica

igualamos as segundas derivadas mistas das expressões da esquerda e da direita:

$$\left(\frac{\partial T}{\partial V}\right)_S = -\left(\frac{\partial P}{\partial S}\right)_V \qquad \text{(de } dE\text{)}, \qquad (17.21)$$

$$\left(\frac{\partial S}{\partial V}\right)_T = \left(\frac{\partial P}{\partial T}\right)_V \qquad \text{(de } dF\text{)}, \qquad (17.22)$$

$$\left(\frac{\partial T}{\partial P}\right)_S = \left(\frac{\partial V}{\partial S}\right)_P \qquad \text{(de } dH\text{)}, \qquad (17.23)$$

$$-\left(\frac{\partial S}{\partial P}\right)_T = \left(\frac{\partial V}{\partial T}\right)_P \qquad \text{(de } dG\text{)}. \qquad (17.24)$$

Para os potenciais termodinâmicos, estas relações são denominadas *relações de Maxwell*.

Generalização

As relações apresentadas podem ser generalizadas ao caso de vários parâmetros externos $x = (x_1, ..., x_n)$. Para um processo quase-estático, tem-se $đW_{\text{q.e.}} = -\sum X_i \, dx_i$. Das leis $(dE = đQ_{\text{q.e.}} + đW_{\text{q.e.}}$ e $T \, dS = đQ_{\text{q.e.}})$ segue-se

$$\boxed{dE = T \, dS - \sum_{i=1}^{n} X_i \, dx_i \,.} \qquad (17.25)$$

Esta relação generaliza (17.7). Dela podem ser obtidas as diferenciais dos restantes potenciais termodinâmicos. Juntamente com o volume V podem ainda ocorrer como parâmetros externos, por exemplo, o número N de partículas e um campo magnético B. Neste caso, a energia seria da forma $E(S, V, B, N)$ com diferencial

$$dE = T \, dS - P \, dV - V M \, dB + \mu \, dN \,. \qquad (17.26)$$

As novas forças generalizadas são o momento magnético $V M$ e o potencial químico μ (capítulos 20, 21). Ao todo obtemos as seguintes forças termodinâmicas

$$\left(\frac{\partial E}{\partial S}\right)_{V,B,N} = T \,, \qquad \left(\frac{\partial E}{\partial V}\right)_{S,B,N} = -P \,,$$

$$\left(\frac{\partial E}{\partial B}\right)_{S,V,N} = -V M \,, \qquad \left(\frac{\partial E}{\partial N}\right)_{S,V,B} = \mu \,, \qquad (17.27)$$

dos quais decorrem seis relações de Maxwell. Por meio de transformações de Legendre, podem obter-se novos potenciais termodinâmicos.

Capítulo 17 Potenciais termodinâmicos 141

Informação termodinâmica completa

Do conhecimento de um dos potenciais termodinâmicos (como função das suas variáveis naturais), podem ser determinados todos os restantes potenciais, assim como as equações térmica e calórica de estado. Neste sentido, um tal potencial contém a informação termodinâmica completa relativa ao sistema considerado.

Mostraremos como se obtêm as relações termodinâmicas a partir do potencial termodinâmico $E(S, V)$. Começa-se pelas derivadas parciais do potencial. A partir de

$$T = \left(\frac{\partial E}{\partial S}\right)_V = T(S, V) \xrightarrow{\text{resolver}} S = S(T, V) , \qquad (17.28)$$

obtém-se $S(T, V)$. Através da substituição em $E(S, V)$, obtém-se a equação calórica de estado $E = E(T, V)$,

$$E = E(S(T, V), V) = E(T, V) . \qquad (17.29)$$

A equação térmica de estado $P = P(T, V)$ é obtida a partir de

$$P = -\left(\frac{\partial E}{\partial V}\right)_S = P(S, V) = P(S(T, V), V) = P(T, V) . \qquad (17.30)$$

Recorde-se que, na notação física, é usada a mesma letra para diferentes funções matemáticas (que são obtidas por mudança de variável). Com $S(T, V)$, de (17.28) obtém-se também a energia livre $F(T, V) = E(T, V) - T\, S(T, V)$ em função das variáveis naturais. O próprio leitor poderá reflectir como se determinam $G(T, P)$ e $H(S, P)$ a partir de $E(S, V)$ e, como, a partir de $G(T, P)$ ou $H(S, P)$, se obtêm as equações de estado.

No tratamento microscópico, calcula-se $\Omega(E, V)$, ou mais geralmente $\Omega(E, x) = \Omega(E, x_1, ..., x_n)$. Resolvendo a entropia $S = k_B \ln \Omega = S(E, x)$ em ordem a E obtém-se o potencial termodinâmico $E(S, x)$. No sentido aqui discutido, a informação contida na função de partição $\Omega(E, x)$ ou na entropia $S(E, x)$ é também completa.

Vimos que se obtêm todas as relações termodinâmicas a partir de um dos potenciais termodinâmicos ou a partir de $S(E, x)$. Inversamente pode partir-se das equações de estado que experimentalmente são mais facilmente acessíveis. Para um sistema homogéneo com o parâmetro externo V, é necessária a equação de estado e a capacidade calorífica C_V em função de T para volume V_0 fixo:

$$P(T, V) \quad \text{e} \quad C_V(T, V_0) \qquad \text{(informação completa)} . \qquad (17.31)$$

Mostramos que, a partir daqui, se obtêm todas as relações termodinâmicas. Para tal, começamos por aplicar a derivada $(\partial/\partial T)_V$ à relação de Maxwell (17.22), obtendo

$$\left(\frac{\partial C_V}{\partial V}\right)_T = T \left(\frac{\partial^2 P}{\partial T^2}\right)_V . \qquad (17.32)$$

142 Parte III Termodinâmica

A partir daqui e de (17.31) pode determinar-se a função $C_V(T, V)$:

$$C_V(T, V) = C_V(T, V_0) + T \int_{V_0}^{V} dV' \frac{\partial^2 P(T, V')}{\partial T^2}. \tag{17.33}$$

Com a relação de Maxwell (17.22), obtém-se também

$$dS = \left(\frac{\partial S}{\partial T}\right)_V dT + \left(\frac{\partial S}{\partial V}\right)_T dV = \frac{C_V}{T} dT + \left(\frac{\partial P}{\partial T}\right)_V dV, \tag{17.34}$$

e, portanto,

$$dE = T \, dS - P \, dV = C_V \, dT + \left[T \left(\frac{\partial P}{\partial T}\right)_V - P \right] dV. \tag{17.35}$$

As diferenciais dS e dE são, deste modo, determinadas por (17.31). A partir delas podem, como foi descrito em (15.20), ser calculadas as funções $S(T, V)$ e $E(T, V)$. A eliminação de T entre $S(T, V)$ e $E(T, V)$ dá o potencial termodinâmico $E = E(S, V)$.

Resumimos os resultados desta secção:

$$\left. \begin{array}{l} E(S, V) \\ F(T, V) \\ H(S, P) \\ G(T, P) \\ S(E, V) \\ \Omega(E, V) \\ P(T, V), \ C_V(T, V_0) \end{array} \right\} \quad \begin{array}{|l} \text{Cada linha contém} \\ \text{informação termo-} \\ \text{dinâmica completa.} \end{array} \tag{17.36}$$

Condições de extremo

A condição de equilíbrio "S = máximo" é válida para um sistema fechado com valores fixos para a energia E e para os parâmetros externos x. Esta condição de extremo é completada por novas condições,

$$S = \text{máximo} \quad \text{para } E, \ V \text{ fixos}, \tag{17.37}$$

$$F = \text{mínimo} \quad \text{para } T, \ V \text{ fixos}, \tag{17.38}$$

$$G = \text{mínimo} \quad \text{para } T, \ P \text{ fixos}. \tag{17.39}$$

O volume V é o parâmetro externo considerado, permanecendo constante o número N de partículas.

Na dedução de (17.38) e (17.39), consideramos dois sistemas macroscópicos A e B que podem trocar entre si calor e/ou volume, ver figura 9.1 ou figura 10.1. Pressupomos que o sistema A é muito menor que B,

$$E_A \ll E = E_A + E_B, \qquad V_A \ll V = V_A + V_B. \tag{17.40}$$

Capítulo 17 Potenciais termodinâmicos

Então, o contacto com B determina a temperatura e/ou a pressão do sistema A.

Quando apenas é permitida a transferência de calor (a volume constante), então, a entropia S do sistema composto é da forma

$$S(E_A) = S_A(E_A, V_A) + S_B(E - E_A, V_B) = \text{máximo}. \tag{17.41}$$

Como o sistema A é pequeno, podemos desenvolver S_B em potências de E_A:

$$S = S_A + S_B(E, V_B) - \frac{\partial S_B(E_B, V_B)}{\partial E_B} E_A = \text{const.} + S_A - \frac{E_A}{T}, \tag{17.42}$$

onde $T = T_B$ é a temperatura do reservatório de calor B. De $S = $ máximo decorre para a energia livre $F_A = E_A - TS_A$ do subsistema A:

$$F_A = \text{mínimo} \qquad (T, V \text{ fixos}). \tag{17.43}$$

A condição de entropia máxima para o sistema composto fechado implica a condição de energia livre mínima para o subsistema A.

Para $F = E - TS$ mínimo, deveria ser baixa a energia e grande a entropia. Estes objetivos apontam em sentidos opostos, visto que menor energia aponta no sentido de mais ordem, enquanto que uma maior entropia aponta no sentido de mais desordem. Aumentando a temperatura, cresce a influência da entropia, visto que T ocorre como coeficiente de S. É particularmente fácil estudar este jogo recíproco entre ordem e desordem de um sistema ideal de spins (capítulo 26).

Repetimos a dedução (17.41)–(17.43) para o caso dos dois sistemas poderem trocar entre si calor e volume, como está ilustrado na figura 10.1. Em

$$S(E_A, V_A) = S_A(E_A, V_A) + S_B(E - E_A, V - V_A) = \text{máximo}, \tag{17.44}$$

desenvolvemos S_B em potências de E_A e V_A,

$$\begin{aligned} S &= S_A + S_B(E, V) - \frac{\partial S_B(E_B, V_B)}{\partial E_B} E_A - \frac{\partial S_B(E_B, V_B)}{\partial V_B} V_A \\ &= \text{const.} + S_A - \frac{E_A}{T} - \frac{P V_A}{T}, \end{aligned} \tag{17.45}$$

onde $P = P_B$ é a pressão que é exercida pelo sistema grande B. De $S = $ máximo obtém-se para a entalpia livre $G_A = E_A - TS_A + PV$ do subsistema A:

$$G_A = \text{mínimo} \qquad (T, P \text{ fixos}). \tag{17.46}$$

Frequentemente a temperatura e a pressão são impostas pelas condições experimentais.

A relação "$S = $ máximo no estado de equilíbrio" significa também que, para situações arbitrárias no sistema fechado, se tem $\Delta S \geq 0$. Na transição de um estado de não-equilíbrio para um estado de equilíbrio, a entropia cresce, "passa a um máximo". Sendo dadas a temperatura e a pressão, a entalpia livre, em conformidade, passa a um mínimo.

144 Parte III Termodinâmica

Exercícios

17.1 Equação de estado para o caso de energia independente do volume

Deduza a forma geral da equação de estado térmica para um material que satisfaz a
relação $(\partial E/\partial V)_T = 0$.

17.2 Equação de estado especial

Para um gás (N = const.), são dadas as seguintes informações:

$$P = \frac{f(T)}{V} \quad e \quad \left(\frac{\partial E}{\partial V}\right)_T = b\,P \qquad (b = \text{const.}).$$

Determine a função $f(T)$ a partir destes dados. É aconselhável começar por resolver
o exercício 17.1.

17.3 Densidade de energia do gás de fotões

A energia E e a pressão P de um gás de fotões numa cavidade de volume V são da
forma

$$\frac{E(T, V)}{V} = U(T), \qquad P(T, V) = \frac{U(T)}{3} \qquad (17.47)$$

A partir destes dados, determine a dependência em T da densidade de energia $U(T)$.
Calcule a entropia S e os potenciais termodinâmicos $E(S, V)$, $F(T, V)$, $G(T, P)$ e
$H(S, P)$. É aconselhável começar por resolver o exercício 17.1.

17.4 Relações termodinâmicas de entalpia livre

Seja dada a entalpia livre $G(T, P) = E - TS + PV$ (N = const.). Como se obtém,
a partir daqui, a equação de estado $P(V, T)$ e o calor específico $C_V(V, T)$?

17.5 Relações termodinâmicas a partir da entalpia

A entalpia $H(S, P) = E + PV$ é dada como função das variáveis naturais
(N = const.). Como se obtém daqui a capacidade calorífica $C_P(T, P)$ e a compressibilidade isotérmica $\kappa_T(T, P) = -(\partial V/\partial P)_T/V$?

17.6 Condição de extremo para a entalpia

Mostre que $H(S, P)$ é mínima para valores especificados de S e P.

Capítulo 17 Potenciais termodinâmicos

145

17.7 Perfil de densidade da atmosfera terrestre

Para uma coluna de ar (área da base igual a A) no campo de gravítico uniforme $\mathbf{g} = g\,\mathbf{e}_z$, pretende-se determinar a densidade de partículas $n(z) = N/V$. O ar é tratado como um gás perfeito com calor específico constante $c_V(T) = \text{const}$.

1. *Equilíbrio convectivo:* A entropia é considerada constante, $S(z) = \text{const}$. Determine $n(z)$ a partir da condição de energia mínima. Estabeleça a relação entre a temperatura T e a densidade $n = N/V$ para $dS = 0$, e a densidade de energia E/V como função de z e $n(z)$. Seguidamente determine a energia $E[n]$ como uma funcional de $n(z)$.

2. *Fórmula barométrica da altitude:* A temperatura é constante, $T(z) = \text{const}$. Determine $n(z)$ a partir da condição da energia livre mínima. Para tal, exprima a energia livre $F[n]$ como funcional de $n(z)$.

17.8 Entropia, capacidade calorífica e equação de estado

Deduza as seguintes relações:

$$dS = \frac{C_P}{T}\,dT - \left(\frac{\partial V}{\partial T}\right)_P dP \tag{17.48}$$

$$dS = \frac{C_V}{T}\,dT + \left(\frac{\partial P}{\partial T}\right)_V dV \tag{17.49}$$

17.9 Diferença $C_P - C_V$ para sólidos

Para um sólido são dadas a equação de estado térmica

$$V = V_0 - AP + BT \tag{17.50}$$

e a capacidade calorífica a pressão constante $C_P = C$, sendo A, B e C constantes dependentes do material. Determine a capacidade calorífica C_V a volume constante e a energia interna E.

17.10 Diferença $C_P - C_V$ para o gás de van der Waals

O gás de van der Waals satisfaz a equação de estado

$$P = \frac{RT}{v - b} - \frac{a}{v^2}$$

onde $v = V/\nu$ é o volume por mol. Calcule a diferença $C_P - C_V$ das capacidades caloríficas e determine a termo de correção principal para o gás ideal com $C_P - C_V = \nu R$. Faça uma estimativa da magnitude relativa do termo de correção para o dióxido de carbono em condições normais. Para este efeito é dado o parâmetro $a = 27(R\,T_{cr})^2/(64\,P_{cr})$ em termos dos valores críticos $P_{cr} = 71.5\,\text{bar}$ e $T_{cr} = 304.2\,\text{K}$; esta relação será deduzida mais tarde no exercício 37.1.

18 Mudanças de estado

Investigamos as mudanças de estado que ocorrem durante uma transferência de calor e durante uma mudança de volume. Deduzimos uma expressão geral para a diferença $C_P - C_V$ das capacidades caloríficas. São calculadas as variações da temperatura para a expansão livre, para a expansão quase estática, para a expansão adiabática e para o processo de Joule-Thomson.

Consideremos de novo sistemas homogéneos com duas variáveis de estado (17.1). Visto que o estado depende de duas variáveis, não basta indicar a variação de volume (numa expansão) para definir o processo. É indispensável considerar a variação de uma segunda grandeza. Circunstância análoga se verifica em processos de transferência de calor. A especificação em causa consiste, normalmente, em manter constante outra grandeza. Investigamos a transferência de calor a pressão ou volume constante, e a expansão a energia, entropia ou entalpia constantes.

Transferência de calor

As capacidades caloríficas

$$C_P = \left. \frac{\text{d}Q_{\text{q.e.}}}{dT} \right|_{P=\text{const.}} = T \left(\frac{\partial S}{\partial T} \right)_P , \qquad (18.1)$$

e

$$C_V = \left. \frac{\text{d}Q_{\text{q.e.}}}{dT} \right|_{V=\text{const.}} = T \left(\frac{\partial S}{\partial T} \right)_V , \qquad (18.2)$$

determinam a elevação de temperatura que ocorre quando há transferência de calor. Normalmente, na transferência de calor, a pressão ou o volume são mantidos constantes. Estudámos a diferença das capacidades caloríficas do gás perfeito e concluímos que $C_P - C_V = \nu R$. Agora determinaremos a diferença $C_P - C_V$ numa forma válida para uma equação de estado arbitrária $P = P(T, V)$.

Partimos de (17.34) para dS:

$$dS = \frac{C_V}{T} \, dT + \left(\frac{\partial P}{\partial T} \right)_V dV . \qquad (18.3)$$

Para C_P, necessitamos de exprimir dS em função de dT e dP. Inserimos dV, para $V = V(T, P)$, em (18.3),

$$dS = \frac{C_V}{T} \, dT + \left(\frac{\partial P}{\partial T} \right)_V \left[\left(\frac{\partial V}{\partial T} \right)_P dT + \left(\frac{\partial V}{\partial P} \right)_T dP \right] , \qquad (18.4)$$

Capítulo 18 Mudanças de estado

donde

$$C_P = C_V + T \left(\frac{\partial P}{\partial T}\right)_V \left(\frac{\partial V}{\partial T}\right)_P .$$ (18.5)

Introduzindo o coeficiente de dilatação α,

$$\alpha = \frac{1}{V} \left(\frac{\partial V}{\partial T}\right)_P ,$$ (18.6)

e a compressibilidade isotérmica κ_T,

$$\kappa_T = -\frac{1}{V} \left(\frac{\partial V}{\partial P}\right)_T ,$$ (18.7)

obtemos, deste modo,

$$\left(\frac{\partial P}{\partial T}\right)_V \overset{(15.26)}{=} -\left(\frac{\partial V}{\partial T}\right)_P \bigg/ \left(\frac{\partial V}{\partial P}\right)_T = \frac{\alpha}{\kappa_T} .$$ (18.8)

Finalmente, de (18.5) e das últimas três equações, vem,

$$\boxed{C_P - C_V = \frac{V T \alpha^2}{\kappa_T} .}$$ (18.9)

As grandezas C_P, C_V, α e κ_T podem ser facilmente medidas para os gases. Para os sólidos ou líquidos, a condição $P = $ const. é mais fácil de implementar que $V = $ const., sendo, portanto, C_P a capacidade calorífica preferida. Pelo contrário, em geral, V ocorre como parâmetro externo dado em cálculos microscópicos. Nesta medida, C_V é mais facilmente acessível do ponto de vista teórico.

Para um sistema ser estável, deverá ter-se

$$\kappa_T > 0 \qquad (\text{condição de estabilidade}).$$ (18.10)

Se devido a um abaixamento da pressão o volume diminuisse, então, o sistema por si próprio tornar-se-ia, gradualmente, mais pequeno. Ocorreria uma implosão. Pelo contrário, o sinal do coeficiente de dilatação não é determinado,

$$\text{em geral: } \alpha > 0, \ \text{mas é possível: } \alpha \leq 0.$$ (18.11)

O exemplo mais conhecido para $\alpha < 0$ é o da água no intervalo de temperaturas 0 a 4 °C, à pressão normal. Também um elástico pode contrair-se quando sujeito a um aumento de temperatura. De (18.9) e (18.10) segue-se que

$$C_P \geq C_V .$$ (18.12)

Para o gás perfeito, tem-se

$$\alpha = \frac{1}{V} \left(\frac{\partial V}{\partial T}\right)_P = \frac{1}{T} , \qquad \kappa_T = -\frac{1}{V} \left(\frac{\partial V}{\partial P}\right)_T = \frac{1}{P} \qquad (\text{gás perfeito}).$$ (18.13)

148　　　　　　　　　　　　　　　　　　　　　　　　　　Parte III Termodinâmica

Tabela 18.1 Coeficiente de expansão, compressibilidade e calor específico do gás perfeito monoatómico e do cobre à pressão normal e temperatura ambiente. Os valores relativos ao gás perfeito são, em boa aproximação, válidos para os gases raros.

Grandeza	Gás perfeito (gás raro)	Cobre
α	$3.4 \cdot 10^{-3} \, \mathrm{K}^{-1}$	$5.0 \cdot 10^{-5} \, \mathrm{K}^{-1}$
κ_T	$1.0 \, \mathrm{bar}^{-1}$	$7.4 \cdot 10^{-7} \, \mathrm{bar}^{-1}$
c_P	$21 \, \mathrm{J \, K^{-1} \, mol^{-1}}$	$24 \, \mathrm{J \, K^{-1} \, mol^{-1}}$
$c_P - c_V$	$8.3 \, \mathrm{J \, K^{-1} \, mol^{-1}}$	$0.7 \, \mathrm{J \, K^{-1} \, mol^{-1}}$
$\gamma = c_P / c_V$	$5/3$	1.03

Substituindo em (18.9) e utilizando $PV = \nu RT$,

$$C_P - C_V = \nu R \quad \text{ou} \quad c_P - c_V = R \qquad \text{(gás perfeito)} . \qquad (18.14)$$

Este resultado foi apresentado em (16.16). De acordo com a tabela 16.2, também muitos gases reais satisfazem esta relação.

No caso do gás perfeito, pode considerar-se que a diferença $(C_P - C_V) \, dT$ representa o trabalho de expansão $P \, dV = \nu R \, dT$ relativo à elevação da temperatura a pressão constante. Esta interpretação não é, no entanto, válida em geral, o que ocorre da possibilidade $\alpha < 0$.

As relações gerais (18.1)–(18.12) são igualmente válidas para gases, líquidos e sólidos, admitindo apenas que o sistema seja homogéneo. Na tabela 18.1, são comparados os valores para um gás perfeito em condições normais com os do cobre. O coeficiente de dilatação do cobre é cerca de duas ordens de grandeza menor e a compressibilidade é cerca de seis ordens de grandeza menor. Em geral, α e κ_T são muito menores para os sólidos e líquidos que para os gases. Para sólidos e líquidos, a diferença relativa $(c_P - c_V)/c_P$ é, em geral, menor que 1.

Expansão

Consideraremos a expansão (compressão) sob as seguintes condições (figura 18.1):

1. expansão livre: $E = \text{const.}$,

2. expansão quase-estática adiabática: $S = \text{const.}$,

3. expansão de Joule-Thomson: $H = \text{const.}$.

Visto que os estados dos sistemas homogéneos considerados são determinados por duas variáveis, basta indicar qual a grandeza de estado que permanece constante

Capítulo 18 Mudanças de estado

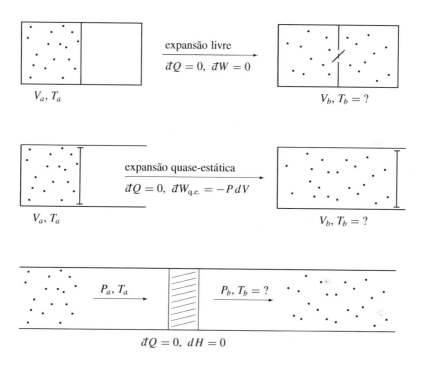

Figura 18.1 Comparam-se diferentes processos de expansão. Na experiência de Gay--Lussac (em cima), o gás expande-se adiabaticamente e sem realização de trabalho. No processo central, o gás efetua o trabalho PdV numa expansão quase-estática adiabática. Na expansão de Joule-Thomson (em baixo), o gás é comprimido por uma parede porosa. As respectivas variações de temperatura são medidas e calculadas.

150 Parte III Termodinâmica

para caracterizar o tipo de expansão. As correspondentes experiências estão representadas esquematicamente na figura 18.1.

Pretendemos calcular as variações de temperatura associadas à expansão, ou seja, as derivadas parciais

$$\left(\frac{\partial T}{\partial V}\right)_E, \qquad \left(\frac{\partial T}{\partial V}\right)_S, \qquad \left(\frac{\partial T}{\partial P}\right)_H. \tag{18.15}$$

Na experiência de Joule-Thomson, a variação de temperatura é relacionada com a variação da pressão, pois os valores da pressão inicial e final são fixados experimentalmente. É sempre possível obter as derivadas parciais procuradas através da diferencial exata da grandeza A que se mantém constante:

$$dA = B\,dT + C\,dV \quad \Longrightarrow \quad \left(\frac{\partial T}{\partial V}\right)_A = -\frac{C}{B}. \tag{18.16}$$

Na experiência de Joule-Thomson, substitui-se V por P. As derivadas parciais que ocorrem no resultado $-C/B$ são expressas em função de grandezas facilmente acessíveis do ponto de vista experimental. Para o cálculo concreto dos resultados, é necessária a equação térmica de estado, para o que consideramos aqui (16.1) e (16.2).

Expansão livre

O dispositivo experimental da expansão livre (figura 18.1 em cima) é utilizado na experiência de Gay-Lussac. O sistema está termicamente isolado ($đQ = 0$). A abertura da válvula situada na parede que separa o compartimento com gás do vazio, dá-se sem realização de trabalho. Também o gás não efetua trabalho ao fluir de um lado para o outro. Tem-se, então, para este processo

$$dE = đQ + đW = 0. \tag{18.17}$$

De acordo com a discussão no capítulo 12, $\Omega_b \gg \Omega_a$ ou $S_b > S_a$. O processo é irreversível, durante o qual o sistema passa por estados de não-equilíbrio. Assim, o processo é quase-estático. O estado inicial (T_a, V_a) e o estado final (T_b, V_b) devem, no entanto, ser estados de equilíbrio. Para eles, tem-se, então

$$E(T_b, V_b) = E(T_a, V_a). \tag{18.18}$$

Esta condição determina a variação ΔT da temperatura quando o volume varia de ΔV. Para uma variação infinitesimal, esta relação é dada pela primeira expressão em (18.15). De acordo com o diagrama (18.16), exprimimos dE em função de dT e dV

$$dE \stackrel{(17.35)}{=} C_V\,dT + \left[T\left(\frac{\partial P}{\partial T}\right)_V - P\right]dV, \tag{18.19}$$

Capítulo 18 Mudanças de estado

donde se obtém a variação de temperatura procurada

$$\left(\frac{\partial T}{\partial V}\right)_E = \frac{1}{C_V}\left[P - T\left(\frac{\partial P}{\partial T}\right)_V\right].$$
(18.20)

Calculemos esta expressão para (16.1) e (16.2):

$$\left(\frac{\partial T}{\partial v}\right)_E = v\left(\frac{\partial T}{\partial V}\right)_E = \begin{cases} 0 & \text{(gás perfeito)}, \\ -\dfrac{a}{c_V\, v^2} & \text{(gás de van der Waals)}. \end{cases}$$
(18.21)

Já obtivemos este resultado para um gás perfeito na forma da dependência de $E(T, V)$ no volume, (16.7). Para um gás perfeito, a energia é a soma das energias cinéticas dos átomos. No entanto, as energias cinéticas dos átomos não se alteram pelo facto de passarem através da válvula aberta.

Pelo contrário, obtém-se um arrefecimento nos gases reais. O termo $-a/v^2$ em (16.2) descreve o abaixamento da pressão devido à parte atrativa da interação. Esta parte atrativa conduz a um abaixamento da energia. Para densidades de gás mais baixas, as partículas são, em média, menos sensíveis a esta atração, razão pela qual, numa expansão, aumenta a energia potencial, baixando a energia cinética e a temperatura. Por outro lado, a parte fortemente repulsiva de curto alcance da interação diminui o volume que está efetivamente disponível (termo com b em (16.2)), não tendo, no entanto, qualquer influência na energia. No âmbito da Termodinâmica, (16.2) é uma *ansatz* empírica. Por este motivo, a explicação avançada para o abaixamento da temperatura é meramente qualitativa.

Expansão adiabática quase-estática

A expansão do gás termicamente isolado ($đQ = 0$) é acompanhada do movimento lento do pistão, figura 18.1 ao centro, sendo o trabalho $-đW_{\text{q.e.}} = P\, dV \neq 0$. Da segunda lei tem-se, para um processo quase-estático adiabático

$$dS = \frac{đQ_{\text{q.e.}}}{T} = 0,$$
(18.22)

obtendo-se, assim, para os estados final e inicial

$$S(T_b, V_b) = S(T_a, V_a).$$
(18.23)

Esta condição fixa a grandeza da variação da temperatura ΔT, quando o volume varia de ΔV. Para uma variação infinitesimal, esta relação é dada precisamente pela segunda expressão em (18.15). De acordo com o esquema (18.16), exprimimos dS em função de dT e dV:

$$dS \overset{(17.34)}{=} \frac{C_V}{T}\, dT + \left(\frac{\partial P}{\partial T}\right)_V dV,$$
(18.24)

152 Parte III Termodinâmica

donde se obtém a variação de temperatura pretendida

$$\left(\frac{\partial T}{\partial V}\right)_S = -\frac{T}{C_V}\left(\frac{\partial P}{\partial T}\right)_V \overset{(18.8)}{=} -\frac{T\,\alpha}{C_V\,\kappa_T}. \tag{18.25}$$

Para um gás perfeito, tem-se $\alpha = 1/T$ e $\kappa_T = 1/P$, donde

$$\left(\frac{\partial T}{\partial V}\right)_S = -\frac{P}{C_V} \qquad \text{(gás perfeito)}. \tag{18.26}$$

A variação da temperatura para o gás de van der Waals é calculada no exercício 18.2.

Para um gás, tem-se sempre $\alpha > 0$, de modo que $(\partial T/\partial V)_S < 0$. Por consequência, o gás é arrefecido por uma expansão quase-estática adiabática. Pode utilizar-se este arrefecimento para a obtenção de temperaturas mais baixas. O princípio de uma *máquina de frio* que se baseie neste facto é o seguinte:

1. O gás tem inicialmente a temperatura ambiente T_1, sendo comprimido de modo quase-estático e adiabático. Durante o processo, aquece.

2. Por contacto térmico com o ambiente, arrefece novamente à temperatura T_1.

3. Então, expande-se quase-estática a adiabaticamente até retornar ao volume inicial, atingindo uma temperatura mais baixa $T_2 < T_1$.

Se se conseguir um reservatório frio suficientemente grande à temperatura T_2, pode iniciar-se um novo ciclo com T_2 como nova temperatura ambiente. As temperaturas que podem ser alcançadas com um tal processo são, na prática, limitadas, pelo facto dos gases utilizáveis condensarem a temperaturas baixas. O azoto condensa à pressão normal aproximadamente a 77 K, pelo contrário, o hélio só condensa a cerca de 5 K. O azoto líquido ou o hélio líquido servem, normalmente, de reservatórios frios no laboratório.

O terceiro passo poderia também ser válido para um gás real numa expansão livre. Os abaixamentos de temperatura assim alcançados são, no entanto, em geral, pequenos, visto que o termo a/v^2 na equação de van der Waals é um termo de correção, $a/v^2 \ll P$.

Expansão de Joule-Thomson

Nesta expansão, um gás à pressão P_a é comprimido por uma parede porosa, figura 18.1 abaixo. O gás do outro lado da parede porosa tem uma pressão mais baixa P_b. A diferença de pressão e a velocidade da corrente assim conseguida dependem da estrutura da parede porosa. Considere-se o sistema termicamente isolado,

$$đQ = 0. \tag{18.27}$$

Capítulo 18 Mudanças de estado
153

O sistema não tem, globalmente, uma temperatura determinada, não estando, assim, num estado de equilíbrio. Portanto, não se trata de um processo quase-estático, e de $dQ = 0$ não se segue $dS = 0$. No entanto, temos estados de equilíbrio separados para o gás de um lado e do outro da parede porosa. Para obrigar o gás a passar através da parede porosa, há que realizar trabalho. Se uma mole de gás de um lado da parede porosa ocupar o volume V_a, o trabalho para deslocar esta quantidade de gás é

$$P_a\, V_a\,. \tag{18.28}$$

Do outro lado da parede porosa o gás deverá efetuar o trabalho

$$P_b\, V_b\,, \tag{18.29}$$

a fim de ser deslocada a mesma quantidade (uma mole) de gás. Por consequência, é fornecido ao gás no total o trabalho

$$\Delta W = P_a\, V_a - P_b\, V_b\,. \tag{18.30}$$

Da primeira lei segue-se

$$\Delta E = E_b - E_a = \Delta Q + \Delta W = \Delta W\,, \tag{18.31}$$

donde

$$E_b + P_b\, V_b = E_a + P_a\, V_a \quad \text{ou} \quad H_b = H_a\,, \tag{18.32}$$

sendo, portanto, constante a entalpia $H = E + PV$ neste processo. Exprimamos a entalpia em função de T e P:

$$H(T_b, P_b) = H(T_a, P_a)\,. \tag{18.33}$$

Esta condição fixa a variação ΔT da temperatura, se a pressão tiver a variação ΔP. Para uma variação infinitesimal, esta relação é dada pela terceira expressão em (18.15). De acordo com (18.16), exprimimos dH em função de dT e dP:

$$
\begin{aligned}
dH &= T\,dS + V\,dP = T\left[\left(\frac{\partial S}{\partial T}\right)_P dT + \left(\frac{\partial S}{\partial P}\right)_T dP\right] + V\,dP \\
&= C_P\,dT - T\left(\frac{\partial V}{\partial T}\right)_P dP + V\,dP = C_P\,dT + (V - VT\alpha)\,dP\,, \quad (18.34)
\end{aligned}
$$

onde utilizamos a relação de Maxwell para $dG = -S\,dT + V\,dP$ e introduzimos o coeficiente de dilatação térmica α. Notemos que a capacidade calorífica C_P se encontra ligada de maneira simples a $H(T, P)$:

$$C_P = T\left(\frac{\partial S}{\partial T}\right)_P = \left(\frac{\partial H}{\partial T}\right)_P\,, \tag{18.35}$$

o que deverá ser comparado com (16.12), $C_V = \partial E(T, V)/\partial T$.

154 Parte III Termodinâmica

De (18.34) temos o valor pretendido da variação da temperatura:

$$\mu_{\text{JT}} \equiv \left(\frac{\partial T}{\partial P}\right)_H = \frac{V}{C_P} \, (T\alpha - 1) \, . \tag{18.36}$$

A quantidade μ_{JT} é designada coeficiente de Joule-Thomson. Este coeficiente anula-se para o gás perfeito devido a $\alpha = 1/T$. Para um gás real, μ_{JT}, pode ser positivo ou negativo. Para o gás azoto nas condições normais, μ_{JT} é positivo e, portanto, o processo Joule-Thomson (com $dP < 0$) conduz a um arrefecimento ($dT < 0$). Para temperaturas mais baixas, μ_{JT} aumenta, de modo que o arrefecimento é mais intenso.

É particularmente fácil obter a expansão de Joule-Thomson como processo contínuo. A temperaturas baixas, a eficiência de uma máquina refrigeradora de Joule-Thomson pode ser comparável a uma máquina que trabalha tendo por base a expansão quase-estática adiabática.

Capítulo 18 Mudanças de estado

155

Exercícios

18.1 Expansão quase-estática isotérmica

Uma mole de um gás perfeito é expandida isotermicamente e quase-estaticamente de V_a até $V_b = 2.7\,V_a$. Determine o calor ΔQ absorvido durante o processo. Calcule ΔQ em joules, se o processo for efetuado à temperatura ambiente.

18.2 Expansão adiabática do gás de van der Waals

Determine a variação da temperatura do gás de van der Waals numa expansão quase--estática adiabática.

18.3 Coeficiente de dilatação do gás de van der Waals

Calcule o coeficiente de dilatação volumétrica $\alpha = (\partial V/\partial T)_P / V$ como função de P e v para a equação de van der Waals.

18.4 Curva de inversão no efeito de Joule-Thomson

O sinal do coeficiente Joule Thomson

$$\mu_{\mathrm{JT}} \equiv \left(\frac{\partial T}{\partial P} \right)_H = \frac{V}{C_P} \left(T\alpha - 1 \right)$$

determina se no processo com o mesmo nome ocorre arrefecimento ou aquecimento. Determine as *curvas de inversão* $T = T_{\mathrm{i}}(v)$ e $P = P_{\mathrm{i}}(T)$ definidas por $\mu_{\mathrm{JT}} = 0$ para o gás de van der Waals (16.2). Esboce e discuta o traçado da curva $P_{\mathrm{i}}(T)$.

19 Máquinas térmicas

Investigamos processos através dos quais calor é transformado em trabalho. Mostramos que a existência de um perpetuum mobile de segunda espécie contradiz a segunda lei da Termodinâmica. A partir das leis da Termodinâmica deduzimos a eficiência máxima possível de uma máquina térmica e de uma bomba de calor.

Apenas consideramos máquinas que trabalham ciclicamente. Isto significa que a máquina, após o período de funcionamento, acaba por regressar ao estado inicial (por exemplo, o ciclo de um motor de Otto). Isto inclui as máquinas que trabalham ininterruptamente. A duração do respectivo ciclo pode ser escolhida arbitrariamente.

Perpetuum mobile de segunda espécie

Uma máquina térmica ideal seria aquela que, durante um ciclo, retirasse o calor q de um reservatório de calor, transformando-o no trabalho $w = q$. Tal equipamento hipotético tem a designação de *perpetuum mobile* de segunda espécie. O esquema de um processo deste tipo encontra-se representado na figura 19.1. O reservatório de calor deverá ser tão grande que a sua temperatura T não sofra alteração quando da absorção de calor; por exemplo, um lago.

Tal máquina é impossível de concretizar, mesmo em condições ideais (como uma evolução quase-estática e sem perdas por atrito), visto que não é compatível com a segunda lei. Comecemos por considerar a primeira lei para o sistema M (essencialmente uma máquina térmica) da figura 19.1. Ao fim de um ciclo, a máquina regressa ao estado inicial. Assim, a variação da sua energia é $\Delta E_M = 0$. Durante um ciclo absorve o calor q e efetua o trabalho w. Substituamos $\Delta Q = q$ e $\Delta W = -w$ na primeira lei,

$$\Delta E_M = q - w = 0 \qquad \text{(um ciclo)}, \qquad (19.1)$$

portanto,

$$w = q . \qquad (19.2)$$

A transformação da quantidade de calor q no trabalho w é compatível com a lei da conservação da energia. Um dispositivo que do nada produzisse trabalho contrariaria a primeira lei. Tal máquina (hipotética) é designada *perpetuum mobile* de primeira espécie.

Capítulo 19 Máquinas térmicas

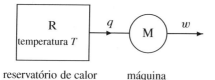

Figura 19.1 Esquema dum *perpetuum mobile* de segunda espécie que transforma o calor q no trabalho $w = q$.

Da segunda lei, segue-se, para um sistema fechado, que $\Delta S \geq 0$. A fim de obtermos um sistema fechado, completemos o esquema da figura 19.1 com um acumulador de energia para o trabalho w. Por exemplo, o trabalho pode ser armazenado numa mola, que é um sistema com um grau de liberdade ($f = 1$). Seria também possível elevar um peso no campo da gravidade. Em concreto, este tipo de armazenamento é efetuado por meio de uma bomba de água com duas válvulas a altitudes diferentes. Para o sistema fechado constituído pelo reservatório de calor, R, pela máquina M e pelo acumulador de energia A, tem-se

$$\Delta S = \Delta S_R + \Delta S_M + \Delta S_A \geq 0 \quad \text{(segunda lei)}. \tag{19.3}$$

O acumulador de energia com um grau de liberdade tem uma entropia da ordem de grandeza $S_A = \mathcal{O}(k_B)$, que pode ser desprezada quando comparada com a entropia do reservatório de calor $S_R \gg \mathcal{O}(10^{24}\, k_B)$. Esta proporção é também válida para as variações de entropia. Por ser $\Delta S_A \ll \Delta S_R$, podemos fazer

$$\Delta S_A \approx 0 \quad \text{(acumulador de energia, } f = 1\text{)}. \tag{19.4}$$

A máquina M, depois de cada ciclo, encontra-se no mesmo macroestado, logo

$$\Delta S_M = 0 \quad \text{(depois de um ciclo)}. \tag{19.5}$$

Para o reservatório de calor, ao fim de um ciclo tem-se

$$\Delta S_R = -\frac{q}{T} \quad \text{(segunda lei)}, \tag{19.6}$$

onde utilizamos a relação $dS = -đQ_{\text{q.e.}}/T$, da segunda lei, que pressupõe um processo quase-estático. A variação de entropia assim calculada está correta quando o processo consiste exclusivamente numa transferência de calor q (ver a discussão a propósito de (11.12)), não sendo necessário um índice "q.e." em (19.6). Das três últimas equações decorre que

$$\Delta S = \Delta S_R + \Delta S_M + \Delta S_A = -\frac{q}{T} < 0. \tag{19.7}$$

Portanto, a entropia diminui num sistema fechado constituído por um reservatório de calor, por uma máquina e por um acumulador de energia, o que está em contradição com a segunda lei. É assim impossível construir tal máquina.

Uma ideia para a construção de um *perpetuum mobile* de segunda espécie seria o seguinte processo:

158   Parte III   Termodinâmica

1. Em contacto com a vizinhança (reservatório de calor), uma caixa com um gás perfeito está à temperatura T.

2. A caixa é isolada termicamente. Esperamos até que, casualmente, todas as partículas se encontrem no lado esquerdo da caixa. Nessa altura deslocamos lateralmente, sem realização de trabalho, uma parede ficando, então, o gás com um volume menor.

3. O gás expande-se adiabaticamente e quase-estaticamente até recuperar o seu volume inicial, efetuando o gás o trabalho w. Depois o gás tem uma temperatura mais baixa $T_<$.

4. Em contacto com a vizinhança, o gás é aquecido de novo à temperatura T. Visto que regressa ao seu estado inicial, tem-se $\Delta E = 0$. Portanto, neste passo o gás absorve o calor $q = w$. O ciclo continua com o passo 2.

Este processo não é exequível, devido à duração temporal do segundo passo. Como vimos no capítulo 12, este tempo é inimaginavelmente superior à idade do Universo. O mesmo se pode dizer do intervalo de tempo que teríamos de esperar para que na metade esquerda passasse a haver 1% mais partículas que na metade direita. Para $N = \mathcal{O}(10^{24})$, um afastamento de 1% em relação ao valor médio corresponde a cerca de 10^{10} desvios padrão e seria extremamente improvável (praticamente impossível). Pelo contrário, as flutuações reais, $\Delta N / \overline{N} \approx 10^{-12}$, não podem ser utilizadas por qualquer parede física para a realização de trabalho.

Completamente análogo ao exemplo dado é, considerando dois subsistemas em contacto térmico, esperar que um sistema exiba um afastamento aproveitável do seu valor médio da energia. Como vimos no capítulo 9, a oscilação da energia, num subsistema, em torno do valor médio, é da mesma ordem de grandeza relativa que a oscilação do número de partículas em torno do valor médio. De acordo com o capítulo 10, o mesmo é também válido para todas as outras grandezas macroscópicas.

Uma conhecida experiência pensada para a construção dum *perpetuum mobile* de segunda espécie é o *Demónio de Maxwell*, que pretende iludir a segunda lei do seguinte modo: o Demónio está sentado numa pequena abertura entre dois recipientes com gás, que pode ser aberta ou fechada por uma portinhola (por exemplo, na figura 16.1, à direita). O Demónio abre a portinhola quando, casualmente, uma partícula rápida (mais rápida que a média) se move da direita para a esquerda ou uma partícula lenta se move da esquerda para a direita. Caso contrário, a portinhola permanece fechada. Desta maneira o recipiente da esquerda torna-se, gradualmente, mais quente que o da direita. Esta diferença de temperatura pode ser utilizada posteriormente para a produção de trabalho.

O Demónio tem, no entanto, problemas. O abrir e fechar da portinhola não deve custar mais trabalho que aquele que posteriormente se pode ganhar. O trabalho w_k relativo ao manejo da portinhola deve, portanto, ser pequeno em comparação com a

Capítulo 19 Máquinas térmicas

159

energia que uma partícula rápida tem a mais. De acordo com o capítulo 9, a energia de uma partícula é da ordem de grandeza de $k_B T$. Isto significa

$$w_k \ll k_B T \,. \tag{19.8}$$

A própria portinhola é um sistema com um grau de liberdade. Após algum tempo, fica em equilíbrio com a sua vizinhança. Então, a sua energia é, em média,

$$\overline{\varepsilon_k} = \mathcal{O}(k_B T) \,. \tag{19.9}$$

Por ser $\overline{\varepsilon_k} \gg w_k$, a portinhola abre-se e fecha-se sem controlo. As mãos do Demónio de Maxwell tremem tanto, que ele não consegue desempenhar a sua tarefa. As relações (19.8) e (19.9) e as consequências daí retiradas são válidas para cada dispositivo imaginável para selecionar as partículas, portanto, por exemplo, para uma solução eletrónica inteligente.

A impossibilidade de construir uma máquina cíclica do género da indicada na figura 19.1, é ocasionalmente utilizada como formulação alternativa de $\Delta S \geq 0$. Esta formulação acentua que a forma de energia "calor" (movimento desordenado) tem valor inferior à forma de energia "trabalho". A transformação $w \to q$ (por exemplo, através de um fogão elétrico) é possível sem limitações. Pelo contrário, a transformação $q \to w$ é apenas possível de modo limitado.

Neste ponto, observa-se que a segunda lei fixa uma direção no tempo, visto que $\Delta S \geq 0$ significa que $dS/dt \geq 0$. Visto que as equações fundamentais da Mecânica e da Mecânica Quântica são invariantes no tempo, elas não são suficientes para justificação de $\Delta S \geq 0$. No capítulo 5, esta direção no tempo foi introduzida pela observação de que um sistema fechado evolui em direção ao equilíbrio (portanto, tende para $S = $ máximo). Este resultado não foi deduzido, mas enunciado como um facto resultante da experiência.

Não se encontra definitivamente esclarecida a origem da existência de uma direção do tempo fixa a partir das leis fundamentais da Mecânica ou da Mecânica Quântica. Discute-se esta questão no capítulo 41. A nós, aqui, deverá bastar-nos o processo da expansão livre, discutido no capítulo 12, como um exemplo inteligente. Aqui, é intuitivamente claro que um processo $\Delta S < 0$ (para o qual $|\Delta S / \overline{S}| \gg N^{-1/2}$) é extremamente improvável. Note-se que também noutros domínios da Física é distinguida uma direção no tempo. Por exemplo, num problema de colisões, em Mecânica Quântica, desenvolve-se uma onda esférica para o exterior, e na Eletrodinâmica dá-se preferência aos potenciais retardados relativamente aos potenciais avançados.

Eficiência de uma máquina térmica

Uma máquina térmica exequível gera trabalho a partir de calor, utilizando a tendência da energia desordenada para se distribuir por igual. O calor flui, por si, do sistema mais quente à temperatura T_1 para o sistema mais frio à temperatura T_2. Na figura 19.2, encontra-se representado o esquema de um dispositivo deste tipo.

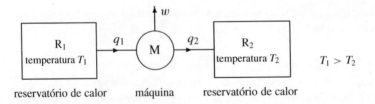

Figura 19.2 Esquema de uma máquina térmica exequível. Um dispositivo deste tipo transforma em trabalho uma parte do calor fornecido por um reservatório de calor à temperatura mais elevada T_1. A outra parte do calor é cedida a um reservatório de calor à temperatura mais baixa T_2.

As quantidades de energias referidas (q_1, q_2 e w) referem-se de novo a um ciclo da máquina de trabalho periódico.

Tal máquina é compatível com as leis da Termodinâmica. No entanto, as leis da Termodinâmica limitam a eficiência alcançável. De seguida, deduzimos esta limitação e consideramos a realização de uma tal máquina.

Ao fim de um ciclo, a máquina encontra-se no mesmo estado, sendo, portanto, $\Delta E_M = 0$. Durante um ciclo absorve o calor q_1, cede o calor q_2 e efetua o trabalho w. Sendo $\Delta Q = q_1 - q_2$ e $\Delta W = -w$ temos, da primeira lei, para o sistema M:

$$\Delta E_M = q_1 - q_2 - w = 0 \quad \text{(depois de um ciclo)}, \quad (19.10)$$

donde se segue

$$w = q_1 - q_2. \quad (19.11)$$

De acordo com a primeira lei, a diferença $q_1 - q_2$ é transformada no trabalho w.

Aplicamos agora a segunda lei ao sistema fechado constituído por dois reservatórios de calor R_1 e R_2, pela máquina M e por um acumulador de energia A:

$$\Delta S = \Delta S_{R_1} + \Delta S_{R_2} + \Delta S_M + \Delta S_A \geq 0 \quad \text{(segunda lei)}. \quad (19.12)$$

O acumulador tem de novo apenas um grau de liberdade e, portanto, dá uma contribuição desprezável para a entropia,

$$\Delta S_A \approx 0 \quad \text{(acumulador de energia, } f = 1\text{)}. \quad (19.13)$$

A máquina M, ao fim de cada ciclo, encontra-se no mesmo estado, donde

$$\Delta S_M = 0 \quad \text{(depois de um ciclo)}. \quad (19.14)$$

Para o reservatório de calor, tem-se

$$\Delta S_{R_1} = -\frac{q_1}{T_1}, \quad \Delta S_{R_2} = \frac{q_2}{T_2} \quad \text{(segunda lei)}. \quad (19.15)$$

Utilizamos a relação $dS = -đQ_{q.e.}/T$ da segunda lei, a qual pressupõe um processo quase-estático. A variação de entropia assim calculada é válida quando o processo é constituído exclusivamente pela transferência do calor q (ver discussão a

Capítulo 19 Máquinas térmicas

propósito de (11.12)), não sendo, portanto, necessário um índice "q.e." em (19.15).
Substituamos (19.13) – (19.15) em (19.12):

$$\Delta S = \frac{q_2}{T_2} - \frac{q_1}{T_1} \geq 0.$$
(19.16)

Podemos também exprimir este resultado na forma

$$\frac{q_2}{q_1} \geq \frac{T_2}{T_1}.$$
(19.17)

Quando $q_2 \to 0$ e $q_1 \neq 0$, o dispositivo da figura 19.2 daria como resultado um *perpetuum mobile* de segunda espécie. De (19.17) conclui-se, no entanto, que $q_2 \geq q_1 T_2/T_1$, ou seja, tem-se um limite inferior para q_2.

Numa central térmica, a quantidade de calor q_1 retirada de R_1, à temperatura mais elevada tem de ser continuamente substituída, o que acontece, por exemplo, queimando óleo ou carvão. Por outro lado, o trabalho w é a energia elétrica comerciável. Definimos o quociente entre o trabalho gerado e o calor absorvido (*input*) como eficiência η. Por isso, define-se como *eficiência*

$$\eta = \frac{\text{trabalho produzido}}{\text{calor absorvido}} = \frac{w}{q_1} = \frac{q_1 - q_2}{q_1} = 1 - \frac{q_2}{q_1}.$$
(19.18)

Com (19.17), obtemos para η a desigualdade

$$\eta \leq 1 - \frac{T_2}{T_1}.$$
(19.19)

A eficiência máxima alcançável é

$$\boxed{\eta_{\text{ideal}} = \frac{T_1 - T_2}{T_1} \qquad \text{eficiência de uma máquina} \atop \text{térmica ideal.}}$$
(19.20)

O exemplo usual para um ciclo com eficiência ideal é o *ciclo de Carnot*. Aqui, uma porção de gás é usada como uma "máquina" M. O gás percorre o ciclo, esquematizado na figura 19.3, que consiste nos seguintes passos:

1. O gás expande-se quase-estaticamente de a para b, em duas etapas:

    (i) isotermicamente de (T_a, S_a) até (T_a, S_b),

    (ii) adiabaticamente de (T_a, S_b) até (T_b, S_b).

2. O gás é comprimido quase-estaticamente de b novamente para a, mais uma vez em duas etapas:

    (i) isotermicamente de (T_b, S_b) até (T_b, S_a),

    (ii) adiabaticamente de (T_b, S_a) até (T_a, S_a).

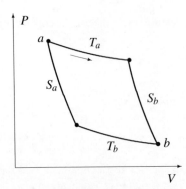

Figura 19.3 Representação esquemática do ciclo de Carnot. Começa-se por se fixar dois estados a e b no diagrama P-V do gás. Desenham-se, então, as isotérmicas (T = const.) e as adiabáticas (S = const.) que passam por cada um dos dois pontos. Desta maneira delimita-se uma região em forma de losango. Descrevendo o circuito no sentido dos ponteiros do relógio, o ciclo pode servir como máquina térmica. Descrevendo o circuito no sentido contrário, o ciclo pode servir como uma bomba de calor.

Para os passos isotérmicos, é necessário um contacto com um reservatório de calor à temperatura correspondente. Designamos por q_a e q_b as quantidades de calor transferidas ao longo das isotérmicas T_a e T_b. Daqui resulta para a variação total de entropia do gás

$$\Delta S_{\text{gás}} = \frac{q_a}{T_a} - \frac{q_b}{T_b} = 0. \qquad (19.21)$$

Como o gás é de novo conduzido ao estado inicial, tem de ser $\Delta S_{\text{gás}} = 0$. Pela mesma razão tem-se $\Delta E_{\text{gás}} = 0$ ou

$$w = q_a - q_b. \qquad (19.22)$$

Como todos os passos ocorrem quase-estaticamente, o trabalho efetuado pelo gás é igual a $w = w_{\text{q.e.}} = \oint P\, dV$, que é a área da região limitada na figura 19.3. De (19.21) e (19.22) decorre o rendimento de um ciclo de Carnot

$$\eta_{\text{Carnot}} = \frac{w}{q_a} = \frac{T_a - T_b}{T_a} = \eta_{\text{ideal}}. \qquad (19.23)$$

Calculemos ainda a variação total de entropia, para um ciclo de Carnot, do sistema fechado constituído por reservatórios de calor, pelo gás e pelo acumulador de energia. Com $\Delta S_{R_1} = -q_a/T_a$, $\Delta S_{R_2} = q_b/T_b$, $\Delta S_{\text{gás}}$ de (19.21) e $\Delta S_A \approx 0$ obtém-se

$$\Delta S = \Delta S_{R_1} + \Delta S_{R_2} + \Delta S_{\text{gás}} + \Delta S_A = 0. \qquad (19.24)$$

O ciclo é reversível por ser $\Delta S = 0$. O ciclo de Carnot pode, portanto, ser percorrido também na direção inversa, podendo, então, ser utilizado como frigorífico ou como bomba de calor.

Consideremos o esquema de uma central térmica real representada na figura 19.4. Para as temperaturas explicitadas na figura, o rendimento ideal situa-se em cerca de

$$\eta_{\text{ideal}} \approx \frac{813\,\text{K} - 313\,\text{K}}{813\,\text{K}} \approx 62\%. \qquad (19.25)$$

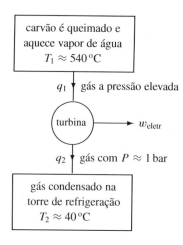

Figura 19.4 O esquema representado na figura 19.2 pode ser realizado por uma central elétrica movida a óleo ou a carvão. Para um motor de Otto tem-se um esquema análogo: queima-se gasolina em vez de carvão, em vez da turbina tem-se o cilindro com o seu pistão, é realizado trabalho mecânico sendo os gases a temperatura mais baixa expelidos através do escape.

Pelo contrário, os rendimentos efetivamente alcançados situam-se em cerca de 30%. Um litro de óleo combustível liberta, por combustão, uma energia de cerca de 40 000 kilojoules, com a qual pode produzir-se aproximadamente 3 kWh de energia elétrica,

$$1 \text{ l óleo} \cong 40\,000 \text{ kJ} \approx 11 \text{ kWh} \xrightarrow{\eta \approx 0.45} 5 \text{ kWh}. \quad (19.26)$$

Supondo um preço de 0.5 euros por litro de óleo, isto implica um custo de 0.1 euros por kilowatt-hora, se considerarmos apenas o custo da matéria prima. Esta é uma base para avaliar o preço doméstico para os consumidores finais privados.

A fim de maximizar $\eta_{ideal} = 1 - T_2/T_1$ deverá T_1 ter o maior valor possível e T_2 deverá ter o menor valor possível. A temperatura das vizinhanças constitui um limite inferior de T_2. A fim de elevar T_1 deverá a combustão ocorrer o mais concentrado possível no espaço e no tempo. Num motor de Otto deve-se para esse efeito utilizar material que suporte o calor (por exemplo cerâmica). Os processos reais no motor de Otto são obviamente mais complicados do que nos motores térmicos esquemáticos considerados aqui.

Seria desejável, na combustão do carvão ou do óleo, conseguir tanta energia de alta qualidade, w_{eletr}, quanto possível e utilizar o inevitável calor perdido (q_2 na figura 19.4) para aquecimento. Obviamente, a central elétrica deverá ser construída na proximidade dos consumidores do calor (portanto, próximo da cidade).

Podemos também inverter o ciclo da máquina térmica, figura 19.5. Mediante o dispêndio de trabalho w, bombeamos o calor de R$_2$ para R$_1$, logo de uma temperatura mais baixa para uma temperatura mais elevada. Visto que todas as grandezas q_1, q_2 e w devem ser positivas, alteram-se alguns sinais nas equações indicadas em cima. Da primeira lei decorre

$$q_2 + w = q_1. \quad (19.27)$$

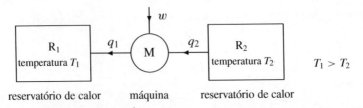

Figura 19.5 Esquema de uma bomba de calor. À custa de trabalho pode transportar-se calor de uma temperatura mais baixa para uma temperatura mais elevada. Podia tratar-se de um frigorífico (T_2) do qual é bombeado calor para a vizinhança (T_1). Podia também tratar-se de uma bomba de calor que bombeia calor da vizinhança (T_2) para o interior da casa (T_1).

Da segunda lei tem-se

$$\Delta S = \Delta S_{R_1} + \Delta S_{R_2} + \Delta S_M + \Delta S_A = \frac{q_1}{T_1} - \frac{q_2}{T_2} \geq 0 \,. \tag{19.28}$$

Para uma bomba de calor, R_1 é, por exemplo, a casa a aquecer e R_2 a vizinhança. A utilidade é o calor q_1 bombeado para o interior da casa. Para um frigorífico, R_2 é o seu espaço interior a arrefecer e R_1 é a sala na qual se situa o frigorífico. A vantagem é o calor q_2 retirado ao frigorífico. A respectiva eficiência obtém-se das duas últimas equações:

$$\eta \leq \eta_{\text{ideal}} = \begin{cases} \dfrac{q_1}{w} = \dfrac{T_1}{T_1 - T_2} & \text{(bomba de calor)}, \\ \dfrac{q_2}{w} = \dfrac{T_2}{T_1 - T_2} & \text{(frigorífico)}. \end{cases} \tag{19.29}$$

Uma bomba de calor funciona como aquecimento, bombeando calor do exterior ($T_2 = 0\,°\text{C}$) para o interior da casa ($T_1 = 20\,°\text{C}$). Introduzamos $T_1 \approx 293\,\text{K}$ e $T_2 \approx 273\,\text{K}$ em (19.29), obtemos

$$\eta_{\text{ideal}} \approx 15 \,. \tag{19.30}$$

Em princípio, é possível, com a energia eléctrica de 1 kWh, pode-se bombear 15 kWh de calor para o interior da casa. Na prática, é necessário uma temperatura mais elevada $T_1 = 50\,°\text{C}$ na casa, por exemplo, para se ter água quente. Para este fim, o rendimento ideal é $\eta_{\text{ideal}} \approx 6$, enquanto que os valores realistas rondam $\eta \approx 3$.

Dos fundamentos físicos fica claro que a transformação directa de energia eléctrica em calor ($q = w_{\text{eletr}}$ num forno eléctrico) é um desperdício. Assim, apenas se consegue $\eta = q/w_{\text{eletr}} = 1$, enquanto que $\eta_{\text{bomba de calor}} \approx 3$. Também o aquecimento central a óleo não é uma utilização óptima da energia. Podia com o óleo, accionar-se um motor a Diesel, utilizar o calor perdido excedente q_2 para aquecimento e com o trabalho w efectuado accionar uma bomba de calor. Já com eficiências modestas e concretizáveis, $\eta_{\text{motor}} = 0.3$ e $\eta_{\text{bomba}} = 3$, quase se consegue duplicar o calor fornecido à casa.

Capítulo 19 Máquinas térmicas

Aplicamos o esquema da Figura 19.5 a um frigorífico. Então R_2 é o interior a ser arrefecido e R_1 é a divisão onde o frigorífico está localizado. O benefício é o calor q_2 retirado do frigorífico, ou seja

$$\eta = \frac{q_2}{w}, \qquad \eta_{\text{ideal}} = \frac{T_2}{T_1 - T_2} \qquad \text{(frigorífico)} \qquad (19.31)$$

Aqui, também são possíveis eficiências muito acima de 1.

Exercícios

19.1 Eficiência de um frigorífico

Um frigorífico trabalha com temperatura interior de 5 °C. O calor bombeado é libertado por uma grade a uma temperatura de 30 °C, situada no lado de trás. Alguém cobriu a fenda de ventilação no tampo de trabalho por cima do frigorífico, pelo que a temperatura da grade subiu para 35 °C. Faça uma estimativa de quantos por cento aumenta o consumo de energia do frigorífico.

19.2 Ciclo de Carnot com um gás ideal

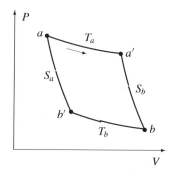

O ciclo $a \to a' \to b \to b' \to a$ ocorre ao longo de isotérmicas e adiabáticas, sendo percorrido por uma mole de um gás perfeito monoatómico. São dadas os valores da pressão e do volume para o estados a e b, ou seja, P_a, V_a, P_b, V_b. Determine para os quatro estados intermédios (a, a', b e b') as grandezas T, V, P e S. Determine as quantidades de calor q_1 e q_3 absorvidas no primeiro e no terceiro passos e mostre que $q_1/T_a + q_3/T_b = 0$.

19.3 Ciclo específico

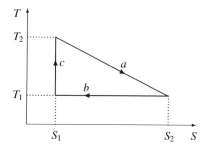

Um gás ideal percorre o ciclo ao longo dos processos a, b e c esquematizados à esquerda. Calcule em cada processo as transferências de trabalho e de calor. Determine o rendimento η se o ciclo for entendido como uma máquina térmica.

166   Parte III   Termodinâmica

19.4   Ciclo Stirling com um gás ideal

Um gás perfeito monoatómico percorre um ciclo quase-estático consistindo dos
processos 1, 2, 3 e 4:

1: Expansão isotérmica de V_1 até V_2 $T = T_1 = $ const.

2: Arrefecimento isocórico de T_1 a T_2 $V = V_2 = $ const.

3: Compressão isotérmica de V_2 até V_1 $T = T_2 = $ const.

4: Aquecimento isocórico de T_2 até T_1 $V = V_1 = $ const.

Esquematize o ciclo num diagrama P-V. Calcule a transferência de trabalho e de
calor para cada processo separadamente. Calcule a eficiência

$$\eta_{\text{Stirling}} = \frac{-\Delta W}{\Delta Q_1}$$

para o caso de o ciclo corresponder a um *motor Stirling*. Aqui ΔW é a soma de
todos transferências de trabalho, e ΔQ_1 é o calor fornecido à temperatura alta T_1.

20 Potencial químico

O potencial químico μ é a força generalizada que corresponde ao parâmetro externo N (= número de partículas). Apresentamos as relações termodinâmicas para processos quase-estáticos com $dN \neq 0$, a que pertence, em particular, a relação de Duhem-Gibbs.

Definição

Na Parte II, tratamos os fundamentos microscópicos da Física Estatística e da Termodinâmica fenomenológica. Para a introdução de uma nova força generalizada, o potencial químico, nesta secção regressamos de passagem a estes fundamentos microscópicos. As secções seguintes situam-se, então, novamente no interior da Termodinâmica.

Os valores próprios da energia (6.5) para o gás perfeito são da forma $E_r(V, N)$. Assim, fica claro que, para cada gás real, e também para outros sistemas homogéneos como sólidos ou líquidos, ocorrem pelo menos dois parâmetros externos $x = (V, N)$. Até agora apenas considerámos processos com $dN = 0$, sendo a variável N omitida. Abandonamos agora esta limitação.

O operador Hamiltoniano, e portanto as energias $E_r(x)$, dependem apenas dos parâmetros externos $x = (x_1, ..., x_n)$. De acordo com o capítulo 8, através da variação quase-estática de x_i, é fornecido ao sistema o trabalho

$$\text{d}W_{\text{q.e.}} = \sum_{i=1}^{n} \overline{\frac{\partial E_r(x)}{\partial x_i}} \, dx_i = - \sum_{i=1}^{n} X_i \, dx_i \,. \tag{20.1}$$

Para $x_1 = V$ e $x_2 = N$, as forças generalizadas são:

$$X_1 = P = - \overline{\frac{\partial E_r(V, N)}{\partial V}} \,, \qquad X_2 = -\mu = - \overline{\frac{\partial E_r(V, N)}{\partial N}} \,. \tag{20.2}$$

O sinal escolhido para μ é convencional. De (20.1) e (20.2), obtemos

$$\text{d}W_{\text{q.e.}} = -P \, dV + \mu \, dN \,. \tag{20.3}$$

Juntamente com $dE = \text{d}Q_{\text{q.e.}} + \text{d}W_{\text{q.e.}}$ e $\text{d}Q_{\text{q.e.}} = T \, dS$ obtemos, para um processo quase-estático,

$$\boxed{dE = T \, dS - P \, dV + \mu \, dN \,.} \tag{20.4}$$

168   Parte III   Termodinâmica

Esta é a diferencial do potencial termodinâmico energia $E(S, V, N)$, a partir do qual podem ser obtidas todas as relações termodinâmicas. Obtemos, em particular, para o potencial químico

$$\mu = -T \left(\frac{\partial S}{\partial N} \right)_{E,V} = \left(\frac{\partial E}{\partial N} \right)_{S,V}. \tag{20.5}$$

A primeira expressão é a definição usual da força generalizada, tal como foi dada no capítulo 10. De acordo com a segunda expressão, o potencial químico é a energia necessária para acrescentar uma partícula ao sistema termicamente isolado ($S =$ const.), permanecendo constantes os restantes parâmetros externos (aqui V). Nestas condições, o potencial químico traduz-se pela razão mensurável dE/dN.

De facto, uma partícula adicionada é a transferida de um outro sistema. Só a diferença dos potenciais químicos é mensurável, sendo assim arbitrário o ponto zero de μ.

Potenciais termodinâmicos

As definições (17.5) dos potenciais termodinâmicos permanecem inalteradas. Assim, por exemplo, $F = E - TS$. Devido a (20.4), no entanto, todas as diferenciais dos potenciais adquirem o termo adicional $\mu\, dN$:

$$\begin{aligned} dE &= T\, dS - P\, dV + \mu\, dN, \\ dF &= -S\, dT - P\, dV + \mu\, dN, \\ dH &= T\, dS + V\, dP + \mu\, dN, \\ dG &= -S\, dT + V\, dP + \mu\, dN, \end{aligned} \tag{20.6}$$

sendo, assim, N uma nova variável natural para todos estes potenciais. Para cada potencial, existem agora três relações de Maxwell em vez de uma.

Por meio da transformação de Legendre gerada pelo termo $-\mu N$, podíamos a cada um dos potenciais (20.6) fazer corresponder um novo potencial. Limitamo-nos, no entanto, a considerar o *potencial grand canónico* J,

$$J = E - TS - \mu N = F - \mu N. \tag{20.7}$$

A designação escolhida prende-se com a correspondente função de partição que introduziremos na Parte IV. De (20.6) e (20.7) decorre

$$dJ = -S\, dT - P\, dV - N\, d\mu. \tag{20.8}$$

Obtêm-se daqui três relações de Maxwell e as variáveis naturais de J,

$$J = J(T, V, \mu) \qquad \text{(potencial } grand \text{ canónico)}. \tag{20.9}$$

Capítulo 20 Potencial químico

Diferencial exata

O potencial químico está relacionado com a entalpia livre $G = G(T, P, N)$ de um modo particularmente simples. Como grandeza extensiva, G é da forma (15.4),

$$G(T, P, N) = N g(T, P) \,. \tag{20.10}$$

Então, tem-se

$$\mu \stackrel{(20.6)}{=} \left(\frac{\partial G}{\partial N}\right)_{T, P} \stackrel{(20.10)}{=} g(T, P) = \frac{G}{N} \,. \tag{20.11}$$

A função $g(T, P)$ introduzida em (20.10) é, portanto, igual ao potencial químico μ,

$$G(T, P, N) = E - TS + PV = N \mu(T, P) \,. \tag{20.12}$$

Quando substituímos (20.12) em $J = E - TS - N\mu$, obtemos

$$J = -PV \,. \tag{20.13}$$

Esta relação completa a definição (20.7) do potencial *grand* canónico.

Escrevemos agora a diferencial exata dG para $G = N\mu$ e comparamo-la com dG de (20.6):

$$dG = N \, d\mu + \mu \, dN = -S \, dT + V \, dP + \mu \, dN \,. \tag{20.14}$$

Daqui segue-se para a diferencial exata do potencial químico:

$$\boxed{d\mu = -s \, dT + v \, dP \qquad \text{relação de Duhem-Gibbs,}} \tag{20.15}$$

onde $s = S/N$ e $v = V/N$. Ocasionalmente também (20.12) ou (20.14) são designadas "relação de Duhem-Gibbs". As variáveis naturais e privilegiadas do potencial químico são T e P,

$$\mu = \mu(T, P) \,. \tag{20.16}$$

Condição de equilíbrio

Quando são dadas a temperatura T e a pressão P, o equilíbrio é determinado por (17.39), $G = N\mu = $ mínimo. Para um número N de partículas fixo, tem-se

$$\mu(T, P) = \text{mínimo} \qquad \text{(equilíbrio)} \,. \tag{20.17}$$

Consideremos, por exemplo, o sistema constituído por moléculas de H_2O. Para T e P fixos, este sistema toma a forma ou fase (água, vapor de água ou gelo) cujo potencial químico é mínimo.

Equilíbrio em relação a trocas de calor, volume e partículas

Consideramos dois sistemas A e B que podem trocar entre si calor, volume e partículas. Os sistemas A e B juntos devem constituir um sistema fechado, de modo que

$$E = E_A + E_B = \text{const.}, \quad V = V_A + V_B = \text{const.}, \quad N = N_A + N_B = \text{const.}$$
$$(20.18)$$

O estado do sistema pode, assim, ser definido pelas grandezas E_A, V_A und N_A. Como função destas grandezas, a entropia é máxima no equilíbrio:

$$S(E_A, V_A, N_A) = S_A(E_A, V_A, N_A) + S_B(E - E_A, V - V_A, N - N_A) = \text{máximo}$$
$$(20.19)$$

Para que tal aconteça, uma das condições necessárias é

$$0 = \frac{\partial S}{\partial N_A} = \frac{\partial S_A}{\partial N_A} - \frac{\partial S_B}{\partial N_B} = -\frac{\mu_A}{T_A} + \frac{\mu_B}{T_B} \qquad (20.20)$$

As condições análogas $\partial S / \partial E_A = 0$ e $\partial S / \partial V_A = 0$ implicam $T_A = T_B$ e $P_A / T_A = P_B / T_B$. Portanto, globalmente tem-se

$$T_A = T_B, \quad P_A = P_B, \quad \mu_A = \mu_B \qquad \text{(Equilíbrio relativo a trocas de calor, volume e partículas)} \qquad (20.21)$$

Um exemplo de tal sistema são duas *fases* de uma substância, por exemplo, água (sistema A) e vapor de água (sistema B). As condições (20.21) são apenas satisfeitas ao longo de uma certa curva no diagrama T-P. Ao longo desta *curva de vaporização* existe um *equilíbrio de fases*. As fases água e vapor de água coexistem em equilíbrio. Isto será discutido com mais profundidade no próximo capítulo.

Troca de partículas sem troca de calor ou volume

Consideramos dois sistemas que podem trocar entre si partículas, mas não podem trocar nem calor nem volume. Procedemos como no capítulo 10 com a troca de volume por meio de uma parede adiabática. Um raciocínio análogo ao usado em (10.24) a (10.26) leva de $S = $ máximo a

$$E_{A+B}(N_A) = E_A(S_A, V_A, N_A) + E_B(S_B, V_B, N - N_A) = \text{mínimo} \qquad (20.22)$$

em que S_A, S_B, V_A, V_B e N são grandezas fixas. A partir de $\partial E_{A+B} / \partial N_A = 0$ conclui-se

$$\mu_A = \mu_B \qquad \text{(apenas troca de partículas)} \qquad (20.23)$$

Um exemplo de tal sistema são dois volumes (A e B) com Hélio II ligados por um „super vazamento" (Figura 38.6). O super vazamento deixa passar apenas partículas super fluidas. Estas partículas super fluidas não têm entropia ou seja não transportam calor. As consequências da condição $\mu_A = \mu_B$ neste sistema serão discutidas no Capítulo 38.

Capítulo 20 Potencial químico

Gás perfeito

Calculemos o potencial químico de um gás perfeito. Para isso, utilizemos $PV = Nk_BT$, a dependência (16.7) da energia no volume, ou seja, $E = E(T, N) = Ne(T)$, e a forma da entropia $S(T, V, N)$ apresentada em (16.32). De (20.12) decorre

$$\mu = \frac{E}{N} - \frac{TS}{N} + \frac{PV}{N} = e(T) - T\left(\int^T dT' \frac{c_V(T')}{T'} + k_B \ln \frac{V}{N} + \text{const.}\right) + k_B T .$$

(20.24)

Foram calculadas, na Parte II, as dependências na temperatura que ocorrem para o gás monoatómico, $e(T) = 3k_B T/2$ e $c_V = 3k_B/2$. Para o gás diatómico, serão apresentadas no capítulo 27. Aqui, reunimo-las na função $f(T)$ não especificada:

$$\frac{\mu}{k_B T} = -f(T) - \ln \frac{V}{N} + \text{const.} = -f(T) + \ln \frac{P}{k_B T} + \text{const.} .$$

(20.25)

A primeira expressão dá $\mu(T, V/N)$, a segunda expressão dá $\mu(T, P)$.

172 Parte III Termodinâmica

Exercícios

20.1 Relações de Maxwell para o potencial grand *canónico*

Deduza as relações de Maxwell para $J(T, V, \mu) = F - \mu N$.

20.2 Diferencial da energia por partícula

Prove que
$$de = T\,ds - P\,dv, \qquad\qquad (20.26)$$
onde $e = E/N$, $s = S/N$ e $v = V/N$. Suponha como conhecidas as relações (de Duhem-Gibbs)
$$d\mu = -s\,dT + v\,dP \qquad e \qquad \mu = \frac{G}{N}$$

20.3 Potencial químico de um gás ideal

Deduza o potencial químico $\mu(T, P)$ de um gás ideal com a capacidade calorífica $C_V(T, N)$. Que resultado se obtém em particular para um gás monoatómico com $C_V = 3N k_B/2$?

20.4 Dedução da relação de Duhem-Gibbs

Deduza a relação de Duhem-Gibbs para um sistema homogéneo,
$$G = E - TS + PV = \mu N \qquad\qquad (20.27)$$
derivando em ordem a λ a equação $S(\lambda E, \lambda V, \lambda N) = \lambda S(E, V, N)$.

21 Transferência de partículas

Discutem-se diferentes aplicações da condição de equilíbrio $\mu_A = \mu_B$ relativa à permuta de partículas. Uma importante aplicação é o equilíbrio entre as fases de uma substância, por exemplo, entre água e vapor de água. Discute-se a dependência da temperatura de transição na pressão (equação de Clausius-Clapeyron) e na concentração de uma substância dissolvida na fase líquida (pressão osmótica, elevação do ponto de ebulição e descida do ponto de congelação). Finalmente, estabelece-se a condição de equilíbrio de reações químicas.

Diagrama de fases

As substâncias (um determinado tipo de moléculas) podem ocorrer em diferentes *fases* dependendo de T e P. Normalmente, ocorrem pelo menos três fases, sólida, líquida e gasosa. O exemplo usual é o gelo, água e vapor de água. Designamos por vapor de água o gás composto de moléculas H_2O, mas não o vapor visível (gotículas de líquido no ar). A fase sólida, fase cristalina, está, com frequência, subdividida em várias fases com diferentes estruturas cristalinas, o que também é válido para o gelo. Na Parte VI, são apresentados e estudados outros exemplos de transições de fase.

Para um sistema homogéneo de um determinado tipo de matéria, existem dois parâmetros externos, V e N. Os estados de equilíbrio podem ser determinados por E, V e N ou por três outras grandezas macroscópicas. Escolhemos, seguidamente, as variáveis de estado T, P e N. As variáveis T e P fixam por si o potencial termo-dinâmico G por número de partículas, $G(T, P, N)/N = \mu(T, P)$. Abstraindo da grandeza absoluta do sistema, as variáveis T e P determinam o estado termodinâmico.

Consideremos agora um sistema (não homogéneo), no qual ocorrem duas fases diferentes A e B de uma substância, por exemplo, vapor de água e água. Entre estas duas fases podem ser transferidas partículas. Para T e P dados, as duas fases encontram-se em equilíbrio, se

$$\mu_A(T, P) = \mu_B(T, P) \qquad \text{(equilíbrio de fases)} . \qquad (21.1)$$

No que se segue relacionamos μ_A com a fase gasosa e μ_B com a fase líquida. No entanto, as fórmulas são válidas para duas fases arbitrárias. As funções $\mu_A(T, P)$ e $\mu_B(T, P)$ são diferentes, uma vez que a estrutura interna das fases é diferente. A

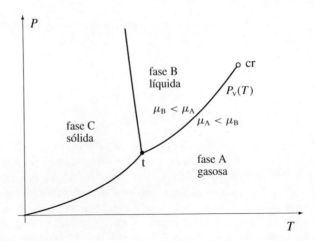

Figura 21.1 Diagrama de estado esquemático da água. A curva de vaporização $P_v(T)$ é dada pela condição $\mu_A = \mu_B$. No ponto triplo, tem-se $\mu_A = \mu_B = \mu_C$. Em equilíbrio, tem-se μ = mínimo, portanto, existe sempre a fase que apresenta o menor potencial químico.

equação (21.1) define uma curva num diagrama P-T, figura 21.1. Designamos esta relação facultativamente por

$$P = P_v(T) \quad \text{(curva de vaporização)},$$
$$T = T_s(P) \quad \text{(temperatura de ebulição).} \tag{21.2}$$

Fora da curva de transição tem-se $\mu_A \neq \mu_B$. De acordo com (20.17), $\mu(T, P)$ é mínimo no estado de equilíbrio. Por essa razão, existe a fase cujo potencial químico é menor.

Estas considerações não mostram que existem, ou porque existem, diferentes fases, nem que estrutura têm. Elas tornam, no entanto, plausível que, em geral, o equilíbrio entre duas fases apenas é possível ao longo de uma curva num diagrama P-T. O diagrama P-T de uma substância vem, assim, dividido por curvas em regiões associadas com fases diferentes, figura 21.1. Um diagrama P-T com tal divisão é chamado *diagrama de fases* ou *diagrama de estado*. A passagem de um lado para o outro de uma dessas curvas é uma *transição de fase*. A transição de fase $A \rightarrow B$ está ligada à transição $\mu_A \rightarrow \mu_B$. Nesta transformação, devido a (21.1), μ varia de modo contínuo, no entanto, outras quantidades podem variar de maneira descontínua, como $s_A \rightarrow s_B$ (com $s = -(\partial \mu / \partial T)_P$), capítulo 35.

Além da transição discreta atravessando a curva de vaporização, pode também ocorrer uma transição contínua entre as duas fases. A curva de transição entre as fases líquida e gasosa termina para todas as substâncias num *ponto crítico*. Pode também passar-se de um ponto abaixo da curva de vaporização (fase gasosa) para um ponto acima da curva de vaporização (fase líquida) ao longo de um caminho que contorne o ponto crítico. Em tal percurso, $\mu(T, P)$ varia de modo contínuo.

Capítulo 21 Transferência de partículas

175

Consideremos agora uma substância com três fases. De acordo com (21.1), obtém-se uma curva para o equilíbrio A ↔ B, e uma outra curva para o equilíbrio B ↔ C. Em geral, estas curvas intersectam-se num ponto no diagrama P-T, figura 21.1. Para este ponto, tem-se

$$\mu_A(T, P) = \mu_B(T, P) = \mu_C(T, P) \qquad \text{(ponto triplo)}. \qquad (21.3)$$

A curva para o equilíbrio A ↔ C também contém este *ponto triplo*. No ponto triplo, encontram-se as três fases em equilíbrio entre si. O ponto triplo tem uma temperatura T_t bem determinada e uma pressão P_t bem determinada. O ponto triplo da água serve para a definição da escala de Kelvin (capítulo 14).

Equação de Clausius-Clapeyron

Deduzamos, a partir da condição de equilíbrio (21.1), a relação respeitante à curva de equilíbrio (21.2). Referir-nos-emos aqui à curva de vaporização, ou seja, ao caso em que a fase A é gasosa e a fase B é líquida. A curva de vaporização $P = P_v(T)$ é definida por

$$\mu_A(T, P_v(T)) = \mu_B(T, P_v(T)). \qquad (21.4)$$

Tomemos a derivada total desta relação em ordem à temperatura:

$$\left(\frac{\partial \mu_A}{\partial T}\right)_P + \left(\frac{\partial \mu_A}{\partial P}\right)_T \frac{dP_v(T)}{dT} = \left(\frac{\partial \mu_B}{\partial T}\right)_P + \left(\frac{\partial \mu_B}{\partial P}\right)_T \frac{dP_v(T)}{dT}. \qquad (21.5)$$

Substituamos as derivadas parciais de μ que são obtidas de $d\mu = -s\,dT + v\,dP$,

$$(v_A - v_B) \frac{dP_v(T)}{dT} = s_A - s_B. \qquad (21.6)$$

A transformação de B para A ocorre num determinado ponto da curva de vaporização $P = P_v(T)$ na figura 21.1. Por exemplo, para a água à pressão normal, a transformação de B para A ocorre à temperatura $T = 100\,°\text{C}$. Neste ponto, as fases encontram-se em equilíbrio mútuo. O processo pode ocorrer quase-estaticamente. A pressão constante, decorre de (17.9) $\Delta s = \Delta h / T$, ou seja,

$$s_A - s_B = \frac{h_A - h_B}{T} = \frac{q}{T}. \qquad (21.7)$$

A grandeza $q = h_A - h_B$ é denominada *entalpia de transformação*. Em tal transição mantém-se constante a pressão (e não o volume). Por esse motivo, a energia fornecida durante a transição, é corretamente designada *entalpia*. Visto que, na prática, na origem das transições de fase está a transferência de calor (a pressão constante), são também habituais as designações calor de transformação ou calor latente (em desuso). Com referência a transformações de fase específicas, podem utilizar-se os correspondentes conceitos particulares (por exemplo, entalpia de vaporização ou entalpia de fusão).

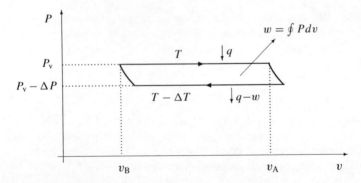

Figura 21.2 Diagrama P-v para um ciclo ao longo da curva de vaporização. Para o processo quase-estático, tem-se o rendimento ideal $\eta_{ideal} = \Delta T/T = w/q$ com $w \approx (v_A - v_B)\Delta P$. Daqui decorre (21.8).

A partir de (21.6) e (21.7) obtém-se a equação de Clausius-Clapeyron:

$$\boxed{\frac{dP_v(T)}{dT} = \frac{q}{T(v_A - v_B)}} \quad \text{equação de Clausius-Clapeyron.} \quad (21.8)$$

Esta equação estabelece uma relação entre o declive da curva de transição no diagrama P-T e as correspondentes variações de entropia e volume. Facultativamente, as grandezas q e v podem ser divididas pelo número de partículas ou pelo número de moles. Existem também transições de fase com $q = 0$, para as quais (21.8) implica, em geral, $v_A = v_B$.

Uma dedução alternativa da equação de Clausius-Clapeyron parte do ciclo esquematizado na figura 21.2. No ponto P, T da curva de vaporização evapora-se uma mole de líquido, no ponto $P - \Delta P$, $T - \Delta T$ da curva o gás condensa novamente. Estes processos são representados por linhas horizontais no diagrama P-V 21.2. Através de pequenos segmentos de expansão e compressão, estas linhas podem fechar-se num ciclo. Para o processo quase-estático, o trabalho efetuado é dado por $w = \oint P dv \approx (v_A - v_B)\Delta P$. À temperatura T, a entalpia de vaporização q é retirada de um reservatório de calor, à temperatura $T - \Delta T$, o calor $q - w$ é cedido. O ciclo é um ciclo de Carnot particular com rendimento ideal

$$\eta_{ideal} = \frac{\Delta T}{T} = \frac{w}{q} = \frac{(v_A - v_B)\Delta P}{q}. \quad (21.9)$$

Daqui decorre a equação de Clausius-Clapeyron (21.8). Uma análise detalhada deste ciclo pode encontrar-se em Becker [7].

Façamos uma estimativa da temperatura de ebulição da água no pico *Zugspitze*[1]. À pressão normal $P \approx 1$ bar (ao nível do mar) a água ferve a $T \approx 373$ K (ou

---
[1] O *ze* é o pico mais alto dos Alpes e situa-se na fronteira entre a Áustria e a Alemanha constituindo um ponto culminante com uma altitude de 2693m.

Capítulo 21 Transferência de partículas

100 °C). A entalpia de vaporização é

$$q \approx 4 \cdot 10^4 \; \frac{J}{mol} \qquad (\text{água a } T = 373 \, K) \, . \tag{21.10}$$

Tratemos o vapor de água como gás perfeito, logo

$$v_A = \frac{RT}{P} \, . \tag{21.11}$$

O volume de água pode ser desprezado em relação ao volume de gás,

$$v_B \approx 18 \; \frac{cm^3}{mol} \ll v_A \approx 22 \cdot 10^3 \; \frac{cm^3}{mol} \, , \tag{21.12}$$

onde admitimos que uma mole corresponde a 18 g, a densidade da água é $1 \, g/cm^3$ e para v_A utilizamos o volume de uma mole (14.32). Substituamos $(21.10) - (21.12)$ em (21.8):

$$\frac{T}{P} \frac{dP_v(T)}{dT} \approx \frac{q}{RT} \approx \frac{4 \cdot 10^4}{8.3 \cdot 373} \approx 13 \, . \tag{21.13}$$

De acordo com a fórmula barométrica da altitude (20.34), à diferença de altitude de $z = 3 \, km$ corresponde a variação $\Delta P/P \approx \exp(-3/8) - 1 \approx -0.31$ da pressão do ar. Suponhamos que o declive dP_v/dT na região desta variação de pressão é aproximadamente constante. Então, de acordo com (21.13), a temperatura ao longo da curva de vaporização varia de

$$\Delta T \approx \frac{\Delta P}{dP_v/dT} \approx \frac{\Delta P}{P} \, T \, \frac{RT}{q} \approx -0.31 \cdot 373 \, K \, \frac{1}{13} \approx -9 \, K \, . \tag{21.14}$$

Pode esperar-se daqui que a água no *Zugspitze* ferve já a cerca de 90 °C. Nesta estimativa entraram, evidentemente, uma série de aproximações, em particular, a fórmula barométrica da altitude e valores constantes para dP_v/dT, q e v_A. De facto, as grandezas que ocorrem em (21.8) (em especial q) dependem da temperatura.

Humidade do ar

Em geral, uma parte do ar é vapor de água. A pressão atmosférica $P_0 \approx 1 \, bar$ é composta das pressões parciais dos diferentes tipos de gases (compare com o exercício 10.1):

$$P_0 = P(N_2) + P(O_2) + P(Ar) + P(CO_2) + \ldots + P(H_2O) \, . \tag{21.15}$$

As reticências representam outros gases residuais. A pressão parcial do vapor de água é limitada a uma dada temperatura pela curva de vaporização,

$$P(H_2O) \le P_v(T) \, . \tag{21.16}$$

178   Parte III   Termodinâmica

Para $P(H_2O) = P_v(T)$, o vapor de água está em equilíbrio com a água, do que resulta a formação de gotículas (nevoeiro, chuva). Daqui decorre o critério para a medição da humidade do ar P_{HA}

$$P_{HA} = \frac{P(H_2O)}{P_v(T)}.$$ (21.17)

Esta grandeza tem valor máximo $P_{HA} = 1 = 100\%$. Fala-se, neste caso, de 100 por cento de humidade do ar.

Facilmente se calcula agora a quantidade de água existente no ar, se forem conhecidas a humidade do ar e a temperatura. Para tal, um exemplo: a temperatura é $T = 20^{\circ}C$. Do diagrama de fases da água (ver figura 14.2) lê-se

$$P_v(20^{\circ}C) \approx 0.02\,bar.$$ (21.18)

Para uma humidade do ar de 100 por cento, a pressão parcial do vapor de água é, portanto, 2% da pressão total $P_0 \approx 1$ bar. Isto corresponde a uma densidade de

$$\varrho(100\%) \approx \frac{P_v(20^{\circ}C)}{P_0}\, \frac{18\,g}{22.4\,litros} \approx 17\,\frac{g}{m^3}.$$ (21.19)

Para a densidade do vapor de água puro, introduzamos o valor (14.32) de um gás perfeito, ou seja, uma mole (18 gramas) por 22.4 litros. Uma humidade de 30% significa uma densidade de cerca de cinco gramas de água (na forma de vapor de água) por metro cúbico de ar. (Um metro cúbico de ar tem uma massa de cerca de $1.3\,kg$).

A temperaturas abaixo do ponto triplo, a curva de coexistência entre as fases gasosa e sólida assume o papel da curva de vaporização (ver figura 14.2). Também por cima de uma superfície de gelo existe uma pressão parcial não nula $P(H_2O)$ e, portanto, uma humidade não nula do ar.

Pressão osmótica

Consideremos que estão dissolvidas num solvente (por exemplo, água), N_c partículas de outra substância (por exemplo, sal). Designemos por $n = N/V$ a densidade de partículas do solvente, e a densidade de partículas da substância dissolvida por $n_c = N_c/V$. A solução tem a concentração

$$c = \frac{N_c}{N} = \frac{n_c}{n}.$$ (21.20)

Consideremos agora uma experiência na qual a solução está separada do solvente puro por uma *membrana semipermeável*, figura 21.3. semipermeável significa que a membrana é permeável às moléculas da solução, mas não é permeável às moléculas da substância dissolvida. Então, gera-se entre os dois lados da membrana semipermeável uma diferença de pressão, denominada *pressão osmótica*. Calculemos a pressão osmótica.

Capítulo 21   Transferência de partículas 179

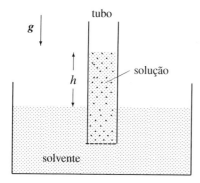

Figura 21.3 Um tubo é mergulhado num recipiente com água. O tubo contém uma solução aquosa de sal. O tubo está fechado em baixo por uma membrana semipermeável através da qual apenas pode passar a água mas não as moléculas de sal. Em equilíbrio, o nível de líquido no tubo é, então, superior ao nível da água (no campo da gravidade). A diferença de altura h corresponde à pressão osmótica P_{osm}.

Sejam $\Omega_{solvente}$ o número de microestados do solvente e Ω_c o número de microestados da substância dissolvida. Suponhamos que as partículas do solvente e da substância dissolvida são independentes umas das outras, de modo que o número total de microestados da solução é igual ao produto $\Omega_{solução}\Omega_c$. A substância dissolvida encontra-se limitada ao volume V do líquido. Suponhamos adicionalmente que, no volume disponível, as partículas dissolvidas se movem independentemente umas das outras (portanto, sem interação mútua). Então, a dependência de Ω_c no volume é a conhecida para o gás perfeito

$$\Omega_c(V) \propto (V)^{N_c}. \qquad (21.21)$$

Da entropia

$$S_{solução} = k_B \ln(\Omega_{solvente}\Omega_c) = S_{solvente} + N_c k_B \ln V + \ldots, \qquad (21.22)$$

obtemos a pressão $P_{solução}$ da solução:

$$\frac{P_{solução}}{T} = \left(\frac{\partial S_{solução}}{\partial V}\right)_E = \left(\frac{\partial S_{solvente}}{\partial V}\right)_E + \frac{N_c k_B}{V} = \frac{P_{solvente}}{T} + \frac{P_{osm}}{T}. \qquad (21.23)$$

A pressão total da solução $P_{solução}$ é a soma da pressão do solvente $P_{solvente}$ e da pressão P_{osm} da substância dissolvida, donde decorre

$$\boxed{P_{osm} = n_c k_B T \qquad \text{lei de van't Hoff.}} \qquad (21.24)$$

Van't Hoff formulou esta lei como uma relação fenomenológica.

Em ambos os lados da membrana semipermeável deverá ter-se, no equilíbrio, a mesma pressão $P_{solvente}$ do solvente, visto que, de outro modo, o solvente iria fluir através da membrana que lhe é permeável. Assim, tem-se na figura 21.3

imediatamente por cima da membrana: $P_1 = P_{solvente} + P_{osm}$,
imediatamente por baixo da membrana: $P_2 = P_{solvente}$.
$\qquad (21.25)$

180 Parte III Termodinâmica

No campo da gravidade, a pressão é proporcional à altura do líquido. Quando a densidade de massa da solução e do solvente são aproximadamente iguais, a diferença de pressão $P_1 - P_2$ é igual a $\varrho g h$, onde h é a diferença de altura representada na figura 21.3 e g é a aceleração da gravidade. A pressão osmótica exprime-se pela diferença de altura,

$$P_{\text{osm}} = \varrho g h. \qquad (21.26)$$

Aumentando a concentração na solução, a pressão osmótica aumenta também de acordo com (21.24). Então, o solvente flui através da membrana semipermeável, até que a nova altura h satisfaça a condição (21.26). A pressão osmótica atua efetivamente no sentido da diluição da solução. A pressão osmótica permite às plantas puxar água do solo para cima.

Visto que as partículas dissolvidas não podem mover-se livremente no líquido, a aproximação do gás perfeito (21.21) não parece, à primeira vista, plausível. Pense-se, no entanto, que também as moléculas num gás real não podem mover-se livremente, pelo contrário, depois de um percurso de 10^{-5} cm, chocam, em média, com outra partícula (ar em condições normais). Apesar disso, a equação de estado do gás perfeito é uma aproximação utilizável para gases reais. Para a pressão, apenas importa, nomeadamente, quantas partículas por unidade de tempo são refletidas na parede do recipiente e com que velocidade atingem a parede. Isto conduz a $P \propto (N/V)$ e $P \propto T$. Pelo contrário, a pressão não depende, aproximadamente, do percurso livre médio. Também na solução as partículas dissolvidas participam no movimento térmico geral, a sua energia cinética é, em média, igual a $3k_{\text{B}}T/2$. O número de partículas refletidas na membrana por unidade de tempo depende, tal como no gás, da densidade e da velocidade. Portanto, a equação de estado do gás perfeito é uma aproximação útil para a pressão osmótica.

Subida do ponto de ebulição e descida do ponto de congelação

A uma dada pressão, um líquido ferve e congela a determinadas temperaturas. Quando a pressão é alterada, estas temperaturas variam. A solução de uma substância no líquido, é acompanhada de uma mudança efetiva da pressão e conduz a uma variação das temperaturas de transição. Com efeito, conduz a uma subida do ponto de ebulição e a uma descida do ponto de congelação. Supomos aqui que o sal dissolvido fica confinado à fase líquida.

Admite-se que a contribuição da substância dissolvida para a pressão é descrita pela lei de van't Hoff. Consideremos as seguintes pressões

$$\begin{aligned} P_{\text{solução}} &= P & \text{pressão da solução, pressão total,} \\ P_{\text{osm}} &= n_c k_{\text{B}} T = \Delta P & \text{pressão da substância dissolvida,} \\ P_{\text{solvente}} &= P - \Delta P & \text{pressão do solvente.} \end{aligned} \qquad (21.27)$$

A solução tem a concentração c, (21.20). O potencial químico $\mu_c(T, P)$ do solvente

Capítulo 21 Transferência de partículas   181

na solução é

$$\mu_c(T, P) = \mu(T, P - \Delta P) \approx \mu(T, P) - \left(\frac{\partial \mu}{\partial P}\right)_T \Delta P = \mu(T, P) - c\, k_B T \,.$$

(21.28)

O desenvolvimento pressupõe $\Delta P \ll P$ ou $c \ll 1$. No último passo, foi utilizado $(\partial \mu / \partial P)_T = v = 1/n$.

Designemos o líquido por fase B. Suponhamos que é gasosa ou sólida a fase A. Para o solvente puro, a transição A $\leftrightarrow$ B ocorre no ponto P, T_s do diagrama de fases. Aí tem-se

$$\mu_B(T_s, P) = \mu_A(T_s, P) \qquad (c = 0)\,.$$

(21.29)

Suponhamos agora que na fase líquida B está dissolvida uma substância. Então, o potencial químico $\mu_B(T, P)$ deverá ser substituído por $\mu_{c,B}(T, P)$, de (21.28). Para igual pressão externa P, $\mu_{c,B}$ será igual a μ_A a outra temperatura $T_s + \Delta T_s$:

$$\mu_{c,B}(T_s + \Delta T_s, P) = \mu_A(T_s + \Delta T_s, P) \qquad (c \neq 0)\,.$$

(21.30)

Deste modo, é estabelecida uma relação entre a concentração c e a variação ΔT_s da temperatura de transição. Desenvolvamos os dois lados de (21.30), para pequenos deslocamentos, utilizando $d\mu = -s\, dT + v\, dP$,

$$\mu_{c,B}(T_s + \Delta T_s, P) \overset{(21.28)}{\approx} \mu_B(T_s + \Delta T_s, P) - c\, k_B(T_s + \Delta T_s),$$

$$\approx \mu_B(T_s, P) - s_B\, \Delta T_s - c\, k_B T_s,$$

(21.31)

$$\mu_A(T_s + \Delta T_s, P) \approx \mu_A(T_s, P) - s_A\, \Delta T_s.$$

(21.32)

Em (21.31), o termo $c\, k_B\, \Delta T_s$ foi desprezado, visto que é quadrático nas quantidades pequenas c e ΔT_s. De acordo com (21.30), deverão ser iguais os lados direitos de (21.31) e (21.32). Tomando em consideração (21.29), obtém-se

$$\Delta T_s = c\, \frac{k_B T_s}{s_A - s_B}\,.$$

(21.33)

A diferença de entropia entre as fases é dada pela entalpia de transformação $q = h_A - h_B$ para a transição B $\rightarrow$ A,

$$s_A - s_B = \frac{q}{T_s} = \begin{cases} > 0 & \text{líquido} \rightarrow \text{gasoso;} \\ < 0 & \text{líquido} \rightarrow \text{sólido.} \end{cases}$$

(21.34)

Das duas últimas equações segue-se

$$\boxed{\frac{\Delta T_s}{T_s} = c\, \frac{k_B T_s}{q} \qquad \begin{array}{l} \text{mudança da tempe-} \\ \text{de transição.} \end{array}}$$

(21.35)

A fase líquida foi designada por B. Caso A seja a fase gasosa, q e ΔT_s são positivos. Ocorre, portanto, uma *elevação do ponto de ebulição*. Caso A seja a fase sólida, q e ΔT_s são negativos, o que implica uma *descida do ponto de congelação*.

182   Parte III Termodinâmica

No inverno, espalha-se tanto sal nos passeios húmidos, que se forma uma solução de 10% . A entalpia de transição q, para a transição de água para gelo, é
aproximadamente $q \approx -6000$ J/mol, ocorrendo a transição a uma temperatura
$T_s \approx 273$ K. Substituamos este valor em (21.35),

$$\Delta T_s = c \, \frac{R T_s}{q} \, T_s \approx 0.1 \, \frac{8.3 \cdot 273}{-6000} \, 273 \text{ K} \approx -10 \text{ K} . \qquad (21.36)$$

Assim, para temperaturas até 10 graus abaixo de zero, não se forma gelo nos passeios.

Equilíbrio de uma reação

Consideremos uma mistura de m substâncias X_i que se transformam umas nas outras, de acordo com a seguinte equação de reação

$$\sum_{i=1}^{m} \nu_i X_i \rightleftharpoons 0 . \qquad (21.37)$$

Como exemplo, consideremos a síntese de amoníaco a partir de gás azoto e de gás
hidrogénio:
$$N_2 + 3 H_2 \rightleftharpoons 2 NH_3 . \qquad (21.38)$$
Esta situação obtém-se de (21.37) para

$$X_1 = N_2 , \quad X_2 = H_2 , \quad X_3 = NH_3 , \quad \nu_1 = 1 , \quad \nu_2 = 3 , \quad \nu_3 = -2 . \qquad (21.39)$$

Consideremos um sistema fechado, composto de uma mistura homogénea de
substâncias X_i. Suponhamos que se trata de uma *mistura de gases ideais*. Como
mostrou a discussão da última secção sobre a pressão osmótica, esta é, então, uma
aproximação possível, quando as substâncias X_i estão dissolvidas num solvente
(que não participa na reação). Neste caso, o modelo é também designado *solução
ideal*.

Seja o número de moléculas do tipo de substância X_i igual a N_i. Uma vez que
se trata de gases perfeitos, os potenciais químicos dos gases individuais são independentes uns dos outros. Então, a entalpia livre (20.12) torna-se

$$G(T, P, N_1, ..., N_m) = \sum_{i=1}^{m} \mu_i(T, P) \, N_i . \qquad (21.40)$$

Quando apenas ocorrem dk reações moleculares, de acordo com (21.37) ou (21.38),
então, o número de moléculas X_i altera-se de $d N_i$, com

$$d N_i = \nu_i \, dk \qquad (i = 1, ..., m) . \qquad (21.41)$$

Capítulo 21 Transferência de partículas

183

O sinal de $dk = \pm 1, \pm 2, \ldots$ depende do sentido da reação. A extensão da reação é descrita pelo parâmetro k. Para T e P dados, o equilíbrio é determinado pelo mínimo de G. No estado de equilíbrio, deve-se ter

$$\frac{dG}{dk} = \sum_{i=1}^{m} \frac{\partial G(T, P, N_1, \ldots, N_m)}{\partial N_i} \, \nu_i = 0. \tag{21.42}$$

Das duas últimas equações decorre

$$\sum_{i=1}^{m} \mu_i \, \nu_i = 0. \tag{21.43}$$

Para o cálculo desta condição, partimos da forma dada em (20.22) para $\mu(T, V/N_i)$ e tomamos em conta $N_i/V = c_i (N/V) = c_i (P/k_B T)$:

$$\frac{\mu_i}{k_B T} = -f_i(T) - \ln \frac{V}{N_i} + \text{const.} = -f_i(T) + \ln c_i + \ln \frac{P}{k_B T} + \text{const.} \tag{21.44}$$

Multipliquemos ambos os lados por ν_i e somemos sobre i. Em equilíbrio, anula-se o lado esquerdo, devido a (21.43). Assim, obtemos

$$\begin{aligned} 0 &= -\sum_i \nu_i \, f_i(T) + \sum_i \nu_i \, \ln c_i + \sum_i \nu_i \, \ln P - \sum_i \nu_i \, \ln(k_B T) + \text{const.} \\ &= \ln \prod_{i=1}^{m} (c_i)^{\nu_i} + \ln P^{\Sigma \nu_i} - \ln K(T), \end{aligned} \tag{21.45}$$

com uma função $K(T)$ que aqui não determinamos. Resolvendo em ordem ao produto das concentrações, obtém-se

$$\boxed{\prod_{i=1}^{m} (c_i)^{\nu_i} = \frac{K(T)}{P^{\Sigma \nu_i}} \qquad \text{lei de ação da massa.}} \tag{21.46}$$

Em equilíbrio (T e P dados), obtém-se um determinado valor para a expressão que envolve as concentrações do lado esquerdo.

Para a reação (21.38), a lei de ação da massa toma a forma

$$\frac{c_{N_2} \cdot (c_{H_2})^3}{(c_{NH_3})^2} = \frac{K(T)}{P^2}. \tag{21.47}$$

Um aumento da pressão desloca o equilíbrio a favor de c_{NH_3}, favorecendo assim a síntese de amoníaco.

Um exemplo adicional é a formação de iões na água:

$$H_3O^+ + OH^- \rightleftharpoons 2\,H_2O, \quad \text{portanto } \nu_1 = 1, \, \nu_2 = 1 \text{ e } \nu_3 = -2. \tag{21.48}$$

184 Parte III Termodinâmica

Aqui, desaparece da lei de ação da massa, a dependência na pressão,

$$\frac{c_{H_3O^+} \cdot c_{OH^-}}{(c_{H_2O})^2} = K(T)\,. \tag{21.49}$$

À temperatura ambiente ($T \approx 300\,\mathrm{K}$), tem-se $K(T) \approx 10^{-14}$. Isto significa que $c_{H_2O} \approx 1$ e $c_{H_3O^+} = c_{OH^-} \approx 10^{-7}$. A concentração dos iões H_3O^+ exprime-se pelo valor do pH:

$$\text{valor pH} = -\log c_{H_3O^+} \approx 7\,. \tag{21.50}$$

A água neutra (água sem substâncias dissolvidas) tem o valor de pH igual a 7.

Capítulo 21 Transferência de partículas

Exercícios

21.1 Descida do ponto de congelação na patinagem no gelo?

A pressão de um patim sobre o gelo produz uma descida do ponto de congelação. Bastará este efeito para produzir uma película de água na qual o patim escorregue?

O patinador tem massa de 80 kg, e cada um dos dois patins apoia-se numa superfície que tem de comprimento 10 cm e de largura 4 mm. Calcule a descida do ponto de congelação que se obtém da equação de Clausius-Clapeyron.

21.2 Curva de vaporização da equação de Clausius-Clapeyron

Determine a curva de vaporização da equação de Clausius-Clapeyron. Para tal suponha: $v_A - v_B \approx v_A \approx RT/P$ e $q \approx$ const.

21.3 Coeficiente de expansão ao longo da curva de vaporização

Determine o coeficiente de expansão térmica

$$\alpha_v = \frac{1}{v_v} \left(\frac{\partial v_v}{\partial T} \right)_{coex}$$

para um gás que coexiste com a sua fase líquida. O volume molar do gás é $v_v(T, P)$ sendo o gás também designado, neste contexto, de vapor (índice v). O vapor é tratado como um gás ideal. O volume molar do líquido pode ser desprezado em comparação com o do gás.

21.4 Curva de coexistência para duas fases gasosas

Uma substância tem duas fases gasosas A e B, que satisfazem as equações de estado

$$P v_A = R_A T \qquad e \qquad P v_B = R_B T \,,$$

sendo R_A e R_B são constantes específicas das fases, e v é o volume molar. Para os calores específicos a pressão constante verifica-se $c_{P,A}(T) = c_{P,B}(T) = c_P(T)$. Calcular a curva de coexistência $P_{coex}(T)$, na qual as duas fases se encontram em equilíbrio. Mostre que a entalpia de transição q é constante.

21.5 Ebulição de uma solução de sal

Qual deve ser a concentração de sal para que a água ferva no *Zugspitze* à temperatura de $100\,^\circ$C?

186 Parte III Termodinâmica

21.6 *substância dissolvida em ambas as fases*

Quando a substância dissolvida está limitado à fase líquida B, obtém-se para uma concentração c a seguinte variação da temperatura de transição

$$\frac{\Delta T_S}{T_S} = c \, \frac{k_B T_S}{q}$$

onde $q = T_S (s_A - s_B)$ é a entalpia de transformação da transição de fase B $\rightarrow$ A. Generalize a expressão para ΔT_S para o caso em que na fase A uma substância dissolvida tem a concentração c_A, e na fase B uma substância dissolvida (não necessariamente a mesma) tem concentração c_B.

IV *Ensembles* estatísticos

22 Funções de partição

Na Parte IV, que aqui começamos, introduzimos o conceito de ensemble canónico e grand canónico e as correspondentes funções de partição (capítulo 22). No capítulo 23, associamos a cada função de partição o respectivo potencial termodinâmico. Seguidamente, investigamos sistemas clássicos, recorrendo à função de partição canónica (capítulo 24). No capítulo 25, demonstramos, para o caso de um gás perfeito, a equivalência efetiva dos diferentes ensembles para sistemas macroscópicos.

Ensemble canónico

A função de partição microcanónica $\Omega(E, x)$ determina o estado de equilíbrio para uma dada energia. Neste capítulo, introduzimos a função de partição canónica $Z(T, x)$, que descreve o estado de equilíbrio a uma determinada temperatura. Seguidamente, consideramos a função de partição *grand* canónica Y, para a qual a temperatura e o potencial químico são fixos.

A descrição estatística de um estado de equilíbrio efetua-se por meio de um *ensemble* (fictício) de muitos sistemas idênticos, nos quais o microestado r ocorre com probabilidade P_r. Como postulado fundamental, introduzimos a hipótese, de que todos os microestados acessíveis r de um sistema fechado são igualmente prováveis:

$$P_r(E, x) = \begin{cases} \dfrac{1}{\Omega(E, x)} & \text{para } E - \delta E \leq E_r(x) \leq E \, ; \\[2mm] 0 & \text{caso contrário.} \end{cases} \qquad (22.1)$$

O *ensemble* com estes P_r é denominado microcanónico. A condição $\sum P_r = 1$ determina a função de partição microcanónica Ω:

$$\Omega(E, x) = \sum_{r \,:\, E - \delta E \,\leq\, E_r(x) \,\leq\, E} 1 \, . \qquad (22.2)$$

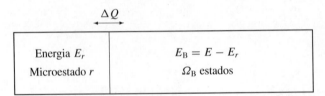

Figura 22.1 O sistema fechado é constituído por um pequeno subsistema, à esquerda, e pelo restante sistema macroscópico B. Os dois sistemas podem trocar entre si calor. Com que probabilidade P_r, se encontra o pequeno subsistema no microestado r com energia E_r?

Atendendo a (22.1), os P_r de um sistema fechado são dados como função da energia E e dos parâmetros externos x (por exemplo, V e N). Colocamos agora a pergunta: qual é a expressão dos P_r quando, em vez da energia E, fixamos a temperatura T,

$$P_r = \begin{cases} P_r(E, x) & \text{(microcanónico);} \\ P_r(T, x) & \text{(canónico)?} \end{cases} \quad (22.3)$$

O *ensemble* estatístico definido pelas probabilidades $P_r(T, x)$ é denominado *canónico*. Na prática, a temperatura pode ser fixada por um banho térmico de modo que o sistema considerado não é fechado. Os *ensembles* microcanónico e canónico descrevem o estado de equilíbrio de sistemas com diferentes condições físicas subjacentes.

O procedimento para a determinação das probabilidades $P_r(T, x)$ é o seguinte: o sistema com microestados r é colocado em contacto térmico com um sistema muito maior (figura 22.1). As probabilidades $P_r(T, x)$ são, de seguida, obtidas aplicando o postulado fundamental ao sistema fechado. Assim, não introduzimos qualquer nova hipótese para o equilíbrio a uma temperatura pretendida e, em vez disso, partimos novamente do postulado fundamental.

O sistema alargado comporta-se como um banho térmico em relação ao sistema de partida, visto que especifica a temperatura T. Assim, consideremos

$$E_r \ll E. \quad (22.4)$$

A energia total deverá, portanto, ser muito maior que o valor E_r da energia do sistema em estudo. Como consequência, deve o sistema alargado ser macroscópico. Pelo contrário, o sistema inicial pode ser macroscópico ou microscópico. São exemplos dos dois sistemas da figura 22.1 os seguintes:

– Uma molécula individual de ar na sala de aula.

– Uma caixa com um litro de gás na sala de aula.

– Uma garrafa de cerveja num lago.

Determinemos os $P_r(T, x)$. De acordo com o postulado fundamental, os $\Omega(E)$ estados do sistema composto são igualmente prováveis. Quando o sistema inicial está no microestado r, existem $\Omega_B(E - E_r)$ estados acessíveis para o sistema B. O

Capítulo 22   Funções de partição

número de estados do sistema composto é igualmente $\Omega_{\mathrm{B}}(E - E_r)$. A probabilidade de, no conjunto de $\Omega(E)$ estados, encontrar qualquer um dos $\Omega_{\mathrm{B}}(E - E_r)$ é

$$P_r = \frac{\Omega_{\mathrm{B}}(E - E_r)}{\Omega(E)}, \qquad (22.5)$$

onde não explicitamos os parâmetros externos. De acordo com (22.4), podemos desenvolver $\ln \Omega_{\mathrm{B}}(E - E_r)$ em potências de E_r:

$$\ln \Omega_{\mathrm{B}}(E - E_r) = \ln \Omega_{\mathrm{B}}(E) - \frac{\partial \ln \Omega_{\mathrm{B}}(E)}{\partial E} E_r + \dots = \ln \Omega_{\mathrm{B}}(E) - \beta E_r + \dots. \quad (22.6)$$

De acordo com (9.14), (9.15), a temperatura T do subsistema B é determinada por $\partial \ln \Omega_{\mathrm{B}}/\partial E = 1/(k_{\mathrm{B}}T) = \beta$. O banho térmico B é, por hipótese, suficientemente grande, de modo que T é (praticamente) constante. Os termos abrangidos pelas reticências em (22.6) são de ordem de grandeza relativa $\mathcal{O}(E_r/E)$ e podem, por esse motivo, ser desprezados. Logo

$$\Omega_{\mathrm{B}}(E - E_r) = \Omega_{\mathrm{B}}(E) \, \exp\left(-\beta E_r(x)\right). \qquad (22.7)$$

O argumento x representa os parâmetros externos do sistema inicial. De (22.5) e (22.7) segue-se que

$$\boxed{P_r(T, x) = \frac{1}{Z} \, \exp\left(-\frac{E_r(x)}{k_{\mathrm{B}}T}\right).} \qquad (22.8)$$

O *fator de Boltzmann* $\exp(-\beta E_r)$ determina a probabilidade relativa do microestado r a uma dada temperatura. O primeiro fator é representado por $1/Z$, não depende de r e é obtido a partir de

$$\sum_r P_r = 1. \qquad (22.9)$$

Donde se tem

$$\boxed{Z(T, x) = \sum_r \exp\left[-\beta E_r(x)\right].} \qquad (22.10)$$

A quantidade $Z(T, x)$ é denominada *função de partição canónica*. O *ensemble* correspondente chama-se *ensemble* canónico ou também *ensemble* de Gibbs.

Todos os valores médios relevantes podem ser calculados usando as probabilidades P_r. Em particular, a energia termodinâmica é

$$E(T, x) = \overline{E_r} = \sum_r P_r(T, x) \, E_r(x). \qquad (22.11)$$

No capítulo seguinte, é estabelecida a relação com as outras grandezas termodinâmicas.

Mais uma vez, damos ênfase às diferenças essenciais entre os *ensembles* microcanónico e canónico:

190 Parte IV *Ensembles* estatísticos

- *Ensemble* microcanónico: é considerado um sistema fechado em equilíbrio. A energia E é dada. As probabilidades $P_r(E, x)$ dependem da energia E e dos parâmetros externos x.

- *Ensemble* canónico: é considerado um sistema em equilíbrio com um banho térmico. A temperatura T é dada antecipadamente. As probabilidades $P_r(T; x)$ dependem da temperatura T e dos parâmetros externos x.

Para melhor esclarecimento das diferenças e semelhanças entre *ensembles*, consideremos um sistema de uma única partícula e um sistema macroscópico de muitas partículas:

1. Uma única partícula:

   (a) O *ensemble* microcanónico descreve a partícula, se esta estiver isolada dos sistemas vizinhos. Podia, por exemplo, encontrar-se numa caixa vazia termicamente isolada. Sejam ε_r os valores próprios da energia da partícula. Na distribuição microcanónica, temos

$$w(\varepsilon_r) = \begin{cases} \text{const.} & \varepsilon - \delta\varepsilon \leq \varepsilon_r \leq \varepsilon; \\ 0 & \text{caso contrário;} \end{cases} \qquad (22.12)$$

onde se supõe $\delta\varepsilon \ll \varepsilon$. Para a largura relativa da distribuição $w(\varepsilon)$, tem-se, por conseguinte,

$$\frac{\Delta\varepsilon}{\overline{\varepsilon}} = \mathcal{O}\left(\frac{\delta\varepsilon}{\varepsilon}\right) \approx 0. \qquad (22.13)$$

No *ensemble* microcanónico, a energia está, portanto, distribuída de modo muito localizado em torno do valor médio $\overline{\varepsilon} = \overline{\varepsilon_r}$. São, no entanto, permitidas todas as possíveis localizações e também direções da quantidade de movimento.

   (b) O *ensemble* canónico descreve a partícula num banho térmico. Concretamente, pode ser uma molécula de ar escolhida ao acaso na sala de aula, sendo T a temperatura da sala de aula. A distribuição $w(\varepsilon_r)$ de probabilidade da energia do estado r da partícula é função determinada pelo fator de Boltzmann,

$$w(\varepsilon_r) \propto \exp(-\beta\varepsilon_r). \qquad (22.14)$$

A expressão completa para $w(\varepsilon_r)$ é indicada no capítulo 24. O valor médio $\overline{\varepsilon} = \overline{\varepsilon_r}$ e a largura $\Delta\varepsilon$ desta distribuição são ambas da ordem de grandeza de $k_B T$, de modo que

$$\frac{\Delta\varepsilon}{\overline{\varepsilon}} = \mathcal{O}(1). \qquad (22.15)$$

Capítulo 22 Funções de partição

Em oposição a (22.12), esta distribuição é não localizada. A energia de uma dada partícula tem subjacente fortes flutuações a uma dada temperatura. No *ensemble* canónico, são consideradas todos as possíveis posições e possíveis valores de quantidade de movimento (e não apenas todas as direções possíveis da quantidade de movimento).

Para uma só partícula, ambos os *ensembles* descrevem situações muito diferentes, (22.13) e (22.15). Isto é válido, em geral, para um sistema com poucos graus de liberdade.

2. Sistema macroscópico de muitas partículas: consideremos N partículas idênticas independentes, com números quânticos r_ν. O sistema total tem, então, os números quânticos $r = (r_1, ..., r_N)$ e a energia

$$E_r = \sum_{\nu=1}^{N} \varepsilon_{r_\nu}. \tag{22.16}$$

(a) O *ensemble* microcanónico descreve um sistema, com N partículas, que está isolado dos sistemas vizinhos. Para a energia E_r, tem-se

$$W(E_r) = \begin{cases} \text{const.} & E - \delta E \le E_r \le E \, ; \\ 0 & \text{caso contrário.} \end{cases} \tag{22.17}$$

A largura relativa da distribuição é

$$\frac{\overline{\Delta E}}{\overline{E_r}} = \mathcal{O}\left(\frac{\delta E}{E}\right) \approx 0. \tag{22.18}$$

No ensemble, as N partículas podem ter todas as possíveis posições e valores possíveis da quantidade de movimento compatíveis com a condição de ser fixa a energia total.

(b) O *ensemble* canónico descreve N partículas numa caixa que se encontra num banho térmico. Concretamente, pode ser uma caixa cheia de gás na sala de aula. A distribuição de probabilidade para o estado r de energia E_r resulta de (22.9)

$$W(E_r) \propto \exp\left[-\beta(\varepsilon_{r_1} + ... + \varepsilon_{r_N})\right] = \prod_{\nu=1}^{N} w(\varepsilon_{r_\nu}), \tag{22.19}$$

onde $w(\varepsilon)$ é a distribuição não localizada (22.14). De acordo com a lei dos grandes números (4.13), a distribuição $W(E_r)$ é, no entanto, uma distribuição extremamente localizada, sendo

$$\frac{\overline{\Delta E}}{\overline{E_r}} = \frac{1}{\sqrt{N}} \frac{\overline{\Delta \varepsilon}}{\overline{\varepsilon}} = \frac{\mathcal{O}(1)}{\sqrt{N}} \approx 0. \tag{22.20}$$

192 Parte IV *Ensembles* estatísticos

Os fatores de Boltzmann em (22.19) descrevem as (grandes) flutuações de energia de cada partícula. As flutuações da energia total em torno do valor médio são, no entanto, muito pequenas. A energia E é definida de modo muito localizado, embora apenas seja fixa a temperatura T.

Para ambos os *ensembles*, o sistema tem uma energia definida de modo muito localizado, (22.18) e (22.20). Isto é válido, em geral, para grandezas macroscópicas, pois (22.20) baseia-se na lei dos grandes números.

Para sistemas microscópicos pequenos, os *ensembles* microcanónico e canónico descrevem situações físicas muito diferentes. Pelo contrário, para sistemas macroscópicos não faz praticamente qualquer diferença, fixarmos a energia ou a temperatura. No capítulo 24, demonstraremos este facto para o gás perfeito, deduzindo as equações de estado $PV = Nk_BT$ e $E = 3Nk_BT/2$, tanto a partir de $\Omega(E, V, N)$, como a partir de $Z(T, V, N)$.

Ensemble grand canónico

Introduzimos, de seguida, o *ensemble grand* canónico. Tal como no *ensemble* canónico, é fixada a temperatura em vez da energia. Adicionalmente, é também explicitado o potencial químico em vez do número de partículas. Isto é vantajoso para diversas aplicações. Aí pressupomos que um dos parâmetros externos x é o número N de partículas. Para maior simplicidade, fazemos $x = (V, N)$. No caso geral, V pode ser substituído por outros parâmetros externos.

Comecemos por completar (22.3):

$$P_r = \begin{cases} P_r(E, V, N) & \text{(microcanónico);} \\ P_r(T, V, N) & \text{(canónico);} \\ P_r(T, V, \mu) & \text{(\emph{grand} canónico).} \end{cases} \tag{22.21}$$

O novo *ensemble* estatístico denomina-se grand *canónico*. Na prática, a especificação prévia da temperatura e do potencial químico é feita através do contacto com um reservatório de calor e de partículas.

Consideremos um sistema pequeno e um sistema grande, sistemas que podem trocar entre si tanto calor como partículas (figura 22.2). Relativamente ao microestado r, ou seja, para a descrição microscópica completa do estado do sistema inicial, tem-se agora de especificar também o número de partículas:

$$r = (r', N_r) \qquad \begin{array}{l} \text{(microestado no \emph{ensemble})} \\ \text{\emph{grand} canónico).} \end{array} \tag{22.22}$$

Com r', são, então, descritos os números quânticos, com os quais até agora (para número de partículas constante) fixámos o microestado. Portanto, r' corresponde a r nas funções de partição microcanónica ou canónica.

Capítulo 22   Funções de partição

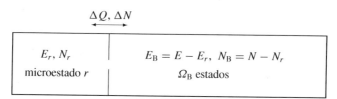

Figura 22.2 O sistema fechado é constituído por um pequeno subsistema, à esquerda, e por um sistema macroscópico B, o restante. Os dois sistemas podem trocar entre si calor e partículas. Com que probabilidade P_r, se encontra o pequeno subsistema no microestado r com energia E_r e número N_r de partículas?

Determinemos agora as probabilidades $P_r(T, V, \mu)$ procuradas. De acordo com o postulado fundamental, têm igual probabilidade todos os $\Omega(E, N)$ estados do sistema composto. Quando o sistema inicial está no microestado r, então, existem $\Omega_B(E - E_r, N - N_r)$ estados acessíveis para o sistema B. O número de estados do sistema composto é também igual a $\Omega_B(E - E_r, N - N_r)$. A probabilidade de, na totalidade de $\Omega(E, N)$ estados, encontrarmos qualquer um dos $\Omega_B(E-E_r, N-N_r)$ estados, é

$$P_r = \frac{\Omega_B(E - E_r, N - N_r)}{\Omega(E, N)} = C\,\Omega_B(E - E_r, N - N_r). \qquad (22.23)$$

Não indicamos aqui os restantes parâmetros externos. O sistema alargado deverá ser um reservatório de calor e partículas, a que correspondem valores constantes para T e μ. Assim, exigimos que

$$E_r \ll E \quad \text{e} \quad N_r \ll N. \qquad (22.24)$$

Desenvolvemos $\ln \Omega_B(E - E_r, N - N_r)$ em potências de E_r e N_r,

$$\ln \Omega_B(E-E_r,\ N-N_r) = \ln \Omega_B(E, N) - \frac{\partial \ln \Omega_B}{\partial E}\,E_r - \frac{\partial \ln \Omega_B}{\partial N}\,N_r + \ldots. \qquad (22.25)$$

As derivadas parciais de $\ln \Omega_B$, obtêm-se de (9.14), (9.15) e (20.5),

$$\beta = \frac{1}{k_B T} = \frac{\partial \ln \Omega_B(E, N)}{\partial E}, \qquad -\beta\mu = \frac{\partial \ln \Omega_B(E, N)}{\partial N}. \qquad (22.26)$$

Os termos indicados pelas reticências em (22.25) são da ordem relativa de grandeza $\mathcal{O}(E_r/E)$ e $\mathcal{O}(N_r/N)$, razão pela qual podem ser desprezados. Obtemos

$$\Omega_B(E - E_r, N - N_r) = \Omega_B(E, N)\,\exp\left(-\beta\bigl[E_r(V, N_r) - \mu N_r\bigr]\right). \qquad (22.27)$$

Assim, de (22.23) vem

$$\boxed{P_r(T, V, \mu) = \frac{1}{Y}\,\exp\left(-\beta\bigl[E_r(V, N_r) - \mu N_r\bigr]\right).} \qquad (22.28)$$

194   Parte IV   *Ensembles* estatísticos

A temperatura T e o potencial químico μ são fixados pelo sistema alargado; V é o volume do sistema inicial (ou os seus restantes parâmetros externos). A normalização $\sum P_r = 1$ fixa Y:

$$Y(T, V, \mu) = \sum_r \exp\left(-\beta\left[E_r(V, N_r) - \mu N_r\right]\right). \tag{22.29}$$

A quantidade $Y(T, V, \mu)$ é denominada *função de partição* grand *canónica*. Consideremos, ainda explicitamente, que r, de acordo com (22.22), inclui a especificação do número de partículas. Por meio de possíveis transferências de partículas, o número N_r de partículas no pequeno sistema pode ser arbitrário (figura 22.2):

$$Y(T, V, \mu) = \sum_{r'} \sum_{N_r=0}^{N} \exp\left(-\beta\left[E_{r'}(V, N_r) - \mu N_r\right]\right)$$

$$= \sum_{N'=0}^{\infty} Z(T, V, N') \exp\left(\beta\mu N'\right). \tag{22.30}$$

Aqui, r' percorre todos os números quânticos que juntamente com N_r especificam o microestado. Trata-se da mesma soma que em (22.10). A soma sobre N_r estende-se a todos os possíveis números de partículas do sistema inicial da figura 22.2, ou seja, de 0 a N. Para o sistema inicial, apenas são relevantes valores tais que $N_r \ll N$, visto que, apenas estes contribuem sensivelmente para a função de partição. Por isso, pode igualar-se o limite superior da soma a infinito (em vez de N). O índice da soma $N_r = N'$ pode ser denotado de qualquer modo, no entanto, o símbolo N é reservado neste capítulo para o número de partículas do sistema fechado. A partir de (22.30) é estabelecida uma relação entre as funções de partição *grand* canónica e canónica .

Com as probabilidades P_r, podem ser calculados todos os valores médios relevantes. Em particular, a energia termodinâmica e o número de partículas são, respectivamente,

$$E(T, V, \mu) = \overline{E_r} = \sum_r P_r(T, V, \mu)\, E_r(V, N_r)\,, \tag{22.31}$$

$$N(T, V, \mu) = \overline{N_r} = \sum_r P_r(T, V, \mu)\, N_r\,. \tag{22.32}$$

No próximo capítulo, é estabelecida a relação com outras grandezas termodinâmicas.

As diferenças e analogias entre o *ensemble grand* canónico e os restantes *ensembles* obtêm-se de modo análogo ao desenvolvido previamente para o *ensemble* canónico. Em particular, no *ensemble grand* canónico as flutuações na energia e no

Capítulo 22   Funções de partição   195

número de partículas são muito pequenas, se o sistema for macroscópico:

$$\frac{\Delta E}{\overline{E_r}} = \mathcal{O}\left(\frac{1}{\sqrt{\overline{N_r}}}\right) , \qquad \frac{\Delta N}{\overline{N_r}} = \mathcal{O}\left(\frac{1}{\sqrt{\overline{N_r}}}\right). \tag{22.33}$$

Para sistemas macroscópicos, não faz, portanto, qualquer diferença se (E, V, N), (T, V, N) ou (T, V, μ) são dados à partida, ou qual dos três *ensembles* discutidos é utilizado.

Exercícios

22.1   Desvio padrão da energia no ensemble *canónico*

Mostre que, no *ensemble* canónico, o desvio padrão ΔE da energia é dado por

$$(\Delta E)^2 = k_B T^2 \frac{\partial E(T, x)}{\partial T} \tag{22.34}$$

em que $E(T, x) = \overline{E_r}$. Prove que é positiva a capacidade calorífica $C_V = \partial E(T, V, N)/\partial T$. Justifique que $\Delta E/E = \mathcal{O}\left(N^{-1/2}\right)$.

22.2   Desvio padrão do número de partículas no ensemble grand canónico

Mostre que no ensemble *grand* canónico o desvio padrão ΔN do número de partículas é dada por

$$\left(\Delta N\right)^2 = k_B T \left(\frac{\partial N}{\partial \mu}\right)_{T,V} \tag{22.35}$$

em que $N(T, V, \mu) = \overline{N_r}$. Partindo daqui, prove que a compressibilidade isotérmica é positiva

$$\kappa_T = -\frac{1}{V} \left(\frac{\partial V}{\partial P}\right)_{N,T} > 0. \tag{22.36}$$

Para tal em $N d\mu = V dP - S dT$ exprima a expressão da diferencial dP considerando $P(T, V, N)$. Daqui pode obter $(\partial N/\partial \mu)_{T,V}$. Utilize agora $P = P(T, V/N) = P(T, v)$. Justifique que $\Delta N/N = \mathcal{O}\left(N^{-1/2}\right)$.

23 Potenciais associados

Estabelecemos a relação das funções de partição canónica e grand canónica com o respectivo potencial termodinâmico. Deste modo, as relações termodinâmicas do sistema considerado são completamente determinadas.

Como parâmetros externos, consideramos $x = (V, N)$, sendo eventualmente introduzidos outros parâmetros. No *ensemble* microcanónico, fixam-se as quantidades E, V, N, no canónico T, V, N e no *grand* canónico T, V, μ. As probabilidades P_r para o microestado r em cada um dos *ensembles* são, respectivamente,

$$P_r(E, V, N) = \begin{cases} 1/\Omega & E - \delta E \leq E_r(V, N) \leq E \, ; \\ \\ 0 & \text{caso contrário;} \end{cases} \tag{23.1}$$

$$P_r(T, V, N) = \frac{1}{Z} \exp\left(-\beta E_r(V, N)\right) ; \tag{23.2}$$

$$P_r(T, V, \mu) = \frac{1}{Y} \exp\left(-\beta\left[E_r(V, N_r) - \mu N_r\right]\right). \tag{23.3}$$

Da normalização $\sum P_r = 1$ seguem-se as funções de partição:

$$\Omega(E, V, N) = \sum_{r \, : \, E - \delta E \leq E_r(V, N) \leq E} 1 ; \tag{23.4}$$

$$Z(T, V, N) = \sum_r \exp\left(-\beta E_r(V, N)\right) ; \tag{23.5}$$

$$Y(T, V, \mu) = \sum_r \exp\left(-\beta\left[E_r(V, N_r) - \mu N_r\right]\right). \tag{23.6}$$

Todas as funções de partição se exprimem em termos dos valores próprios da energia $E_r(V, N)$, por conseguinte, através da estrutura microscópica do sistema considerado. A relação com a Termodinâmica macroscópica é estabelecida a partir das seguintes relações:

$$\boxed{\begin{aligned} S(E, V, N) &= k_B \ln \Omega(E, V, N), \\ \\ F(T, V, N) &= -k_B T \ln Z(T, V, N), \\ \\ J(T, V, \mu) &= -k_B T \ln Y(T, V, \mu). \end{aligned}} \tag{23.7}$$

Capítulo 23   Potenciais associados

A entropia foi definida no capítulo 9, usando a primeira relação. As outras duas relações serão obtidas nas próximas secções. A partir das diferenciais totais

$$dS = \frac{dE}{T} + \frac{P}{T}\,dV - \frac{\mu}{T}\,dN\ , \tag{23.8}$$

$$dF = -S\,dT - P\,dV + \mu\,dN\ , \tag{23.9}$$

$$dJ = -S\,dT - P\,dV - N\,d\mu\ , \tag{23.10}$$

obtêm-se de imediato as derivadas parciais de S, F e J. De acordo com a discussão no capítulo 17, isto conduz à totalidade das relações termodinâmicas pretendidas.

Podemos agora esquematizar a dedução das propriedades de operadores Hamiltonianos macroscópicas do estado de equilíbrio de um sistema a partir da sua estrutura microscópica, ou seja, a partir do operador Hamiltoniano ou da função de Hamilton:

$$H \to E_r(V, N) \to \begin{cases} \Omega(E, V, N) & \to & S(E, V, N) & \to \\ Z(T, V, N) & \to & F(T, V, N) & \to \\ Y(T, V, \mu) & \to & J(T, V, \mu) & \to \end{cases} \begin{cases} \text{totalidade das} \\ \text{relações} \\ \text{termodinâmicas.} \end{cases}$$
$$\tag{23.11}$$

Para o *ensemble* microcanónico, estes passos foram exemplificados, a propósito de (13.1), para o gás perfeito. No capítulo 25, desenvolveremos passos paralelos no contexto dos *ensembles* canónico e *grand* canónico.

Dedução de $F = -k_B T \ln Z$

Partimos da diferencial total de $\ln Z(T, V, N)$,

$$d\ln Z(\beta, V, N) = \frac{\partial \ln Z}{\partial \beta}\,d\beta + \frac{\partial \ln Z}{\partial V}\,dV + \frac{\partial \ln Z}{\partial N}\,dN\ . \tag{23.12}$$

Note-se que a variável T foi substituída por $\beta = (k_B T)^{-1}$. Calculemos as derivadas parciais:

$$\frac{\partial \ln Z}{\partial \beta} = -\frac{1}{Z}\sum_r E_r\,\exp(-\beta E_r) = -\sum_r E_r\,P_r = -\overline{E_r} = -E\ , \tag{23.13}$$

$$\frac{\partial \ln Z}{\partial V} = -\frac{\beta}{Z}\sum_r \frac{\partial E_r(V, N)}{\partial V}\,\exp(-\beta E_r) = -\beta\,\overline{\frac{\partial E_r}{\partial V}} = \beta P\ , \tag{23.14}$$

$$\frac{\partial \ln Z}{\partial N} = -\frac{\beta}{Z}\sum_r \frac{\partial E_r(V, N)}{\partial N}\,\exp(-\beta E_r) = -\beta\,\overline{\frac{\partial E_r}{\partial N}} = -\beta\mu\ . \tag{23.15}$$

De (23.12) vem

$$d\ln Z(\beta, V, N) = -E\,d\beta + \beta P\,dV - \beta\mu\,dN\ , \tag{23.16}$$

e

$$d(\ln Z + \beta E) = \beta(dE + P\,dV - \mu\,dN) = \frac{1}{k_B}\left(\frac{dE}{T} + \frac{P}{T}\,dV - \frac{\mu}{T}\,dN\right). \quad (23.17)$$

Comparando com (23.8), vem

$$k_B\,d(\ln Z + \beta E) = dS. \quad (23.18)$$

Decorre daqui

$$S = k_B(\ln Z + \beta E) + \text{const.}. \quad (23.19)$$

Anulando a constante, obtemos a relação pretendida

$$F(T, V, N) = E - TS = -k_B T \ln Z(T, V, N). \quad (23.20)$$

Determinaremos a constante em (23.19), considerando o caso limite $T \to 0$, de acordo com o procedimento seguinte. Partimos de um sistema em Mecânica Quântica cujos valores próprios da energia são $E_0 < E_1 \le E_2 \le \dots$. Explicitamos os primeiros termos da função de partição,

$$Z = \exp(-\beta E_0) + \exp(-\beta E_1) + \dots = \exp(-\beta E_0)\left[1 + \exp(-\beta \Delta) + \dots\right]. \quad (23.21)$$

Para $k_B T \ll \Delta = E_1 - E_0$, segue-se que

$$Z \xrightarrow{T \to 0} \exp(-\beta E_0), \qquad \ln Z \xrightarrow{T \to 0} -\beta E_0. \quad (23.22)$$

Quando $T \to 0$, o valor médio da energia aproxima-se do valor possível mais baixo E_0,

$$E = \overline{E_r} \approx E_0 + E_1\,\exp(-\beta \Delta) + \dots, \qquad E \xrightarrow{T \to 0} E_0. \quad (23.23)$$

Podemos agora determinar a constante em (23.19), introduzindo este valor limite, juntamente com a terceira lei $S \xrightarrow{T \to 0} 0$:

$$\text{const.} = S - k_B(\ln Z + \beta E) \xrightarrow{T \to 0} 0 - k_B(-\beta E_0 + \beta E_0) = 0. \quad (23.24)$$

Dedução de $J = -k_B T \ln Y$

Partimos da diferencial de $\ln Y(T, V, \mu)$,

$$d\ln Y(T, V, \mu) = \frac{\partial \ln Y}{\partial \beta}\,d\beta + \frac{\partial \ln Y}{\partial V}\,dV + \frac{\partial \ln Y}{\partial \mu}\,d\mu, \quad (23.25)$$

Capítulo 23 Potenciais associados

199

e calculamos as derivadas parciais:

$$\frac{\partial \ln Y}{\partial \beta} = -\frac{1}{Y} \sum_r (E_r - \mu N_r) \exp\left(-\beta[E_r - \mu N_r]\right)$$

$$= -\overline{E_r} + \mu\, \overline{N_r} = -E + \mu N\,, \tag{23.26}$$

$$\frac{\partial \ln Y}{\partial V} = -\frac{\beta}{Y} \sum_r \frac{\partial E_r}{\partial V} \exp\left(-\beta[E_r - \mu N_r]\right) = -\beta\, \overline{\frac{\partial E_r}{\partial V}} = \beta P\,, \tag{23.27}$$

$$\frac{\partial \ln Y}{\partial \mu} = \frac{\beta}{Y} \sum_r N_r \exp\left(-\beta[E_r - \mu N_r]\right) = \beta\, \overline{N_r} = \beta N\,. \tag{23.28}$$

De (23.25) vem

$$d\ln Y(T, V, \mu) = (-E + \mu N)\,d\beta + \beta P\,dV + \beta N\,d\mu\,, \tag{23.29}$$

pelo que

$$d\left(\ln Y + \beta E - \beta \mu N\right) = \beta\left(dE + P\,dV - \mu\,dN\right). \tag{23.30}$$

De acordo com (23.8), esta expressão é igual a dS/k_B. Daí vem

$$S = k_B\left(\ln Y + \beta E - \beta \mu N\right). \tag{23.31}$$

Um valor possível para a constante é, neste caso, tal como em (23.19), o valor zero. De (23.31), obtemos $k_B T \ln Y = TS - E + \mu N = -F + \mu N = -J$, portanto, a relação procurada é

$$J = -k_B T\,\ln Y = -PV\,. \tag{23.32}$$

Esta relação foi obtida usando (20.13).

Dedução alternativa das probabilidades dos *ensembles*

Esta secção (de leitura facultativa) apresenta uma dedução alternativa dos diferentes *ensembles* estatísticos. A entropia $S(P_1, P_2, ...)$ é descrita como função das probabilidades P_r. Os P_r resultam da condição "S = máximo" com as respectivas condições subsidiárias.

Consideremos um *ensemble* estatístico com M sistemas idênticos. Em cada microestado r, encontram-se, respectivamente, M_r sistemas. Para $M_r \gg 1$, obtêm-se as probabilidades $P_r = M_r/M$. No que se segue, partimos de determinados valores para M_r (por enquanto desconhecidos).

Ordenamos os microestados do ensemble, $M_1 + M_2 + M_3 + \ldots = \sum M_r$, de modo que colocamos M_1 sistemas numa caixa com rótulo "estado 1", M_2 sistemas numa caixa com rótulo "estado 2", e assim por diante. Existem, evidentemente,

$$\Gamma = \frac{M!}{M_1!\, M_2!\, M_3!\, \ldots} = \frac{M!}{\prod_r M_r!} \tag{23.33}$$

200 Parte IV *Ensembles* estatísticos

possibilidades de distribuir os M sistemas do ensemble nas caixas, de modo que na caixa "estado r" se encontrem exatamente M_r sistemas. Tal pode ser comparado com o número $N!/(N_1!N_2!)$ de possibilidades de distribuir N partículas distinguíveis em duas regiões. Designemos por Γ o número de estados do ensemble.

Utilizando $\ln n! \approx n \ln n - n$, exprimimos o logaritmo de Γ como função dos P_r,

$$\ln \Gamma = \ln M! - \sum_r \ln M_r! \approx M \ln M - M - \sum_r M_r \ln M_r + \sum_r M_r$$

$$= -\sum_r M_r (\ln M_r - \ln M) = -M \sum_r P_r \ln P_r. \qquad (23.34)$$

Recorde-se agora, o modo como foi apresentada a entropia no capítulo 9. Aí investigou-se como a energia $E = E_A + E_B$ se distribuía por dois subsistemas. O número $\Omega(E_A)$ de microestados como função de E_A apresenta um máximo preponderante. Quase todos os microestados possíveis se encontram na proximidade deste máximo. Por isso, o equilíbrio é determinado por "$S = k_B \ln \Omega(E_A) = $ máximo".

Encontramo-nos aqui perante uma questão análoga, a de distribuir os $M = \sum M_r$ sistemas do *ensemble* pelos microestados. O número $\Gamma(P_1, P_2, ...)$ de estados do *ensemble* tem como função dos P_r (ou M_r) um máximo preponderante. Quase todos os estados possíveis do *ensemble* se encontram na proximidade deste máximo. Por isso, o equilíbrio é determinado por

$$S_{\text{ensemble}} = k_B \ln \Gamma(P_1, P_2, ..) = \text{máximo}. \qquad (23.35)$$

Tal como no capítulo 9, a entropia (para o estado de equilíbrio) é o logaritmo do número dos estados possíveis (multiplicado pela constante de Boltzmann). De facto, consideramos aqui, não os Ω estados possíveis de um sistema macroscópico, mas sim os Γ estados possíveis de um *ensemble* de M sistemas. Em ambos os casos, o argumento baseia-se no postulado fundamental: se todos os microestados são igualmente prováveis, são também igualmente prováveis todos os estados possíveis do ensemble.

De (23.35) e (23.34), obtemos para a entropia S *do* sistema

$$S(P_1, P_2, ...) = \frac{S_{\text{ensemble}}}{M} = -k_B \sum P_r \ln P_r. \qquad (23.36)$$

Esta expressão para a entropia pode ser aplicada a um macroestado arbitrário $\{P_r\}$. Por outro lado, a definição de entropia no capítulo 9 limita-se a estados de equilíbrio (pelo menos locais). No exercício 23.1, mostra-se que (23.36) para estados de equilíbrio (em concreto para P_r de (23.1)–(23.3)) se reduz à expressão conhecida para a entropia. No capítulo 41, de novo encontraremos a forma (23.36) para a entropia ao estudarmos o estabelecimento do equilíbrio.

A condição de equilíbrio é $S(P_1, P_2, ...) = $ máximo. Os possíveis valores dos P_r são restringidos pelas condições, que resultam da definição de probabilidade e

Capítulo 23 Potenciais associados

da situação física:

$$\sum_r P_r = 1 \qquad \text{microcanónico, canónico, } grand \text{ canónico,} \qquad (23.37)$$

$$\sum_r P_r E_r = E \qquad \text{canónico, } grand \text{ canónico,} \qquad (23.38)$$

$$\sum_r P_r N_r = N \qquad grand \text{ canónico.} \qquad (23.39)$$

Para um sistema fechado, apenas são permitidos microestados com $E_r = E$ (mais precisamente $E - \delta E \leq E_r \leq E$) e $N_r = N$. Não há, portanto, mais nenhuma condição a colocar para além de $\sum P_r = 1$. Deste modo, de (23.35) vem

$$S(P_1, P_2, \ldots) - \lambda \sum_r P_r = \text{máximo.} \qquad (23.40)$$

onde λ é um parâmetro de Lagrange. A condição necessária para a existência de máximo é

$$\frac{\partial}{\partial P_r} \left(S(P_1, P_2, \ldots) - \lambda \sum_{r'} P_{r'} \right) = 0, \qquad (23.41)$$

donde se segue

$$P_r = \text{const.} \qquad (\text{microcanónico, } E_r = E). \qquad (23.42)$$

A constante não depende de λ; é determinada a partir da condição $\sum P_r = 1$.

Para um sistema em contacto com um banho térmico, são permitidos diferentes valores para a energia. O valor médio $E = \overline{E_r}$ é, no entanto, determinado pela temperatura do banho térmico. Por conseguinte, o máximo de S é determinado sujeito às condições (23.37) e (23.38),

$$S(P_1, P_2, \ldots) - \lambda_1 \sum_r P_r - \lambda_2 \sum_r E_r P_r = \text{máximo.} \qquad (23.43)$$

O cálculo de $\partial S / \partial P_r = 0$ dá

$$P_r = \text{const.} \cdot \exp\left(- \lambda_2 E_r / k_B\right) \qquad (\text{canónico}). \qquad (23.44)$$

O parâmetro de Lagrange λ_2 é determinado a partir de $E = \sum E_r P_r$. O seu significado físico é $\lambda_2 = 1/T$. A constante em (23.44) depende de λ_1 e é determinada pela condição $\sum P_r = 1$. Daqui resultam os P_r da distribuição canónica. O resultado (23.43) pode ser descrito como $S - E/T = $ máximo ou $F = E - TS = $ mínimo.

A um sistema em contacto com um reservatório de calor e de partículas são permitidos microestados com diferentes valores da energia E_r e de números de partículas. Os valores médios $E = \overline{E_r}$ e $N = \overline{N_r}$ são, contudo, determinados a partir da temperatura do banho térmico e do potencial químico do reservatório de partículas. Por conseguinte, deve-se determinar o máximo de S sujeito às condições subsidiárias (23.37) – (23.39),

$$S(P_1, P_2, \ldots) - \lambda_1 \sum_r P_r - \lambda_2 \sum_r E_r P_r - \lambda_3 \sum_r P_r N_r = \text{máximo}. \qquad (23.45)$$

202 Parte IV *Ensembles* estatísticos

Os P_r da distribuição *grand* canónica resultam de $\partial S/\partial P_r = 0$ (exercício 23.2). As condições subsidiárias conduzem a $\lambda_2 = 1/T$ e $\lambda_3 = -\mu/T$, podendo (23.45) exprimir-se como $J = E - TS - \mu N = $ mínimo.

Exercícios

23.1 *Entropia para diferentes macroestados*

A entropia de um macroestado arbitrário $\{P_r\}$ é dada por

$$S = -k_B \sum P_r \ln P_r$$

Substitua nesta expressão as probabilidades conhecidas P_r dos ensembles (i) micro-canónico, (ii) canónico e (iii) *grand* canónico. Os parâmetros externos são V e N. Relacione o resultado com as expressões

$$S = k_B \ln \Omega \,, \qquad F = -k_B T \ln Z \quad \text{und} \quad J = -k_B T \ln Y$$

23.2 *Entropia máxima com condições subsidiárias*

Um macroestado arbitrário $\{P_r\}$ tem a entropia $S(P_r) = -k_B \sum P_r \ln P_r$. Determine as probabilidades P_r do macroestado *grand* canónico impondo que

$$\frac{S(P_r)}{k_B} - \lambda_1 \sum_r P_r - \lambda_2 \sum_r E_r P_r - \lambda_3 \sum_r P_r N_r = \text{máximo} \qquad (23.46)$$

com as condições subsidiárias

$$\sum_r P_r = 1 \,, \qquad \sum_r E_r P_r = E \,, \qquad \sum_r P_r N_r = N$$

Que alterações ocorrem se for considerado o ensemble canónico?

24 Sistema clássico

A função de partição canónica é aplicada a sistemas clássicos. Após uma discussão dos fundamentos, consideraremos, como aplicações, a distribuição de velocidades de Maxwell, a fórmula barométrica da altitude e o teorema da equipartição.

Fundamentos

Considere-se um sistema mecânico clássico, definido através de coordenadas generalizadas adequadas cuja função de Lagrange $\mathcal{L}$ é

$$\mathcal{L} = \mathcal{L}(q_1, ..., q_f, \dot{q}_1, ..., \dot{q}_f) = \mathcal{L}(q, \dot{q}), \tag{24.1}$$

não sendo especificada uma possível dependência explícita no tempo. Os argumentos são abreviados por $q = (q_1, ..., q_f)$ e $\dot{q} = (\dot{q}_1, ..., \dot{q}_f)$, sendo f o número de graus de liberdade.

Para passar da função de Lagrange para a função de Hamilton (capítulo 27 em [1]), define-se a quantidade de movimento generalizada

$$p_i = p_i(q, \dot{q}) = \frac{\partial \mathcal{L}}{\partial \dot{q}_i} \qquad (i = 1, ..., f). \tag{24.2}$$

Resolva-se este sistema de f equações em ordem às velocidades:

$$p_i = p_i(q, \dot{q}) \quad \longrightarrow \quad \dot{q}_k = \dot{q}_k(q, p). \tag{24.3}$$

Insiram-se as funções $\dot{q}_i(q, p)$ no lado direito de

$$H = H(q, p) = \sum_{i=1}^{f} \frac{\partial \mathcal{L}(q, \dot{q})}{\partial \dot{q}_i} \dot{q}_i - \mathcal{L}(q, \dot{q}). \tag{24.4}$$

Assim, se obtém a função de Hamilton $H(q, p)$ que é uma função das variáveis $q_1, ..., q_f, p_1, ..., p_f$ e, eventualmente, do tempo. A função de Hamilton determina as equações canónicas do movimento, que são equivalentes às equações de Lagrange. A Física Estatística não tem por objeto o estudo das equações de movimento em si. Aqui, importa somente o conhecimento da distribuição dos valores da energia pelos microestados. Para tanto, a função de Hamilton é o ponto de partida adequado.

204 Parte IV *Ensembles* estatísticos

O microestado do sistema clássico é determinado por

$$r = (q, p) = (q_1, ..., q_f, p_1, ..., p_f) \,. \tag{24.5}$$

A função de Hamilton é igual à energia

$$E_r = H(q, p) = H(q_1, ..., q_f, p_1, ..., p_f) \,. \tag{24.6}$$

De acordo com a discussão no capítulo 5, um estado em Mecânica Quântica ocupa um volume $(2\pi\hbar)^f$ no espaço das fases a $2f$ dimensões. No caso clássico, estes volumes são muito pequenos em comparação com o espaço das fases acessível. A soma sobre os microestados (24.5) pode ser substituída por integrais,

$$\sum_r \, ... \, = \frac{1}{(2\pi\hbar)^f} \int dq_1 ... \int dq_f \int dp_1 ... \int dp_f \, ... \,. \tag{24.7}$$

A integração estende-se a todos os possíveis valores das coordenadas e quantidades de movimento. Como o fator pré-multiplicativo provém da Mecânica Quântica, pode denominar-se este tratamento semiclássico. No entanto, as grandezas termodinâmicas não dependem do fator referido.

A probabilidade P_r associada ao estado r no *ensemble* canónico é

$$P_r = \frac{1}{Z} \exp(-\beta E_r) = \frac{1}{Z} \exp\left[-\beta H(q, p) \right]. \tag{24.8}$$

A função de partição $Z = \sum_r \exp(-\beta E_r)$ é

$$\boxed{Z = \frac{1}{(2\pi\hbar)^f} \int dq_1 ... \int dq_f \int dp_1 ... \int dp_f \, \exp\left[-\beta H(q, p) \right].} \tag{24.9}$$

Uma grandeza clássica arbitrária A do sistema tem, no estado r, o valor $A_r = A(q, p)$. Um exemplo de uma tal grandeza é a energia $A_r = E_r = H(q, p)$. O valor de equilíbrio de A é igual ao valor médio $\overline{A} = \sum_r A_r P_r$, logo

$$\overline{A} = \frac{1}{(2\pi\hbar)^f} \int dq_1 ... \int dq_f \int dp_1 ... \int dp_f \, A(q, p) \, \frac{\exp\left[-\beta H(q, p) \right]}{Z} \,. \tag{24.10}$$

Decorre daqui a interpretação

$$\frac{\exp\left[-\beta H(q, p) \right]}{(2\pi\hbar)^f \, Z} \, d^f q \, d^f p = \left\{ \begin{array}{l} \text{probabilidade de o sistema} \\ \text{estar no intervalo de } q_i \\ \text{a } q_i + dq_i \text{ e de } p_j \text{ a } p_j + dp_j. \end{array} \right. \tag{24.11}$$

O lado esquerdo, omitindo $d^f q$ e $d^f p$, é a correspondente *densidade de probabilidade*.

Capítulo 24   Sistema clássico

205

Uma partícula

Os microestados de uma partícula individual são definidos por

$$r = (\boldsymbol{r}, \boldsymbol{p}) = (x, y, z, p_x, p_y, p_z) \,. \tag{24.12}$$

Designamos a correspondente função de partição e a função de Hamilton com letras minúsculas:

$$z = \frac{1}{(2\pi\hbar)^3} \int d^3r \int d^3p \, \exp\left[-\beta h(\boldsymbol{r}, \boldsymbol{p})\right] \,. \tag{24.13}$$

O valor médio de uma grandeza física a da partícula é

$$\bar{a} = \frac{1}{(2\pi\hbar)^3} \int d^3r \int d^3p \, a(\boldsymbol{r}, \boldsymbol{p}) \, \frac{\exp\left[-\beta h(\boldsymbol{r}, \boldsymbol{p})\right]}{z} \,, \tag{24.14}$$

donde se segue a interpretação

$$\frac{\exp\left[-\beta h(\boldsymbol{r}, \boldsymbol{p})\right]}{(2\pi\hbar)^3 z} \, d^3r \, d^3p = \begin{cases} \text{probabilidade de encontrar a partícula no} \\ \text{volume } d^3r \text{ na vizinhança de } \boldsymbol{r} \text{ com quantidade de} \\ \text{movimento no intervalo } d^3p \text{ na vizinhança de } \boldsymbol{p}. \end{cases}$$
$$\tag{24.15}$$

O lado esquerdo, omitindo o volume $d^3r \ d^3p$, é a correspondente densidade de probabilidade.

A partícula está agora confinada a uma região de volume V como, por exemplo, uma caixa com gás. Esta limitação impõe a introdução de limites de integração em $\int d^3r$. Como alternativa, pode-se introduzir na função de Hamilton um potencial de barreira infinita (24.16)

$$U(\boldsymbol{r}) = \begin{cases} 0 & \boldsymbol{r} \in V \,; \\ \infty & \boldsymbol{r} \notin V \,. \end{cases} \tag{24.16}$$

Então, ocorre no integrando em (24.13) e (24.14) o fator

$$\exp\left[-\beta U(\boldsymbol{r})\right] = \begin{cases} 1 & \boldsymbol{r} \in V \,; \\ 0 & \boldsymbol{r} \notin V \,; \end{cases} \tag{24.17}$$

que limita a V a integração sobre o espaço das coordenadas.

Distribuição de velocidades de Maxwell

Calculemos a função de partição z para uma partícula que se move livremente no interior de um recipiente de volume V. A função de Hamilton é

$$h(\boldsymbol{r}, \boldsymbol{p}) = \frac{\boldsymbol{p}^2}{2m} + U(\boldsymbol{r}) \,. \tag{24.18}$$

206 Parte IV *Ensembles* estatísticos

Calculemos (24.13) para $U(\mathbf{r})$ dado em (24.16):

$$
\begin{aligned}
z &= \frac{1}{(2\pi\hbar)^3} \int d^3r \, \exp\left[-\beta \, U(\mathbf{r}) \right] \int d^3p \, \exp(-\beta \, \mathbf{p}^2/2m) \\
&= \frac{V}{(2\pi\hbar)^3} \int d^3p \, \exp\left(-\frac{p^2}{2m k_{\mathrm{B}} T} \right) = \frac{V \, (2m k_{\mathrm{B}} T)^{3/2}}{(2\pi\hbar)^3} \, .
\end{aligned}
$$

$$
4\pi \int_0^\infty dx \, x^2 \, \exp\left(-x^2 \right) = \frac{V \, (2\pi m k_{\mathrm{B}} T)^{3/2}}{(2\pi\hbar)^3} = \frac{V}{\lambda^3} \, . \tag{24.19}
$$

Devido a (24.17), a integração sobre o espaço das coordenadas dá origem ao fator V. Para a integração sobre a quantidade de movimento, introduzimos a variável de integração x fazendo $x^2 = p^2/(2m k_{\mathrm{B}} T)$. Utilizamos também $d^3p = 4\pi p^2 dp$. O resultado pode ser expresso pelo comprimento

$$
\boxed{\lambda = \frac{2\pi\hbar}{\sqrt{2\pi m k_{\mathrm{B}} T}} \qquad \text{comprimento de onda térmico.}} \tag{24.20}
$$

Este é o comprimento de onda em Mecânica Quântica de uma partícula com energia cinética $\mathbf{p}^2/2m = \pi k_{\mathrm{B}} T$.

Calculemos o valor médio de uma grandeza $a_r = a(\mathbf{p})$ que apenas depende da quantidade de movimento,

$$
\bar{a} = \frac{V}{(2\pi\hbar)^3 z} \int d^3p \, a(\mathbf{p}) \, \exp\left(-\frac{p^2}{2m k_{\mathrm{B}} T} \right) . \tag{24.21}
$$

Daí obtém-se a interpretação

$$
\frac{V}{(2\pi\hbar)^3 z} \, \exp\left(-\frac{p^2}{2m k_{\mathrm{B}} T} \right) d^3p = \left\{ \begin{array}{l} \text{probabilidade de a partícula ter uma} \\ \text{quantidade de movimento no intervalo} \\ d^3p \text{ situado junto a } \mathbf{p}. \end{array} \right. \tag{24.22}
$$

Visto que a densidade de probabilidade apenas depende de $p^2 = \mathbf{p}^2$, podemos aqui substituir d^3p por $4\pi p^2 dp$. Além disso, introduzimos em vez da quantidade de movimento $\mathbf{p} = m\mathbf{v}$ a velocidade $\mathbf{v}$:

$$
\frac{4\pi m^3 V}{(2\pi\hbar)^3 z} \, \exp\left(-\frac{m v^2}{2 k_{\mathrm{B}} T} \right) v^2 \, dv = \left\{ \begin{array}{l} \text{probabilidade de o} \\ \text{módulo da velocidade se} \\ \text{encontrar entre } v \text{ e } v + dv. \end{array} \right. \tag{24.23}
$$

Escrevamos o lado esquerdo como $f(v) \, dv$ e introduzamos $z = V/\lambda^3$:

$$
\boxed{f(v) = 4\pi \left(\frac{m}{2\pi k_{\mathrm{B}} T} \right)^{3/2} v^2 \, \exp\left(-\frac{m v^2}{2 k_{\mathrm{B}} T} \right) \qquad \text{distribuição de Maxwell.}}
$$

$$
\tag{24.24}
$$

Capítulo 24 Sistema clássico

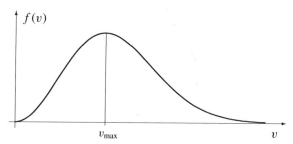

Figura 24.1 Distribuição de velocidades de Maxwell. Para o ar na sala de aula, o máximo ocorre na proximidade de $v_{max} \approx 400$ m/s.

Esta distribuição $f(v) = f(|\boldsymbol{v}|)$ é denominada *distribuição de velocidades de Maxwell* e encontra-se representada na figura 24.1. Como é de esperar, este resultado clássico é independente de $\hbar$. A distribuição de Maxwell está normalizada,

$$\int_0^\infty dv\, f(v) = 1. \qquad (24.25)$$

Assim, $f(v)\, dv$ é a probabilidade de encontrar o módulo da velocidade v no intervalo $[v,\, v + dv]$. Para velocidades pequenas, inicialmente $f(v)$ aumenta, porque o volume no espaço das fases num intervalo dv é proporcional a v^2. Pelo contrário, para valores elevados de v, $f(v)$ diminui exponencialmente; isto deve-se ao fator de Boltzmann $\exp(-\varepsilon/k_B T)$ da distribuição canónica.

O máximo da distribuição de Maxwell é obtido de $df/dv = 0$

$$v_{max} = \sqrt{\frac{2k_B T}{m}} \stackrel{ar}{\approx} 400\, \frac{m}{s}. \qquad (24.26)$$

Para o ar à temperatura ambiente, introduzimos $m \approx 30$ GeV/c² (para moléculas de O_2 ou N_2), $k_B T \approx$ eV/40 e $c = 3 \cdot 10^8$ m/s.

Quando consideramos muitas partículas, podemos interpretar também a densidade de probabilidade $f(v)$ como densidade de partículas:

$$F(v)\, dv = N f(v)\, dv = \begin{cases} \text{número de partículas com velocidade entre } v \text{ e } v + dv, \end{cases} \qquad (24.27)$$

onde N e dv devem ser tão grandes que $F(v)\, dv \gg 1$.

Fórmula barométrica da altitude

Para uma partícula clássica no campo da gravidade $u(\boldsymbol{r}) = mgz$, a função de Hamilton é

$$h(\boldsymbol{r},\, \boldsymbol{p}) = \frac{p^2}{2m} + mgz, \qquad (24.28)$$

208   Parte IV *Ensembles* estatísticos

a qual nos propomos aplicar a uma molécula na atmosfera. A coordenada z representa a altitude acima da superfície da Terra. A totalidade das outras moléculas do ar constituem um banho térmico, para a molécula escolhida. Para este banho térmico, consideramos uma determinada temperatura T (dependente da posição e do tempo). De (24.15) vem

$$\exp\left(-\frac{p^2/2m + mgz}{k_B T}\right) d^3r\, d^3p \propto \begin{cases} \text{probabilidade de encontrar a partícula} \\ \text{no volume } d^3r \text{ situado junto a} \\ r \text{ e com quantidade de movimento} \\ \text{no volume } d^3p \text{ situado junto a } p. \end{cases}$$

$$(24.29)$$

Procuramos agora a probabilidade de a partícula se encontrar a uma altitude entre z e $z + dz$. Após integração sobre as coordenadas x e y e sobre a quantidade de movimento, resta

$$\exp\left(-\frac{mgz}{k_B T}\right) dz \propto \begin{cases} \text{probabilidade de a partícula} \\ \text{se encontrar a uma} \\ \text{altitude entre } z \text{ e } z + dz. \end{cases} \qquad (24.30)$$

Visto que (24.30) é válida para cada partícula, a densidade de partículas n é proporcional a esta densidade de probabilidade, logo

$$n(z) = n(0)\, \exp\left(-\frac{mgz}{k_B T}\right). \qquad (24.31)$$

A constante de proporcionalidade $n(0)$ é a densidade de partículas à altitude zero. Usando a equação de estado do gás perfeito $n = N/V = P/k_B T$, obtemos a fórmula barométrica da altitude para a pressão:

$$P(z) = P(0)\, \exp\left(-\frac{mgz}{k_B T}\right). \qquad (24.32)$$

Admitiu-se que a temperatura não depende da altitude. No exercício 24.7, usou-se uma hipótese mais realista.

As aplicações "distribuição de velocidades de Maxwell" e "fórmula barométrica da altitude" exemplificam uma vantagem essencial da distribuição canónica em relação à microcanónica: o *ensemble* canónico é uma suposição realista também para sistemas microscópicos como uma partícula individual. A distribuição microcanónica não é, pelo contrário, aplicável, nos casos considerados, a uma partícula selecionada, visto que esta partícula não constitui um sistema fechado.

Teorema da equipartição

Consideremos agora, novamente, uma função de Hamilton geral

$$H(p, q) = H(q_1, ..., q_f, p_1, ..., p_f), \qquad (24.33)$$

Capítulo 24 Sistema clássico

e calculemos o seguinte valor médio:

$$\overline{p_i \, \frac{\partial H}{\partial p_i}} = \frac{1}{Z \, (2\pi\hbar)^f} \int dq_1 \dots \int dq_f \int dp_1 \dots \int dp_f \; p_i \, \frac{\partial H}{\partial p_i} \, \exp\left[-\beta H\right]$$

$$= \frac{-k_B T}{Z \, (2\pi\hbar)^f} \int dq_1 \dots \int dq_f \int dp_1 \dots \int dp_f \; p_i \, \frac{\partial \, \exp\left[-\beta H(q, p)\right]}{\partial p_i}.$$

$$(24.34)$$

Supomos que, nos extremos do intervalo de integração sobre p_i, se tem

$$\left(p_i \, \exp\left[-\beta H(q, p)\right] \right)_{p_i = \pm\infty} = 0. \tag{24.35}$$

Então, podemos calcular (24.34) através de integrações parciais relativas a p_i

$$\overline{p_i \, \frac{\partial H}{\partial p_i}} = \frac{k_B T}{Z \, (2\pi\hbar)^f} \int dq_1 \dots \int dq_f \int dp_1 \dots \int dp_f \, \exp\left[-\beta H(q, p)\right] = k_B T. \tag{24.36}$$

O mesmo raciocínio pode também ser utilizado para uma coordenada q_i, se se anular o termo de superfície,

$$\left(q_i \, \exp\left[-\beta H(q, p)\right] \right)_{\text{fronteira da integração sobre } q_i} = 0. \tag{24.37}$$

Os limites de integração dependem do significado da coordenada generalizada.

Partindo dos pressupostos (24.35) e (24.37), obtemos os valores médios

$$\overline{p_i \, \frac{\partial H}{\partial p_i}} = k_B T, \qquad \overline{q_i \, \frac{\partial H}{\partial q_i}} = k_B T. \tag{24.38}$$

Este resultado é conhecido por *teorema da equipartição*. Aplicamos este resultado, considerando suposições particulares. Seja o operador Hamiltoniano da forma $H = \dots p_i^2/2m + \dots m \, \omega^2 q_j^2/2$. Então, tem-se

$$\overline{p_i \, \frac{\partial H}{\partial p_i}} = \overline{\frac{p_i^2}{m}}, \quad \left[p_i \, \exp(-\beta \, p_i^2/2m) \right]_{p_i = \pm\infty} = 0, \tag{24.39}$$

$$\overline{q_j \, \frac{\partial H}{\partial q_j}} = \overline{m \, \omega^2 q_j^2}, \quad \left[q_j \, \exp(-\beta m \, \omega^2 q_j^2/2) \right]_{q_j = \pm\infty} = 0, \tag{24.40}$$

e

$$\overline{\frac{p_i^2}{2m}} = \frac{k_B T}{2}, \qquad \overline{\frac{m \, \omega^2 q_j^2}{2}} = \frac{k_B T}{2}. \tag{24.41}$$

Enunciamos este resultado do seguinte modo:

- *Cada variável que ocorre elevada ao quadrado na função de Hamilton, fornece uma contribuição $k_B T/2$ para o valor médio da energia.*

Foi pressuposto que o termo quadrático em H é positivo. A designação "teorema da equipartição" utiliza-se, tanto para (24.38), como para o enunciado acima. De seguida, discutimos algumas aplicações do teorema da equipartição.

210 Parte IV *Ensembles* estatísticos

Gás perfeito monoatómico

Tendo em conta os pressupostos gerais discutidos no início do capítulo 6, o operador Hamiltoniano de um gás perfeito monoatómico é dado por

$$H = \sum_{v=1}^{N} \frac{\boldsymbol{p}_v^2}{2m} = \sum_{k=1}^{3N} \frac{p_k^2}{2m} \,. \tag{24.42}$$

Do teorema da equipartição decorre, neste caso,

$$\overline{H} = \frac{3}{2} N k_{\mathrm{B}} T = E(T) \,. \tag{24.43}$$

Esta é a equação calórica de estado de um gás perfeito monoatómico.

As coordenadas cartesianas q_k do sistema (24.42) são as $3N$ coordenadas generalizadas. Visto que H é independente das mesmas, tem-se

$$\overline{q_k \frac{\partial H}{\partial q_k}} = 0 \quad \text{porque} \quad \frac{\partial H}{\partial q_k} = 0 \,. \tag{24.44}$$

Estas coordenadas não fornecem, então, qualquer contribuição para a energia $E = \overline{H}$, o que não está em contradição com o lado direito de (24.38), porque o pressuposto (24.37) não é satisfeito.

Os termos de superfície (24.37) podiam, recorrendo a um potencial de barreira, ser investigados mais rigorosamente. Mediante deduções a partir do teorema da equipartição, é dada à contribuição do potencial de barreira uma atenção especial. Relativamente aos paradoxos surgidos e às suas soluções, remetemos o leitor para um artigo de Thirring, Z. Physik 235 (1970) 339. Limitamo-nos aqui a aplicações não problemáticas.

Gás perfeito diatómico

Consideremos um gás perfeito de moléculas diatómicas. Aqui, *perfeito* significa que a interação entre as moléculas é desprezada. A função de Hamilton

$$H = \sum_{v=1}^{N} h(v) \,, \tag{24.45}$$

é, então, uma soma de funções Hamiltonianas $h(v)$ de moléculas individuais. Em $h(v)$, v representa as coordenadas e quantidades de movimento da molécula v. As possíveis formas de movimento de uma molécula individual são:

1. Translações: a translação da molécula é descrita pelas coordenadas x, y e z do seu centro de massa. O parâmetro de inércia é a massa total da molécula.

Capítulo 24 Sistema clássico 211

2. Rotações: a orientação do eixo de ligação é fixada pelos ângulos θ e ϕ (com o seu significado habitual). Estes ângulos são coordenadas generalizadas que descrevem as rotações em torno de dois eixos perpendiculares à linha de ligação. Seja Θ o momento de inércia relativo a estes eixos.

3. Vibrações: seja R_0 a distância de equilíbrio entre os dois átomos. Afastamentos da situação de equilíbrio conduzem a oscilações, que são descritas pela coordenada $\xi(t) = R(t) - R_0$. O parâmetro de inércia é a massa reduzida m_r. Para pequenos afastamentos, esperamos oscilações harmónicas. A força restauradora determina a frequência ω destas oscilações.

Consideremos que o parâmetro de inércia se altera pouco durante as oscilações consideradas, $\Theta \approx \mathrm{const.}$. Assim, desprezamos um possível acoplamento rotação-vibração. Com estas simplificações, a função de Lagrange para uma molécula individual é:

$$\mathcal{L} = \frac{M}{2} \left(\dot{x}^2 + \dot{y}^2 + \dot{z}^2 \right) + \frac{\Theta}{2} \left(\sin^2\theta \, \dot{\phi}^2 + \dot{\theta}^2 \right) + \frac{m_r}{2} \left(\dot{\xi}^2 - \omega^2 \xi^2 \right) , \quad (24.46)$$

e a função de Hamilton é

$$h = \frac{1}{2M} \left(p_x^2 + p_y^2 + p_z^2 \right) + \frac{1}{2\Theta} \left(\frac{p_\phi^2}{\sin^2\theta} + p_\theta^2 \right) + \left(\frac{p_\xi^2}{2m_r} + \frac{m_r \, \omega^2 \xi^2}{2} \right) . \tag{24.47}$$

Apliquemos o teorema da equipartição às variáveis p_x, p_y, p_z, p_ϕ, p_θ, p_ξ e ξ que figuram todas elevadas ao quadrado. O fator $1/\sin^2\theta$ no termo com p_ϕ não perturba porque este termo é igual a $p_\phi \, (\partial H/\partial p_\phi)/2$ (ver (24.38)). Cada uma das variáveis que ocorrem em h elevadas ao quadrado, conduz, em média, à energia $k_B T/2$, portanto,

$$\overline{h} = \frac{7}{2} k_B T , \qquad \overline{H} = N \overline{h} = \frac{7}{2} N k_B T = E(T) , \tag{24.48}$$

donde se obtém o calor específico por partícula

$$c_V = \frac{7}{2} k_B \qquad \text{(gás perfeito clássico diatómico).} \tag{24.49}$$

Os gases diatómicos reais mostram afastamentos mais ou menos acentuados. Isto deve-se, por um lado, à interação entre as moléculas. Por outro lado, as possíveis energias de rotação e vibração são quantizadas, podendo apenas ser excitadas a temperaturas suficientemente elevadas (capítulo 27).

Movimento browniano

As partículas brownianas são partículas visíveis a microscópio que flutuam na superfície de um líquido. São tão pequenas que os choques estatísticos das partículas do líquido conduzem a um movimento visível e irregular, ou seja, a um movimento aleatório a duas dimensões. O movimento browniano é uma evidência direta da afirmação que o calor é o movimento desordenado dos átomos.

A partícula browniana (massa m) pode ser descrita por um *ensemble* canónico à temperatura T. Seja a superfície do líquido o plano x-y. De acordo com o teorema da equipartição, a partícula browniana tem energia cinética média

$$\frac{m}{2}\,\overline{v^2} = \frac{m}{2}\,\left(\overline{v_x^2} + \overline{v_y^2}\right) = k_B T \; . \tag{24.50}$$

As primeiras observações do movimento browniano foram relatadas por Leuwenhock 1673 e Brown 1828. As tentativas iniciais de interpretação explicavam o movimento browniano por meio de animais, ação da luz e correntes de temperatura.

Exercícios

24.1 Capacidade calorífica no sistema de dois níveis

Considere-se um sistema de N partículas independentes e distinguíveis, as quais podem ser encontradas em dois estados de energias $\varepsilon_1 = 0$ e $\varepsilon_2 = \varepsilon > 0$. Calcule a função de partição $Z(T, N)$. Determine, a uma dada temperatura, o número médio de partículas no nível superior. Faça um esquema do calor específico do sistema.

24.2 Capacidade calorífica de N partículas no oscilador

O hamiltoniano

$$H = \sum_{\nu=1}^{N} \left[\frac{\boldsymbol{p}_\nu^2}{2m} + \frac{m\omega^2}{2}\,\boldsymbol{r}_\nu^2 \right]$$

descreve N partículas independentes distinguíveis no oscilador harmónico. As partículas encontram-se em contacto com um reservatório de calor à temperatura T. Determine a função de partição $Z(T, N)$ e a energia $E(T, N)$ do sistema. Que comportamento apresenta a capacidade calorífica $C(T, N)$ a baixas e altas temperaturas?

24.3 Distribuição de velocidades para $\boldsymbol{v}_x$

Deduza a distribuição de probabilidade para a componente x da velocidade de uma partícula livre a uma dada temperatura. Faça um esquema desta distribuição e compare com a distribuição de Maxwell. Calcule o valor médio $\overline{v_x^2}$ e a partir daí determine $\overline{v^2}$.

Capítulo 24 Sistema clássico

24.4 Diferentes valores médios na distribuição de Maxwell.

Mostre que, para a distribuição de Maxwell,

$$\overline{v} = \sqrt{\frac{8}{\pi} \frac{k_B T}{m}} \qquad e \qquad \overline{v^2} = \frac{3 k_B T}{m} \tag{24.51}$$

Deduza os valores absolutos para o ar à temperatura ambiente ($k_B T \approx eV/40$). Compare os resultados com o valor máximo v_{max} da distribuição de Maxwell.

24.5 Distribuição das velocidades relativas

As velocidades das partículas de um gás estão distribuídas isotropicamente e satisfazem a distribuição de Maxwell.

$$f(v_i) = 4\pi \left(\alpha/\pi\right)^{3/2} v_i^2 \exp\left(-\alpha v_i^2\right) \qquad com \qquad \alpha = \frac{m}{2 k_B T} \tag{24.52}$$

Para duas partículas selecionadas ($i = 1, 2$), definimos a velocidade do centro de massa e a velocidade relativa

$$V = \frac{v_1 + v_2}{2} \qquad e \qquad v = v_1 - v_2 \tag{24.53}$$

Calcule a distribuição $F(v)$ análoga a (24.52) para a velocidade relativa. Compare $F(v)$ com $f(v)$.

24.6 Separação de isótopos

Num recipiente com volume V e temperatura constante T existem dois tipos de moléculas de gás ideal, A e B. As moléculas têm massas diferentes, $m_A > m_B$. As moléculas podem deixar o recipiente passando através de paredes porosas. Os poros individuais são grandes em comparação com as dimensões moleculares; a sua área total a é porém pequena em comparação com a área das paredes do recipiente. Calcule a razão das concentrações $c_A(t)/c_B(t)$ das moléculas no recipiente em função do tempo.

24.7 Equilíbrio convectivo

Vento ou convecção significam a troca de elementos de volume. Como modelo da atmosfera pode supor-se um equilíbrio em relação a uma troca de ar quase-estática e adiabática. Nesse caso tem-se $dS = đQ_{q.s.}/T = 0$, e a densidade de entropia $s(r)$ não depende da posição

$$s(r) = const.$$

Também em equilíbrio o gradiente da pressão $dP/dz = -\varrho g = -m g/v$ compensa a força da gravidade. Aqui ϱ representa a densidade de massa do ar, m é a massa

214 Parte IV *Ensembles* estatísticos

de uma molécula de ar, $g = -g\,e_z$ é a aceleração da gravidade e $v = V/N$. Para o ar, pode ser utilizada a equação dos gases perfeitos $v = k_B T/P$ e $c_P \approx 7k_B/2$.

Determine a distribuição de temperatura $T(z)$. Que queda de temperatura resulta de aumentar a altitude de 1 km? Compare a queda de pressão para $\Delta z = 1$ km com o valor obtido a partir da fórmula barométrica da altitude.

24.8 *Desvio padrão de energia num gás perfeito*

Em sistemas macroscópicos, os microestados encontram-se tão próximos que os valores médios podem ser avaliados através de integrais:

$$\overline{A} = \sum_r A_r\, P_r = \frac{1}{Z} \sum_r A_r \exp(-\beta E_r) = \int_0^\infty dE\, A(E)\, \omega(E)\, \exp(-\beta E)$$

onde $\omega(E)$ é a densidade de estados. Para um gás ideal tem-se $\omega(E) \propto E^{3N/2}$. Determine para este caso o desvio padrão ΔE da energia. Para tal desenvolva o logaritmo de $\omega(E) \exp(-\beta E)$ até segunda ordem em torno do máximo.

25 Gás perfeito monoatómico

Considerando o exemplo do gás perfeito monoatómico, mostramos que, para um sistema macroscópico, cada um dos ensembles estatísticos introduzidos conduz às mesmas relações termodinâmicas.

O postulado fundamental significa que o estado de equilíbrio de um sistema fechado é representado pelo *ensemble* microcanónico (P_r = const.). Este foi o ponto de partida plausível das nossas considerações na Parte II, por isso a função de partição microcanónica Ω desempenhou aqui o papel central. Para sistemas particulares (Parte V), a função de partição canónica ou a função de partição *grand* canónica são na maior parte dos casos mais fáceis de calcular. Na Parte V, são, por conseguinte, utilizadas Z ou Y. Em particular, para o caso do gás perfeito monoatómico, calculamos neste capítulo *todas* as funções de partição, portanto, Ω, Z e Y.

O operador Hamiltoniano de um gás perfeito monoatómico de N partículas foi apresentado em (6.2). Partimos da correspondente função de Hamilton:

$$H = \sum_{\nu=1}^{N} \left(\frac{p_\nu^2}{2m} + U(r_\nu) \right) = \sum_{\nu=1}^{N} h(\nu), \qquad (25.1)$$

sendo $U(r)$ o potencial de barreira infinita dado por (24.16). No argumento de h, ν representa r_ν e p_ν.

Para todos os gases reais, os efeitos da Mecânica Quântica podem ser desprezados, ver (6.8) – (6.10) e capítulo 30. Limitamo-nos, por isso, ao cálculo clássico das funções de partição. Os microestados clássicos de um gás perfeito são dados por

$$r = (r_1, ..., r_N, \ p_1, ..., p_N) = (x_1, ..., x_{3N}, \ p_1, ..., p_{3N}). \qquad (25.2)$$

Designamos as coordenadas cartesianas por x_k e as correspondentes quantidades de movimento por p_k. A energia do estado r é

$$E_r = H(x, p) = \sum_{\nu=1}^{N} \frac{p_\nu^2}{2m} = \sum_{k=1}^{3N} \frac{p_k^2}{2m}. \qquad (25.3)$$

Para a soma sobre r, partimos de (24.7). Cada integração sobre as coordenadas espaciais produz um fator V. Para Z e Y, isto resulta de (24.17), para Ω é consequência de se tomar a soma sobre todos os estados acessíveis. Além disso, através do fator

216   Parte IV   *Ensembles* estatísticos

$1/N!$, tomamos em consideração o não aparecimento de estados novos por troca da posição e quantidade de movimento de quaisquer partículas em (25.2). Assim, para um gás perfeito de N partículas indistinguíveis (24.7) dá lugar a

$$\sum_r \ldots = \frac{1}{N!} \frac{V^N}{(2\pi\hbar)^{3N}} \int dp_1 \ldots \int dp_{3N} \ldots . \tag{25.4}$$

Introduzindo (25.3) e (25.4) nas definições (23.4) – (23.6), obtemos as funções de partição procuradas, Ω, Z e Y.

Comecemos com a função de partição microcanónica:

$$\Omega(E, V, N) = \sum_{r:\, E-\delta E \leq E_r \leq E} 1 = \frac{1}{N!} \frac{V^N}{(2\pi\hbar)^{3N}} \underbrace{\int dp_1 \ldots \int dp_{3N}}_{E-\delta E \,\leq\, \sum_i p_i^2/2m \,\leq\, E} 1$$

$$= c^N \left(\frac{V}{N}\right)^N \left(\frac{E}{N}\right)^{3N/2}. \tag{25.5}$$

Este resultado foi obtido em (6.20).

Calculemos agora a função de partição canónica. Para uma função de Hamilton da forma $H = \sum_\nu h(\nu)$, vem

$$Z(T, V, N) = \frac{1}{N!} \sum_{r_1} \ldots \sum_{r_N} \exp\left(-\beta\left[h(1) + \ldots + h(N)\right]\right)$$

$$= \frac{1}{N!} \prod_{\nu=1}^{N} \sum_{r_\nu} \exp\left[-\beta h(\nu)\right] = \frac{1}{N!} \left[z(T, V)\right]^N. \tag{25.6}$$

A posição e a quantidade de movimento da partícula ν são representadas por $r_\nu = (\boldsymbol{r}_\nu, \boldsymbol{p}_\nu)$, e z representa a função de partição de uma partícula individual. A equação (25.6) é também válida para cada função de Hamilton (ou operador Hamiltoniano) da forma $H = \sum_\nu h(\nu)$. Pode ainda formular-se de modo um pouco mais geral a redução de Z a z: sempre que os subsistemas são independentes, reduz-se a função de partição do sistema total às funções de partição dos subsistemas. O fator $1/N!$ deverá ser incluído, tratando-se de partículas idênticas.

Em (24.19), foi já calculada a função de partição clássica z para uma partícula, $z = V/\lambda^3$. Para N partículas, obtemos

$$Z(T, V, N) = \frac{[z(T, V)]^N}{N!} = \frac{1}{N!} \frac{V^N}{\lambda^{3N}}, \tag{25.7}$$

com o comprimento de onda térmico

$$\lambda = \frac{2\pi\hbar}{\sqrt{2\pi m k_B T}}. \tag{25.8}$$

Capítulo 25   Gás perfeito monoatómico

Para a função de partição *grand* canónica, utilizamos (22.30),

$$Y(T, V, \mu) = \sum_{N=0}^{\infty} Z(T, V, N) \exp(\beta \mu N) = \sum_{N=0}^{\infty} \frac{1}{N!} \frac{V^N}{\lambda^{3N}} \exp(\beta \mu N) . \quad (25.9)$$

Abreviemos $(V/\lambda^3) \exp(\beta \mu)$ por y e tomemos a série:

$$Y(T, V, \mu) = \sum_{N=0}^{\infty} \frac{y^N}{N!} = \exp(y) = \exp\left(\frac{V \exp(\beta \mu)}{\lambda^3} \right) . \quad (25.10)$$

Consideremos os logaritmos de todas as funções de partição:

$$\ln \Omega(E, V, N) = N \ln\left(\frac{V}{N} \right) + \frac{3N}{2} \ln\left(\frac{E}{N} \right) + N \ln c , \quad (25.11)$$

$$\ln Z(T, V, N) = N \ln\left(\frac{V}{N \lambda^3} \right) + N , \quad (25.12)$$

$$\ln Y(T, V, \mu) = \frac{V}{\lambda^3} \exp(\beta \mu) . \quad (25.13)$$

Cada um destes logaritmos está associado a um potencial termodinâmico ou à entropia $S(E, V, N)$, razão pela qual contém a informação termodinâmica completa (capítulo 17). Esboçamos a ideia geral de como obter as equações de estado $P = P(T, V, N)$ e $E = E(T, V, N)$ a partir das grandezas associadas:

1. A partir da função de partição microcanónica, obtém-se a entropia $S(E, V, N) = k_B \ln \Omega$. A derivada parcial de S em ordem a E conduz a $T = T(E, V, N)$, a qual pode ser resolvida em ordem a $E = E(T, V, N)$. A derivada parcial em ordem a V dá $P = P(E, V, N)$, onde se introduziu $E = E(T, V, N)$.

2. Da função de partição canónica, obtém-se a energia livre $F(T, V, N) = -k_B T \ln Z$. As derivadas parciais de F em ordem a T e V conduzem a $S = S(T, V, N)$ e $P = P(T, V, N)$. Daí obtém-se também $E(T, V, N) = F(T, V, N) + T S(T, V, N)$.

3. Da função de partição *grand* canónica, obtém-se o potencial $J(T, V, \mu) = -k_B T \ln Y$. As derivadas parciais de J em ordem a T, V e μ conduzem a $S = S(T, V, \mu)$, $P = P(T, V, \mu)$ e $N = N(T, V, \mu)$. Resolve-se a última relação em ordem a $\mu = \mu(T, V, N)$ e substitui-se nas outras duas, o que dá $S(T, V, N)$ e $P(T, V, N)$ e, deste modo, também a energia $E(T, V, N) = J + T S + \mu N$.

Algumas grandezas pretendidas obtêm-se, diretamente (sem recurso ao potencial associado) das derivadas parciais de $\ln Z$ e $\ln Y$ indicadas no capítulo 23. Estes caminhos diretos serão também utilizados no seguimento. Na tabela 25.1, apresentam-se resumidamente as funções de partição e a dedução das equações calórica e térmica de estado.

Tabela 25.1 Cada *ensemble* estatístico representa determinadas condições de fronteira físicas. A partir dos valores próprios da energia $E_r(V,N)$ dos microestados calcula-se a respectiva função de partição. Cada função de partição está associada a um potencial termodinâmico ou a $S(E,V,N)$. Nas duas últimas linhas, obtém-se as equações térmica e calórica de estado. Para o *ensemble* microcanónico, de $T(E,V,N)$, obtém-se $E = E(T,V,N)$ que se substitui em $P(E,V,N)$. Para o *ensemble grand* canónico, a partir de $N(T,V,\mu) = -\partial J/\partial\mu$ obtém-se $\mu = \mu(T,V,N)$ que se substitui em $E(T,V,\mu)$ e $P(T,V,\mu)$.

ensemble	microcanónico	canónico	*grand* canónico
relação do sistema com o exterior	sistema isolado	contacto com banho térmico	contacto com banho térmico e reservatório de partículas
função de partição	$\Omega(E,V,N)$	$Z(T,V,N)$	$Y(T,V,\mu)$
grandezas associadas	$S(E,V,N) = k_{\mathrm B}\ln\Omega$	$F(T,V,N) = -k_{\mathrm B}T\ln Z$	$J(T,V,\mu) = -k_{\mathrm B}T\ln Y$
equação calórica de estado $E(T,V,N)$	$\dfrac{1}{T(E,V,N)} = \dfrac{\partial S}{\partial E}$	$E(T,V,N) = -\dfrac{\partial \ln Z}{\partial \beta}$	$E(T,V,\mu) = -\dfrac{\partial \ln Y}{\partial \beta} + \mu N$
equação térmica de estado $P(T,V,N)$	$P(E,V,N) = T\,\dfrac{\partial S}{\partial V}$	$P(T,V,N) = -\dfrac{\partial F}{\partial V}$	$P(T,V,\mu) = -\dfrac{J}{V}$

Capítulo 25 Gás perfeito monoatómico 219

A determinação das equações calórica e térmica de estado refere-se a sistemas arbitrários. Para o gás perfeito, determinamos explicitamente cada uma das três funções de partição.

Da função de partição microcanónica (25.11), obtemos:

$$P \overset{(10.16)}{=} \frac{1}{\beta} \frac{\partial \ln \Omega}{\partial V} = \frac{N k_\mathrm{B} T}{V} \ , \tag{25.14}$$

$$\frac{1}{k_\mathrm{B} T} \overset{(10.16)}{=} \frac{\partial \ln \Omega}{\partial E} = \frac{3}{2} \frac{N}{E} \ . \tag{25.15}$$

Da função de partição canónica (25.12), obtemos:

$$P \overset{(23.14)}{=} \frac{1}{\beta} \frac{\partial \ln Z}{\partial V} = \frac{N k_\mathrm{B} T}{V} \ , \tag{25.16}$$

$$E \overset{(23.13)}{=} -\frac{\partial \ln Z}{\partial \beta} = N \frac{\partial \ln \lambda^3}{\partial \beta} = \frac{3N}{2} \frac{\partial \ln \beta}{\partial \beta} = \frac{3}{2} N k_\mathrm{B} T \ , \tag{25.17}$$

onde utilizamos $\lambda = \text{const.} \cdot \beta^{1/2}$.

Da função de partição *grand* canónica (25.13), obtemos:

$$N \overset{(23.28)}{=} \frac{1}{\beta} \frac{\partial \ln Y(\beta, V \mu)}{\partial \mu} = \frac{V}{\lambda^3} \exp(\beta \mu) = \ln Y \ , \tag{25.18}$$

$$P \overset{(23.27)}{=} \frac{1}{\beta} \frac{\partial \ln Y}{\partial V} = k_\mathrm{B} T \underbrace{\frac{\exp(\beta \mu)}{\lambda^3}}_{=N/V} = \frac{N k_\mathrm{B} T}{V} \ , \tag{25.19}$$

$$E \overset{(23.26)}{=} -\frac{\partial \ln Y}{\partial \beta} + \mu N = -\frac{\partial}{\partial \beta} \left(\frac{V}{\lambda^3} \exp(\beta \mu) \right) + \mu N$$

$$= \frac{3}{2 \beta} \underbrace{\frac{V}{\lambda^3} \exp(\beta \mu)}_{=N} - \mu \underbrace{\frac{V}{\lambda^3} \exp(\beta \mu)}_{=N} + \mu N = \frac{3}{2} N k_\mathrm{B} T \ . \tag{25.20}$$

Nas duas últimas equações, μ foi eliminado recorrendo a (25.18).

Neste capítulo, demonstramos para o gás perfeito monoatómico que cada função de partição conduz às mesmas equações térmica e calórica de estado. Este resultado é válido para sistemas arbitrários macroscópicos. As razões foram apresentadas no capítulo 22. Assim, se, por exemplo, for fixada a temperatura em vez da energia, é se conduzido a flutuações da energia. No entanto, para sistemas macroscópicos, estas flutuações são tão pequenas que, no âmbito da Termodinâmica, podem ser desprezadas. Analogamente, isto é também válido para todas as outras grandezas macroscópicas.

Para a dedução das relações termodinâmicas, são, então, equivalentes as diferentes funções de partição. Por isso, utilizamos na seguinte Parte V a função de partição cujo cálculo é particularmente vantajoso.

220 Parte IV *Ensembles* estatísticos

Exercícios

25.1 Paradoxo de Gibbs

A função de partição canónica de um gás ideal monoatómico é

$$Z(T, V, N) = \frac{\left[z(T, V)\right]^N}{N!} = \frac{1}{N!}\frac{V^N}{\lambda^{3N}}, \qquad \lambda = \frac{2\pi\hbar}{\sqrt{2\pi m k_B T}} \qquad (25.21)$$

Com este resultado determine a variação ΔF da energia livre pelo seguinte processo. Um volume V de gás termicamente isolado é dividido em dois volumes iguais pela introdução de uma parede interposta. Como alternativa calcule ΔF das relações termodinâmicas (considere as transferências de calor e trabalho).

Omita o fator $1/N!$ na expressão para Z; deste modo obtém-se outra expressão F^* para a energia livre. Determine a variação ΔF^* no processo considerado. A contradição entre este ΔF^* calculado estatisticamente e o ΔF calculado termodinamicamente é denominada de *Paradoxo de Gibbs*. A contradição foi resolvida com a introdução do fator $1/N!$ antes da sua justificação pela Mecânica Quântica (indistinguibilidade de partículas).

V Sistemas especiais

26 Sistema ideal de spins

Na Parte V, que aqui iniciamos, calculamos a função de partição canónica ou a função de partição grand canónica para uma série de sistemas modelo. Na discussão, estabelecemos a ligação com sistemas reais e efeitos físicos observados.

Neste capítulo, investigamos um sistema ideal de N partículas de spin 1/2. "Ideal" significa que se não tomam em consideração quaisquer interações entre as partículas; todos os spins se orientam independentemente uns dos outros num campo magnético externo. Este modelo explica a dependência do paramagnetismo na temperatura.

Consideramos partículas com massa m, carga q e spin s. Tais partículas possuem um momento magnético $\boldsymbol{\mu} = \mu \boldsymbol{s}$ com $\mu = g q \hbar / 2mc$, onde g é um fator numérico da ordem de grandeza de 1. Consideramos em particular eletrões com $q = -e$ e $g \approx 2$ (valor para eletrões livres). Com $g = 2$ obtemos

$$\boldsymbol{\mu} = -2\mu_B \boldsymbol{s}, \qquad \mu_B = \frac{e\hbar}{2m_e c} \tag{26.1}$$

onde μ_B é o magnetão de Bohr. Utilizemos o valor 2 para o fator giromagnético g do eletrão. Num campo magnético externo, $\boldsymbol{B} = B\boldsymbol{e}_z$, a energia de um momento magnético é igual a $\varepsilon = -\boldsymbol{\mu} \cdot \boldsymbol{B} = -\mu_z B$. Relativamente à direção em que se faz a medida (aqui a direção de $\boldsymbol{B}$), pode a projeção do spin tomar o valor $s_z = \pm 1/2$. Por conseguinte, os possíveis valores da energia do eletrão são

$$\varepsilon = -\boldsymbol{\mu} \cdot \boldsymbol{B} = -2\mu_B B s_z = \mp\mu_B B . \tag{26.2}$$

Consideremos, seguidamente, apenas os graus de liberdade do spin de um sistema de N eletrões, não se tomando em conta outros graus de liberdade. Este sistema de spins pode, então, servir como modelo para as propriedades magnéticas de um cristal, no qual cada átomo tem um eletrão desemparelhado com momento angular orbital nulo.

O microestado do sistema de N partículas é definido por

$$r = (s_{z,1}, \, s_{z,2}, \, \ldots, \, s_{z,N}) \qquad s_{z,\nu} = \pm 1/2 , \tag{26.3}$$

221

222   Parte V   Sistemas especiais

onde o índice $\nu = 1, ..., N$ enumera as partículas. Para um sistema ideal de spins, isto é, um sistema sem interações entre os spins, a energia é a soma das energias individuais das partículas (26.2),

$$E_r(B, N) = \sum_{\nu=1}^{N} \varepsilon_\nu = -\sum_{\nu=1}^{N} 2\mu_B B s_{z,\nu}. \tag{26.4}$$

Calculemos a função de partição $Z = \sum_r \exp(-\beta E_r(B, N))$:

$$Z(T, B, N) = \sum_{s_{z,1} = \pm 1/2} \cdots \sum_{s_{z,N} = \pm 1/2} \exp(-\beta \varepsilon_1) \cdot \ldots \cdot \exp(-\beta \varepsilon_N)$$

$$= \left(\sum_{s_z = \pm 1/2} \exp\left(2\beta \mu_B B s_z\right) \right)^N = \left[z(T, B) \right]^N, \tag{26.5}$$

sendo $z(T, B)$ a função de partição de partícula individual,

$$z(T, B) = \sum_{s_z = \pm 1/2} \exp\left(2\beta \mu_B B s_z\right) = 2\cosh\left(\beta \mu_B B\right). \tag{26.6}$$

No *ensemble* canónico, para um spin individual, as orientações paralela $(+)$ ou antiparalela $(-)$ ao campo magnético ocorrem com probabilidades $P_\pm = \exp(2\beta \mu_B B s_z)/z$,

$$P_\pm = \frac{\exp\left(\pm \beta \mu_B B\right)}{2\cosh\left(\beta \mu_B B\right)}. \tag{26.7}$$

O momento magnético médio $\overline{\mu}$ de um spin é

$$\overline{\mu} = 2\mu_B \overline{s_z} = \mu_B \left(P_+ - P_-\right). \tag{26.8}$$

A cada parâmetro externo x_i corresponde uma força externa X_i. Os parâmetros externos são parâmetros macroscópicos, dos quais dependem os valores próprios da energia, por conseguinte, B e N (em (26.4)) e, eventualmente, V. Para o sistema de spins, consideremos N e V como constantes, razão pela qual se não incluem nos argumentos. Interessa-nos a força generalizada X_B associada a B

$$X_B \overset{(8.2)}{=} -\overline{\frac{\partial E_r}{\partial B}} = \overline{\sum_{\nu=1}^{N} 2\mu_B s_{z,\nu}} = N\overline{\mu} = VM. \tag{26.9}$$

Trata-se do *momento magnético* médio $N\overline{\mu}$ do sistema de spins. As flutuações do momento magnético em torno do seu valor médio são da ordem de grandeza relativa de $\mathcal{O}(N^{-1/2})$. Portanto, $N\overline{\mu}$ é também referido simplesmente como momento magnético. Por unidade de volume, obtemos a *magnetização*

$$M = \frac{N\overline{\mu}}{V} = n\overline{\mu} = \frac{\text{momento magnético}}{\text{volume}}, \tag{26.10}$$

Capítulo 26 Sistema ideal de spins

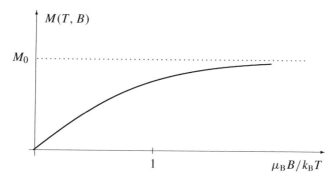

Figura 26.1 Representação gráfica da magnetização $M = M_0 \tanh(y)$ como função de $y = \mu_B B/k_B T$. Este gráfico indica o modo como a magnetização depende do campo magnético a temperatura constante, ou como depende de $1/T$, sendo constante o campo magnético.

sendo $n = N/V$ a densidade de partículas. Substituamos (26.8) e (26.7) em $M = n\overline{\mu}$:

$$M(T, B) = M_0 \tanh\left(\frac{\mu_B B}{k_B T}\right), \quad (26.11)$$

onde $M_0 = n\mu_B$ é a magnetização máxima. Na figura 26.1, está esquematizada a dependência da magnetização $M = M_0 \tanh(y)$ na grandeza sem dimensões $y = \beta \mu_B B$. Desenvolvamos a tangente hiperbólica para valores pequenos e grandes de y:

$$\tanh(y) = \begin{cases} y - y^3/3 \pm \ldots & (y \ll 1), \\ 1 - 2\exp(-2y) \pm \ldots & (y \gg 1). \end{cases} \quad (26.12)$$

O valor $y = 1$ define a temperatura T_m

$$k_B T_m = \mu_B B. \quad (26.13)$$

Obtemos, de (26.11, 26.12), os casos extremos da magnetização

$$M(T, B) = M_0 \cdot \begin{cases} \dfrac{\mu_B B}{k_B T} \pm \ldots & (T \gg T_m), \\ 1 - 2\exp\left(\dfrac{-2\mu_B B}{k_B T}\right) \pm \ldots & (T \ll T_m). \end{cases} \quad (26.14)$$

Para temperatura elevada ou campo magnético fraco, a magnetização é proporcional ao campo aplicado. A susceptibilidade magnética é independente do campo:

$$\chi_m = \frac{\partial M}{\partial B} = \frac{M_0 \mu_B}{k_B T} = \frac{\text{const.}}{T} \quad \text{(lei de Curie, } T \gg T_m\text{)}. \quad (26.15)$$

224 Parte V Sistemas especiais

Esta dependência na temperatura é denominada *lei de Curie*.

Efetuando a média de (26.4), obtém-se a energia

$$E(T, B) = -2N\mu_{\mathrm{B}} B \overline{s_z} = -N \overline{\mu} B = -V B M(T, B)\,, \qquad (26.16)$$

onde supusemos N e V constantes. Para T e B fixos, a condição de equilíbrio do sistema de spins é a seguinte

$$F(T, B) = E - T S = -V B M - T S = \text{mínimo}\,. \qquad (26.17)$$

A tendência para uma energia livre o mais pequena possível significa que o termo $-V B M$ atua no sentido de tornar M o maior possível (portanto, orientar os spins), o termo $-T S$ atua no sentido de fazer S o maior possível (portanto, preencher o mais possível de igual modo os estados de spin). A magnitude da primeira tendência aumenta com B e a da segunda tendência aumenta com T. A temperaturas mais baixas vence o campo magnético (a ordem), a temperaturas mais altas ganha a entropia (a desordem).

O modelo ideal de spins é um modelo simples para o comportamento paramagnético ($\chi_{\mathrm{m}} > 0$) da matéria. Se num átomo, os eletrões estiverem acoplados a spin total nulo, o momento magnético resultante é zero. O paramagnetismo ocorre, nomeadamente, se houver um eletrão adicional (para além dos eletrões acoplados a spin zero). Os spins em (26.3) são, então, os spins destes eletrões, percorrendo o índice ν os N átomos do sistema. Independentemente dos efeitos paramagnéticos aqui contemplados, um campo magnético aplicado induz no átomo correntes que conduzem a um comportamento diamagnético ($\chi_{\mathrm{m}} < 0$). Contanto que ocorra paramagnetismo, este sobrepor-se-á aos efeitos diamagnéticos (sempre presentes) que têm menor intensidade.

Nos sistemas reais, existem interações entre spins vizinhos. O modelo aqui descrito despreza estas interações. Esta é uma aproximação válida, se $k_{\mathrm{B}} T$ for grande em comparação com a energia de interação. Devido à interação entre spins vizinhos, poderá, abaixo de uma determinada temperatura de transição, ocorrer magnetização espontânea, ou seja, ferromagnetismo (capítulo 36).

Geração de baixas temperaturas

O procedimento a seguir serve para a geração de temperaturas muito mais baixas (como 10^{-3} K). Como ponto de partida considere-se um reservatório de calor, por exemplo a 1 K. Considere-se o sistema de spins em contacto com o reservatório de calor de modo que se possa ligar o campo magnético B_a isotermicamente. Seja o campo tão intenso que $M \approx M_0$. No sistema termicamente isolado o campo externo é agora desligado. Então existe ainda apenas um fraco campo interno residual B_b. Imediatamente após desligar a magnetização é ainda $M \approx M_0$. A elevada magnetização com um campo fraco significa que o sistema está agora a uma temperatura muito mais baixa (ver também Exercício 26.1). O procedimento análogo conduz para o caso de spins nucleares (em vez dos aqui considerados spins dos eletrões) a temperaturas *muito* baixas (como cerca de 10^{-6} K).

Capítulo 26 Sistema ideal de spins

Temperatura negativa (fictícia)

A temperatura introduzida no Capítulo 9 não pode ser negativa. De (26.7) e $T \geq 0$ conclui-se para um estado de equilíbrio

$$\frac{P_+}{P_-} = \exp\left(2\beta\mu_B B\right) \geq 1 \qquad (26.18)$$

Experimentalmente, no entanto, pode-se colocar o sistema num estado tal que $P_+/P_- < 1$; para tal os estados de spin com energia superior deverão estar mais ocupados do que os estados com energia inferior. Um tal estado é um estado de não equilíbrio. Portanto, a possível existência deste estado não está em contradição com a relação (26.18).

Se apesar de tudo, para estados com $P_+/P_- < 1$ utilizarmos (26.18) – embora os requisitos para tal não sejam satisfeitos – obtém-se formalmente uma temperatura *negativa* (fictícia). Quando se tem dois sistemas de spins com números de ocupação invertidos e são colocados em contacto um com o outro (mas isolados à parte deste aspecto), então o contacto pode conduzir a um quase-equilíbrio entre si desses dois sistemas com as temperaturas negativas (fictícias) $T_1 = T_2$. Esta forma de expressão pode ser motivada seguindo este ponto de vista.

No contexto deste Curso de Física é mantido o conceito de temperatura introduzido no capítulo 9. Esta temperatura (absoluta) não pode assumir valores negativos.

226 Parte V Sistemas especiais

Exercícios

26.1 Desmagnetização adiabática

Um sistema consiste em N partículas independentes com spin 1/2 (eletrões) com o momento magnético μ_B. Os spins são colocados num campo magnético homogéneo com intensidade B. Parta da função de partição $Z(T, B)$ e da diferencial

$$dF = -S\,dT - VM\,dB \tag{26.19}$$

da energia livre $F(T, B) = -k_B T \ln Z$ ($N = \text{const.}$). Calcule a entropia S e a magnetização M. Qual é o resultado quando $T \to 0$ e quando $T \to \infty$?

Inicialmente, seja a temperatura do sistema igual a T_a e o campo igual a B_a. Seja agora o campo no sistema termicamente isolado lentamente desligado; por causa da interação interna permanece um campo residual fraco B_b. Que temperatura T_b se estabelece então? Trace um esboço qualitativo da entropia como função da temperatura para dois valores diferentes (B_a e B_b) do campo magnético.

26.2 Calor específico e suscetibilidade no sistema ideal de spins

Um sistema de N partículas independentes de spin 1/2 (eletrões) com o momento magnético μ_B está sujeito a um campo magnético externo B. O sistema tem função de partição

$$Z(T, B) = \left(2\cosh x\right)^N \qquad \text{com} \quad x = \frac{\mu_B B}{k_B T} = \frac{T_m}{T}$$

O número N de partículas é constante. Calcule o calor específico $c_B(T, B) = (T/N)\,\partial S(T, B)/\partial T$ e a suscetibilidade $\chi_m = \partial M/\partial B$. Particularize os resultados para $x \gg 1$ e $x \ll 1$.

26.3 Sistema ideal de spins geral

N partículas independentes com spin estão sujeitas a um campo magnético homogéneo $\boldsymbol{B} = B\,\boldsymbol{e}_z$ com $B > 0$. O spin $s > 0$ (aqui sem o fator $\hbar$) pode ser semi-inteiro ou inteiro; existem as orientações de spin $s_z = s, s-1, s-2, \ldots, -s$. O momento magnético é $\boldsymbol{\mu} = g\mu_0 s$, onde g é o o fator giromagnético, e $\mu_0 = q\hbar/(2mc)$. Calcule a função de partição canónica (série geométrica!), energia livre $F(T, B)$ e a magnetização $M(T, B)$. Em particular, determine a magnetização para altas e para baixas temperaturas.

27 Gás perfeito diatómico

Calculamos a capacidade calorífica de um gás perfeito diatómico. Os possíveis tipos de movimento são translações, rotações e vibrações. As rotações e vibrações são tratadas no âmbito da Mecânica Quântica. Os correspondentes calores específicos apresentam dependências características de temperatura. A simetria de troca pode levar a efeitos específicos (orto-, para-hidrogénio).

Operador Hamiltoniano

Perfeito (ou ideal) significa que a interação entre as moléculas do gás é desprezada. O operador Hamiltoniano é, por conseguinte, uma soma de operadores Hamiltonianos independentes

$$H = \sum_{\nu=1}^{N} h(\nu) \,. \tag{27.1}$$

No argumento de h, encontra-se ν que representa todas as coordenadas e quantidades de movimento da molécula ν.

O gás perfeito diatómico pode ser considerado um modelo do ar. O ar é uma mistura de dois gases consistindo predominantemente de moléculas de N_2 (cerca de 77%) e de O_2 (cerca de 21%).

Em condições normais, o percurso livre médio no ar ronda 10^{-7} m, e o tempo médio de colisão ronda $2 \cdot 10^{-10}$ s. O modelo (27.1) é irrealista na medida em que não toma em conta a interação entre as moléculas. No entanto, no tratamento *estatístico* estas aproximações não conduzem necessariamente a resultados errados. Assim, no que respeita à pressão, só importa a densidade média e a velocidade média das moléculas do gás, não importando se as moléculas se movem sem choques através do gás. No que respeita à energia importam, em primeiro lugar, as possíveis excitações (como rotações e vibrações), não importando, no entanto, o modo como são excitadas (por exemplo, por choques). O gás perfeito é, portanto, uma aproximação possível para o cálculo da energia e da pressão. Neste caso, a interação desprezada é tanto menos importante quanto mais rarefeito for o gás (capítulo 28).

O operador Hamiltoniano h é constituído por parcelas independentes para a translação, vibração e rotação de uma molécula:

$$h = h_{\text{trans}} + h_{\text{vib}} + h_{\text{rot}} \,. \tag{27.2}$$

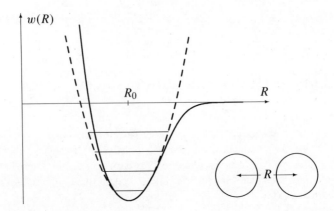

Figura 27.1 Representação esquemática da energia potencial $w(R)$ de dois átomos (representados abaixo, à direita) distanciados de R. (Um potencial realista átomo-átomo está esboçado na Figura 38.1.) Na proximidade do mínimo, R_0, o potencial pode ser aproximado pelo potencial de um oscilador (curva tracejada). Os modos de vibração no oscilador são representados por segmentos de reta. Simultaneamente, com as vibrações são também excitadas rotações térmicas.

Não são aqui abrangidas excitações dos eletrões. A correspondente função de Hamilton clássica foi já apresentada e discutida em (24.47).

O movimento de translação do centro de massa da molécula (massa M) é descrito por

$$h_{\text{trans}} = \frac{\boldsymbol{p}_{\text{op}}^2}{2M} = -\frac{\hbar^2}{2M}\Delta, \qquad (27.3)$$

onde $\boldsymbol{p}_{\text{op}} = -i\hbar\nabla$ é o operador quantidade de movimento do centro de massa.

Consideremos agora os graus de liberdade internos da molécula. Na figura 27.1, encontra-se esquematizado o potencial entre os dois átomos da molécula (por exemplo, H_2 ou O_2). Designamos por $R = R_0 + \xi$ a distância entre os dois núcleos atómicos, sendo R_0 a distância de equilíbrio no caso clássico. Na proximidade do mínimo, aproximamos o potencial por meio dum potencial harmónico. As vibrações vêm, então, descritas pelo operador Hamiltoniano de um oscilador

$$h_{\text{vib}} = -\frac{\hbar^2}{2m_{\text{r}}}\frac{d^2}{d\xi^2} + \frac{m_{\text{r}}}{2}\omega^2\xi^2, \qquad (27.4)$$

onde m_{r} é a massa reduzida dos dois átomos e $m_{\text{r}}\omega^2$ é igual à segunda derivada do potencial $w(R)$ em R_0. A aproximação através de um oscilador é tanto melhor quanto mais baixa for a energia de excitação. Esta aproximação perde a validade pelo menos quando se atinge a energia de dissociação (energia zero na figura 27.1).

A massa da molécula está essencialmente concentrada nos núcleos atómicos. Por conseguinte, o momento de inércia para rotação em torno de um eixo (que

Capítulo 27   Gás perfeito diatómico

passa pelo centro de gravidade) perpendicular à linha que une os átomos é:

$$\Theta = m_r R^2 \approx m_r R_0^2 = \text{const.}, \tag{27.5}$$

onde utilizamos a aproximação do *rotor rígido*, $R = R_0 + \xi \approx R_0$, a qual despreza o acoplamento entre rotações e vibrações. O operador Hamiltoniano do rotor rígido é

$$h_{\text{rot}} = \frac{\boldsymbol{\ell}_{\text{op}}^2}{2\Theta} = -\frac{\hbar^2}{2\Theta}\left(\frac{1}{\sin\theta}\frac{\partial}{\partial\theta}\sin\theta\frac{\partial}{\partial\theta} + \frac{1}{\sin^2\theta}\frac{\partial^2}{\partial\phi^2}\right), \tag{27.6}$$

onde $\boldsymbol{\ell}_{\text{op}}$ é o operador momento angular. Os ângulos θ e ϕ dão a orientação da linha que une os átomos.

Não ocorrem rotações em torno da linha que une os átomos, porque a função de onda da molécula é simétrica em relação a tais rotações. Não existe, portanto, qualquer estado quântico de rotação, pois o mesmo deveria ser construído como sobreposição de funções de onda rodadas umas relativamente às outras. Independentemente disso, o momento de inércia para tais rotações seria da ordem de $\mathcal{O}(m_r\,\text{fm}^2)$, por conseguinte, um fator $\mathcal{O}(10^{10})$ mais pequeno que o valor $\mathcal{O}(m_r\,\text{Å}^2)$ de (27.5). Então, o nível mais baixo de tais rotações situar-se-ia tão alto que praticamente não pode ser excitado.

Os valores próprios de $h = h_{\text{trans}} + h_{\text{vib}} + h_{\text{rot}}$ são

$$\varepsilon = \frac{\pi^2\hbar^2}{2ML^2}\left(n_x^2 + n_y^2 + n_z^2\right) + \hbar\omega\left(n + \frac{1}{2}\right) + \frac{\hbar^2 l(l+1)}{2\Theta}, \tag{27.7}$$

onde considerámos uma caixa cúbica de volume $V = L^3$. As funções próprias para a translação são, segundo a direção x, $\sin(\pi n_x x/L)$ com expressões correspondentes para as direções y e z. Os números quânticos n_x, n_y e n_z podem tomar os valores $1, 2, \ldots$. As funções próprias do oscilador unidimensional são da forma $H_n(\xi)\exp(-\alpha\xi^2)$, onde os H_n são polinómios de Hermite, determinados pelos números quânticos $n = 0, 1, 2, \ldots$. As funções próprias de $\boldsymbol{\ell}_{\text{op}}^2$ são os harmónicos esféricos $Y_{lm}(\theta, \phi)$, dependendo dos números quânticos $l = 0, 1, 2, \ldots$ e $m = -l, -l+1, \ldots, l$. Assim, o estado ν da molécula é indexado por

$$r_\nu = \left(n_x^\nu, n_y^\nu, n_z^\nu, n_\nu, l_\nu, m_\nu\right), \tag{27.8}$$

onde, para já, não tomamos em conta possíveis graus de liberdade de spin. O microestado do gás é, então, caracterizado por

$$r = (r_1, r_2, \ldots, r_N). \tag{27.9}$$

A energia deste estado é

$$E_r = \sum_{\nu=1}^{N}\varepsilon_{r_\nu} = E_{\text{trans}} + E_{\text{vib}} + E_{\text{rot}}, \tag{27.10}$$

onde ε é dado por (27.7).

230 Parte V Sistemas especiais

Efeitos quânticos

Manifestam-se os seguintes efeitos quânticos:

1. Indistinguibilidade das moléculas: tomamos em conta estes efeitos através do fator $1/N!$ na função de partição

$$\sum_r \cdots \implies \frac{1}{N!} \sum_r \cdots = \left(\frac{1}{N!} \sum_{\text{trans}}\right) \sum_{\text{vib}} \sum_{\text{rot}} \cdots . \qquad (27.11)$$

Este fator ocorreu já para o gás perfeito monoatómico (capítulos 6 e 25), independentemente de vibrações ou rotações. Escrevamos, portanto, este fator na função de partição associada às translações e calculemos esta função de partição do modo clássico.

A indistinguibilidade das moléculas do gás implica uma determinada simetria de troca da função de onda de muitas partículas e, portanto, tem consequências em termos da contagem de estados (capítulo 29). Estes efeitos são aproximadamente tomados em consideração através do fator $1/N!$. Os efeitos adicionais, obtidos por meio de um tratamento quântico exato, não têm significado para os gases usuais. Estes efeitos serão calculados no capítulo 30.

2. Quantização dos níveis de energia: a energia média por grau de liberdade é da ordem de $k_B T$. A grandeza do salto energético para o grau de liberdade considerado é designada por $\Delta\varepsilon$. No caso em que

$$\Delta\varepsilon \ll k_B T \qquad \text{(limite clássico)}, \qquad (27.12)$$

a quantização não é importante.

Este limite não é violado para translações (uma análise mais rigorosa será desenvolvida no capítulo 30), o que não sucede com rotações e vibrações. Assim, os graus de liberdade associados a rotações e vibrações devem ser considerados em termos da Mecânica Quântica.

3. Efeitos especiais associados à simetria: quando a molécula é composta de dois átomos iguais, a simetria de troca destes átomos pode limitar os estados possíveis de rotação. Na última secção deste capítulo, discute-se este efeito para a molécula de hidrogénio. Ele conduz à distinção entre orto-hidrogénio e para-hidrogénio.

As energias de modos de vibração vizinhos estão separadas por um intervalo $\Delta\varepsilon_{\text{vib}} = \hbar\omega$. A energia de excitação mais baixa no espectro rotacional é $\Delta\varepsilon_{\text{rot}} = \hbar^2/\Theta$. Introduzimos as correspondentes temperaturas,

$$\Delta\varepsilon_{\text{vib}} = \hbar\omega = k_B T_{\text{vib}}, \qquad (27.13)$$

$$\Delta\varepsilon_{\text{rot}} = \frac{\hbar^2}{\Theta} = k_B T_{\text{rot}}. \qquad (27.14)$$

Capítulo 27   Gás perfeito diatómico   231

Para temperaturas $T \lesssim T_{\text{vib}}$ ou $T \lesssim T_{\text{rot}}$, o sistema deve ser considerado em termos de Mecânica Quântica.

Por $\Delta\varepsilon_{\text{rot}}$ entendemos a diferença entre as energias do primeiro estado rotacional excitado com $l = 1$ e do estado fundamental com $l = 0$. Façamos uma estimativa de T_{rot} para a molécula H_2. A massa reduzida é $m_r \approx m_p/2$, onde $m_p \approx 1\,\text{GeV}/c^2$ é a massa do protão. A distância de equilíbrio $R_0 \approx 0.74$ Å é obtida num tratamento da molécula H_2 em termos da Mecânica Quântica. Com o momento de inércia (27.5), obtemos

$$\Delta\varepsilon_{\text{rot}} = \frac{\hbar^2}{\Theta} = \frac{2\hbar^2}{m_p R_0^2} \approx \frac{2}{0.74^2}\left(\frac{\hbar c}{\text{Å}}\right)^2 \frac{1}{\text{GeV}} \approx 170\, k_B\,\text{K} \qquad \text{(para } H_2\text{)} . \quad (27.15)$$

No cálculo numérico, utilizamos $\hbar c/\text{Å} = (\hbar c/e^2)(e^2/\text{Å}) \approx 137 \cdot 14.4\,\text{eV}$ e $300\, k_B\,\text{K} \approx \text{eV}/40$. O valor estimado fica, efetivamente, próximo do valor atual, $T_{\text{rot}} \approx 171$ K. Encontra-se nitidamente acima da temperatura de cerca de 20 K, para a qual o hidrogénio condensa à pressão normal.

Para as vibrações, temos

$$\Delta\varepsilon_{\text{vib}} \approx \frac{\hbar^2}{m_r\,\Delta\xi^2} \sim 4000\, k_B\,\text{K} \qquad \text{(para } H_2\text{)} , \quad (27.16)$$

onde $\Delta\xi$ é a largura da função de onda quântica do estado fundamental (aproximadamente a amplitude dos segmentos de reta mais baixos da figura 27.1). Para uma estimativa numérica, introduzimos $\Delta\xi \sim 0.2\, R_0$. O valor real é mais elevado, $T_{\text{vib}} \approx 6244$ K. O desvio é devido à aproximação grosseira $\Delta\xi \sim 0.2\, R_0$.

Cálculo da função de partição

No modelo considerado, os diferentes tipos de movimento são independentes uns dos outros. Por conseguinte, o operador Hamiltoniano é uma soma de operadores Hamiltonianos independentes, (27.1) com (27.2). Assim, decompõe-se a função de partição canónica $Z = \sum_r \exp(-\beta E_r)/N!$ nos correspondentes termos:

$$Z = \frac{1}{N!} \sum_{\text{trans}} \sum_{\text{vib}} \sum_{\text{rot}} \exp\left(-\beta\,(E_{\text{trans}} + E_{\text{vib}} + E_{\text{rot}})\right) \quad (27.17)$$

$$= \frac{1}{N!} \underbrace{\sum_{\text{trans}} \exp(-\beta E_{\text{trans}})}_{= Z_{\text{trans}}} \underbrace{\sum_{\text{vib}} \exp(-\beta E_{\text{vib}})}_{= Z_{\text{vib}}} \underbrace{\sum_{\text{rot}} \exp(-\beta E_{\text{rot}})}_{= Z_{\text{rot}}} .$$

Como

$$\ln Z(T, V, N) = \ln Z_{\text{trans}} + \ln Z_{\text{vib}} + \ln Z_{\text{rot}} , \quad (27.18)$$

as contribuições para a pressão e para a energia podem ser calculadas separadamente:

$$P(T, V, N) = k_B T\,\frac{\partial \ln Z(T, V, N)}{\partial V} = P_{\text{trans}} , \quad (27.19)$$

232   Parte V   Sistemas especiais

$$E(T, V, N) = -\frac{\partial \ln Z(T, V, N)}{\partial \beta} = E_{\text{trans}} + E_{\text{vib}} + E_{\text{rot}}. \qquad (27.20)$$

Os operadores Hamiltonianos h_{rot} e h_{vib} não dependem do volume $V = L^3$. Então, o mesmo vale em relação a Z_{rot} e Z_{vib}. Por este motivo, estas funções de partição não trazem qualquer contribuição para a pressão.

Relativamente à notação, é de referir que $E_{\text{vib}}(n_1, ..., n_N)$, em (27.10) e (27.17), é uma função dos números quânticos. Pelo contrário, $E_{\text{vib}}(T, N)$ em (27.20) é uma função de T e N. A relação entre ambas as grandezas é a seguinte

$$E_{\text{vib}}(T, N) = \overline{E_{\text{vib}}(n_1, ..., n_N)} = \sum_{v=1}^{N} \hbar\omega\left(n_v + \frac{1}{2}\right). \qquad (27.21)$$

Como habitualmente, suprimiremos as barras nas grandezas termodinâmicas. Esta notação é válida também para E_{trans} e E_{rot}.

Translações

Se tomarmos em conta o fator $1/N!$ as translações podem ser tratadas classicamente. Para os gases, em geral, as correções quânticas são extremamente pequenas (capítulo 30).

De (25.7) temos a função de partição clássica para as translações

$$Z_{\text{trans}} = \frac{1}{N!}\frac{V^N}{\lambda^{3N}}. \qquad (27.22)$$

Decorre que

$$P = P_{\text{trans}} = k_B T \frac{\partial \ln Z_{\text{trans}}}{\partial V} = \frac{Nk_B T}{V}. \qquad (27.23)$$

Visto que as rotações e as vibrações não fornecem contribuição alguma para a pressão, a equação térmica de estado é independente do tipo de moléculas do gás perfeito.

Para a equação calórica de estado, as translações dão a contribuição conhecida

$$E_{\text{trans}} = -\frac{\partial \ln Z_{\text{trans}}}{\partial \beta} = \frac{3}{2} Nk_B T. \qquad (27.24)$$

Seguidamente, calculemos os termos $E_{\text{vib}}(T, N)$ e $E_{\text{rot}}(T, N)$.

Vibrações

Calculemos a função de partição para as vibrações. O número quântico de oscilador n_v da molécula v toma os valores $0, 1, 2, \ldots$:

$$Z_{\text{vib}}(T, N) = \sum_{n_1=0}^{\infty} \ldots \sum_{n_N=0}^{\infty} \exp\left[-\beta\hbar\omega(n_1 + 1/2 + \ldots + n_N + 1/2)\right]$$

$$= \left(\sum_{n=0}^{\infty} \exp\left[-\beta\hbar\omega(n + 1/2)\right]\right)^N = \left[z_{\text{vib}}(T)\right]^N. \qquad (27.25)$$

Capítulo 27 Gás perfeito diatómico 233

Sempre que as excitações das moléculas individuais sejam independentes umas das outras, a função de partição é o produto de funções de partição individuais. Esta forma é também válida para as rotações.

A função de partição z_{vib} para as oscilações de uma molécula individual, é uma série geométrica, cuja soma é conhecida:

$$z_{vib} = \sum_{n=0}^{\infty} \exp\left[-\beta\hbar\omega(n+1/2)\right] = \frac{\exp(-\beta\hbar\omega/2)}{1 - \exp(-\beta\hbar\omega)}, \qquad (27.26)$$

donde se segue

$$\ln z_{vib} = -\ln\left[1 - \exp(-\beta\hbar\omega)\right] - \beta\frac{\hbar\omega}{2}, \qquad (27.27)$$

sendo a energia média das vibrações

$$\begin{aligned} E_{vib}(T, N) &= -N\frac{\partial \ln z_{vib}}{\partial\beta} = N\hbar\omega\left(\frac{1}{\exp(\beta\hbar\omega) - 1} + \frac{1}{2}\right) \\ &= N\hbar\omega\left(\frac{1}{\exp(T_{vib}/T) - 1} + \frac{1}{2}\right). \end{aligned} \qquad (27.28)$$

Na última expressão, foi utilizada a temperatura $T_{vib} = \hbar\omega/k_B$. A contribuição das vibrações para a capacidade calorífica $C_{vib} = \partial E_{vib}/\partial T$ é, então,

$$\boxed{C_{vib}(T, N) = Nk_B\,\frac{T_{vib}^2}{T^2}\,\frac{\exp(T_{vib}/T)}{\left[\exp(T_{vib}/T) - 1\right]^2}.} \qquad (27.29)$$

A função $c_{vib}(T) = C_{vib}/N$ encontra-se esquematizada na figura 27.2. Visto que a função de partição associada às vibrações não depende do volume, o termo C_{vib} contribui de igual modo para C_V e C_P. O índice V ou P é, portanto, dispensável.

Tendo em conta (27.21), a energia (27.28) é

$$E_{vib}(T, N) = \overline{\sum_{v=1}^{N}\hbar\omega\left(n_v + \frac{1}{2}\right)} = N\hbar\omega\left(\overline{n} + \frac{1}{2}\right). \qquad (27.30)$$

Da comparação com (27.28) obtém-se o valor médio do número quântico do oscilador:

$$\overline{n} = \frac{1}{\exp(\beta\hbar\omega) - 1} \approx \begin{cases} \exp\left(-\dfrac{\hbar\omega}{k_B T}\right) & \text{para } k_B T \ll \hbar\omega, \\[2ex] \dfrac{k_B T}{\hbar\omega} & \text{para } k_B T \gg \hbar\omega. \end{cases} \qquad (27.31)$$

Para baixas temperaturas, a probabilidade de excitação de uma oscilação é exponencialmente pequena. Por esta razão, também c_{vib} é exponencialmente pequeno. Para temperaturas elevadas, assume um valor tal, que a energia média do oscilador é precisamente $k_B T$. Então, tem-se $c_{vib} = k_B$. Este caso limite pode também ser obtido do teorema da equipartição.

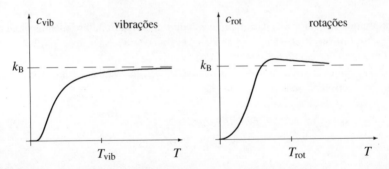

Figura 27.2 Dependência dos calores específicos, associadas às vibrações e rotações de um gás diatómico, na temperatura. Em geral, T_{vib} é claramente maior que T_{rot}. No limite clássico, tem-se $c_{vib} = k_B$ e $c_{rot} = k_B$.

Rotações

Analogamente a (27.25), a função de partição para as rotações reduz-se à função de partição de uma molécula individual

$$Z_{rot}(T, N) = \left[z_{rot}(T) \right]^N. \tag{27.32}$$

Os estados de rotação de uma molécula são fixados, de acordo com (27.8), pelos números quânticos l e m e a energia correspondente é dada pelo último termo em (27.7). Obtemos

$$z_{rot} = \sum_{l=0}^{\infty} \sum_{m=-l}^{l} \exp\left(-\frac{\hbar^2 l(l+1)}{2\Theta k_B T}\right) = \sum_{l=0}^{\infty} (2l+1) \exp\left(-\frac{T_{rot} l(l+1)}{2T}\right). \tag{27.33}$$

A soma sobre m originou o fator $2l+1$. Também introduzimos a temperatura $T_{rot} = \hbar^2/(\Theta k_B)$. Consideremos, em primeiro lugar, temperaturas baixas, $T \ll T_{rot}$. Neste caso só contribuem os primeiros termos

$$z_{rot} = 1 + 3 \exp\left(-\frac{T_{rot}}{T}\right) + 5 \exp\left(-\frac{3 T_{rot}}{T}\right) + \ldots \quad (T \ll T_{rot}), \tag{27.34}$$

donde se obtém para a energia $E = -\partial \ln Z_{rot}/\partial \beta$:

$$\begin{aligned} E_{rot}(T, N) &= -N \frac{\partial}{\partial \beta} \ln\left(1 + 3 \exp(-T_{rot}/T) + \ldots\right) \\ &= 3N k_B T_{rot} \exp\left(-\frac{T_{rot}}{T}\right) + \ldots, \end{aligned} \tag{27.35}$$

e para a capacidade calorífica $C_{rot} = \partial E_{rot}/\partial T$:

$$\boxed{C_{rot} \approx 3N k_B \frac{T_{rot}^2}{T^2} \exp\left(-\frac{T_{rot}}{T}\right) \quad (T \ll T_{rot}).} \tag{27.36}$$

Capítulo 27   Gás perfeito diatómico   235

Para temperaturas elevadas, substituímos a soma (27.33) por um integral e calculemos as correções com a fórmula da soma de Euler,

$$\sum_{l=l_0}^{l_1} f(l) = \int_{l_0}^{l_1} dl\, f(l) + \frac{f(l_0) + f(l_1)}{2} - \frac{f'(l_0) - f'(l_1)}{12} + \frac{f'''(l_0) - f'''(l_1)}{720} \pm \cdots$$

$$(27.37)$$

No tocante à dedução da fórmula da soma de Euler, remetemos para o Curso de
Matemáticas Superiores da autoria de Smirnov, volume III/2. Com

$$f(l) = (2l + 1)\, \exp\left(-\frac{T_{\rm rot}\, l(l+1)}{2\,T}\right), \qquad l_0 = 0, \quad l_1 = \infty, \qquad (27.38)$$

(27.37) torna-se em $z_{\rm rot}$. Calculemos os termos individuais. No integral do primeiro
termo, substituamos $x^2 = T_{\rm rot}\, l(l+1)/2T$ e $2x\, dx = T_{\rm rot}\, (2l + 1)\, dl/2T$:

$$\int_{l_0}^{l_1} dl\ f(l) = \int_0^{\infty} dl\ (2l + 1)\, \exp\left(-\frac{l(l+1)\, T_{\rm rot}}{2\,T}\right)$$

$$= \frac{4\,T}{T_{\rm rot}} \int_0^{\infty} dx\ x\ \exp(-x^2) = \frac{2\,T}{T_{\rm rot}}. \qquad (27.39)$$

Os termos seguintes dão

$$\frac{f(l_0) + f(l_1)}{2} = \frac{f(0)}{2} = \frac{1}{2}, \qquad (27.40)$$

$$-\frac{f'(l_0) - f'(l_1)}{12} = -\frac{1}{12} \frac{d\,f(l)}{dl}\bigg|_{l=0} = -\frac{1}{6} + \frac{T_{\rm rot}}{24\,T}, \qquad (27.41)$$

$$\frac{f'''(l_0) - f'''(l_1)}{720} = \frac{1}{720} \frac{d^3 f(l)}{dl^3}\bigg|_{l=0} = -\frac{T_{\rm rot}}{120\,T} + \mathcal{O}\left(\frac{T_{\rm rot}^2}{T^2}\right), \qquad (27.42)$$

donde obtemos

$$z_{\rm rot} = \frac{2\,T}{T_{\rm rot}} + \frac{1}{3} + \frac{T_{\rm rot}}{30\,T} + \mathcal{O}\left(\frac{T_{\rm rot}^2}{T^2}\right) \qquad (T \gg T_{\rm rot}), \qquad (27.43)$$

e

$$\ln Z_{\rm rot} = N \ln z_{\rm rot} \approx N\, \ln\left(\frac{2\,T}{T_{\rm rot}} \left(1 + \frac{T_{\rm rot}}{6\,T} + \frac{T_{\rm rot}^2}{60\,T^2}\right)\right)$$

$$\approx N\, \ln\left(\frac{2\,T}{T_{\rm rot}}\right) + N\left(\frac{T_{\rm rot}}{6\,T} + \frac{T_{\rm rot}^2}{60\,T^2} - \frac{1}{2}\left(\frac{T_{\rm rot}}{6\,T}\right)^2\right). \qquad (27.44)$$

O logaritmo do segundo fator foi desenvolvido até à ordem $T_{\rm rot}^2/T^2$. Daqui, obtém-
-se para a energia $E_{\rm rot} = -\partial \ln Z_{\rm rot}/\partial\beta$

$$E_{\rm rot}(T, N) = k_{\rm B}\, T^2\, \frac{\partial \ln Z_{\rm rot}}{\partial T} \approx N k_{\rm B}\, T \left(1 - \frac{T_{\rm rot}}{6\,T} - \frac{T_{\rm rot}^2}{180\,T^2}\right), \qquad (27.45)$$

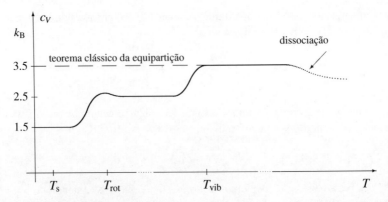

Figura 27.3 Dependência na temperatura do calor específico c_V de um gás perfeito diatómico. Os gases reais condensam (a uma dada pressão) abaixo de uma dada temperatura T_s, passando à fase líquida. Tal facto limita a aplicação do modelo para temperaturas baixas. A temperaturas suficientemente elevadas, as moléculas dissociam-se em átomos, podendo novamente ser tratadas como um gás perfeito. O desenho é muito esquemático: para o hidrogénio (moléculas H_2) tem-se $T_s \approx 20\,\mathrm{K}$, $T_{\mathrm{rot}} \approx 171\,\mathrm{K}$ e $T_{\mathrm{vib}} \approx 6244\,\mathrm{K}$.

e para a capacidade calorífica

$$C_{\mathrm{rot}} \approx N k_B \left(1 + \frac{T_{\mathrm{rot}}^2}{180\, T^2}\right) \qquad (T \gg T_{\mathrm{rot}}). \qquad (27.46)$$

Visto que a função de partição associada às rotações não depende do volume, o termo C_{rot} contribui de igual modo para C_V e C_P e, portanto, neste caso, o índice V ou P é irrelevante.

Na figura 27.2, esboça-se $c_{\mathrm{rot}}(T) = C_{\mathrm{rot}}/N$ em função da temperatura. Para $T \gg T_{\mathrm{rot}}$, pelo teorema da equipartição, tem-se $c_{\mathrm{rot}} \approx k_B$. De acordo com (27.46), à medida que T decresce aproximando-se de T_{rot}, c_{rot} começa por crescer um pouco, decrescendo para $T < T_{\mathrm{rot}}$. Por último, diminui exponencialmente quando $T \to 0$.

Para o calor específico total de um gás perfeito diatómico c_V, obtém-se o comportamento esquematizado na figura 27.3. O calor específico a pressão constante é $c_P = c_V + k_B$. Para temperaturas suficientemente elevadas, as moléculas dissociam-se em dois átomos, contribuindo cada um com $1.5\, k_B$ (translação) para c_V.

Orto-hidrogénio e para-hidrogénio

As moléculas dos gases diatómicos são constituídas por eletrões, protões e neutrões. Todas estas partículas são fermiões devendo, portanto, a função de onda ser anti-simétrica para cada tipo de fermiões. Estas exigências da simetria podem restringir os possíveis valores do momento angular de rotação.

Capítulo 27 Gás perfeito diatómico

237

Consideremos estes efeitos no exemplo do hidrogénio, constituído por moléculas de H_2. Esta é, por um lado, a molécula mais simples diatómica. Por outro lado, T_{rot} de (27.15) encontra-se claramente acima da temperatura de condensação $T_s \approx 20\,\text{K}$.

No estado fundamental da molécula de H_2, os dois eletrões têm a mesma função de onda espacial. A distribuição destas funções de onda sobre os dois átomos conduz a um abaixamento da energia e, por consequência, à ligação. O spin dos dois eletrões está acoplado a $S_{el} = 0$. Assim, a função de onda total é simétrica no que se refere às coordenadas espaciais, e anti-simétrica no spin e, portanto, é globalmente anti-simétrica. Em relação às rotações que discutiremos, esta estrutura dos eletrões permanece inalterada.

A função de onda dos dois protões (1 e 2) é da forma (ver também o capítulo 47 em [3]):

$$\Psi(1, 2) = \psi_0(R)\, Y_{lm}(\theta, \phi)\, |SS_z\rangle .\qquad (27.47)$$

A coordenada relativa $R = R_1 - R_2$ é expressa em função de R, θ e ϕ. O movimento relativo radial pode ser descrito pela função de onda do estado fundamental do oscilador $\psi_0(R) \propto \exp(-\gamma\,(R - R_0)^2)$. A posição deste estado encontra-se indicada na figura 27.1. Não consideramos vibrações, visto que para $T \sim T_{rot}$ em média estatística não são praticamente excitadas. A função de onda Y_{lm} descreve as rotações. Os dois spins dos protões estão acoplados no estado $|SS_z\rangle$.

A troca dos dois protões, através do operador P_{12}, implica

$$R \xrightarrow{P_{12}} -R \qquad \theta \xrightarrow{P_{12}} \pi - \theta \qquad \phi \xrightarrow{P_{12}} \pi + \phi , \qquad |SS_z\rangle \xrightarrow{P_{12}} (-)^{S+1}|SS_z\rangle ,$$

$$(27.48)$$

onde $R = R_1 - R_2 := (R, \theta, \phi)$. Como $Y_{lm}(\pi - \theta, \phi + \pi) = (-)^l\, Y_{lm}(\theta, \phi)$ obtemos no conjunto

$$P_{12}\,\Psi(1, 2) = P_{12}\,\psi_0\, Y_{lm}\, |SS_z\rangle = (-)^{l+S+1}\,\Psi(1, 2) \overset{!}{=} -\Psi(1, 2) .\qquad (27.49)$$

Visto que os protões são fermiões, deverá $\Psi(1, 2)$ ser anti-simétrica. Portanto, $l + S$ deverá ser par. Donde apenas são possíveis as seguintes combinações dos números quânticos l e S:

$$S = 0 : \quad l = 0, 2, 4, \dots \quad \text{(para-hidrogénio)},$$
$$S = 1 : \quad l = 1, 3, 5, \dots \quad \text{(orto-hidrogénio)}.$$
$$(27.50)$$

Esta relação tem consequências sobre a contribuição das rotações para o calor específico:

1. Para cada valor ímpar de l, existem três estados de spin, $S_z = 0, \pm1$. Para cada valor par de l, existe apenas um estado de spin. Por isso, os valores ímpares de l na função de partição obtêm um peso triplo.

238 Parte V Sistemas especiais

2. Para temperaturas $T \gg T_{\text{rot}}$, são de modo aproximado igualmente acessíveis muitos valores de l pares e ímpares. Devido a serem triplamente degenerados, os estados de momento angular ímpar, a relação do orto-hidrogénio para o para-hidrogénio é, então, de 3 para 1. Para $T \ll T_{\text{rot}}$, o estado fundamental ($l = 0$) está predominantemente ocupado. A $T = 0$, no equilíbrio, existe para-hidrogénio puro.

3. Ocorrem efeitos especiais (surpreendentes), devido ao facto de ser muito grande o tempo necessário para ser alcançada a razão de equilíbrio relativo a uma dada temperatura. Os tempos de relaxação são da ordem de grandeza de um ano. Por isso, o calor específico medido depende da temperatura a que a amostra foi previamente armazenada. O sistema tem, portanto, uma espécie de memória longa.

A influência da orientação dos spins baseia-se nas condições de simetria da função de onda da molécula. Por outro lado, os spins não dão origem a qualquer contribuição substancial direta para energia. A interação muito pequena entre os dipolos magnéticos ligados ao spin é da ordem de $\delta E \approx 10^{-6} \, k_B \, \text{K}$.

Apresentamos agora quantitativamente os efeitos discutidos. Para tal, apresentamos a expressão da função de partição de rotação de uma molécula de para-hidrogénio

$$z_{\text{para}} = \sum_{l=0,2,4,\ldots} (2l + 1) \exp\left(-\frac{l(l+1)\, T_{\text{rot}}}{2T}\right) = 1 + 5 \exp\left(-\frac{3\, T_{\text{rot}}}{T}\right) + \ldots,$$

(27.51)

e de orto-hidrogénio

$$z_{\text{orto}} = \sum_{l=1,3,5,\ldots} (2l + 1) \exp\left(-\frac{l(l+1)\, T_{\text{rot}}}{2T}\right) = 3 \exp\left(-\frac{T_{\text{rot}}}{T}\right) + \ldots. \quad (27.52)$$

No estado de equilíbrio que se instala ao fim de um tempo suficientemente longo, a função de partição de rotação de uma molécula é, então,

$$z_{\text{rot}} = \sum_{l=0}^{\infty} \sum_{m=-l}^{l} \sum_{S_z=-S}^{S} \exp\left(-\frac{l(l+1)\, T_{\text{rot}}}{2T}\right) = 3\, z_{\text{orto}} + z_{\text{para}}. \quad (27.53)$$

A soma sobre estados é feita sobre todos os números quânticos do microestado, no caso considerado também sobre S_z.

Determinemos, para o equilíbrio, a proporção dos estados de orto-hidrogénio em comparação com os estados de para-hidrogénio. Com esse fim, efetuamos a soma das probabilidades para os estados de orto-hidrogénio e dividimo-la pela soma das probabilidades para os estados de para-hidrogénio,

$$\eta(T) = \frac{3\, z_{\text{orto}}(T)}{z_{\text{para}}(T)} \approx \begin{cases} 3 & \text{para } T \gg T_{\text{rot}}, \\ 9 \exp(-T_{\text{rot}}/T) & \text{para } T \ll T_{\text{rot}}, \end{cases} \quad (27.54)$$

Capítulo 27 Gás perfeito diatómico

onde para, temperaturas elevadas tomámos $z_{\text{orto}} \approx z_{\text{para}}$, e para temperaturas baixas considerámos os desenvolvimentos (27.51) e (27.52).

Para uma amostra que esteve armazenada à temperatura T_0 por tempo suficientemente longo, obtém-se o calor específico

$$c_{\text{rot}}(T; T_0) = \frac{\eta(T_0)}{1 + \eta(T_0)} \, c_{\text{orto}}(T) + \frac{1}{1 + \eta(T_0)} \, c_{\text{para}}(T) \, . \qquad (27.55)$$

Exercícios

27.1 Contribuição vibracional para altas e baixas temperaturas

Para N osciladores independentes obtém-se a capacidade calorífica:

$$C_{\text{vib}}(T, N) = N k_{\text{B}} \frac{T_{\text{vib}}^2}{T^2} \frac{\exp(T_{\text{vib}}/T)}{\left[\exp(T_{\text{vib}}/T) - 1\right]^2}$$

Determine os termos dominantes dependentes da temperatura para baixas ($T \ll T_{\text{vib}}$) e para altas ($T \gg T_{\text{vib}}$) temperaturas.

27.2 correções anarmónicas na contribuição vibracional

As energias dos estados vibracionais de uma molécula diatómica são

$$\varepsilon_n = \hbar\omega \left[\left(n + \frac{1}{2}\right) - \delta \left(n + \frac{1}{2}\right)^2\right]$$

Os seguintes cálculos devem ser executados até primeira ordem na quantidade pequena δ. Determine a função de partição z_{vib} para uma molécula individual. Seguidamente calcule a energia de vibração E_{vib} para N moléculas independentes. Deduza as principais contribuições para a capacidade calorífica a baixas e a altas temperaturas.

240 Parte V Sistemas especiais

27.3 Contribuição rotacional para as moléculas H_2, D_2 e HD

Considere três gases hidrogenoides constituídos, respectivamente, por moléculas H_2, D_2 ou HD. Deduza as funções de partição para rotações levando em consideração a simetria de troca. Seja $\eta(T)$ a razão entre os estados orto (momento angular ímpar) e os estados para (momento angular par) em equilíbrio à temperatura T. Determine o quociente $\eta(T_0)$ para uma amostra armazenada durante um tempo suficientemente longo a alta temperatura $T_0 \gg T_{rot}$. Deduza o calor específico c_{rot} destas amostras para baixas temperaturas ($T \ll T_{rot}$).

Nota: O deutério, ou seja, um átomo de hidrogénio com um deuterão (protão + neutrão) como núcleo, é designado por D. O deuterão tem spin 1. Os dois spins dos deuterões na molécula D_2 podem estar acoplados a $S = 0$, 1 ou 2.

27.4 Lei da ação das massas

Considera-se o equilíbrio químico da reação

$$2\,O \rightleftharpoons O_2$$

entre oxigénio monoatómico e diatómico numa mistura de gases. A pressão P e a temperatura T são dadas. O potencial átomo-átomo é desenvolvido em torno do mínimo localizado em R_0, $V(R) \approx -\varepsilon + \mu\omega^2(R - R_0)^2/2$. A temperatura é tão elevada que as rotações e vibrações da molécula O_2 (momento de inércia $\Theta = \mu R_0^2$) são excitadas:

$$\frac{\hbar^2}{\Theta} \ll \hbar\omega \ll k_B T \ll \varepsilon \tag{27.56}$$

Por outro lado, a temperatura é tão baixa que é justificada a aproximação harmónica do potencial. Trate o sistema como uma mistura de gases ideais. Deduza as energias livres dos dois gases da mistura. Utilize a aproximação da alta temperatura para vibrações e rotações (na molécula O_2 existem apenas estados rotacionais com l par). Neste contexto, calcule os potenciais químicos em função da temperatura T, da pressão P e da respectiva concentração $c_i = N_i/N$. Deduza a condição de equilíbrio para os potenciais químicos a *Lei da ação das massas*

$$\frac{c_1^2}{c_2} = \frac{K(T)}{P} \tag{27.57}$$

Discuta a dependência na temperatura da função $K(T)$.

28 Gás rarefeito clássico

Examinamos a influência da interação entre os átomos de um gás rarefeito nas equações calórica e térmica de estado. Como resultado, obtemos uma justificação da equação de van der Waals.

Consideremos um gás monoatómico com função de Hamilton

$$H = \sum_{\nu=1}^{N} \frac{\boldsymbol{p}_{\nu}^{2}}{2m} + \sum_{\nu=1}^{N} \sum_{\nu'=\nu+1}^{N} w(|\boldsymbol{r}_{\nu} - \boldsymbol{r}_{\nu'}|) . \tag{28.1}$$

O potencial w deverá depender unicamente da distância $|\boldsymbol{r}_{\nu} - \boldsymbol{r}_{\nu'}|$ dos respectivos átomos. O potencial poderia ter a forma esquematizada na figura 38.1. A parte atrativa de w deverá ser tão fraca que não ocorram ligações moleculares. Tal acontece para gases nobres, ou no caso da intensidade da parte atrativa ser pequena em comparação com $k_{\mathrm{B}}T$.

Para (28.1), calculemos a função de partição clássica de um gás rarefeito. Como resultado, obtemos uma ligação entre a interação em (28.1) e as correções às equações de estado de um gás perfeito. O tratamento *clássico* do movimento de translação não é uma limitação essencial para um gás ordinário. Designamos um gás *rarefeito*, se o volume por átomo for grande em comparação com o próprio volume do átomo.

Consideremos primeiramente as funções de partição $Z(1) = Z(T, V, 1)$ e $Z(2) = Z(T, V, 2)$ para uma e para duas partículas num recipiente de volume V. Para uma partícula, obtemos o resultado conhecido (25.7),

$$Z(1) = \frac{1}{(2\pi\hbar)^{3}} \int_{V} d^{3}r \int d^{3}p \, \exp\left(-\frac{p^{2}}{2mk_{\mathrm{B}}T}\right) = \frac{V}{\lambda^{3}}, \tag{28.2}$$

onde $\lambda = 2\pi\hbar/\sqrt{2\pi mk_{\mathrm{B}}T}$. Para duas partículas, ocorre a interação $w(r_{12}) = w(|\boldsymbol{r}_{1} - \boldsymbol{r}_{2}|)$,

$$
\begin{aligned}
Z(2) &= \frac{1/2!}{(2\pi\hbar)^{6}} \int_{V} d^{3}r_{1} \int_{V} d^{3}r_{2} \int d^{3}p_{1} \int d^{3}p_{2} \exp\left(-\frac{\frac{p_{1}^{2} + p_{2}^{2}}{2m} + w(r_{12})}{k_{\mathrm{B}}T}\right) \\
&= \frac{1}{2!} \frac{1}{\lambda^{6}} \int_{V} d^{3}r_{1} \int_{V} d^{3}r_{2} \, \exp\left[-\beta w(r_{12})\right] .
\end{aligned}
\tag{28.3}
$$

242　　　　　　　　　　　　　　　　　　　　　　　　　Parte V　Sistemas especiais

Para o tratamento do gás rarefeito, partimos das seguintes considerações: num gás ideal (gás perfeito) a função de partição de N partículas é reduzida à função de partição de uma partícula só. De (25.7) temos $Z_{id}(N) = Z(1)^N/N!$. Se agora tomarmos em conta a interação entre cada par de átomos, devia de modo análogo ser possível reduzir $Z(N)$ a $Z(2)$ e $Z(1)$. Na ordem seguinte, serão tomados em conta com $Z(3)$ efeitos de três partículas. Estes resultam, por exemplo, da influência de um terceiro átomo sobre a interação dos dois primeiros. No entanto, num gás suficientemente rarefeito estes efeitos são pequenos, pois a probabilidade de três átomos estarem suficientemente próximos uns dos outros é diminuta.

Desenvolvamos um formalismo para explorar esta ideia de modo quantitativo. Para isso, partamos da função de partição *grand* canónica e da sua relação (22.30) com a função de partição canónica,

$$Y(T, V, \mu) = \sum_{N=0}^{\infty} Z(T, V, N) \, \exp(\beta \mu N). \tag{28.4}$$

Esta soma pode ser concebida como um desenvolvimento em potências de $\exp(\beta \mu)$. Os primeiros termos deste desenvolvimento são

$$Y(T, V, \mu) = 1 + Z(1) \, \exp(\beta \mu) + Z(2) \, \exp(2\beta \mu) + \dots. \tag{28.5}$$

O desenvolvimento análogo para $\ln Y$ é

$$\ln Y = Z(1) \, \exp(\beta \mu) + \left[Z(2) - \frac{Z(1)^2}{2} \right] \exp(2\beta \mu) + \dots. \tag{28.6}$$

Para o gás ideal este desenvolvimento deve ser interrompido a seguir ao primeiro termo, pois de acordo com (25.13), tem-se

$$\ln Y_{id}(T, V, \mu) = Z(1) \, \exp(\beta \mu) = \frac{V}{\lambda^3} \, \exp(\beta \mu) \qquad (w = 0). \tag{28.7}$$

Tendo em conta que $Z_{id}(N) = Z(1)^N/N!$, vê-se que em particular se anula o segundo termo do lado direito de (28.6). Pelo contrário, o desenvolvimento (28.5) não é interrompido. No que se segue partimos do desenvolvimento do logaritmo da função de partição.

O primeiro termo no lado direito de (28.6) descreve, portanto, o gás ideal. O segundo toma em consideração a interação mútua entre cada par de átomos. O terceiro termo, que não é indicado, inclui $Z(3)$ e toma em conta a interação entre três átomos, contanto que se não possa reduzir à interação de dois corpos entre cada par de átomos. O desenvolvimento (28.6) é, por conseguinte, o ponto de partida adequado para o tratamento quantitativo do gás rarefeito.

De (23.32) e (23.28), decorre

$$P = P(T, V, \mu) = \frac{k_B T}{V} \, \ln Y(T, V, \mu), \tag{28.8}$$

$$N = N(T, V, \mu) = \frac{1}{\beta} \, \frac{\partial \ln Y(T, V, \mu)}{\partial \mu}. \tag{28.9}$$

Capítulo 28 Gás rarefeito clássico 243

Por eliminação de μ, obtém-se a equação de estado térmica $P = P(T, V, N)$.
Utilizaremos as abreviaturas

$$Z_1 = Z(1) = \frac{V}{\lambda^3} \quad \text{e} \quad Z_2 = Z(2) - \frac{Z(1)^2}{2}. \tag{28.10}$$

Então, tendo em conta (28.6), tem-se de (28.8) e (28.9)

$$\frac{PV}{k_{\mathrm{B}}T} = \ln Y = Z_1 \exp(\beta\mu) + Z_2 \exp(2\beta\mu) + \dots, \tag{28.11}$$

$$N = \frac{1}{\beta}\frac{\partial \ln Y}{\partial \mu} = Z_1 \exp(\beta\mu) + 2Z_2 \exp(2\beta\mu) + \dots. \tag{28.12}$$

Destas duas equações, decorre

$$\ln Y = N - Z_2 \exp(2\beta\mu) + \dots, \tag{28.13}$$

$$\exp(\beta\mu) = \frac{N}{Z_1} - \frac{2Z_2}{Z_1} \exp(2\beta\mu) + \dots. \tag{28.14}$$

Tomando-se em conta apenas o primeiro termo do lado direito, obtém-se o resultado do gás perfeito, (28.7). O segundo termo é a correção mais importante. No que se segue, desprezamos todos os termos de ordem superior. Então, é suficiente introduzir a aproximação mais baixa de (28.14)

$$\exp(\beta\mu) \approx \frac{N}{Z_1} = \frac{N}{V/\lambda^3} = n\lambda^3 \quad \text{(ordem mais baixa)}, \tag{28.15}$$

no termo de correção em (28.13):

$$\frac{PV}{k_{\mathrm{B}}T} = \ln Y \approx N - Z_2 \left(\frac{N}{Z_1}\right)^2 = N\left(1 - \frac{VZ_2}{Z_1^2}\,n\right) = N\left(1 + n\,B(T)\right). \tag{28.16}$$

Devido a (28.15), temos que (28.6) é efetivamente um desenvolvimento em potências da densidade de partículas $n = N/V$. Se tomarmos em conta potências superiores de $\exp(\beta\mu)$ em (28.6) e a dedução subsequente, obtemos

$$\frac{PV}{k_{\mathrm{B}}T} = N\left(1 + n\,B(T) + n^2\,B_2(T) + \dots\right). \tag{28.17}$$

Este desenvolvimento é denominado *desenvolvimento do virial*. Usando (28.16), determinemos o primeiro coeficiente do virial $B(T)$:

$$B(T) = -\frac{VZ_2}{Z_1^2} = -\frac{V}{Z(1)^2}\left(Z(2) - \frac{Z(1)^2}{2}\right) \tag{28.18}$$

$$= -\frac{1}{2V}\left(\int_V d^3r_1 \int_V d^3r_2 \exp\left[-\beta\,w(r_{12})\right] - \int_V d^3r_1 \int_V d^3r_2\, 1\right),$$

244 Parte V Sistemas especiais

onde introduzimos (28.2) e (28.3), e exprimimos V^2 por meio de integrais nas coordenadas espaciais. A transformação nas coordenadas relativas e nas do centro de massa

$$R = \frac{r_1 + r_2}{2}, \quad r = r_2 - r_1, \quad \int_V d^3 r_1 \int_V d^3 r_2 \dots = \int_V d^3 R \int_V d^3 r \dots, \tag{28.19}$$

dá

$$B(T) = -\frac{1}{2V} \int_V d^3 R \int d^3 r \left(\exp\left[-\beta \, w(r)\right] - 1 \right). \tag{28.20}$$

Apenas numa região de alguns angströms em torno de $r = 0$ o integrando $(\exp[-\beta w(r)] - 1)$ é diferente de zero. Portanto, a integração sobre r pode ser estendida a todo o espaço. (Teremos, como exceção a este tratamento, uma integração em r limitada, se na proximidade de R (numa zona de alguns angströms) se encontrar a parede de V. No entanto, para um volume V macroscópico, estas correções podem ser desprezadas.) Visto que w apenas depende de $r = |r|$, tem-se $d^3 r = 4\pi r^2 dr$. A integração em R produz o fator V. Assim, obtemos

$$\boxed{B(T) = -2\pi \int_0^\infty dr \, r^2 \left(\exp\left[-\beta \, w(r)\right] - 1 \right).} \tag{28.21}$$

Neste resultado central, encontra-se, por um lado, o coeficiente do virial *macroscópico e mensurável* $B(T)$ e, por outro lado, tem-se a interação *microscópica* $w(r)$ entre dois átomos. Assim, a partir da medida de $B(T)$, podemos extrair conclusões a respeito de $w(r)$.

Um método alternativo para a determinação de $w(r)$ seria uma experiência de espalhamento. Para feixes cruzados de gás, pode obter-se aproximadamente a secção eficaz elástica em função do ângulo. Na aproximação de Born, obtém-se, deste modo, a transformada de Fourier de $w(r)$. A experiência de espalhamento é, no entanto, muito mais complicada que a medida de $B(T)$ decorrente de (28.16).

Equação de van der Waals

A determinação de $w(r)$ a partir do valor medido de $B(T)$ decorre, na prática, do seguinte modo. Considera-se uma *ansatz* para o potencial que depende de alguns parâmetros. Usa-se a referida expressão para o cálculo de $B(T)$. Seguidamente, ajustam-se os parâmetros de modo que o $B(T)$ calculado concorde de modo aproximado com o valor medido. Desenvolvemos este procedimento para um potencial caracterizado por dois parâmetros.

O diâmetro d do átomo é de poucos angströms. Para distâncias $r < d$, o potencial $w(r)$ torna-se repulsivo. Se procurarmos juntar dois átomos, então, deverão os eletrões escapar para níveis mais elevados, devido ao princípio de Pauli. Isto requer uma energia de alguns eletrões-volt por eletrão. Como eV $\approx 10^4 \, k_B$K, esta repulsão é, na prática, infinitamente grande (em comparação com $k_B T$). Pelo contrário, no intervalo $r > d$, o potencial $w(r)$ torna-se negativo. Para átomos neutros, ocorre uma

Capítulo 28 Gás rarefeito clássico

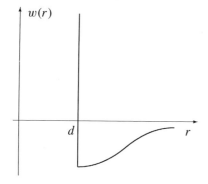

Figura 28.1 Para o cálculo de (28.21), utiliza-se o potencial átomo-átomo esquematizado. Contém uma esfera rígida, ou seja, $w = \infty$ para $r < d$. A intensidade da parte atrativa ($w < 0$) deverá ser pequena em comparação com $k_B T$.

atração motivada por dipolos elétricos induzidos. A parte atrativa tem um alcance de apenas alguns angströms. Esta discussão conduz à seguinte expressão hipotética plausível para $w(r)$:

$$w(r) = \begin{cases} \infty & r < d, \\ < 0 & \text{para} \quad r \gtrsim d, \\ \approx 0 & r \gg d. \end{cases} \qquad (28.22)$$

Um potencial deste tipo encontra-se esquematizado na figura 28.1. São dados potenciais comparáveis em (28.39) e (28.40).

Fenomenologicamente, a atração do potencial manifesta-se pelo facto de a temperaturas suficientemente baixas todos os gases se tornarem líquidos. Alcança-se esta mudança de fase se $k_B T$ for comparável com a intensidade do potencial atrativo. Para o gás rarefeito, exigimos, portanto,

$$\frac{|w(r)|}{k_B T} \ll 1 \quad \text{para} \quad r > d. \qquad (28.23)$$

Aqui, é válido

$$\exp(-\beta w(r)) - 1 = \begin{cases} -1 & (r < d), \\ -\beta w(r) + \mathcal{O}(\beta^2 w^2) & (r > d), \end{cases} \qquad (28.24)$$

donde obtemos

$$B(T) \approx 2\pi \int_0^d dr\, r^2 + 2\pi \beta \int_d^\infty dr\, r^2 w(r) = b - \frac{a}{k_B T}, \qquad (28.25)$$

com as constantes positivas

$$b = \frac{2\pi d^3}{3}, \quad a = -2\pi \int_d^\infty dr\, r^2 w(r). \qquad (28.26)$$

246   Parte V   Sistemas especiais

Com este $B(T)$ de (28.16), obtém-se

$$P = \frac{k_{\mathrm{B}}T}{v}\left(1 + n\,B(T)\right) = \frac{k_{\mathrm{B}}T}{v}\left(1 + \frac{b}{v}\right) - \frac{a}{v^2}, \tag{28.27}$$

onde $v = V/N$. Introduzimos ainda

$$1 + \frac{b}{v} = \frac{1}{1 - b/v} + \mathcal{O}\left(\frac{b^2}{v^2}\right), \tag{28.28}$$

em (28.27) e desprezamos em (28.16) o termo de ordem $b^2/v^2 = n^2b^2$. Deste modo, obtemos a *equação de van der Waals*:

$$\boxed{\,P + \frac{a}{v^2} = \frac{k_{\mathrm{B}}T}{v - b}\,}\quad \text{equação de van der Waals.} \tag{28.29}$$

As correções à equação de estado do gás perfeito $P = k_{\mathrm{B}}T/v$ podem ser entendidas do seguinte modo. Devido ao tamanho finito do átomo, o volume v disponível por átomo é reduzido de b. A parte atrativa da interação tem a tendência de manter as partículas juntas e diminui em $-a/v^2$ a pressão exercida sobre as paredes do recipiente.

A equação de van der Waals pode também ser utilizada para gases poliatómicos. Neste caso, a interação entre duas moléculas depende da sua orientação espacial. Numa primeira aproximação, utiliza-se para w um potencial de interação tomando a média sobre todas as orientações.

Domínio de validade

Uma condição necessária para suspender o desenvolvimento (28.17) na primeira correção é

$$n\,B(T) \ll 1. \tag{28.30}$$

Com (28.25), tem-se

$$\frac{b}{v} \ll 1 \quad \text{e} \quad \frac{a}{v\,k_{\mathrm{B}}T} = \frac{\mathcal{O}\big(\langle|w_{\mathrm{a}}|\rangle\,b\big)}{v\,k_{\mathrm{B}}T} \ll 1. \tag{28.31}$$

Pode fazer-se uma estimativa do integral a em (28.26), através do produto do valor médio $\langle|w_{\mathrm{a}}|\rangle$ do potencial atrativo pelo correspondente volume. O volume da zona atrativa é da mesma ordem de grandeza de b. A segunda condição em (28.31) é consequência da primeira e de (28.23). Deste modo, permanecem as condições

$$v \gg b \quad \text{e} \quad k_{\mathrm{B}}T \gg \langle|w_{\mathrm{a}}(r)|\rangle. \tag{28.32}$$

A primeira condição significa que o volume v disponível por átomo tem de ser grande em comparação com o volume próprio $b/4$ do átomo. Se a segunda condição

Capítulo 28 Gás rarefeito clássico 247

fosse violada, os átomos do gás tenderiam a aglomerar-se formando um líquido. Experimentalmente, (28.32) é satisfeita para pressão baixa e temperatura elevada.

Partindo do desenvolvimento de (28.6) em potências de $\exp(\beta\mu)$, poder-se-ia pensar que seria suficiente que $\exp(\beta\mu) \ll 1$. Devido a (28.15), esta condição é equivalente a $v \gg \lambda^3$. A exigência $v \gg \lambda^3$ é, no entanto, muitíssimo mais fraca que $v \gg b$. Esta condição é praticamente sempre satisfeita, mesmo quando o sistema se aproxima da fase líquida. A condição $\exp(\beta\mu) \ll 1$ é, portanto, insuficiente, o que se deve ao comportamento dos coeficientes em (28.6).

A equação de van der Waals permite a descrição de gases reais. De facto, pode ser utilizada para além da zona de validade indicada, se for considerada como uma equação fenomenológica com parâmetros empíricos a e b. A equação (28.26) pode ser entendida como uma estimativa para estes parâmetros. Como equação fenomenológica, a equação de van der Waals conduz a uma descrição da transição de fase para líquido (capítulo 37).

Energia

Determinemos agora a equação calórica de estado do gás rarefeito clássico:

$$E = -\frac{\partial \ln Y}{\partial \beta} + \mu N = -\frac{\partial}{\partial \beta} \Big(Z_1 \exp(\beta\mu) + Z_2 \exp(2\beta\mu) \Big) + \mu N$$

$$= -\mu \Big(Z_1 \exp(\beta\mu) + 2 Z_2 \exp(2\beta\mu) \Big) - \frac{\partial Z_1}{\partial \beta} \exp(\beta\mu) \qquad (28.33)$$

$$-\frac{\partial Z_2}{\partial \beta} \exp(2\beta\mu) + \mu N = -\frac{\partial Z_1}{\partial \beta} \exp(\beta\mu) - \frac{\partial Z_2}{\partial \beta} \exp(2\beta\mu) ,$$

onde se usou (28.11) e (28.12). De

$$Z_1 = \frac{V}{\lambda^3} \propto \beta^{-3/2} , \qquad Z_2 \overset{(28.18)}{=} -\frac{Z_1^2}{V} B(T) = -\frac{V}{\lambda^6} B(T) , \qquad (28.34)$$

obtêm-se as derivadas parciais

$$\frac{\partial Z_1}{\partial \beta} = -\frac{3}{2\beta} Z_1 \qquad \frac{\partial Z_2}{\partial \beta} = -\frac{3}{\beta} Z_2 - \frac{V}{\lambda^6} \frac{\partial B(T)}{\partial \beta} . \qquad (28.35)$$

Daqui e de (28.33) obtém-se

$$E = \frac{3}{2\beta} \underbrace{\Big(Z_1 \exp(\beta\mu) + 2 Z_2 \exp(2\beta\mu) \Big)}_{= N} + \underbrace{\exp(2\beta\mu)}_{\approx \lambda^6/v^2} \frac{V}{\lambda^6} \underbrace{\frac{\partial B(T)}{\partial \beta}}_{\approx -a} . \qquad (28.36)$$

No primeiro termo, utilizamos (28.12), no segundo (28.15) e (28.25). Assim, obtemos

$$E = E(T, V, N) = N \left(\frac{3}{2} k_{\mathrm{B}} T - \frac{a}{v} \right) . \qquad (28.37)$$

248   Parte V   Sistemas especiais

Segundo (28.31), tem-se $a/v \sim \langle |w_{\mathrm a}(r)| \rangle\, (b/v)$. Isto é a intensidade da interação atrativa $\langle |w_{\mathrm a}| \rangle$ multiplicada pela probabilidade $\mathcal{O}(b/v)$, de duas partículas se encontrarem nesta zona de interação. A parte repulsiva do potencial $w(r)$ não contribui para a energia, porque é nula a probabilidade de as duas partículas permanecerem nesta zona.

Exercícios

28.1 Equação de van der Waals em termos do volume molar

Comece por considerar a equação de van der Waals

$$P + \frac{a}{v^2} = \frac{k_{\mathrm B} T}{v - b} \qquad \text{com} \quad v = V/N \tag{28.38}$$

Partindo deste equação, deduza formalmente a equação análoga referente ao volume por mole $v' = V/v$ (ao invés de considerar o número de partículas).

28.2 Coeficientes do virial a partir do potencial

O potencial átomo-átomo é dado

$$w(r) = \begin{cases} \infty & r \leq \sigma \\ -\varepsilon\left[1 - r^3/(8\sigma^3)\right] & \sigma < r < 2\sigma \\ 0 & r \geq 2\sigma \end{cases} \tag{28.39}$$

Efetue um esboço do potencial e calcule os coeficientes do virial $B(T)$ até à primeira ordem em $1/(k_{\mathrm B} T)$. A partir do resultado determine os parâmetros a e b da equação de van der Waals (28.38).

28.3 Coeficientes do virial para o potencial de Lennard-Jones

Uma expressão habitual e realista para o potencial átomo-átomo é o potencial de Lennard-Jones:

$$w(r) = 4\varepsilon \left(\frac{\sigma^{12}}{r^{12}} - \frac{\sigma^6}{r^6} \right) = \varepsilon \left(\frac{r_0^{12}}{r^{12}} - 2\,\frac{r_0^6}{r^6} \right) \tag{28.40}$$

Ambas as formas são equivalentes. A potência $1/r^6$ da parte atrativa do potencial corresponde a uma interação dipolo-dipolo induzida. A potência $1/r^{12}$ é uma expressão fenomenológica para a forte repulsão a distâncias mais pequenas. Parâmetros realistas para átomos átomos de ^{4}He são $\varepsilon = 10.2\, k_{\mathrm B}$K e $r_0 = 2.87$ Å.

Esboce o potencial. Onde estão localizados o zero e o mínimo do potencial? Calcule o coeficiente do virial do $B(T)$ utilizando $|\beta w| \ll 1$ na região atrativa do potencial e $\exp(-\beta w) \approx 0$ na região $r \leq \sigma$. Insira os parâmetros a e b da equação de van der Waals (28.38).

29 Gás perfeito quântico

Efetuamos o cálculo em Mecânica Quântica da função de partição para um gás perfeito, podendo tratar-se de um gás de partículas (por exemplo, átomos ou eletrões) ou de um gás de quase-partículas (por exemplo, fonões ou fotões).

Fundamentos

Comecemos por discutir a simetria de troca de uma função de onda de N partículas. Segue-se, desta simetria, o modo como devem ser contados os estados de um sistema ideal de muitas partículas.

Para um gás *perfeito* de N partículas, o operador Hamiltoniano é uma soma de operadores Hamiltonianos de um corpo,

$$H = \sum_{\nu=1}^{N} h(\nu) \,. \tag{29.1}$$

No argumento de $h(\nu)$, representamos por ν as coordenadas espaciais e de spin da ν-ésima partícula. Para partículas não relativísticas (massa m), seja o operador Hamiltoniano de um corpo da forma

$$h(\nu) = -\frac{\hbar^2}{2m} \Delta_\nu + U(\boldsymbol{r}_\nu) \,. \tag{29.2}$$

Aqui, U é o potencial de barreira (24.16) que limita o movimento ao volume V disponível. Numa caixa cúbica de volume $V = L^3$, uma partícula apenas pode ter quantidades de movimento discretas:

$$\boldsymbol{p} := (p_1, p_2, p_3) \,, \qquad p_i = \frac{\pi\hbar}{L} n_i = \Delta p\, n_i \qquad (n_i = 1, 2, ...) \,. \tag{29.3}$$

É também necessário indicar o spin para caracterizar totalmente o estado de uma partícula, exceto para partículas sem spin. O estado de spin de uma partícula com spin s pode ser caracterizado pela componente do spin numa direção arbitrária. Normalmente, considera-se para este efeito a componente z, ou seja, s_z. O estado de uma partícula é, então, definido pelos números quânticos da quantidade de movimento $\boldsymbol{p}$ (ou n_1, n_2, n_3) e pelo número quântico de spin s_z. Agrupemos estes números quânticos:

$$a = (\boldsymbol{p}, s_z) \qquad (s_z = -s, -s+1, ..., s) \,. \tag{29.4}$$

250 Parte V Sistemas especiais

A correspondente função de onda é o produto

$$\varphi_a = \varphi_p(\mathbf{r})\, \chi_{s_z}\,, \tag{29.5}$$

da função de onda espacial φ_p e da função de onda de spin χ_{s_z}. Numa caixa cúbica, a função de onda espacial é proporcional a $\sin(p_1 x_1/\hbar)\,\sin(p_2 x_2/\hbar)\,\sin(p_3 x_3/\hbar)$. As funções de onda de spin são habitualmente dadas na forma matricial $\chi_{1/2} = (1, 0)$ e $\chi_{-1/2} = (0, 1)$. A função de onda (29.5) é solução do operador Hamiltoniano de um corpo,

$$h(\nu)\,\varphi_a(\nu) = \varepsilon_a\,\varphi_a(\nu)\,. \tag{29.6}$$

Aqui, ν representa novamente as coordenadas espaciais e de spin da ν-ésima partícula. Para $h(\nu)$ em (29.2), as energias individuais das partículas dependem apenas da quantidade de movimento, $\varepsilon_a = p^2/2m$. Por outro lado, num campo magnético externo B poderia ter-se $\varepsilon_a = p^2/2m - 2\mu_{\mathrm{B}} B s_z$, (26.2).

O efeito quântico essencial num gás quântico ideal é a simetria de troca do estado de muitas partículas. (Pelo contrário, a quantização da quantidade de movimento não tem importância, visto que, no limite $V \to \infty$, a quantidade Δp torna-se arbitrariamente pequena.) Seguidamente, consideremos $N = 2$ partículas com funções próprias φ_a e φ_b. Então, cada combinação linear da forma

$$\Psi(1, 2) = \alpha\,\varphi_a(1)\,\varphi_b(2) + \beta\,\varphi_a(2)\,\varphi_b(1) \tag{29.7}$$

é uma função própria de H:

$$H\,\Psi(1, 2) = \Big(h(1) + h(2)\Big)\,\Psi(1, 2) = (\varepsilon_a + \varepsilon_b)\,\Psi(1, 2)\,. \tag{29.8}$$

Coloca-se a questão de qual combinação linear (29.7) deverá tomar-se. Para isso, comecemos por verificar que o operador Hamiltoniano H é simétrico em relação à troca de ambas as partículas,

$$\big[H, P_{12}\big] = 0\,. \tag{29.9}$$

O operador de permuta P_{12} é definido de modo que, para uma função de onda arbitrária $\Psi(1, 2)$, se tem

$$P_{12}\,\Psi(1, 2) = \Psi(2, 1)\,. \tag{29.10}$$

Devido a (29.9) podem encontrar-se funções próprias simultâneas de H e P_{12} (ver capítulo 17 in [3]). A equação de valores próprios de P_{12} é

$$P_{12}\,\Psi_\lambda(1, 2) = \lambda\,\Psi_\lambda(1, 2)\,. \tag{29.11}$$

Aplicando aos dois lados novamente P_{12}, e tomando em consideração que $P_{12}^2 = 1$ (decorre da definição), obtém-se $\lambda^2 = 1$ ou $\lambda = \pm 1$. Denominamos as correspondentes funções próprias *anti-simétrica* para $\lambda = -1$ e *simétrica* para $\lambda = 1$.

Capítulo 29 Gás perfeito quântico

251

Apresentamos as funções próprias (29.7) de H, que são simultaneamente funções próprias de P_{12}:

$$\Psi_{\pm}(1,2) = C\left(\varphi_a(1)\,\varphi_b(2) \pm \varphi_a(2)\,\varphi_b(1)\right),\qquad(29.12)$$

onde C é uma constante de normalização. Numerosas experiências mostram que conforme o tipo de partículas, só ocorrem funções de onda anti-simétricas ou simétricas, nomeadamente:

- Para partículas com spin semi-inteiro, a função de onda é anti-simétrica em relação à troca de duas partículas arbitrárias. Estas partículas denominam-se *fermiões*.

- Para partículas com spin inteiro, a função de onda é simétrica em relação à troca de duas partículas arbitrárias. Estas partículas denominam-se *bosões*.

Aos fermiões pertencem, em particular, eletrões, neutrões e protões. Os sistemas com um número ímpar de fermiões (por exemplo, o átomo ^{3}He) são, então, igualmente fermiões, os sistemas com um número par de fermiões (por exemplo, o átomo ^{4}He) são bosões. As partículas assim compostas são, neste aspecto, tratadas como partículas elementares. Os fotões pertencem também aos bosões que têm spin 1.

As exigências da simetria são válidas para um número arbitrário de partículas. Portanto, são apenas permitidas funções de onda de muitas partículas $\Psi_{\pm}$, para as quais se tenha

$$P_{ij}\,\Psi_{\pm}(1,..,i,..,j,..,N) = \Psi_{\pm}(1,..,j,..,i,..,N) = \pm\Psi_{\pm}(1,..,i,..,j,..,N)\ .$$
$$(29.13)$$

Aqui ν representa as coordenadas espaciais e de spin da ν-ésima partícula. Denominamos uma tal função de onda $\Psi_{\pm}$ totalmente simétrica ou totalmente anti--simétrica.

Da anti-simetria da função de onda, segue-se imediatamente o *princípio de Pauli*. Assim, tem-se para (29.12):

$$a = b \quad \Longrightarrow \quad \Psi_-(1,2) \equiv 0\ .\qquad(29.14)$$

Isto é também válido para (29.13). Se ambas as partículas ν e μ se encontrarem no mesmo estado individual de partícula, então $\Psi_-(..., \nu,...,\mu,...) = \Psi_-(..., \mu,...,\nu,...)$ Por outro lado, a anti-simetria exige que $\Psi_-(..., \nu,...,\mu,...) = -\Psi_-(..., \mu,...,\nu,...)$. Donde se segue $\Psi_- \equiv 0$.

O princípio de Pauli é decisivo para a estrutura da nuvem eletrónica (tabela periódica) e do núcleo atómico. O modelo mais simples para este sistema é o modelo em camadas, no qual se considera que as partículas se movem sem interação mútua num potencial. O operador Hamiltoniano do modelo em camadas é, portanto, também da forma (29.1). O modelo em camadas pertence, portanto, à categoria dos

252   Parte V   Sistemas especiais

gases quânticos perfeitos (ver parte VIII de [3]). A física estatística investiga sobre-
tudo sistemas com *muitíssimas* partículas, por exemplo, com $N > 10^{10}$ partículas.
Por isso, os modelos em camadas mencionados não são aqui considerados.

Ao contrário dos fermiões, podem encontrar-se arbitrariamente muitos bosões
no mesmo estado de partícula individual. Isto origina diferenças essenciais na contagem dos estados possíveis do sistema e, portanto, no cálculo da função de partição. Isto conduz a diferenças qualitativas entre os comportamentos observados de
sistemas de bosões e sistemas de fermiões.

Da simetria da função de onda, decorre a *indistinguibilidade* das partículas.
Com isto, entende-se que, num sistema com função de onda (29.12), encontra-se
uma partícula no estado *a* e uma partícula no estado *b*. No entanto, não pode dizer-
-se em (29.12) qual partícula está em qual estado. Neste sentido, as partículas descritas por uma função de onda simétrica ou anti-simétrica são *indistinguíveis*. Isto é
mais que serem idênticas. A identidade é formalmente descrita pela simetria (29.9)
do operador Hamiltoniano. No entanto, esta simetria é também válida para a correspondente função de Hamilton clássica. É a restrição adicional a funções de onda
totalmente simétricas ou totalmente anti-simétricas, que das partículas idênticas faz
partículas indistinguíveis.

Estatística

O tipo de estatística a aplicar decorre da descrição em Mecânica Quântica do sistema de muitas partículas. Por *estatística*, entendemos, neste contexto particular,
a contagem das possibilidades de distribuir as partículas elementares em estados
individuais.

Depois da discretização (29.3) das quantidades de movimento podemos colocar os estados individuais de partícula numa determinada ordem,
$(\boldsymbol{p}_1, s_{z,1})$, $(\boldsymbol{p}_2, s_{z,2})$, $(\boldsymbol{p}_3, s_{z,3})$, $\ldots$ onde se começa com as quantidades de movimento mais baixas. A indistinguibilidade significa que apenas podemos indicar
quantas partículas se encontram num determinado estado individual de partícula,
mas não quais são as partículas. Assim, um microestado r do gás quântico define-se
pelo número de partículas em cada estado individual de partícula,

$$r = \left(n_{\boldsymbol{p}_1}^{s_{z,1}}, n_{\boldsymbol{p}_2}^{s_{z,2}}, n_{\boldsymbol{p}_2}^{s_{z,3}}, \ldots \right) = \left\{ n_{\boldsymbol{p}}^{s_z} \right\} . \tag{29.15}$$

São possíveis os seguintes valores para *números de ocupação* $n_{\boldsymbol{p}}^{s_z}$:

$$n_{\boldsymbol{p}}^{s_z} = \begin{cases} 0 \text{ ou } 1 & \text{fermiões,} \\ 0, 1, 2, 3, \ldots & \text{bosões.} \end{cases} \tag{29.16}$$

A energia do microestado é

$$E_r = \sum_{s_z, \boldsymbol{p}} \varepsilon_{\boldsymbol{p}}^{s_z} n_{\boldsymbol{p}}^{s_z} = \sum_{s_z, \boldsymbol{p}} \varepsilon_{\boldsymbol{p}} n_{\boldsymbol{p}}^{s_z} . \tag{29.17}$$

Capítulo 29   Gás perfeito quântico   253

No que se segue, admitimos $\varepsilon_{\boldsymbol{p}}^{s_z} = \varepsilon_p$, portanto, as energias individuais das partículas dependem apenas do módulo da quantidade de movimento.

Para o microestado (29.15) obtém-se o número de partículas

$$N_r = \sum_{s_z, \, \boldsymbol{p}} n_{\boldsymbol{p}}^{s_z} \, . \tag{29.18}$$

O microestado pode também ser caracterizado por

$$r = \left(r', \, N_r \right) \, , \tag{29.19}$$

onde r' contém a informação que, juntamente com N_r, está contida em r. Para
alguns gases quânticos, o número de partículas pode ser fixado experimentalmente,
para outros isso não é possível. Um gás usual pertence ao primeiro caso, um gás de
fotões corresponde ao segundo.

Se o número N de partículas for dado, existem duas possibilidades de tratamento estatístico. Por um lado, podemos limitar-nos a microestados com $N_r = N$ e
calcular a função de partição canónica:

$$N_r = N \quad E_{r'} = E_{r'}(V, N) \quad Z(T, V, N) = \sum_{r'} \exp\left(-\beta E_{r'}(V, N) \right) . \tag{29.20}$$

Por outro lado, pode deixar-se inicialmente em aberto o número N_r de partículas e
calcular a função de partição *grand* canónica:

$$Y(T, V, \mu) = \sum_r \exp\left(-\beta \left[E_r(V, N_r) - \mu N_r \right] \right) , \quad N = \overline{N_r} \, . \tag{29.21}$$

Neste caso, deve-se escolher μ de modo que o valor médio de N_r seja igual a N.

Existem gases quânticos para os quais o número N de partículas não é dado.
Assim, por exemplo, num plasma o número de fotões não é fixo. Em vez disso, ele
é uma função da temperatura. Neste caso, N não figura no operador Hamiltoniano e
os valores próprios da energia são independentes de N, $E_r(V, N) = E_r(V)$. Assim,
anula-se a força generalizada associada a este parâmetro externo:

$$\mu = \overline{\frac{\partial E_r(V)}{\partial N}} \equiv 0 \qquad \text{(número de partículas não é dado)} \, . \tag{29.22}$$

Então, coincidem as somas canónica e *grand* canónica de estados.

$$Z(T, V) = \sum_r \exp\left(-\beta E_r(V) \right) = Y(T, V, \mu = 0) \, . \tag{29.23}$$

Iremos tratar todos os gases quânticos perfeitos com a função de partição Y e, dependendo do caso, podemos eventualmente utilizar $\mu \equiv 0$.

Os pressupostos para o cálculo da função de partição são dados por (29.15) –
(29.18). As propriedades do gás quântico figuram através das energias individuais
das partículas ε_p e do spin. O spin determina qual das possibilidades de (29.16) tem
de ser considerada. Também no que respeita às somas, ele deverá ser tomado em
conta.

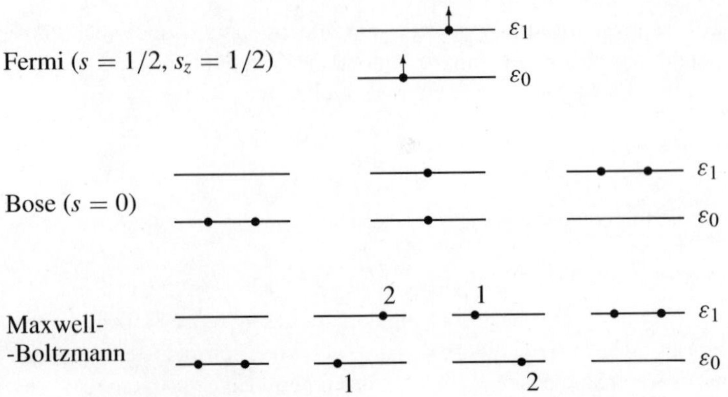

254   Parte V   Sistemas especiais

Fermi ($s = 1/2$, $s_z = 1/2$)

Bose ($s = 0$)

Maxwell-
-Boltzmann

Figura 29.1 Para ilustração da estatística quântica, consideram-se duas partículas em dois níveis de energia. No caso da estatística de Fermi, os spins de ambas as partículas são paralelos, nos outros casos consideram-se partículas sem spin.

Exemplo

Como exemplo, consideremos um sistema com dois estados individuais de partícula com as energias $\varepsilon_0 = 0$ e $\varepsilon_1 = \varepsilon$. Neste sistema, existem duas partículas. Se tiverem spin, permitimos apenas partículas com spin orientado ($s_z = s$). Os estados possíveis estão representados graficamente na figura 29.1. Obtêm-se as seguintes somas canónicas de estados:

estatística de Bose-Einstein: $Z = 1 + \exp(-\beta\,\varepsilon) + \exp(-2\beta\,\varepsilon)$,

estatística de Fermi-Dirac: $Z = \exp(-\beta\,\varepsilon)$,

estatística de Maxwell-
Boltzmann: $Z = \dfrac{1 + 2\exp(-\beta\,\varepsilon) + \exp(-2\beta\,\varepsilon)}{2}$.

$$(29.24)$$

São usuais as classificações mais abreviadas de estatísticas de Bose, Fermi e Boltzmann. O terceiro tipo de contagem é a estatística clássica até aqui utilizada com o fator adicional $1/N!$.

Este exemplo mostra que o tipo de contagem dos estados tem influência na função de partição e, portanto, também nas propriedades termodinâmicas do sistema. Fica, ao mesmo tempo, claro que o fator $1/N!$ da estatística clássica do gás perfeito (capítulos 6 e 25) não toma totalmente em conta a indistinguibilidade das partículas.

Capítulo 29 Gás perfeito quântico

Domínios de aplicação

A fim de se calcular a função de partição, devemos indicar o spin e as energias individuais ε_p das partículas consideradas. O domínio de aplicação para gases quânticos contém todos os sistemas para os quais existem *excitações* com um determinado spin (fermiões ou bosões), que são caracterizadas pela quantidade de movimento p e pela energia ε_p. Isto vai muito para além do domínio dos gases usuais.

Em (29.2), pressupusemos partículas não relativísticas com a relação entre energia e quantidade de movimento da forma $\varepsilon_p = p^2/2m$. Por outro lado, a relação relativística geral entre a energia e a quantidade de movimento é do seguinte teor,

$$\varepsilon_p = \sqrt{m^2 c^4 + c^2 p^2} \approx \begin{cases} m c^2 + \dfrac{p^2}{2m} & \text{(não relativística)}, \\[2mm] c\,p & \text{(ultra-relativística)}. \end{cases} \tag{29.25}$$

No caso não-relativística, a constante $m c^2$ não tem importância e pode ser suprimida. O caso limite relativístico é exato para partículas com massa nula, ou seja, para fotões.

Seguidamente, damos alguns exemplos que, de acordo com (29.15) – (29.23), podemos tratar como gases perfeitos de partículas com energia ε_p:

- *Eletrões num metal*: num metal, um eletrão por átomo ou por malha da rede pode deslocar-se de modo aproximadamente livre. A sua energia é $\varepsilon_p \approx p^2/2m$, sendo m a massa efetiva. O tratamento estatístico do gás de eletrões conduz a um termo, para o calor específico, que é proporcional a T.

- *Fonões num cristal*: as oscilações dos átomos da rede em torno das suas posições de equilíbrio conduzem a ondas (ondas de som entre outras). A relação de dispersão $\omega = \omega(k)$ dá a relação entre a frequência ω e o número de onda k. As excitações quantizadas das ondas (com $\varepsilon_p = \hbar\omega$ e $p = \hbar k$) chamam-se fonões. Um modo de oscilação pode conter vários *quanta* de excitação. Os fonões são, portanto, bosões. A temperaturas baixas os fonões dão uma contribuição para o calor específico que é proporcional a T^3.

- *Fotões numa cavidade*: os fotões são os *quanta* do campo eletromagnético. Têm spin 1 e são, portanto, bosões. A sua energia é $\varepsilon_p = c\,p = 2\pi\hbar c/\lambda$. O respectivo tratamento estatístico como um gás perfeito de Bose conduz à lei da radiação de Planck e à lei de Stefan-Boltzmann.

- *Hélio líquido*: os átomos de hélio surgem como ^{4}He (bosões) ou como ^{3}He (fermiões). Numa aproximação grosseira, pode também tratar-se o hélio líquido como um gás perfeito com $\varepsilon_p = p^2/2m$. As diferenças entre os gases perfeitos de Fermi e de Bose aparecem refletidas nos comportamentos dos líquidos ^{3}He e ^{4}He.

256 Parte V Sistemas especiais

- *Magnões em Ferromagnetes*: assim como os afastamentos dos átomos da rede, em relação às suas posições médias, conduzem a ondas de som, também os afastamentos dos spins da rede em relação às direções orientadas conduzem a ondas de spin. Os *quanta* das ondas de spin são bosões denominados magnões. Os magnões dão uma contribuição para o calor específico que é proporcional a $T^{3/2}$.

Nestas aplicações, a energia ε_p corresponde ao nível de energia de uma partícula mais ou menos modificado pela interação ou a uma excitação que não está associada a qualquer partícula material (oscilação quantizada da rede, oscilação quantizada eletromagnética).

De acordo com Landau, descrevemos as partículas ou as excitações quantizadas como *quase-partículas*. As quase-partículas constituem as excitações elementares quantizadas do sistema. O sistema composto de muitas quase-partículas pode frequentemente ser tratado, em boa aproximação, como um gás perfeito.

Estatística de Fermi

Calculemos a função de partição *grand* canónica

$$Y(T, V, \mu) = \sum_r \exp\left(- \beta (E_r - \mu N_r) \right), \qquad (29.26)$$

para um sistema de fermiões com spin 1/2. Um microestado r é dado por

$$r = \{n_p^{s_z}\} = \left(n_{p_1}^{\uparrow}, n_{p_1}^{\downarrow}, n_{p_2}^{\uparrow}, n_{p_2}^{\downarrow}, n_{p_3}^{\uparrow}, \ldots \right), \qquad (29.27)$$

onde utilizamos as setas em vez de $s_z = \pm 1/2$. Deste modo, obtemos

$$Y = \sum_{n_{p_1}^{\uparrow}=0}^{1} \sum_{n_{p_1}^{\downarrow}=0}^{1} \ldots \exp\left(-\beta (\varepsilon_{p_1} - \mu) n_{p_1}^{\uparrow} \right) \exp\left(-\beta (\varepsilon_{p_1} - \mu) n_{p_1}^{\downarrow} \right) \cdot \ldots$$

$$= \left(1 + \exp\left[- \beta (\varepsilon_{p_1} - \mu) \right] \right)^2 \left(1 + \exp\left[- \beta (\varepsilon_{p_2} - \mu) \right] \right)^2 \cdot \ldots \qquad (29.28)$$

ou seja

$$Y(T, V, \mu) = \prod_p \left(1 + \exp\left[- \beta (\varepsilon_p - \mu) \right] \right)^2. \qquad (29.29)$$

Calculemos o valor médio $\overline{n_p^{s_z}}$. Para tal, escolhamos um determinado valor discreto da quantidade de movimento p_i e $s_z = 1/2$. Em comparação com (29.28), apenas

Capítulo 29   Gás perfeito quântico
257

ocorrem desvios na soma sobre $n_{\boldsymbol{p}_i}^{\uparrow}$:

$$
\begin{aligned}
\overline{n_{\boldsymbol{p}_i}^{\uparrow}} &= \sum_r P_r\, n_{\boldsymbol{p}_i}^{\uparrow} = \frac{1}{Y} \sum_r n_{\boldsymbol{p}_i}^{\uparrow}\, \exp\left[-\beta\left(E_r - \mu N_r\right)\right] \\
&= \frac{1}{Y} \cdot \ldots \cdot \sum_{n_{\boldsymbol{p}_i}^{\uparrow}=0}^{1} n_{\boldsymbol{p}_i}^{\uparrow}\, \exp\left(-\beta\left(\varepsilon_{p_i} - \mu\right) n_{\boldsymbol{p}_i}^{\uparrow}\right) \cdot \ldots \\
&= \frac{1}{Y} \cdot \ldots \cdot \exp\left[-\beta\left(\varepsilon_{p_i} - \mu\right)\right] \cdot \ldots = \frac{\exp\left[-\beta\left(\varepsilon_{p_i} - \mu\right)\right]}{1 + \exp\left[-\beta\left(\varepsilon_{p_i} - \mu\right)\right]} \\
&= \frac{1}{\exp\left[\beta\left(\varepsilon_{p_i} - \mu\right)\right] + 1} \, .
\end{aligned}
\tag{29.30}
$$

Aqui, poderia ε_p ser substituído por $\varepsilon_{\boldsymbol{p}}^{s_z}$. Se, tal como considerámos, as energias individuais das partículas apenas dependem do módulo $p = |\boldsymbol{p}|$ da quantidade de movimento, então, o mesmo é também válido para os *números médios de ocupação*:

$$
\boxed{\;\overline{n_{\boldsymbol{p}}^{s_z}} = \overline{n_p} = \frac{1}{\exp\left[\beta\left(\varepsilon_p - \mu\right)\right] + 1}\;}
\tag{29.31}
$$

Para o cálculo das grandezas termodinâmicas, partimos de

$$
\ln Y(T, V, \mu) = 2 \sum_{\boldsymbol{p}} \ln\left(1 + \exp\left[-\beta\left(\varepsilon_p - \mu\right)\right]\right).
\tag{29.32}
$$

onde deve tomar-se em conta que o índice da soma é $\boldsymbol{p}$ e não p devendo-se, portanto, somar sobre todos os possíveis valores das componentes (29.3). Da dedução de $\ln Y$ obtém-se

$$
N(T, V, \mu) = \frac{1}{\beta} \frac{\partial \ln Y}{\partial \mu} = 2 \sum_{\boldsymbol{p}} \overline{n_p} \, ,
\tag{29.33}
$$

$$
E(T, V, \mu) = -\frac{\partial \ln Y}{\partial \beta} + \mu N = 2 \sum_{\boldsymbol{p}} \varepsilon_p\, \overline{n_p} \, .
\tag{29.34}
$$

Para sistemas com um número dado N de partículas, μ em (29.33) deverá ser escolhido de modo que $N(T, V, \mu)$ seja igual a N. Neste sentido, μ pode ser entendido como *constante de normalização* dos números médios de ocupação (29.31). Resolvendo $N = N(T, V, \mu)$ em ordem a $\mu = \mu(T, V, N)$, e substituindo μ em $E = E(T, V, \mu)$, obtém-se a energia na forma $E = E(T, V, N)$, ou seja, a equação calórica de estado. A equação térmica de estado $P = P(T, V, N)$ é obtida se se substituir $\mu(T, V, N)$ em $P(T, V, \mu) = k_{\mathrm{B}} T \ln Y / V$.

Parte V   Sistemas especiais

Estatística de Bose

Para um sistema de bosões com spin zero, um microestado é dado por

$$r = \{n_p\} = (n_{p_1}, n_{p_2}, n_{p_3}, \ldots).$$ (29.35)

Calculemos, neste caso, a função de partição *grand* canónica

$$
\begin{aligned}
Y &= \sum_r \exp\left[-\beta(E_r - \mu N_r)\right] \\
&= \sum_{n_{p_1}=0}^{\infty} \exp\left[-\beta(\varepsilon_{p_1} - \mu)n_{p_1}\right] \cdot \sum_{n_{p_2}=0}^{\infty} \exp\left[-\beta(\varepsilon_{p_2} - \mu)n_{p_2}\right] \cdot \ldots \\
&= \frac{1}{1 - \exp\left[-\beta(\varepsilon_{p_1} - \mu)\right]} \cdot \frac{1}{1 - \exp\left[-\beta(\varepsilon_{p_2} - \mu)\right]} \cdot \ldots
\end{aligned}
$$ (29.36)

Obtém-se

$$Y(T, V, \mu) = \prod_p \frac{1}{1 - \exp\left[-\beta(\varepsilon_p - \mu)\right]}.$$ (29.37)

Calculemos novamente aqui o valor médio do número de ocupação:

$$
\begin{aligned}
\overline{n_{p_i}} &= \frac{1}{Y} \sum_r n_{p_i} \exp\left[-\beta(E_r - \mu N_r)\right] \\
&= \frac{1}{Y} \sum_{n_{p_1}=0}^{\infty} \cdots \sum_{n_{p_i}=0}^{\infty} \ldots n_{p_i} \exp\left[-\beta(\varepsilon_{p_i} - \mu)n_{p_i}\right]\ldots \\
&= \frac{1}{Y} \sum_{n_{p_1}=0}^{\infty} \cdots \left(\frac{1}{\beta}\frac{\partial}{\partial\mu}\sum_{n_{p_i}=0}^{\infty} \exp\left[-\beta(\varepsilon_{p_i} - \mu)n_{p_i}\right]\right)\ldots \\
&= \frac{1}{Y} \sum_{n_{p_1}=0}^{\infty} \cdots \left(\frac{1}{\beta}\frac{\partial}{\partial\mu}\frac{1}{1 - \exp\left[-\beta(\varepsilon_{p_i} - \mu)\right]}\right)\ldots \\
&= \frac{\exp[-\beta(\varepsilon_{p_i} - \mu)]}{1 - \exp[-\beta(\varepsilon_{p_i} - \mu)]} = \frac{1}{\exp\left[\beta(\varepsilon_{p_i} - \mu)\right] - 1}.
\end{aligned}
$$ (29.38)

O resultado distingue-se do resultado para os fermiões (29.31) por meio de um sinal no denominador:

$$\boxed{\overline{n_p} = \overline{n_p} = \frac{1}{\exp\left[\beta(\varepsilon_p - \mu)\right] - 1}.}$$ (29.39)

Este sinal conduz a diferenças decisivas entre sistemas de fermiões e sistemas de bosões. No caso das energias individuais das partículas dependerem da direção da

Capítulo 29 Gás perfeito quântico

quantidade de movimento ou do spin (por exemplo, para partículas com spin $s = 1$), deverá ser substituído ε_p em (29.39) por $\varepsilon_p^{s_z}$.

De

$$\ln Y(T, V, \mu) = -\sum_p \ln\left(1 - \exp\left[-\beta(\varepsilon_p - \mu)\right]\right), \qquad (29.40)$$

obtêm-se as energias e os números de partículas. Partindo de (29.39), obtemos as expressões

$$E(T, V, \mu) = \sum_p \varepsilon_p \,\overline{n_p} \qquad N(T, V, \mu) = \sum_p \overline{n_p}. \qquad (29.41)$$

Para $s \neq 0$, deverá ser acrescentada a soma sobre s_z. O potencial químico μ pode novamente ser utilizado como constante de normalização dos números médios de ocupação $\overline{n_p}$. A eliminação de μ em $N(T, V, \mu)$, $E(T, V, \mu)$ e $P(T, V, \mu) = k_B T \ln Y/V$ conduz às equações calórica e térmica de estado.

Pressão

Se os valores próprios da energia são da forma $E_r = \sum \varepsilon_p \, n_p$ (gás perfeito), e se ε_p for proporcional a uma potência de p, então, pode ser indicada uma relação simples entre a energia E e a pressão P.

Partimos da definição (8.8) para a pressão,

$$P = -\overline{\frac{\partial E_r}{\partial V}} = -\sum_{s_z, \, p} \frac{\partial \varepsilon_p}{\partial V} \, \overline{n_p}. \qquad (29.42)$$

Perante as pressupostas modificações quase-estáticas de V, as probabilidades P_r e os $\overline{n_p}$ permanecem com os mesmos valores. Logo, a derivada em ordem a V apenas atua sobre ε_p.

No tratamento pela Mecânica Quântica, as partículas (por exemplo, eletrões ou fotões) são descritas por ondas. As condições de fronteira forçam números de onda discretos, por exemplo, $k_i = i\,\pi/L$ para uma onda no intervalo $[0, L]$. Daqui, decorre a dependência das quantidades de movimento $p_i = \hbar k_i \propto V^{-1/3}$ no volume. A relação $p_i \propto V^{-1/3}$ é válida independentemente de se tratar de uma partícula relativística ou não.

Consideremos dois casos limite da relação entre a energia e a quantidade de movimento:

$$\varepsilon_p = \begin{cases} p^2/2m & \propto \ V^{-2/3}, \\ c\,p & \propto \ V^{-1/3}. \end{cases} \qquad (29.43)$$

O primeiro caso é válido para um gás não-relativístico de partículas de massa m (por exemplo, um gás de átomos ou eletrões), o segundo caso é válido para fotões, fonões ou partículas ultra-relativísticas ($p \gg mc$). A derivada em ordem a V produz no

260 Parte V Sistemas especiais

primeiro caso $(-2/3)\,\varepsilon_p/V$ e no segundo caso $(-1/3)\,\varepsilon_p/V$. Substituamos estes resultados em (29.42),

$$
P = \begin{cases} \dfrac{2}{3}\dfrac{E}{V} & (\varepsilon_p \propto p^2)\,, \\[2ex] \dfrac{1}{3}\dfrac{E}{V} & (\varepsilon_p \propto p)\,. \end{cases} \tag{29.44}
$$

Nestes casos pode obter-se diretamente a equação térmica de estado $P = P(T, V, N)$ a partir da energia $E(T, V, N)$.

A relação (29.44) entre E e P não depende da estatística, mas antes da dependência na quantidade de movimento das energias individuais das partículas. Condição para isto é que a energia total seja igual à soma das energias individuais das partículas (gás perfeito). Para um gás perfeito poliatómico, deverá figurar em vez de E a energia de translação E_{trans}.

Capítulo 29   Gás perfeito quântico

261

Exercícios

29.1   Números quânticos em caixa com potencial infinito no exterior

Numa caixa com potencial infinito fora da região limitada pelas paredes, o operador
Hamiltoniano de uma partícula é

$$ h = -\frac{\hbar^2}{2m}\Delta + U(\boldsymbol{r}) \qquad \text{com} \qquad U(\boldsymbol{r}) = \begin{cases} 0 & \boldsymbol{r} \in V \\ \infty & \boldsymbol{r} \notin V \end{cases} $$

onde V é o volume da caixa cúbica.

Deduza as funções próprias normalizadas $\varphi_{\boldsymbol{p}}(\boldsymbol{r})$. Que valores pode assumir $\boldsymbol{p}$?

29.2   Funções de partição para três partículas

Três partículas encontram-se em dois níveis (com energias ε_0 e ε_1). Trata-se de (i)
partículas distinguíveis clássicas, (ii) bosões com spin 0 e (iii) fermiões com spin
$1/2$. Deduza as correspondentes funções de partição.

29.3   Desvio padrão dos números de ocupação no gás quântico

Deduza

$$ \left(\Delta n_j\right)^2 = -k_{\mathrm{B}}T\,\frac{\partial\,\overline{n_j}}{\partial\varepsilon_j} $$

para o desvio padrão Δn_j dos números n_j de ocupação de um gás quântico ideal.
Aqui $j = (\boldsymbol{p}, s_z)$ representa os números quânticos de um estado de partícula única.
Determine o desvio padrão relativo $(\Delta n_j)^2 / \overline{n_j}^{\,2}$ para um gás de Fermi e para um
gás de Bose.

30 Gás rarefeito quântico

Calculamos as correções quânticas relativas ao tratamento clássico, para um gás perfeito rarefeito, constituído por N partículas. A grandeza das correções quânticas é determinada pela razão entre o comprimento de onda térmico e a distância média entre as partículas.

Sejam as energias individuais das partículas da forma $\varepsilon_p = p^2/2m$. Pressupondo que

$$\exp(-\beta\mu) \gg 1, \tag{30.1}$$

podem ser desprezadas as diferenças entre as estatísticas de Fermi e de Bose:

$$\overline{n_p} = \frac{1}{\exp\left[\beta\left(\varepsilon_p - \mu\right)\right] \pm 1} \approx \text{const.} \cdot \exp(-\beta\varepsilon_p). \tag{30.2}$$

Devido a (30.1) e porque $\exp(\beta\varepsilon_p) \geq 1$, a primeira parcela no denominador é muito maior que 1. Então, a segunda parcela (± 1) pode ser desprezada. A quantidade $\exp(\beta\mu)$ é representada por "const." (independente de ε_p). A expressão obtida traduz a distribuição de Maxwell, ou seja, refere-se ao gás perfeito clássico.

Desde que as correções quânticas sejam pequenas, o resultado clássico (25.18), $\exp(\beta\mu) \sim \lambda^3/v = \lambda^3/(V/N)$, é aproximadamente válido. Assim, de (30.1) tem-se

$$\lambda^3 \ll v \qquad \text{(gás rarefeito)}. \tag{30.3}$$

A uma determinada temperatura, o comprimento de onda térmico é fixo. A condição (30.3) é, então, satisfeita para um gás suficientemente *rarefeito*. No que se segue, determinamos as *correções quânticas* de ordem dominante relativas ao gás perfeito clássico.

Para o gás de Fermi com $s = 1/2$, desenvolvemos em (29.32) $\ln Y$ em potências de $\exp(\beta\mu)$,

$$\ln Y_{\text{Fermi}} = 2\sum_p \ln\left(1 + \exp\left[-\beta\left(\varepsilon_p - \mu\right)\right]\right) \tag{30.4}$$

$$= 2\sum_p \left(\exp\left[-\beta\left(\varepsilon_p - \mu\right)\right] - \frac{1}{2}\exp\left[-2\beta\left(\varepsilon_p - \mu\right)\right] + \dots\right).$$

Capítulo 30   Gás rarefeito quântico

Para o gás de Bose com $s = 0$, desenvolvemos em (29.40) $\ln Y$,

$$\ln Y_{\text{Bose}} = -\sum_p \ln \left(1 - \exp\left[-\beta(\varepsilon_p - \mu) \right] \right) \tag{30.5}$$

$$= \sum_p \left(\exp\left[-\beta(\varepsilon_p - \mu) \right] + \frac{1}{2} \exp\left[-2\beta(\varepsilon_p - \mu) \right] + \dots \right).$$

Podemos abarcar ambos os casos na forma

$$\ln Y = (2s+1) \sum_p \left(\exp\left[-\beta(\varepsilon_p - \mu) \right] \mp \frac{1}{2} \exp\left[-2\beta(\varepsilon_p - \mu) \right] + \dots \right). \tag{30.6}$$

O sinal $-$ é válido para o gás de Fermi, e o $+$ para o gás de Bose. Se as energias individuais das partículas não dependerem do spin, a soma sobre os estados de spin tem como resultado o fator $2s + 1$.

Consideremos uma caixa cúbica de volume $V = L^3$ para efetuarmos o cálculo da soma sobre as quantidades de movimento. Tal como é indicado em (29.3), as componentes cartesianas da quantidade de movimento podem tomar os valores $p_i = \Delta p \, n_i$, onde $n_i = 1, 2, \dots$. Os intervalos $\Delta p = \pi\hbar/L$ entre quantidades de movimento vizinhas num volume macroscópico V são muito pequenas em comparação com os valores médios das quantidades de movimento

$$\Delta p \ll \overline{p}. \tag{30.7}$$

Como, na prática, os valores das quantidades de movimento $\boldsymbol{p}$ estão densamente distribuídos, a soma sobre a quantidade de movimento $\boldsymbol{p}$ pode ser substituída por um integral:

$$\sum_p \dots = \sum_{n_1=1}^{\infty} \sum_{n_2=1}^{\infty} \sum_{n_3=1}^{\infty} \dots = \int_0^{\infty} dn_1 \int_0^{\infty} dn_2 \int_0^{\infty} dn_3 \dots$$

$$= \frac{1}{(\Delta p)^3} \int_0^{\infty} dp_1 \int_0^{\infty} dp_2 \int_0^{\infty} dp_3 \dots \tag{30.8}$$

$$= \frac{L^3}{(2\pi\hbar)^3} \int_{-\infty}^{\infty} dp_1 \int_{-\infty}^{\infty} dp_2 \int_{-\infty}^{\infty} dp_3 \dots = \frac{V}{(2\pi\hbar)^3} \int d^3 p \dots.$$

Supôs-se que o integrando é simétrico relativamente à operação $p_i \leftrightarrow -p_i$. O fator pré-multiplicativo do integral em (30.8) é determinado pela quantização dos valores da quantidade de movimento com $\Delta p = \pi\hbar/L$. No resultado, não tem qualquer importância a forma do volume V. A transição da soma para o integral não tem a ver com a aproximação especial (30.1) deste capítulo, podendo, portanto, ser utilizada nos capítulos seguintes.

264 Parte V Sistemas especiais

Seguidamente, calculamos a parcela mais importante em (30.6), na qual, de acordo com (30.8), substituímos a soma sobre as quantidades de movimento discretas por um integral,

$$\ln Y = (2s + 1) \frac{V}{(2\pi\hbar)^3} \int d^3p \, \exp\left(-\frac{p^2}{2mk_BT}\right) \exp(\beta\mu) \qquad \text{(ordem zero)}.$$

$$(30.9)$$

A integração dá

$$\ln Y = (2s + 1) \frac{V}{\lambda^3} \exp(\beta\mu) \qquad \text{(ordem zero)}. \qquad (30.10)$$

Na ordem zero, obtém-se a equação de estado de um gás perfeito,

$$N = \frac{1}{\beta} \frac{\partial \ln Y}{\partial \mu} = (2s + 1) \frac{V}{\lambda^3} \exp(\beta\mu) = \ln Y = \frac{PV}{k_BT} \qquad \text{(ordem zero)}.$$

$$(30.11)$$

Daqui, decorre também

$$\exp(\beta\mu) = \frac{1}{2s + 1} \frac{\lambda^3}{v} \qquad \text{(ordem zero)}. \qquad (30.12)$$

Isto mostra que (30.6) é um desenvolvimento em potências de λ^3/v. Tal desenvolvimento é válido para densidades suficientemente pequenas (v grande) ou temperaturas elevadas (λ pequeno). No caso limite, $\lambda^3/v \to 0$ tem-se $\mu \to -\infty$.

Calculemos agora os termos de correção em (30.6). O expoente da segunda parcela contém junto a $\varepsilon_p = p^2/2m$ um fator 2 adicional. Comparando com (30.9), isto conduz na integração em d^3p a um fator $2^{-3/2}$. Em primeira ordem, obtém-se

$$\ln Y = (2s + 1) \frac{V}{\lambda^3} \left(\exp(\beta\mu) \mp \frac{1}{2^{5/2}} \exp(2\beta\mu) \right). \qquad (30.13)$$

Os termos de ordem superior são desprezados aqui e seguidamente. De (30.13) resulta

$$N = \frac{1}{\beta} \frac{\partial \ln Y}{\partial \mu} = (2s + 1) \frac{V}{\lambda^3} \left(\exp(\beta\mu) \mp \frac{1}{2^{3/2}} \exp(2\beta\mu) \right). \qquad (30.14)$$

As duas últimas equações dão

$$\ln Y = N \pm \frac{2s + 1}{2^{5/2}} \frac{V}{\lambda^3} \exp(2\beta\mu). \qquad (30.15)$$

A segunda parcela do lado direito é um termo de primeira ordem. Podemos substituir nela $\exp(\beta\mu)$ pelo seu valor de ordem zero, portanto (30.12):

$$\ln Y = N \pm \frac{1}{2^{5/2}} \frac{1}{2s + 1} \frac{\lambda^3}{V} N^2. \qquad (30.16)$$

Capítulo 30   Gás rarefeito quântico

Com $\ln Y = -J/k_\mathrm{B}T = PV/k_\mathrm{B}T$, escrevemos este resultado na forma

$$\frac{PV}{k_\mathrm{B}T} = N\left(1 + \frac{B_\mathrm{mq}(T)}{v}\right) \qquad \text{gás quântico} \atop \text{rarefeito,} \tag{30.17}$$

usando os *coeficientes do virial da Mecânica Quântica*

$$B_\mathrm{mq}(T) = \begin{cases} +\dfrac{\lambda^3}{2^{7/2}} & \text{gás de Fermi } (s = 1/2), \\[2ex] -\dfrac{\lambda^3}{2^{5/2}} & \text{gás de Bose } (s = 0). \end{cases} \tag{30.18}$$

De acordo com (29.44), obtemos para a energia

$$E = \frac{3}{2}\,PV = \frac{3}{2}\,Nk_\mathrm{B}T\left(1 + \frac{B_\mathrm{mq}(T)}{v}\right). \tag{30.19}$$

Assim, deduzimos as correções quânticas ao gás perfeito.

Discussão

Em virtude de $\exp(\beta\mu) \sim \lambda^3/v$, (30.12), tem-se que (30.6) é um desenvolvimento em potências de λ^3/v. Discutimos o pressuposto $\lambda^3/v \ll 1$ para sistemas concretos.

O comprimento de onda térmico λ é o comprimento de onda em Mecânica Quântica de uma partícula com energia cinética da ordem $\mathcal{O}(k_\mathrm{B}T)$:

$$\lambda = \frac{2\pi\hbar}{\sqrt{2\pi m\,k_\mathrm{B}T}} \quad\Longrightarrow\quad \frac{\hbar^2}{2m}\left(\frac{2\pi}{\lambda}\right)^2 = \pi\,k_\mathrm{B}T\,. \tag{30.20}$$

A menos de um fator numérico, $v^{1/3}$ é igual à distância média entre duas partículas do gás. A grandeza da correção à equação de estado do gás perfeito é determinada pela relação

$$\frac{\lambda}{v^{1/3}} \approx \frac{\text{comprimento de onda térmico}}{\text{distância média entre partículas}}\,. \tag{30.21}$$

266 Parte V Sistemas especiais

Para temperaturas suficientemente baixas, fica por fim $\lambda \propto 1/\sqrt{T}$ comparável a $v^{1/3}$. Neste caso, as correções quânticas deixam de ser pequenas. A temperatura correspondente T_{trans} é dada por

$$\Delta\varepsilon_{\text{trans}} = \frac{\hbar^2}{m\, v^{2/3}} = k_B\, T_{\text{trans}} \, . \tag{30.22}$$

Determinemos o valor numérico desta expressão para o ar. As moléculas de ar (O_2 ou N_2) têm massa $m \approx 30$ GeV$/c^2$ (a massa dum nucleão é igual a cerca de $1\,\text{GeV}/c^2$). A temperatura T_{trans} é máxima para $v = V/N$ mínimo. O volume por partícula deve, no mínimo, ser igual ao volume próprio da molécula. Como valor inferior, usamos $v^{1/3} = 4\,\text{Å}$:

$$\Delta\varepsilon_{\text{trans}} \lesssim \frac{\hbar^2}{30\,\text{GeV}/c^2 \cdot (4\,\text{Å})^2} \approx 10^{-5}\,\text{eV} \approx 0.1\,k_B\,\text{K} \qquad (\text{para N}_2)\,, \tag{30.23}$$

onde tomámos $\hbar c/\text{Å} = (\hbar c/e^2)(e^2/\text{Å}) \approx 137 \cdot 14.4$ eV.

Tratemos agora os graus de liberdade de translação. A escala $\Delta\varepsilon_{\text{trans}} = k_B\,T_{\text{trans}}$ para os efeitos quânticos da translação não é consequência da quantização da quantidade de movimento com $\Delta p = \pi\hbar/V^{1/3}$. A quantização da quantidade de movimento conduz unicamente a intervalos de energia muito pequenos,

$$\Delta\varepsilon' = \frac{(\Delta p)^2}{2m} \approx \frac{\hbar^2}{m\,V^{2/3}} = \frac{\Delta\varepsilon_{\text{trans}}}{N^{2/3}} \ll \Delta\varepsilon_{\text{trans}} \, . \tag{30.24}$$

A quantização $\Delta\varepsilon'$ não é importante para um sistema macroscópico. As correções quânticas descritas por B_{mq} baseiam-se na simetria de troca das partículas que conduz a diferenças na contagem dos estados (compare figura 29.1).

Segundo (30.23), os efeitos quânticos para a translação apenas são essenciais para temperaturas ($T_{\text{trans}} \lesssim 0.1$ K), para as quais os gases usuais existem na fase sólida. Na fase gasosa, os efeitos quânticos calculados são, portanto, correções pequenas.

São exceções os gases raros ^{3}He e ^{4}He. Estes condensam a cerca de 5 K, mas não solidificam à pressão normal quando $T \rightarrow 0$. Assim, permanecem os graus de liberdade aqui considerados inalterados mesmo que se esperem consideráveis modificações devido à interação no líquido. Quando introduzimos na estimativa (30.23) a massa mais pequena $m \approx 4$ GeV$/c^2$ do átomo de hélio e o valor de $v^{1/3} \approx 3.6\,\text{Å}$ para o hélio líquido, obtém-se

$$\Delta\varepsilon_{\text{trans}} = \frac{\hbar^2}{m\, v^{2/3}} \approx 1\,k_B\,\text{K} \qquad (\text{para He}) \, . \tag{30.25}$$

De facto, na região dos 2 K ocorrem diferenças dramáticas do comportamento dos líquidos reais ^{3}He e ^{4}He. A razão deste facto é a diferente simetria de troca para bosões (átomos de ^{4}He) e fermiões (átomos de ^{3}He). Os gases reais manifestam semelhanças qualitativas com os correspondentes gases quânticos perfeitos (capítulos 31 e 32).

Capítulo 30   Gás rarefeito quântico
267

Para gases reais de átomos ou moléculas, os efeitos da interação sobrepõem-se à correção quântica $\mathcal{O}(\lambda^3/v)$. Para o gás rarefeito clássico com interacões, obtivemos correções da ordem

$$B(T) \sim b \gg B_{\mathrm{mq}}(T) \sim \lambda^3 , \tag{30.26}$$

onde $B(T)$ é o coeficiente do virial de (28.21) e b o quádruplo do volume próprio do átomo. Como $\lambda^3 \ll b$, a correção quântica é quase sempre comparavelmente pequena. Além disso, os efeitos quânticos têm de ser considerados em primeiro lugar no cálculo da função de partição $Z(2)$ em (28.3). Para que o potencial atrativo possa atuar, deverá uma partícula do gás confinar a sua posição ao intervalo $\mathcal{O}(b)$. Isto requer uma energia cinética da ordem de $\hbar^2/(m\,b^{2/3})$. Assim, o efeito da interação atrativa é diminuído. Esta correção quântica é da ordem de $\hbar^2/(m\,b^{2/3}) = \mathcal{O}(\hbar^2)$. Ela deverá, portanto, ser tomada em consideração antes de $B_{\mathrm{mq}} = \mathcal{O}(\hbar^3)$.

Para o gás de eletrões num metal, não bastam as correções quânticas aqui calculadas. Devido à massa eletrónica ser muito menor $m_{\mathrm{e}} \approx 0.5\,\mathrm{MeV/c^2}$, obtém-se T_{trans} um fator $\mathcal{O}(10^4)$ maior que em (30.25). O gás de eletrões deve, portanto, ser estudado em termos da Mecânica Quântica (capítulo 32).

31 Gás perfeito de Bose

Analisamos o gás perfeito de Bose com um número de partículas fixo. O gás perfeito de Bose é um modelo notável, porque apresenta uma transição de fase que pode ser calculada exatamente, denominada condensação de Bose-Einstein. A relação próxima desta transição de fase com a transição λ do líquido real ^{4}He será discutida no capítulo 38.

Comecemos por bosões não-relativísticos com spin 0 e massa m. Os estados individuais com quantidade de movimento p têm energia

$$\varepsilon_p = \frac{p^2}{2m} . \tag{31.1}$$

De acordo com (29.39), o número médio de bosões num estado individual das partículas é

$$\overline{n_p} = \frac{1}{\exp\left[\beta\left(\varepsilon_p - \mu\right)\right] - 1} . \tag{31.2}$$

A energia termodinâmica e o número médio de partículas são dados por

$$E(T, V, \mu) = \sum_p \varepsilon_p \overline{n_p} \qquad N(T, V, \mu) = \sum_p \overline{n_p} . \tag{31.3}$$

Segundo (30.8), a soma sobre quantidades de movimento discretas pode ser calculada através de um integral:

$$\sum_p \cdots = \frac{V}{(2\pi\hbar)^3} \int d^3p \cdots . \tag{31.4}$$

O *gás perfeito de Bose* é definido por (31.1) – (31.4). De (31.3), obtemos por eliminação de μ a energia $E(T, V, N)$. De $E(T, V, N)$, resultam o calor específico c_V e a pressão (29.44) e, portanto, todas as restantes grandezas termodinâmicas.

Para o valor médio do número de ocupação (31.2), tem-se

$$\overline{n_p} \xrightarrow{\varepsilon_p - \mu \to 0} \infty . \tag{31.5}$$

Para μ positivo, o número médio de ocupação seria, portanto, singular quando $\varepsilon_p = \mu$, $\overline{n_p} \propto 1/(\varepsilon_p - \mu)$. Então, o integral (31.4) sobre $\overline{n_p}$ divergiria. Por conseguinte, deveremos ter

$$\mu \leq 0 \tag{31.6}$$

Capítulo 31 Gás perfeito de Bose

e, deste modo, $\varepsilon_p - \mu \geq 0$. Para $\varepsilon_p - \mu > 0$, podemos desenvolver $\overline{n_p}$ em potências de $\exp(-\beta(\varepsilon_p - \mu)) \leq 1$:

$$
N = \sum_p \overline{n_p} = \sum_p \frac{\exp(-\beta(\varepsilon_p - \mu))}{1 - \exp(-\beta(\varepsilon_p - \mu))} = \sum_p \sum_{l=1}^{\infty} \left(\exp[-\beta(\varepsilon_p - \mu)] \right)^l
$$

$$
= \frac{V}{(2\pi\hbar)^3} \sum_{l=1}^{\infty} \exp(\beta\mu l) \int d^3p \, \exp\left(-\frac{p^2 l}{2m k_B T} \right) . \tag{31.7}
$$

Para $l = 1$, este integral é já conhecido de (24.19) e (24.20),

$$
\frac{1}{(2\pi\hbar)^3} \int d^3p \, \exp\left(-\frac{p^2}{2m k_B T} \right) = \frac{1}{\lambda^3} \quad \text{com} \quad \lambda = \frac{2\pi\hbar}{\sqrt{2\pi m k_B T}} . \tag{31.8}
$$

No integral em (31.7), efetuemos a substituição $p^2 l \to p'^2$ e $d^3p \to d^3p'/l^{3/2}$. Comparando com (31.8), obtém-se um fator adicional $1/l^{3/2}$, portanto,

$$
N(T, V, \mu) = \frac{V}{\lambda^3} \sum_{l=1}^{\infty} \frac{\exp(\beta\mu l)}{l^{3/2}} = \frac{V}{\lambda^3} g_{3/2}(z) . \tag{31.9}
$$

No último passo, introduzimos a função zeta generalizada de Riemann

$$
g_\nu(z) \equiv \sum_{l=1}^{\infty} \frac{z^l}{l^\nu} , \tag{31.10}
$$

com argumento

$$
z = \exp(\beta\mu) . \tag{31.11}
$$

O potencial químico $\mu = \mu(T, v)$ para $v = V/N$ e T dados, é obtido de (31.9). Relativamente à dependência de $\mu(T, v)$ na temperatura (figura 31.1), observamos que: para $T \to \infty$ tem-se $\lambda^3 \to 0$, donde $g_{3/2}(z)$ em (31.9) deverá tender para zero e, portanto, $z \to 0$ e $\mu \to -\infty$. Diminuindo a temperatura, deverá aumentar λ^3 e, por consequência, também $g_{3/2}(z)$ em (31.9). Visto que $g_{3/2}(z)$ é uma função monótona de z, deverá, então, z aumentar. Segundo (31.6), tem-se $\mu \leq 0$ e, portanto, $z \leq 1$. Indexamos por c a solução relativa ao valor máximo de μ ou z,

$$
\frac{\lambda_c^3}{v} = g_{3/2}(1) = \zeta(3/2) . \tag{31.12}
$$

A função zeta de Riemann generalizada $g_\nu(z)$ reduz-se, aqui, à função zeta de Riemann $\zeta(\nu)$,

$$
g_\nu(1) = \zeta(\nu) \equiv \sum_{l=1}^{\infty} \frac{1}{l^\nu} \approx \begin{cases} \infty & (\nu = 1/2) , \\ 2.6124 & (\nu = 3/2) , \\ 1.3415 & (\nu = 5/2) . \end{cases} \tag{31.13}
$$

270 Parte V Sistemas especiais

Fornecemos agora valores a que recorreremos mais tarde. De (31.12), segue-se a
temperatura T_c relacionada com $\mu = 0$,

$$k_B T_c = \frac{2\pi}{[\zeta(3/2)]^{2/3}} \frac{\hbar^2}{m\, v^{2/3}} \qquad \text{temperatura de transição.} \qquad (31.14)$$

Como veremos, é definida, deste modo, a temperatura de transição T_c de uma transição de fase. Para $T \sim T_c$, o comprimento de onda em Mecânica Quântica de uma
partícula que se move termicamente é igual à distância média entre as partículas.
Obtemos para os parâmetros do ^{4}He líquido

$$T_c = 3.13\,\text{K} \qquad \left({}^4\text{He}, \ v = 46\text{Å}^3 \right). \qquad (31.15)$$

Vimos, até agora, que, quando a temperatura diminui, μ aumenta de $-\infty$ (para
$T \to \infty$) até $\mu = 0$ (para $T \to T_c$). Quando $\mu > 0$, (31.9) não tem solução. Daqui
decorre uma limitação do intervalo da temperatura:

$$\mu \leq 0 \quad \overset{(31.9)}{\Longrightarrow} \quad \frac{\lambda^3}{v} \leq \zeta(3/2) \quad \text{ou} \quad T \geq T_c. \qquad (31.16)$$

Também para $T \leq T_c$ as partículas existentes distribuir-se-ão de algum modo pelos
níveis existentes. Tal significa que a equação $N = \sum \overline{n_p}$ deverá ter solução. Dela
não pode, tal como em (31.16), concluir-se a limitação $T \geq T_c$. Portanto, (31.16)
aponta no sentido da existência de um erro no cálculo da condição do número de
ocupação (31.7).

Para uma dada densidade N/V, decorre da equação (31.9)

$$\mu \overset{T \to T_c^+}{\longrightarrow} 0^-. \qquad (31.17)$$

Os índices $+$ e $-$ indicam de que lado nos aproximamos do valor limite. Quando
$\mu \to 0^-$, o valor médio do número de ocupação do estado mais baixo com $\varepsilon_0 = 0$
torna-se arbitrariamente grande:

$$N_0 = \overline{n_0} \overset{\mu \to 0^-}{\longrightarrow} \infty. \qquad (31.18)$$

Designamos doravante por N_0 o número de partículas no nível mais baixo. Na figura
31.2, representamos os números de ocupação para $T < T_c$, tal como se obtêm de
(31.2) com $\mu = 0$ e da discussão seguinte.

A contribuição das N_0 partículas, perdeu-se quando se passou da soma $\sum_p$ para
o integral $\int d^3 p$ em (31.7). Para $\mu = 0$ e $p \to 0$, vem $\overline{n_p} \propto 1/p^2$. Isto dá, na integração $d^3 p = 4\pi p^2 \, dp$, apenas um termo proporcional a dp e, portanto, um termo
que se anula numa vizinhança infinitesimal de $p = 0$. Como a parcela $\overline{n_0}$ não pode
ser absorvida no integral, ela deverá, então, ser tomada em conta separadamente na
substituição $\sum_p \to \int d^3 p$:

$$N = \overline{n_0} + \sum_{p \neq 0} \overline{n_p} = \overline{n_0} + \frac{V}{(2\pi\hbar)^3} \int d^3 p \ \overline{n_p} = N_0 + \frac{V}{\lambda^3} g_{3/2}(z). \qquad (31.19)$$

Capítulo 31 Gás perfeito de Bose

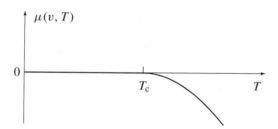

Figura 31.1 Potencial químico do gás perfeito de Bose como função da temperatura ($v =$ const.).

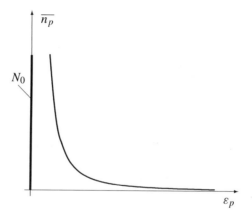

Figura 31.2 Números de ocupação do gás perfeito de Bose para $T < T_c$. O traço grosso representa a ocupação macroscópica do nível individual mais baixo para $T < T_c$, $N_0 = \overline{n_0} = \mathcal{O}(N)$.

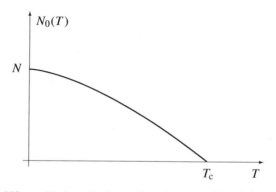

Figura 31.3 Número N_0 de partículas condensadas no gás ideal de Bose, em função de T.

Para $T > T_c$, tem-se $\overline{n_0} = \mathcal{O}(1)$, podendo ser desprezado, donde (31.9) permanece válida para $T > T_c$. Para $N_0 \gg 1$, decorre de (31.2)

$$1 \ll N_0 = \frac{1}{\exp\left[\beta\left(\varepsilon_0 - \mu\right)\right] - 1} \approx \frac{k_B T}{\varepsilon_0 - \mu} \overset{V \to \infty}{=} \frac{k_B T}{-\mu}. \qquad (31.20)$$

Não examinamos nenhum efeito, que dependa do tamanho finito do sistema. Por isso, consideremos o caso limite

$$N \to \infty, \qquad V \to \infty, \qquad v = \frac{V}{N} = \text{const.}. \qquad (31.21)$$

Neste limite a energia dos níveis individuais de partícula mais baixos tende para zero, $\varepsilon_0 \approx \hbar^2/(m V^{2/3}) \to 0$. O mesmo vale para o potencial químico abaixo de T_c:

$$\mu = -\frac{k_B T}{N_0} = -\frac{k_B T}{\mathcal{O}(N)} \overset{N \to \infty}{=} 0 \qquad (T \leq T_c; \ N \to \infty). \qquad (31.22)$$

O caso limite (31.21) é denominado limite termodinâmico. O facto de um sistema macroscópico concreto ser finito não tem, em geral, importância devido ao elevado número de partículas (cerca de $N = 10^{24}$). No tratamento teórico é, por isso, utilizado o limite termodinâmico.

Substituamos $\mu = 0$ em (31.19):

$$N = N_0 + \frac{V}{\lambda^3} \zeta(3/2) \qquad (T \leq T_c). \qquad (31.23)$$

Relativamente ao segundo termo, escrevemos

$$\frac{V}{\lambda^3} \zeta(3/2) = \frac{\lambda_c^3}{\lambda^3} \frac{V}{\lambda_c^3} \zeta(3/2) = \left(\frac{T}{T_c}\right)^{3/2} \frac{V}{\lambda_c^3} \zeta(3/2) \overset{(31.12)}{=} N \left(\frac{T}{T_c}\right)^{3/2}. \qquad (31.24)$$

Deste modo, fica determinada a dependência de $N_0(T)$ na temperatura:

$$\frac{N_0}{N} = \begin{cases} 1 - \left(\dfrac{T}{T_c}\right)^{3/2} & (T \leq T_c), \\[3mm] \mathcal{O}\left(\dfrac{1}{N}\right) \approx 0 & (T > T_c). \end{cases} \qquad (31.25)$$

Este resultado encontra-se representado na figura 31.3. Uma fração finita N_0/N dos átomos ocupa o estado mais baixo para $T < T_c$. Fala-se também de partículas condensadas. Para $T = 0$, obtemos $N_0 = N$, ou seja, o estado fundamental, como é de esperar em Mecânica Quântica.

Denomina-se *condensação de Bose-Einstein* o facto de um gás perfeito de Bose apresentar uma temperatura de transição discreta T_c, e de uma fração finita de todas as partículas ocupar o estado mais baixo para $T \leq T_c$. Este efeito foi descoberto em 1924 por Einstein que investigou o gás perfeito com a estatística introduzida

Capítulo 31 Gás perfeito de Bose

por Bose. A descrição de condensação deve-se ao facto de, tal como na transição de fase gás-líquido, as partículas condensadas deixarem de contribuir para a pressão do gás.

O gás perfeito de Bose tem assim uma transição de fase. Isto significa que a uma temperatura determinada T_c o comportamento do sistema é alterado de modo qualitativo. Na Parte VI, discutiremos mais em pormenor as transições de fase e aí voltaremos à condensação de Bose-Einstein.

Calculemos agora a energia do gás perfeito de Bose:

$$
\begin{aligned}
\sum_p \varepsilon_p \overline{n_p} &= \frac{V}{(2\pi\hbar)^3} \sum_{l=1}^{\infty} \exp(\beta\mu l) \int d^3p \; \frac{p^2}{2m} \exp\left(-\frac{p^2 l}{2m k_B T}\right) \\
&= \frac{V}{(2\pi\hbar)^3} \sum_{l=1}^{\infty} \exp(\beta\mu l) \frac{(-1)}{\beta} \frac{\partial}{\partial l} \int d^3p \; \exp\left(-\frac{p^2 l}{2m k_B T}\right).
\end{aligned}
\tag{31.26}
$$

Tal como em (31.7), o integral, incluindo o primeiro factor $1/(2\pi\hbar)^3$, é igual a $1/(\lambda^3 l^{3/2})$. A derivada $\partial/\partial l$ dá como resultado $-(3/2)/(\lambda^3 l^{5/2})$, portanto

$$
E(T, V, \mu) = \frac{3}{2} k_B T \frac{V}{\lambda^3} \sum_{l=1}^{\infty} \frac{\exp(\beta\mu l)}{l^{5/2}} = \frac{3}{2} k_B T \frac{V}{\lambda^3} g_{5/2}(z).
\tag{31.27}
$$

Este resultado é válido também para $T < T_c$, pois o termo adicional $N_0 \varepsilon_0$ relativo ao nível mais baixo anula-se devido a $\varepsilon_0 = 0$.

Calculemos o calor específico c_V. Comecemos com o caso $T \leq T_c$ (portanto, $\mu = 0$ e $z = 1$) e obtemos, neste caso,

$$
\frac{c_V(T)}{k_B} = \frac{1}{N k_B} \left(\frac{\partial E}{\partial T}\right)_{V,N} = \frac{15}{4} \frac{v}{\lambda^3} g_{5/2}(1) = \frac{15}{4} \frac{\zeta(5/2)}{\zeta(3/2)} \left(\frac{T}{T_c}\right)^{3/2} \quad (T \leq T_c).
\tag{31.28}
$$

Por diferenciação, obteve-se um factor $5/2$ devido a $T/\lambda^3 \propto T^{5/2}$. No último passo, foi utilizado (31.24). Este resultado deve ser interpretado de tal modo que as $N(T/T_c)^{3/2}$ partículas não condensadas contribuem para o calor específico com uma contribuição da ordem de grandeza de $\mathcal{O}(k_B)$. Pelo contrário, é nula aqui a contribuição das partículas condensadas.

Consideremos agora o caso $T \geq T_c$, no qual μ e z são funções de T e v. De (31.27) obtemos, então,

$$
\frac{c_V(T)}{k_B} = \frac{1}{N k_B} \left(\frac{\partial E}{\partial T}\right)_{V,N} = \frac{15}{4} \frac{v}{\lambda^3} g_{5/2}(z) + \frac{3}{2} \frac{v}{\lambda^3} T \, g'_{5/2}(z) \left(\frac{\partial z}{\partial T}\right)_v. \tag{31.29}
$$

Para $T > T_c$, o potencial químico é obtido a partir da condição do número de partículas (31.9),

$$
1 = \frac{v}{\lambda^3} g_{3/2}(z) \quad (T > T_c).
\tag{31.30}
$$

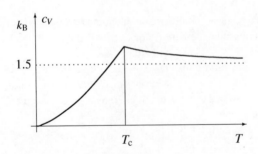

Figura 31.4 Calor específico de um gás perfeito de Bose como função da temperatura.

Derivamos em ordem à temperatura (para $v = $ const.) e dividimos pelo fator v/λ^3,

$$0 = \frac{3}{2T} g_{3/2}(z) + g'_{3/2}(z) \left(\frac{\partial z}{\partial T}\right)_v. \qquad (31.31)$$

Daqui determinamos a derivada parcial $(\partial z/\partial T)_v$. Substituímos esta derivada em (31.29), onde também utilizamos (31.30),

$$\frac{c_V(T)}{k_B} = \frac{15}{4} \frac{g_{5/2}(z)}{g_{3/2}(z)} - \frac{9}{4} \frac{g'_{5/2}(z)}{g'_{3/2}(z)} = \frac{15}{4} \frac{g_{5/2}(z)}{g_{3/2}(z)} - \frac{9}{4} \frac{g_{3/2}(z)}{g_{1/2}(z)} \qquad (T \geq T_c). \qquad (31.32)$$

No último passo, foi utilizado $z g'_\nu(z) = g_{\nu-1}(z)$, resultado que se obtém de imediato a partir da definição (31.10).

Para temperaturas elevadas ($\lambda^3/v \ll 1$), tem-se $z = \exp(\beta\mu) \ll 1$. Com a aproximação $g_\nu(z) \approx z + z^2/2^\nu$, calculemos (31.32) em primeira ordem em z:

$$\frac{c_V(T)}{k_B} \approx \frac{3}{2}\left(1 + \frac{z}{2^{7/2}}\right) \approx \frac{3}{2}\left[1 + \frac{\zeta(3/2)}{2^{7/2}} \left(\frac{T_c}{T}\right)^{3/2}\right] \qquad (T \gg T_c). \qquad (31.33)$$

O termo dominante $c_V(T) = 3k_B/2$ é o limite clássico. No termo de correção com $z/2^{7/2}$, foi utilizada (31.30), na ordem dominante, $z \approx \lambda^3/v$, e (31.24). O resultado (31.33) é obtido também a partir de (30.17).

De (31.28) e (31.32), (tendo em conta $g_{1/2}(1) = \infty$) obtém-se o mesmo valor para $T = T_c$,

$$\frac{c_V(T)}{k_B} = \frac{15}{4} \frac{\zeta(5/2)}{\zeta(3/2)} \approx 1.925 \qquad (T = T_c^\pm). \qquad (31.34)$$

Analogamente a $N_0(T)$, o calor específico $c_V(T)$ é contínuo para $T = T_c$, mas apresenta um máximo em forma de bico. A aproximação (31.33) dá $c_V(T_c) \approx 1.846\, k_B$, sendo, portanto, também utilizável fora do domínio $T \gg T_c$. De (31.28), (31.33) e (31.34), obtém-se o comportamento do calor específico esquematizado na figura 31.4.

Em (31.15), obtivemos a partir da densidade de ^{4}He líquido, uma temperatura de transição de 3.13 K. Com efeito, ^{4}He tem uma transição de fase a $T_c = 2.17$ K denominada transição λ. Visto que o ^{3}He líquido não apresenta tal transição, esta

Capítulo 31 Gás perfeito de Bose   275

deve estar relacionada com a simetria de troca, pois a interação entre os átomos é praticamente igual para ^{4}He e ^{3}He. Sendo a simetria de troca, e não a interação, que é decisiva para a transição λ, faz sentido considerar o gás perfeito de Bose como modelo mais simples para ^{4}He e comparar a condensação de Bose-Einstein com a transição λ (capítulo 38).

Equação de estado

De (29.44) obtemos a equação de estado térmica

$$P(T, V, N) = \frac{2}{3} \frac{E(T, V, N)}{V} \tag{31.35}$$

A energia $E(T, V, N)$ obtém-se para $T > T_c$ a partir de $E(T, V, \mu)$ e $N(T, V, \mu)$, (31.19) e (31.27), eliminando μ. Para $T < T_c$ basta introduzir $\mu(T, v) = 0$ em $E(T, V, \mu)$.

Discutimos algumas peculiaridades da equação de estado para $T < T_c$. Começamos por notar que de (31.35) se tem

$$P(T) = \frac{2}{3} \frac{E(T, V, \mu = 0)}{V} \stackrel{(31.27)}{=} \frac{k_B T}{\lambda^3} \xi(5/2) \tag{31.36}$$

Surpreendentemente, esta pressão não depende do volume V (ou de V/N) mas apenas da temperatura. Por causa de $(\partial P/\partial V)_T = 0$, o sistema não oferece resistência a uma redução de volume. Em vez disso, com uma redução no volume, simplesmente mais partículas são empurradas para o condensado.

No diagrama P-V, $(\partial P/\partial V)_T = 0$ representa uma isotérmica horizontal (para $T < T_c$). Isto pode ser comparado com as isotérmicas horizontais do gás de van der Waals (Figure 37.2). Ocorre, ao longo destas linhas horizontais, a transição entre as duas fases (fase líquida para fase gasosa na figura 37.2, condensado para não condensado neste caso).

Para $T < T_c$ tem-se $\mu(v, T) = 0$. Daqui não se conclui, no entanto, que também $s = (\partial \mu/\partial T)_P$ se anula (o que estaria em contradição com (31.28)). A fim de calcular s deste modo, teríamos primeiro que substituir $v(T, P)$ em $\mu(T, v)$. Então falha o seguinte procedimento: primeiro tem-se $(\partial \mu/\partial T)_P = (\partial \mu/\partial v)_T (\partial v/\partial T)_P + (\partial \mu/\partial T)_v$. No entanto $(\partial v/\partial T)_P = (\partial P/\partial T)_v/(\partial P/\partial v)_T$ é infinito (pois $(\partial P/\partial v)_T = 0$). As relações termodinâmicas conduzem neste caso a uma expressão indeterminada (da forma zero/zero). A grandeza μ deve preferencialmente ser entendida como uma constante de normalização nos números de ocupação (31.2).

A relação $\partial P/\partial V = 0$ para $T < T_c$ deve ser modificada de dois modos. Por um lado as partículas condensadas num volume finito têm uma energia não nula no ponto de energia zero. Assim também dão uma contribuição finita para a energia e para a pressão. Esta contribuição anula-se apenas no limite termodinâmico (31.21). Cada sistema real tem no entanto um volume finito. Por outro lado existem no sistema real (por exemplo no hélio líquido que será discutido com mais detalhe no capítulo 38) interações que então resultam num valor finito de $\partial P/\partial V$.

Parte V Sistemas especiais

Gás perfeito de Bose num oscilador

Transferimos alguns resultados para o caso de um gás de Bose num potencial de oscilador. As energias individuais das partículas no oscilador esférico são $\varepsilon_{n_x n_y n_z} = \hbar\omega(n_x + n_y + n_z + 3/2)$. A condição do número de partículas

$$N = \sum_{n_x=0}^{\infty} \sum_{n_y=0}^{\infty} \sum_{n_z=0}^{\infty} \frac{1}{\exp[\beta(\varepsilon_{n_x n_y n_z} - \mu)] - 1} \tag{31.37}$$

fixa o potencial químico μ, sendo o somando o número médio de ocupação para o nível de oscilador com números quânticos n_x, n_y e n_z. O nível mais baixo tem energia $\varepsilon_{000} = 3\hbar\omega/2$ (em vez de $\varepsilon_0 \to 0$ quando $V \to \infty$). O ponto de transição, para o qual ocorre a ocupação macroscópica do estado fundamental, é, portanto, obtido de

$$\mu \to \mu_c = \frac{3}{2}\,\hbar\omega\,. \tag{31.38}$$

Com $\mu \to \mu_c$, o número médio de ocupação do estado fundamental do oscilador tende para infinito. Designemos para $T \leq T_c$, este número de ocupação por N_0 e calculemos a restante soma em (31.36) através de um integral:

$$N = N_0 + \int_0^{\infty} dn_x \int_0^{\infty} dn_y \int_0^{\infty} dn_z \frac{1}{\exp[\beta\hbar\omega(n_x + n_y + n_z)] - 1}\,. \tag{31.39}$$

A transição da soma para integral pressupõe $k_B T \gg \hbar\omega$. O integrando pode ser novamente expresso como uma série geométrica $\sum_{l=1}^{\infty} \exp -[...]l$, podendo, então, ser calculados de modo elementar os integrais individuais. Isto dá

$$N = N_0 + \zeta(3)\left(\frac{k_B T}{\hbar\omega}\right)^3\,, \tag{31.40}$$

onde $\zeta(3) = \sum_{l=1}^{\infty} l^{-3} \approx 1.202$. A temperatura crítica é obtida de $N_0 \to 0$, portanto,

$$k_B T_c = \hbar\omega \left(\frac{N}{\zeta(3)}\right)^{1/3} \approx 0.94\,\hbar\omega N^{1/3}\,. \tag{31.41}$$

De (31.39) tem-se

$$\frac{N_0}{N} = 1 - \left(\frac{T}{T_c}\right)^3\,, \tag{31.42}$$

que deve ser comparada com (31.25). O condensado consiste em todos os átomos que se encontram no estado fundamental do oscilador.

O limite termodinâmico (31.21) exige uma densidade finita $V/N = \text{const.}$ O volume do sistema agora considerado é proporcional a b^3, onde $b = \hbar/m\omega$ é o comprimento de oscilador. O limite termodinâmico é, portanto,

$$N \to \infty \qquad \hbar\omega \to 0\,, \qquad N(\hbar\omega)^3 = \text{const.}\,. \tag{31.43}$$

Assim, (31.40) dá um valor finito para a temperatura de transição T_c.

Capítulo 31 Gás perfeito de Bose 277

Gás de Bose real numa armadilha magnética

Átomos que têm, globalmente, um número par de fermiões, como, por exemplo, um átomo de hidrogénio (1 protão, 1 eletrão) ou um átomo de lítio (7 nucleões 3 eletrões) têm spin inteiro e são, portanto, bosões. Os átomos considerados deverão ter adicionalmente um número ímpar de eletrões, resultando num momento magnético dos átomos da ordem de grandeza do magnetão de Bohr. Experimentalmente podem manter-se numa armadilha magnética de 10^3 a cerca de 10^7 destes átomos e colocá-los a temperaturas baixas (abaixo de 10^{-6} K). Numa tal experiência, foi pela primeira vez observada em 1995 para átomos de ^{87}Rb e ^{23}Na a condensação de Bose-Einstein.[1] O gás perfeito de Bose num oscilador torna possível um primeiro acesso simplificado a estes fenómenos.

As forças de uma armadilha magnética podem ser aproximadas através dum potencial de oscilador. Se desprezarmos a interação entre os átomos, podemos aplicar os resultados das secções anteriores. De (31.40) obtemos

$$T_{\mathrm{c}} \sim 3 \cdot 10^{-7} \,\mathrm{K} \qquad \left(\text{para } \hbar\omega \approx 10^{-8}\, k_{\mathrm{B}} \,\mathrm{K} \text{ e } N = 4 \cdot 10^4\right), \tag{31.44}$$

como um valor típico para a temperatura de transição. Evidentemente, por ser finito o número de átomos, o limite termodinâmico (31.42) não é alcançado. Isto implica que a transição não é perfeitamente nítida. Devido a este facto, o bico que ocorre em T_{c} na figura 31.4, torna-se arredondado.

O condensado consiste de átomos que estão no estado fundamental do oscilador. No espaço das quantidades de movimento, o condensado é constituído predominantemente por partículas com pequenas quantidades de movimento (correspondendo ao estado fundamental do oscilador) e distinguindo-se facilmente da distribuição de grande amplitude das restantes partículas pela quantidade de movimento. Se se desligar o campo magnético da armadilha, os átomos afastam-se uns dos outros, de acordo com as suas quantidades de movimento iniciais. A densidade desta nuvem de átomos em expansão pode ser medida por meio de absorção de luz.

Num sistema infinito, o condensado não pode separar-se espacialmente das restantes partículas. Isto é diferente para o caso da condensação de Bose-Einstein na armadilha de átomos: a distribuição espacial de densidade é constituída por uma distribuição mais larga e adicionalmente de uma exagerada estreita distribuição de Gauss que é proporcional ao quadrado da função de onda do estado fundamental do oscilador (e que tem a largura $b = \hbar/m\omega \sim 10^{-6}$ m). Esta distribuição de densidade pode ser medida por espalhamento de luz. Através de tais experiências, foi demonstrada a condensação de Bose-Einstein, tanto no espaço das coordenadas, como no espaço das quantidades de movimento.

A densidade n do gás é na armadilha magnética muito baixa,

$$n \,|a|^3 < 10^{-3}, \tag{31.45}$$

---

[1] Para uma curta introdução à experiência, refere-se W. Petrich, Physikalische Blätter 52 (1996) 345, para um estudo minucioso da teoria refere-se o e-print *Theory of trapped Bose-condensed gases* de F. Dalfovo et al., cond-mat/9806038 in Archiv http://xxx.lanl.gov/

278   Parte V   Sistemas especiais

onde a representa o comprimento de espalhamento da onda s. Tem-se $a = (m/4\pi\hbar^2)\int d^3r\, V(r)$ com o potencial átomo-átomo $V(r)$. Sujeito às condições consideradas (temperatura $T \lesssim T_c$ e pressão normal) no estado de equilíbrio termodinâmico o sistema é, de facto, um corpo sólido. Devido a (31.44) as colisões são, no entanto, tão raras que o estado gasoso (metaestável) é estável por um período bastante longo.

Até aqui tratamos os átomos na armadilha como um gás perfeito. O desprezar da interação entre os átomos pressupõe, que a sua contribuição energética E_{int} é pequena em comparação com a energia cinética E_{cin}. Para a relação entre estas energias, obtém-se

$$\frac{E_{int}}{E_{cin}} = \frac{N|a|}{b}, \qquad (31.46)$$

onde a é o comprimento de espalhamento e $b = \hbar/m\omega$ é o comprimento de oscilador. A relação (31.45) pode ser muito maior que 1, mesmo que o gás seja muito rarefeito (31.44). Verifica-se, então, o enfraquecimento do comportamento ideal, mas o valor da temperatura de transição mantém-se aproximadamente.

Capítulo 31   Gás perfeito de Bose

Exercícios

31.1   Calor específico do gás Bose para altas temperaturas

Para o calor específico do gás de Bose ideal, obtém-se

$$\frac{c_V(T)}{k_B} = \frac{15}{4}\frac{g_{5/2}(z)}{g_{3/2}(z)} - \frac{9}{4}\frac{g_{3/2}(z)}{g_{1/2}(z)} \qquad (T \geq T_c)$$

onde $g_\nu(z)$ é a função Riemann zeta generalizada, $z = \exp(\beta\mu)$, e T_c é a temperatura de transição. Determine os dois termos dominantes do calor específico para $T \gg T_c$.

31.2   Gás bose no oscilador

O condensado de um gás de Bose ideal no oscilador harmónico consiste em N_0 partículas no estado fundamental. Se existe um condensado então a condição do número de partículas é,

$$N = N_0 + \int_0^\infty dn_x \int_0^\infty dn_y \int_0^\infty dn_z \frac{1}{\exp[\beta\hbar\omega(n_x + n_y + n_z)] - 1} \qquad (31.47)$$

As energias do oscilador são $\varepsilon = \hbar\omega(n_x + n_y + n_z + 3/2)$. Na expressão para os números médios de partículas usou-se $\mu = 3\hbar\omega/2$; isto aplica-se quando uma fração finita de todas as partículas está no estado fundamental.

Escreva o integrando como uma série geométrica $\sum_{l=1}^\infty \exp(-[...]l)$ e execute a integração. Determine N_0 como função da temperatura.

31.3   Gás de Bose em duas dimensões

Mostre que num gás de Bose ideal a duas dimensões não existe condensação de Bose-Einstein. Calcule a relação entre o número N de partículas e o potencial químico μ e discuta o resultado quando $\mu \to 0$.

32 Gás perfeito de Fermi

Estudamos o gás perfeito de Fermi para temperaturas baixas. Este modelo é aplicado aos eletrões móveis num metal. Os eletrões originam uma contribuição para o calor específico que aumenta linearmente com a temperatura.

Consideremos fermiões não-relativísticos com spin 1/2 e massa m. Os estados individuais das partículas são determinados pela quantidade de movimento p e pela projeção do spin s_z. Têm energia

$$\varepsilon_p = \frac{p^2}{2m} . \tag{32.1}$$

De acordo com (29.31), o número médio de fermiões nos estados individuais das partículas é

$$\overline{n_p} = \frac{1}{\exp\left[\beta\left(\varepsilon_p - \mu\right)\right] + 1} . \tag{32.2}$$

A energia termodinâmica e o número médio de partículas são dados por

$$E(T, V, \mu) = \sum_{s_z, \, p} \varepsilon_p \, \overline{n_p} \qquad N(T, V, \mu) = \sum_{s_z, \, p} \overline{n_p} . \tag{32.3}$$

De acordo com (30.8), a soma sobre quantidades de movimento discretas pode ser dada por um integral:

$$\sum_{s_z, \, p} \dots = \frac{2V}{(2\pi\hbar)^3} \int d^3p \, \dots . \tag{32.4}$$

Um *gás perfeito de Fermi* é definido por (32.1) – (32.4). De (32.3) obtemos, por eliminação de μ, a energia $E(T, V, N)$. A partir de $E(T, V, N)$, obtêm-se o calor específico c_V e a pressão (29.44) e todas as restantes grandezas termodinâmicas.

No integral (32.4), efetuamos a mudança da variável p para $\varepsilon = \varepsilon_p = p^2/2m$:

$$\frac{2V}{(2\pi\hbar)^3} \int d^3p \dots = \frac{2V}{(2\pi\hbar)^3} \int_0^\infty d\varepsilon \, 4\pi \sqrt{2m\varepsilon} \, m \dots = N \int_0^\infty d\varepsilon \, z(\varepsilon) \dots . \tag{32.5}$$

A densidade de estados

$$z(\varepsilon) = \text{const.} \cdot \frac{V}{N} \sqrt{\varepsilon} , \tag{32.6}$$

Capítulo 32 Gás perfeito de Fermi

representa o número de estados individuais das partículas por intervalo de energia. A constante contém fatores numéricos e a massa m. Efetuemos os cálculos seguintes, primeiro para uma densidade de estados não especificada $z(\varepsilon)$. A interação num sistema real (por exemplo, a interação eletrão-rede) pode, em parte, ser tomada em conta, se em (32.1) for utilizada uma massa efetiva dependente da energia. Tal conduz a desvios em relação a (32.6).

Exprimamos (32.2) – (32.4) do seguinte modo:

$$\overline{n(\varepsilon)} = \frac{1}{\exp\left[\beta\left(\varepsilon - \mu\right)\right] + 1} , \tag{32.7}$$

$$1 = \int_0^\infty d\varepsilon \, z(\varepsilon) \, \overline{n(\varepsilon)} , \tag{32.8}$$

$$\frac{E}{N} = \int_0^\infty d\varepsilon \, z(\varepsilon) \, \varepsilon \, \overline{n(\varepsilon)} , \tag{32.9}$$

usando a densidade de estados $z(\varepsilon)$. A equação (32.8) determina o potencial químico $\mu(T, v)$. Ele depende, através de $\overline{n(\varepsilon)}$, de T e, através de $z(\varepsilon)$, de $v = V/N$. Substituindo $\mu(T, v)$ em (32.9), obtém-se $E(T, V, N)$.

Dependendo do sinal de $\varepsilon - \mu$, quando $T \to 0$, ou $\beta \to \infty$, a função exponencial no denominador em (32.7) é igual a zero ou a infinito. Daqui, segue-se

$$\overline{n(\varepsilon)} \xrightarrow{T \to 0} \Theta(\mu - \varepsilon) = \begin{cases} 1 & \text{para} \quad \varepsilon < \mu(0, v), \\[2mm] 0 & \text{para} \quad \varepsilon > \mu(0, v) . \end{cases} \tag{32.10}$$

Esta equação é válida no domínio $\varepsilon \geq 0$. A função $\Theta(x)$ denomina-se função degrau ou função teta. Ao valor de μ para $T = 0$ damos a designação de *energia de Fermi*:

$$\varepsilon_{\mathrm{F}} = \frac{p_{\mathrm{F}}^2}{2m} = \mu(0, v) \qquad \text{(energia de Fermi)} . \tag{32.11}$$

Na figura 32.1, à esquerda, estão representados os números de ocupação (32.10) como função da energia. Por analogia, fala-se de um mar de Fermi, no qual todos os níveis abaixo de ε_{F} estão ocupados, enquanto que os níveis acima de ε_{F} estão livres. No espaço das quantidades de movimento, estão, então, ocupados todos os estados individuais das partículas com $|\boldsymbol{p}| \leq p_{\mathrm{F}}$.

O resultado (32.10) significa que o sistema passa para o estado de energia mais baixa quando $T \to 0$. Como o princípio de Pauli é válido para fermiões, cada nível individual mais baixo encontra-se ocupado por uma partícula. Para um número N de partículas fixo, daqui se conclui que uma fronteira p_{F} separa os níveis ocupados dos desocupados. Calculemos a quantidade de movimento de Fermi p_{F} da condição que, nos estados $|\boldsymbol{p}| \leq p_{\mathrm{F}}$, caibam exatamente N partículas:

$$N = \sum_{s_z = \pm 1/2} \sum_{|\boldsymbol{p}| \leq p_{\mathrm{F}}} 1 = \frac{2V}{(2\pi\hbar)^3} \int_{|\boldsymbol{p}| \leq p_{\mathrm{F}}} d^3 p = \frac{2V}{(2\pi\hbar)^3} \frac{4\pi}{3} p_{\mathrm{F}}^3 . \tag{32.12}$$

282   Parte V   Sistemas especiais

Daqui se tem

$$p_{\mathrm{F}} = \left(3\pi^2\right)^{1/3} \frac{\hbar}{v^{1/3}}\,, \qquad \varepsilon_{\mathrm{F}} = \left(3\pi^2\right)^{2/3} \frac{\hbar^2}{2m\,v^{2/3}}\,. \tag{32.13}$$

O gás perfeito de Fermi pode servir como modelo para os seguintes sistemas:

- Átomo: eletrões da nuvem eletrónica.

- Núcleo atómico: nucleões.

- Metal: eletrões na banda de condução.

- Hélio líquido: átomos de ^{3}He.

- Anã branca: eletrões.

Os dois primeiros casos são conhecidos como modelo em camadas (do átomo, do núcleo). Um tratamento estatístico só é aqui possível de modo restrito, devido ao reduzido número de partículas. Até aqui, a discussão foi relativa a $T = 0$, ou seja, ao estado fundamental. A mesma é válida para o átomo ou para o núcleo atómico.

Para os sistemas mencionados, a grandeza da energia de Fermi é

$$\varepsilon_{\mathrm{F}} = \frac{p_{\mathrm{F}}^2}{2m} \approx \begin{cases} 10\,\mathrm{eV} & \text{átomo, metal } (10^{-8}\,\mathrm{cm}), \\ 10^{-4}\,\mathrm{eV} & {}^3\mathrm{He\ líquido\ } (10^{-8}\,\mathrm{cm}), \\ 35\,\mathrm{MeV} & \text{núcleo atómico } (10^{-13}\,\mathrm{cm}), \\ 10^6\,\mathrm{eV} & \text{anã branca } (10^{-11}\,\mathrm{cm}), \end{cases} \tag{32.14}$$

onde, no lugar de m, introduzimos a respectiva massa (eletrão, átomo ^{3}He, nucleão). Entre parênteses é indicada a ordem de grandeza de $v^{1/3}$.

Os eletrões que estão mais fracamente ligados aos átomos que constituem a rede cristalina de um metal, deixam de estar ligados aos átomos. Estes eletrões podem ser descritos, de modo aproximado, como um gás perfeito de Fermi. Para o cobre, fazendo $v = V/N = 12\,\mathring{\mathrm{A}}^3$, obtemos uma estimativa para a energia de Fermi:

$$\varepsilon_{\mathrm{F}} = \left(3\pi^2\right)^{2/3} \frac{\hbar^2}{2m_{\mathrm{e}}\,v^{2/3}} \approx 7\,\mathrm{eV} \approx 8 \cdot 10^4\,k_{\mathrm{B}}\,\mathrm{K}\,, \tag{32.15}$$

onde utilizamos $\hbar^2/(m_{\mathrm{e}}\mathring{\mathrm{A}}^2) \approx 7.6\,\mathrm{eV}$.

Para libertar um eletrão do metal, deverá efetuar-se um trabalho de saída W de cerca de 2 a 3 eV. A energia de um eletrão na superfície de Fermi é, portanto, negativa (em relação a um eletrão no exterior do metal). Isto pode ser descrito por meio de um potencial U, para os eletrões, que no metal é constante e negativo, $U = -\varepsilon_{\mathrm{F}} - W \approx -10\,\mathrm{eV}$, e que se anula no exterior do metal. Teríamos um deslocamento de μ irrelevante se em (32.1) acrescentassemos a ε a energia potencial.

Consideremos, agora, um gás perfeito de Fermi como modelo para os eletrões na banda de condução de um metal. Para todas as eventuais temperaturas, temos que

$$k_{\mathrm{B}}T \ll \varepsilon_{\mathrm{F}} = \mathcal{O}(10^5\,k_{\mathrm{B}}\,\mathrm{K}) \qquad \text{(metal)}\,. \tag{32.16}$$

Capítulo 32   Gás perfeito de Fermi

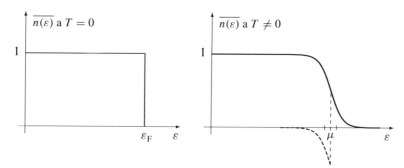

Figura 32.1 Números de ocupação $\overline{n(\varepsilon)}$ de um gás perfeito de Fermi para $T = 0$ e $T \neq 0$. Para $T = 0$, o sistema encontra-se no estado fundamental quântico. Para $T \neq 0$, ocorre a transição de $\overline{n} \approx 1$ para $\overline{n} \approx 0$ num intervalo da ordem de grandeza de alguns $k_B T$ situado em $\mu \approx \varepsilon_F$. Para os eletrões num metal esta "diluição da superfície de Fermi" seria praticamente imperceptível numa figura na escala adequada devido a que $k_B T/\varepsilon_F < 10^{-2}$. No lado direito encontra-se ainda representada a diferença $\eta(x)$ entre o número de ocupação e a função teta $\Theta(\mu - \varepsilon)$ (como linha tracejada, a qual para $\varepsilon \geq \mu$ coincide com a linha a cheio). Esta função é apenas diferente de zero numa vizinhança de $\varepsilon = \mu$, sendo impar se referida ao ponto $\varepsilon = \mu$. As marcas junto à posição $\varepsilon = \mu$ situam-se em $\varepsilon = \mu \pm k_B T$.

Por outro lado, o caso $k_B T \sim \varepsilon_F$ poderá ser considerado na aplicação ao ^{3}He líquido.

O número médio de ocupação encontra-se esquematizado para $k_B T \ll \varepsilon_F$ na figura 32.1, à direita. Devido à temperatura finita de Fermi, a superfície de Fermi torna-se "difusa". A transição entre $\overline{n} = 1$ e $\overline{n} = 0$ ocorre num intervalo da ordem de grandeza $k_B T$, como se vê facilmente a partir de alguns valores concretos:

$$\overline{n(\varepsilon)} = en(\varepsilon) = \begin{cases} 0.50 & \varepsilon = \mu, \\ 0.50 \pm 0.23 & \varepsilon = \mu \mp k_B T, \\ 0.50 \pm 0.45 & \varepsilon = \mu \mp 3k_B T. \end{cases} \quad (32.17)$$

A grandeza μ depende, ela própria, da temperatura. Esta dependência vem explicitada mais abaixo. Para $k_B T \ll \varepsilon_F$, tem-se, no entanto, que $\mu \approx \varepsilon_F$.

Consideremos a diferença $\eta(x)$ entre o número médio de ocupação a temperatura finita (32.7) e a função teta $\Theta(\mu - \varepsilon)$,

$$\eta(x) = \overline{n(\varepsilon)} - \Theta(\mu - \varepsilon) = \frac{1}{\exp(x) + 1} - \Theta(-x), \quad x = \beta(\varepsilon - \mu). \quad (32.18)$$

Mostra-se, facilmente, que a função (ver também a figura 32.1 à direita) $\eta(x)$ é ímpar:

$$\eta(-x) = -\eta(x). \quad (32.19)$$

Seguidamente, calculemos o calor específico usando um método introduzido por Sommerfeld, conhecido por técnica de Sommerfeld. Comecemos por separar em duas partes os integrais a calcular, (32.8) e (32.9),

$$\int_0^\infty d\varepsilon \, f(\varepsilon) \, \overline{n(\varepsilon)} = \int_0^\mu d\varepsilon \, f(\varepsilon) + \int_0^\infty d\varepsilon \, f(\varepsilon) \left(\overline{n(\varepsilon)} - \Theta(\mu - \varepsilon) \right). \quad (32.20)$$

284 Parte V Sistemas especiais

De (32.16), tem-se que $\overline{n(\varepsilon)} - \Theta(\mu - \varepsilon)$ apenas é diferente de zero num intervalo muito pequeno em torno de μ. As funções $f(\varepsilon)$ em questão (como $\varepsilon^{1/2}$ ou $\varepsilon^{3/2}$) variam pouco neste intervalo e é válido o desenvolvimento seguinte:

$$f(\varepsilon) = f(\mu) + f'(\mu)\,(\varepsilon - \mu) + \frac{f''(\mu)}{2}\,(\varepsilon - \mu)^2 + \dots. \tag{32.21}$$

Substituamos este desenvolvimento em (32.20), onde introduzimos a variável sem dimensões $x = \beta(\varepsilon - \mu)$ e utilizamos a função $\eta(x)$ definida em (32.18),

$$\int_0^\infty d\varepsilon\, f(\varepsilon)\,\overline{n(\varepsilon)} = \int_0^\mu d\varepsilon\, f(\varepsilon) + \frac{1}{\beta} \int_{-\beta\mu}^\infty dx\, \left(f(\mu) + f'(\mu)\,\frac{x}{\beta} + \dots \right) \eta(x)\ . \tag{32.22}$$

Visto que $\beta\mu \gg 1$, o limite inferior do segundo integral pode ser substituído por $-\infty$. As contribuições deste domínio são exponencialmente pequenas. Como $\eta(-x) = -\eta(x)$, o integral sobre as potências pares de x anula-se. A seguinte contribuição em (32.22) vem, então, do termo $f'''(\mu)\,x^3/\beta^3$. Obtém-se

$$\int_0^\infty d\varepsilon\, f(\varepsilon)\,\overline{n(\varepsilon)} = \int_0^\mu d\varepsilon\, f(\varepsilon) + \frac{f'(\mu)}{\beta^2} \int_{-\infty}^\infty dx\, x\, \eta(x) + \mathcal{O}(T^4)\,. \tag{32.23}$$

O termo $\mathcal{O}(T^4)$ tem relativamente ao termo anterior a grandeza $(k_B T/\varepsilon_F)^2$, ou seja, cerca de 10^{-5} para (32.15), considerando a temperatura ambiente. Desprezamos, seguidamente, os termos de ordem superior. Com

$$\int_{-\infty}^{+\infty} dx\, x\, \eta(x) \overset{(32.19)}{=} 2\int_0^{+\infty} dx\, x\, \eta(x) = 2\int_0^{+\infty} \frac{x}{\exp(x)+1} = \frac{\pi^2}{6}\,, \tag{32.24}$$

obtemos

$$\int_0^\infty d\varepsilon\, f(\varepsilon)\,\overline{n(\varepsilon)} = \int_0^\mu d\varepsilon\, f(\varepsilon) + \frac{\pi^2}{6\beta^2}\, f'(\mu) \qquad (k_B T \ll \varepsilon_F)\,. \tag{32.25}$$

Considerando (32.8) e (32.9), vem:

$$1 = \int_0^\mu d\varepsilon\, z(\varepsilon) + \frac{\pi^2}{6\beta^2}\, z'(\mu)\,, \tag{32.26}$$

$$\frac{E}{N} = \int_0^\mu d\varepsilon\, z(\varepsilon)\, \varepsilon + \frac{\pi^2}{6\beta^2}\, \Big(\mu\, z'(\mu) + z(\mu) \Big)\,. \tag{32.27}$$

Relativamente ao integral em (32.26), escrevamos

$$\int_0^\mu d\varepsilon\, z(\varepsilon) = \int_0^{\varepsilon_F} d\varepsilon\, z(\varepsilon) + \int_{\varepsilon_F}^\mu d\varepsilon\, z(\varepsilon) = 1 + (\mu - \varepsilon_F)\, z(\widetilde{\varepsilon})\,. \tag{32.28}$$

De (32.26) com $T = 0$, obtém-se o valor 1 para o primeiro integral. Relativamente ao segundo integral, utilizou-se o teorema do valor médio. Donde $\widetilde{\varepsilon}$ é um valor qualquer situado entre μ e ε_F. Substituindo (32.28) em (32.26), tem-se

$$\mu = \varepsilon_F + \mathcal{O}(T^2) \qquad (k_B T \ll \varepsilon_F)\,. \tag{32.29}$$

Capítulo 32 Gás perfeito de Fermi 285

Por conseguinte, nos termos de correção em (32.26) – (32.28) pode-se introduzir a aproximação $\mu \approx \varepsilon_F$ e $\widetilde{\varepsilon} \approx \varepsilon_F$. As correções adicionais dão, como resultado, termos da ordem $\mathcal{O}(T^4)$ que desprezamos. De (32.26) e (32.28) vem

$$\mu - \varepsilon_F = -\frac{\pi^2}{6\beta^2} \frac{z'(\varepsilon_F)}{z(\varepsilon_F)}. \tag{32.30}$$

Em particular, para (32.6), vem $z'(\varepsilon_F)/z(\varepsilon_F) = 1/(2\varepsilon_F)$, donde se obtém de (22.30)

$$\mu = \varepsilon_F \left[1 - \frac{\pi^2}{12} \left(\frac{k_B T}{\varepsilon_F} \right)^2 \right] \qquad (k_B T \ll \varepsilon_F). \tag{32.31}$$

A partir de (30.12), segue-se $\mu \to -\infty$ quando $T \to \infty$. Na figura 32.2, está representada a dependência de $\mu(T, v)$ na temperatura.

Calculemos a energia (32.27), sendo o integral obtido como em (32.28) e tomando as aproximações $\mu \approx \varepsilon_F$ e $\widetilde{\varepsilon} \approx \varepsilon_F$ para os termos de correção,

$$\frac{E}{N} = \underbrace{\int_0^{\varepsilon_F} d\varepsilon \, \varepsilon \, z(\varepsilon)}_{= E_0/N} + (\mu - \varepsilon_F) \, \varepsilon_F \, z(\varepsilon_F) + \frac{\pi^2}{6\beta^2} \left(\varepsilon_F \, z'(\varepsilon_F) + z(\varepsilon_F) \right). \tag{32.32}$$

Substituindo (32.30):

$$E(T, V, N) = E_0 + \frac{\pi^2}{6} N \frac{z(\varepsilon_F)}{\beta^2} = E_0(V, N) + \frac{\pi^2}{6} N (k_B T)^2 z(\varepsilon_F), \tag{32.33}$$

que implica o crescimento linear do calor específico com a temperatura:

$$c_V(T) = \frac{1}{N} \frac{\partial E(T, V, N)}{\partial T} = \frac{\pi^2}{3} k_B^2 T z(\varepsilon_F). \tag{32.34}$$

Apliquemos este resultado, em particular, à densidade de estados (32.6). Substituindo $z(\varepsilon) = A \varepsilon^{1/2}$ na condição do número de partículas a $T = 0$, vem:

$$1 = \int_0^{\varepsilon_F} d\varepsilon \, z(\varepsilon) = A \int_0^{\varepsilon_F} d\varepsilon \, \sqrt{\varepsilon} = \frac{2}{3} A \varepsilon_F^{3/2} = \frac{2}{3} z(\varepsilon_F) \, \varepsilon_F. \tag{32.35}$$

Daqui resulta

$$z(\varepsilon) = \frac{3}{2\varepsilon_F} \sqrt{\frac{\varepsilon}{\varepsilon_F}} \quad \text{e} \quad z(\varepsilon_F) = \frac{3}{2\varepsilon_F}. \tag{32.36}$$

Substituindo em (32.33) e (32.34), obtém-se:

$$E = E_0 + \frac{\pi^2}{4} \frac{k_B T}{\varepsilon_F} N k_B T, \tag{32.37}$$

$$\boxed{c_V = \frac{\pi^2}{2} \frac{k_B T}{\varepsilon_F} k_B.} \tag{32.38}$$

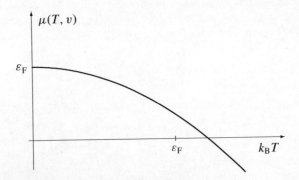

Figura 32.2 Dependência do potencial químico do gás perfeito de Fermi na temperatura ($v = $ const.).

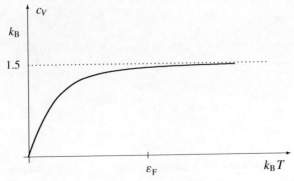

Figura 32.3 Dependência do calor específico do gás perfeito de Fermi na temperatura. Na aplicação aos eletrões num metal, apenas é relevante a zona $k_B T \ll \varepsilon_F$.

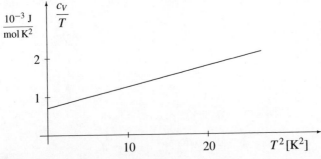

Figura 32.4 Exemplo para o calor específico de um metal. Num gráfico de c_V/T em função de T^2, a expressão (32.39) origina uma reta. Obtemos os valores experimentais de α e γ se ajustarmos uma reta aos valores medidos.

Capítulo 32 Gás perfeito de Fermi 287

Este resultado pode ser facilmente compreendido com ajuda da figura 32.1. Como $k_B T \ll \varepsilon_F$, apenas uma fração $\mathcal{O}(k_B T / \varepsilon_F)$ de todas as partículas pode ser termicamente excitada. Estas partículas excitadas recebem, em média, uma energia $\mathcal{O}(k_B T)$. Isto explica (32.37) e (32.38) a menos de fatores numéricos. Em particular, o calor específico contém, em relação à expectativa clássica, $c_V = \mathcal{O}(k_B)$, um fator $k_B T / \varepsilon_F$.

O resultado clássico $c_V = 3 k_B / 2$ deverá ser obtido para temperaturas elevadas ($k_B T \gg \varepsilon_F$). Globalmente, obtém-se o traçado esquematizado na figura 32.3. No entanto, na aplicação a um metal, apenas a região $k_B T \ll \varepsilon_F$ está envolvida.

O calor específico de um metal é medido a fim de verificar experimentalmente o resultado (32.38). Para c_V, também contribuem as oscilações da rede cristalina. Para temperaturas não demasiado elevadas, esta contribuição é proporcional a T^3 (capítulo 33). Ajusta-se uma curva da forma

$$c_V = \alpha\, T^3 + \gamma\, T \,, \tag{32.39}$$

ao calor específico medido (figura 32.4). Deste ajustamento obtêm-se experimentalmente valores para α e γ. Usando o valor de γ, a energia de Fermi ε_F pode ser obtida de (32.38), e a densidade de estados $z(\varepsilon_F)$ à superfície de Fermi pode determinar-se de acordo com (32.34).

Pressão de Fermi

De acordo com (29.44), a pressão do gás de Fermi não-relativístico é

$$P(T, V, N) = \frac{2\, E(T, V, N)}{3\, V} = \frac{2\, E_0(V, N)}{3\, V} + \frac{\pi^2}{6} \frac{N k_B T}{V} \frac{k_B T}{\varepsilon_F} \,. \tag{32.40}$$

Usando (32.36), obtemos para a energia do estado fundamental introduzida em (32.32)

$$\frac{E_0(V, N)}{N} = \int_0^{\varepsilon_F} d\varepsilon\, z(\varepsilon)\, \varepsilon = \frac{3}{5}\, \varepsilon_F. \tag{32.41}$$

Contrariamente a um gás perfeito clássico ou a um gás perfeito de Bose, a pressão do gás de Fermi não tende para zero quando $T \to 0$, mas tende antes para o valor finito

$$P_{\text{Fermi}} = P(0, V, N) = \frac{2}{5} \frac{N}{V}\, \varepsilon_F = \frac{(3\pi^2)^{2/3}}{5} \frac{\hbar^2}{m\, v^{5/3}} \,. \tag{32.42}$$

Esta *pressão de Fermi* é a razão da relativa *incompressibilidade* da matéria usual sólida ou líquida, embora a estrutura interna desta matéria seja muito diferente de um gás perfeito de Fermi de eletrões. Os pressupostos decisivos para (32.42) são *a relação de incerteza* e o *princípio de Pauli*. Estes conduzem, independentemente da estrutura particular da matéria condensada (líquido ou sólido) a uma pressão de Fermi desta ordem de grandeza. Em termos simples, podemos afirmar que cada eletrão apenas tem à sua disposição, devido ao princípio de Pauli, um volume efetivo

288   Parte V   Sistemas especiais

$v = V/N$. Devido à relação de incerteza, possui, então, uma energia mínima da ordem de grandeza $\hbar^2/(m\,v^{2/3})$. A fim de reduzir a metade o volume da matéria condensada ($v \to v/2$), a energia cinética dos eletrões deverá ser elevada cerca de 60%. De acordo com (32.15), isto requer uma energia de cerca de $4\,\text{eV}(Z_1 + Z_2 + \ldots)$ por molécula, onde Z_1, Z_2,... são os números atómicos dos átomos da molécula. Esta energia excede a energia libertada numa reação química explosiva (por exemplo 1 eV por molécula do gás detonante). É, portanto, relativamente difícil (dispendioso em termos energéticos) comprimir matéria condensada.

Para concluir, mencionamos ainda que a pressão de Fermi desempenha um papel central nalguns modelos de estrelas. Numa estrela em equilíbrio, a pressão da matéria deverá equilibrar a pressão gravítica. Apresentamos resumidamente alguns equilíbrios de astros:

- Para a Terra, a incompressibilidade da matéria normal que acabamos de descrever, impede que esta seja comprimida pela força gravítica.

- No nosso Sol, a pressão cinética do plasma equilibra a pressão gravítica. Esta pressão cinética pode ser descrita por $P = N k_{\text{B}} T / V$, sendo no interior do Sol $T \approx 5 \cdot 10^7$ K. Esta temperatura é mantida através da fusão de hidrogénio em hélio. A pressão de Fermi não desempenha qualquer papel para o equilíbrio da estrela.

- Na fase final, o Sol (massa $M_\odot$, raio $R_\odot$) poderia ser uma estrela de hélio, na qual a pressão de Fermi dos eletrões equilibra a pressão gravítica. Este é o modelo de estrela *anã branca* (ver também o capítulo 46 em [3]). Para uma massa $M \approx M_\odot$, obtém-se, da condição de equilíbrio, um raio de anã $R \approx 10^{-2} R_\odot$. Tais estrelas têm, com frequência, temperaturas na zona $10^4 \ldots 10^5$ K e, portanto, um espectro "branco". Visto que $k_{\text{B}} T \ll \varepsilon_{\text{F}}$, a temperatura é praticamente irrelevante para o equilíbrio do astro.

- Uma estrela pode ter uma massa tão grande e ser tão compacta, que a energia cinética dos eletrões exceda $1.5\,m_e c^2$. Então, a transformação em neutrões pela reação $p + e^- \to n + \nu_e$ é favorecida energeticamente. A resultante *estrela de neutrões* pode ser entendida, numa aproximação simples, como o equilíbrio entre a pressão de Fermi dos neutrões e a pressão gravítica. As estrelas de neutrões são observadas como pulsars. Para uma massa $M \approx M_\odot$, têm um raio R de, aproximadamente, 5 a 10 km.

Capítulo 32 Gás perfeito de Fermi

289

Exercícios

32.1 Valores médios da velocidade no gás de Fermi

Calcule os valores médios da velocidade $\bar{v}$ e $\overline{v^2}$ para o gás ideal de Fermi a $T = 0$.

32.2 Gás de Fermi ideal relativístico

Seja a densidade de um gás de Fermi ideal tão elevada que se tem $\hbar/(V/N)^{1/3} \gg mc$. Então a maioria das quantidades de movimento são ultra-relativísticas, $p \gg mc$, e pode-se utilizar aproximadamente a relação $\varepsilon \approx cp$. Determine para este caso a quantidade de movimento de Fermi e a energia de Fermi. Que energia $E_0(V, N)$ e que pressão $P(V, N)$ tem o sistema quando $T \approx 0$?

32.3 Corrente proveniente de cátodo incandescente

Para deixar um metal, os eletrões devem superar uma barreira de potencial de altura V_0 (em relação à energia de Fermi ε_F). Os eletrões devem ser tratados como um gás de Fermi ideal à temperatura T. Determine a densidade de corrente dos eletrões que escapam. Esta emissão de eletrões é também chamada de efeito de Richardson.

32.4 Paramagnetismo de Pauli

Os eletrões de um metal são tratados como um gás de Fermi ideal com o densidade de estados $z(\varepsilon)$. Num campo magnético externo B, as energias de uma partícula são

$$\varepsilon_\pm = \varepsilon \mp \mu_B B$$

onde o sinal superior se aplica quando o momento magnético é paralelo ao campo. Assume-se que $\mu_B B \ll \varepsilon_F$. Calcule o número de momentos magnéticos com orientações paralela $(+)$ e antiparalela $(-)$,

$$N_\pm = \sum \overline{n_\pm(\varepsilon)}$$

para $T \approx 0$. Para $T \approx 0$ os números médios de ocupação $\overline{n_\pm(\varepsilon)}$ tornam-se funções Θ. Determine a magnetização $M(B) = \mu_B(N_+ - N_-)/V$.

32.5 Correção dependente da temperatura para o paramagnetismo

Os eletrões de um gás de Fermi ideal têm no campo magnético B as energias $\varepsilon_\pm = p^2/(2m) \mp \mu_B B$. Some o termo $\mu_B B$ ao potencial químico,

$$\mu_\pm = \mu \pm \mu_B B$$

Calcule o número $N_\pm$ de momentos magnéticos paralelos $(+)$ e antiparalelos $(-)$ ao campo *com a ajuda da técnica de Sommerfeld até à ordem T^2*; aplicam-se $k_B T \ll \varepsilon_F$ e $\mu_B B \ll \varepsilon_F$. Deduza a magnetização $M(T, B) = \mu_B(N_+ - N_-)/V$.

33 Gás de fonões

Na rede cristalina de um sólido em vez das translações surgem afastamentos dos átomos das suas posições de equilíbrio. Os átomos oscilam então em torno das suas posições de equilíbrio. O acoplamento dessas vibrações leva a ondas na rede. As oscilações quantizadas das ondas da rede são chamadas de fonões. O tratamento estatístico do gás fonões leva a uma característica dependência temperatura do calor específico. Para baixas temperaturas, o calor específico aumenta para a terceira potência da temperatura.

Cadeia linear

A oscilação de um átomo da rede cristalina está acoplada com a dos átomos vizinhos. O primeiro passo consiste, portanto, na determinação das oscilações próprias do sistema acoplado. Por ora, partimos de um cristal modelo a uma dimensão, a cadeia linear esquematizada na figura 33.1. As posições de equilíbrio dos átomos são $x_n = a \cdot n$, representando a a constante de rede. Por ora, limitamos os afastamentos à direção x. Seja $q_n(t)$ o afastamento do átomo de ordem n da sua posição de equilíbrio. A distância entre átomos vizinhos é igual a $a + q_{n+1} - q_n$. Para pequenos afastamentos, a força restauradora é proporcional ao afastamento $q_{n+1} - q_n$. Sobre o átomo n atua a força

$$F_n = f(q_{n+1} - q_n) - f(q_n - q_{n-1}), \tag{33.1}$$

sendo f a constante elástica. Para solução das equações de movimento,

$$m \ddot{q}_n = f(q_{n+1} + q_{n-1} - 2q_n), \tag{33.2}$$

utilizamos a *ansatz*

$$q_n(t) = A \exp[i(\omega t + kna)], \tag{33.3}$$

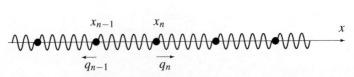

Figura 33.1 A cadeia a uma dimensão como modelo para as oscilações da rede. Os átomos com massa m têm posição de equilíbrio $x_n = a \cdot n$. O comprimento a corresponde à constante de rede dum cristal. As forças entre os átomos são consideradas harmónicas.

Capítulo 33 Gás de fonões

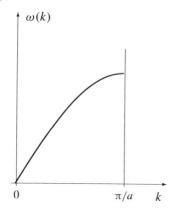 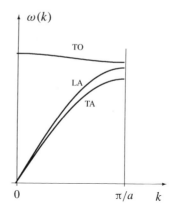

Figura 33.2 Relação de dispersão $\omega = \omega(k)$ de uma cadeia linear (esquerda). Num cristal real, produzem-se afastamentos da mesma como, por exemplo, estão esquematizados na parte direita. As ondas transversais e longitudinais (TA e LA) têm relações de dispersão um pouco diferentes. Num cristal iónico, existem ainda ondas transversais ópticas (TO) com $\omega(0)$ finito.

onde a amplitude A é complexa. Admitimos que a solução física é igual à parte real de (33.3). Os parâmetros k e ω são reais. Substituamos (33.3) em (33.2):

$$-m\omega^2 = f\left[\exp(ika) + \exp(-ika) - 2\right] = -4f\sin^2\left(\frac{ka}{2}\right). \quad (33.4)$$

Daqui resulta a *relação de dispersão*

$$\omega = \omega(k) = \sqrt{\frac{4f}{m}}\,\sin\left(\frac{|k|a}{2}\right). \quad (33.5)$$

Limitamos as frequências a valores positivos, $\omega > 0$. Em (33.3), k e $k + 2\pi/a$ descrevem a mesma solução. Por essa razão, os números de onda k podem ser limitados ao intervalo

$$-\frac{\pi}{a} < k \leq \frac{\pi}{a}. \quad (33.6)$$

Na figura 33.2, encontram-se esquematizadas as relações de dispersão de uma cadeia linear e de um cristal real. Como $\omega(-k) = \omega(k)$, o gráfico pode ser limitado à região $0 \leq k \leq \pi/a$.

Com $A = C\exp(i\varphi)$ (sendo C e φ reais), a parte real de (33.3) é $q_n(t) = C\cos(\omega t + kna + \varphi)$. Fazendo $x = x_n = na$, exprimimo-la como uma função de x e t:

$$q(x, t) = q_n(t) = C\cos(\omega t + kx + \varphi). \quad (33.7)$$

As oscilações próprias $q_n(t)$ podem ser interpretadas como *ondas* $q(x, t)$. O número de onda $k = 2\pi/\lambda$ determina o comprimento de onda λ. Para grandes comprimentos de onda ($\lambda \gg a$), oscilam muitos átomos vizinhos na mesma direção e, por conseguinte, em fase. Para o comprimento de onda mais pequeno $\lambda_{\min} = 2\pi/k_{\max}$,

Parte V Sistemas especiais

os átomos vizinhos oscilam com fases opostas. Então, para $k_{max} a = \pi$, resulta $q_{n+1}/q_n = -1$ de (33.7).

Consideremos agora uma cadeia *finita* de comprimento $L = Ma$ composta de $M \gg 1$ átomos. Para a cadeia finita, é necessário darmos condições de fronteira. O mais simples é considerarmos condições de fronteira periódicas

$$q_1 = q_{1+M} \cdot \quad (33.8)$$

Para tal, podemos imaginar que a cadeia é fechada e forma um círculo de modo que o átomo de ordem $(M+1)$ é também o primeiro. Desta condição e de (33.3), decorre $\exp(ikaM) = 1$ ou

$$k_i = \frac{2\pi}{aM} i \quad i = 0, \pm1, \pm2, \ldots, \pm\frac{M-2}{2}, +\frac{M}{2} \ . \quad (33.9)$$

Tendo em conta a limitação (33.6), obtemos precisamente M valores discretos k. Visto que o sistema contém M graus de liberdade, deverão também existir M modos próprios de vibração. O valor $k_i = 0$ significa uma translação da cadeia no seu conjunto e pode, portanto, ser omitido. Na contagem estatística isto não tem qualquer importância visto que $M \gg 1$. De (33.9), deduzimos que os modos próprios possíveis têm valores k equidistantes com a distância entre si de

$$\Delta k = \frac{2\pi}{L} \ . \quad (33.10)$$

Também se obtêm M valores k equidistantes quando (33.8) é substituída por uma condição de fronteira física (exercício 33.1).

Rede de um cristal

Generalizemos os resultados obtidos até agora para a rede de um cristal a três dimensões. Para tal, imaginemos que cada átomo da cadeia linear é substituído por um plano y-z com uma rede de átomos a duas dimensões. Então, a solução (33.7) descreve um afastamento destes planos y-z na direção x. No cristal a três dimensões, esta é uma oscilação da densidade, portanto, uma *onda de som*. A relação de dispersão não é alterada pela passagem da cadeia para o cristal. De facto, m e f em (33.5) podem encarar-se como a massa e a constante elástica dum plano individual. Isto, no entanto, não altera a razão f/m.

A velocidade de grupo da onda, para pequenas frequências, define a *velocidade do som* c_S,

$$c_S = \left.\frac{d\omega}{dk}\right|_{k=0} = \sqrt{\frac{f}{m}}\, a \ . \quad (33.11)$$

Para o som normal, encontramo-nos sempre na região $k \ll k_{max} = \pi/a \sim \text{Å}^{-1}$. Por exemplo, obtém-se de $c_S = 5\,000$ m/s (para o ferro) e $\nu = \omega/2\pi = 5$ kHz o comprimento de onda $\lambda = 1$ m, portanto, $k \sim 10^{-10} k_{max}$.

Capítulo 33 Gás de fonões

Uma onda, em geral, é da forma $A \exp(\mathrm{i}\,\boldsymbol{k}\cdot\boldsymbol{r}-\omega t)$. Fazendo $\boldsymbol{k}=k\,\boldsymbol{e}_x$, obtemos a onda (33.7), apontando, então, o vetor de onda $\boldsymbol{k}$ na direção x. Os deslocamentos descritos por $q(x,t)$ apontam igualmente na direção x. Uma onda em que o vetor de onda e o afastamento são paralelos denomina-se *longitudinal*.

Para a cadeia da figura 33.1, podemos, para além do deslocamento na direção x, também considerar deslocamentos em duas direções perpendiculares a esta. Isto também conduz a ondas do tipo (33.7), onde os deslocamentos q_n são perpendiculares ao vetor de onda $\boldsymbol{k}=k\,\boldsymbol{e}_x$. Estas ondas denominam-se, portanto, *transversais*. Também para estas oscilações a cadeia linear pode ser completada por um cristal a três dimensões. Num cristal a três dimensões, são possíveis todas as direções do vetor de onda $\boldsymbol{k}$. Para cada valor $\boldsymbol{k}$, há uma onda longitudinal e duas ondas transversais. Designamos por *polarização* da onda, esta característica.

Comecemos por considerar uma rede cristalina cúbica com constante de rede a. Seja $V=L^3$ o volume. Tomemos em conta as três direções de polarização, os afastamentos $\Delta k=2\pi/L$ e o máximo π/a dos possíveis valores de $|k|$. Obtemos, então, para o número de modos de oscilação

$$\sum_{\text{pol}}\sum_{k} 1 = 3\int_{-\pi/a}^{\pi/a}\frac{dk_x}{\Delta k}\int_{-\pi/a}^{\pi/a}\frac{dk_y}{\Delta k}\int_{-\pi/a}^{\pi/a}\frac{dk_z}{\Delta k}\; 1 = \frac{3V}{a^3} = 3N\,. \qquad (33.12)$$

Visto que os N átomos podem ser deslocados em três direções, o sistema tem $3N$ graus de liberdade e, portanto, $3N$ modos próprios de oscilação.

Simplificamos a contagem (33.12) de modos próprios, aproximando a relação de dispersão por

$$\omega = \omega(k) \approx c_{\mathrm{S}}\,|\boldsymbol{k}|\,, \qquad c_{\mathrm{S}} = c_{\mathrm{l}} \approx c_{\mathrm{t}}\,. \qquad (33.13)$$

As relações de dispersão verdadeiras apresentam desvios em relação a esta, sobretudo para frequências mais elevadas (figura 33.2). Além disso, são algo diferentes os declives c_{l} e c_{t} dos ramos longitudinal e transverso num cristal real. Adicionalmente, admitimos que todas as direções de $\boldsymbol{k}$ são equivalentes. Então, da limitação (33.6) para as componentes cartesianas, obtém-se a condição $|\boldsymbol{k}| \le k_{\max}$ com um $k_{\max}=\mathcal{O}(\pi/a)$ ainda por determinar. O número de modos próprios de oscilação obtém-se de

$$\begin{aligned}
3N &= \sum_{\text{pol}}\int \frac{d^3k}{\Delta k^3} = \frac{3V}{(2\pi)^3}\int_0^{k_{\max}} 4\pi k^2\,dk = \frac{3V}{2\pi^2}\frac{1}{c_{\mathrm{S}}^3}\int_0^{\omega_{\mathrm{D}}} d\omega\,\omega^2 \\[2mm]
&= \frac{V}{2\pi^2 c_{\mathrm{S}}^3}\,\omega_{\mathrm{D}}^3\,.
\end{aligned} \qquad (33.14)$$

O limite do integral é a *frequência de Debye*

$$\omega_{\mathrm{D}} = c_{\mathrm{S}}\,k_{\max} = c_{\mathrm{S}}\left(\frac{6\pi^2}{v}\right)^{1/3} \approx 3.9\,\frac{c_{\mathrm{S}}}{a}\,. \qquad (33.15)$$

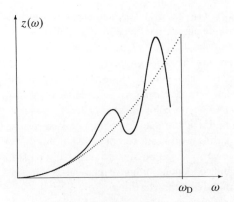

Figura 33.3 Forma possível do espectro de frequências $z(\omega)$ das oscilações da rede de um cristal real. O modelo de Debye com $z_D \propto \omega^2$ (ponteado) baseia-se na relação de dispersão simplificada $\omega = c_S k$.

Como exemplo, substituímos $c_S = 5 \cdot 10^3$ m/s e $a = 2 \cdot 10^{-8}$ cm e obtemos $\omega_D \approx 10^{14}$ s^{-1}. As frequências $\omega \leq \omega_D$ das oscilações da rede cristalina situam-se, portanto, na região infravermelha e abaixo.

De acordo com (33.14), podemos exprimir da seguinte forma as somas sobre valores discretos de k, e direções de polarização que ocorrem no tratamento estatístico

$$\sum_{\text{pol}} \sum_{k} \ldots = \frac{9N}{\omega_D^3} \int_0^{\omega_D} d\omega\, \omega^2 \ldots = 3N \int_0^\infty d\omega\, z_D(\omega) \ldots \quad (33.16)$$

O modelo considerado denomina-se *modelo de Debye*. É caracterizado pelo *espectro de frequências*

$$z_D(\omega) = \begin{cases} \dfrac{3\omega^2}{\omega_D^3} & \omega \leq \omega_D \\ 0 & \omega > \omega_D \end{cases} \quad \text{(modelo de Debye)}. \quad (33.17)$$

O espectro de frequências $z(\omega)$ é a densidade de estados dos modos próprios de oscilação, portanto, o número de modos por intervalo de ω.

Comparando com (33.13), a relação de dispersão (33.5) conduz a um abaixamento da frequência máxima ω_D. Além disso, para (33.5) os possíveis valores de ω encontram-se distribuídos com maior densidade na vizinhança de ω_D (os valores k são equidistantes). Deste modo, $z(\omega)$ é maior que em (33.17). Num cristal real, ocorrem ainda outros desvios do modelo de Debye, como está esquematizado de modo aproximado na figura 33.3. A função $z(\omega)$ está, no entanto, normalizada. Em cada caso, $\int d\omega\, z(\omega) = 1$, visto que é fixo o número $3N$ de graus de liberdade ou modos próprios de oscilação.

Capítulo 33 Gás de fonões

Fonões

Cada um dos $3N$ modos próprios de oscilação da rede de um cristal é caracterizado pelo do vetor de onda e pela polarização,

$$j = (k, \text{Pol}) = (k, m), \qquad j = 1, 2, ..., 3N. \tag{33.18}$$

As três possíveis direções de polarização (uma onda longitudinal e duas ondas transversais) são indexadas por $m = 1, 2, 3$. Aproximamos as correspondentes frequências próprias por $\omega = c_S |k|$. Relativamente ao espectro de frequências próprias, consideremos (33.17).

Classicamente, a energia de um modo próprio de oscilação da rede pode assumir valores arbitrários. Pelo contrário, em Mecânica Quântica, apenas são possíveis valores discretos da energia:

$$e_j = \hbar \omega_j \left(n_j + \frac{1}{2} \right) = \hbar \omega(k) \left(n_k^m + \frac{1}{2} \right). \tag{33.19}$$

Os números quânticos $n_j = n_k^m$ podem tomar os valores $0, 1, 2, \ldots$. No entanto, a hipótese (33.1) de forças restauradoras harmónicas é apenas válida para pequenos afastamentos da configuração de equilíbrio e, portanto, apenas para números quânticos n_j não muito elevados. O cristal real desintegra-se para energias de oscilação demasiado grandes. Concretamente, aumentando a temperatura ele passa à fase líquida.

Um microestado r da rede cristalina é caracterizado pelos números quânticos de oscilação $n_j = n_k^m$:

$$r = (n_1, n_2, \ldots, n_{3N}) = \{ n_k^m \}. \tag{33.20}$$

Uma vez que as oscilações próprias são independentes umas das outras, a energia deste microestado é igual a

$$E_r = \sum_{j=1}^{3N} e_j = \sum_{m, k} \hbar \omega(k) \left(n_k^m + \frac{1}{2} \right) = E_0(V) + \sum_{m, k} \varepsilon_k n_k^m, \tag{33.21}$$

onde

$$\varepsilon_k = \hbar \omega(k), \tag{33.22}$$

é a energia de um *quantum* de oscilação. No volume $V = L^3$, os valores de k são múltiplos de (33.10), donde se segue $\varepsilon_k \approx \hbar c_S k \propto V^{-1/3}$.

Em (33.21), foi expressa, antes da soma, a energia E_0 das oscilações do ponto zero. Nesta grandeza, podemos incluir componentes da energia, aqui não consideradas. Então, $E_0(V) = E(T = 0, V)$ é a energia da rede cristalina no estado fundamental. Numa descrição realista, a dependência de $E_0(V)$ no volume é responsável pela incompressibilidade (relativa) da rede. A segunda parcela em (33.21) depende também de V, conduzindo, por essa razão, a uma componente da pressão dependente da temperatura.

296 Parte V Sistemas especiais

Visto que o número total de modos de oscilação é $3N$, N deverá figurar no resultado. Porém, o número N de átomos do cristal não é uma grandeza variável como, por exemplo, o volume.

À parte do termo E_0, temos que (33.21) é da forma (29.17) de um gás perfeito quântico. Trata-se de um gás *perfeito de Bose*, visto que

$$n_k^m = 0, 1, 2, \ldots \tag{33.23}$$

Deste ponto de vista, deixamos de falar de n_k^m *quanta* de oscilações, mas antes de n_k^m bosões num estado individual de partícula $j = (k, m)$ com energia $\varepsilon_j = \varepsilon_k$. Estes bosões são denominados *fonões* e representam ondas quantizadas da rede. A comparação com (29.17) mostra que as três polarizações $m = 1, 2, 3$, correspondem aos três números quânticos de spin $s_z = 0, \pm 1$. Aos fonões pode, portanto, ser associado spin 1, para além da energia ε_k e da quantidade de movimento $p = \hbar k$.

O sistema das oscilações da rede pode também ser entendido como um gás perfeito de Bose. Este ponto de vista é vantajoso, visto que podemos tratar o sistema de modo análogo a outros gases quânticos. Este pode também ser entendido como ponto de partida para o tratamento de processos mais complicados como, por exemplo, o espalhamento eletrão-fonão.

Ao contrário do que se passa com um gás de Bose de átomos de ^{4}He, o número total de fonões não é fixo:

$$N_f = \sum_{m, k} n_k^m \neq \text{const.}. \tag{33.24}$$

O número médio $\overline{N_f}$ ajusta-se em função da temperatura, exercício 33.3. Visto que os valores próprios da energia $E_r(V)$ não dependem de N_f, o potencial químico dos fonões é nulo:

$$\mu = \frac{\overline{\partial E_r(V)}}{\partial N_f} = 0 \qquad \text{(fonões)}. \tag{33.25}$$

Portanto, o número médio de ocupação (29.39) é

$$\overline{n_k^m} = \overline{n_k} = \frac{1}{\exp(\beta \, \varepsilon_k) - 1}. \tag{33.26}$$

Obtemos a energia

$$E(T, V) = \overline{E_r} = E_0(V) + \sum_{m, k} \varepsilon_k \, \overline{n_k}. \tag{33.27}$$

Substituamos (33.16), (33.17) e $\varepsilon_k = \hbar \omega(k)$:

$$\begin{aligned}
E(T, V) &= E_0(V) + 3N \int_0^{\omega_D} d\omega \, \frac{3\,\omega^2}{\omega_D^3} \, \frac{\hbar\omega}{\exp(\beta\hbar\omega) - 1} \\
&= E_0(V) + \frac{9N}{(\hbar\,\omega_D)^3} \, (k_B T)^4 \int_0^{x_D} dx \, \frac{x^3}{\exp(x) - 1}. \tag{33.28}
\end{aligned}$$

Capítulo 33 Gás de fonões

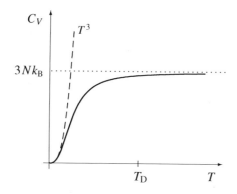

Figura 33.4 A componente do calor específico associada à rede, em função da temperatura. São também indicados os casos limite de baixas temperaturas (curva tracejada) e altas temperaturas (linha ponteada).

Utilizemos as grandezas adimensionais

$$x = \frac{\hbar \omega}{k_B T} \quad \text{e} \quad x_D = \frac{\hbar \omega_D}{k_B T} = \frac{T_D}{T}, \tag{33.29}$$

e a temperatura de Debye T_D. Para $x_D \ll 1$, desenvolvamos o integrando:

$$\begin{aligned} E(T, V) &= E_0(V) + \frac{9 N k_B T}{x_D^3} \int_0^{x_D} dx\, x^3 \left(\frac{1}{x} - \frac{1}{2} + \frac{x}{12} + \ldots \right) \\ &= E_0(V) + 3 N k_B T \left(1 - \frac{3}{8} \frac{T_D}{T} + \frac{1}{20} \frac{T_D^2}{T^2} + \ldots \right), \end{aligned} \tag{33.30}$$

donde se obtém a capacidade calorífica no modelo de Debye a temperaturas elevadas:

$$C_V = \frac{\partial E(T, V)}{\partial T} = 3 N k_B \left(1 - \frac{1}{20} \frac{T_D^2}{T^2} \right) \qquad (T \gg T_D). \tag{33.31}$$

O limite clássico $C_V = 3Nk_B$ é denominado *lei de Dulong e Petit*. De acordo com o teorema da equipartição, a cada variável canónica que na função de Hamilton figura elevada ao quadrado, corresponde a energia média $k_B T/2$. Um oscilador tem duas de tais variáveis canónicas, contribuindo, portanto, com k_B para a capacidade calorífica. No cristal, existem $3N$ modos próprios de oscilação independentes, donde $C_V = 3Nk_B$.

Para $x_D \gg 1$, pode considerar-se como infinito o limite superior do integral. Fazendo

$$\int_0^\infty dx\, \frac{x^3}{\exp(x)-1} = \sum_{n=1}^\infty \int_0^\infty dx\, x^3 \exp(-nx) = 6 \sum_{n=1}^\infty \frac{1}{n^4} = \frac{\pi^4}{15}, \tag{33.32}$$

obtemos

$$E(T, V) = E_0(V) + \frac{3\pi^4}{5} \frac{N(k_B T)^4}{(\hbar \omega_D)^3} \qquad (T \ll T_D). \tag{33.33}$$

298 Parte V Sistemas especiais

Daqui obtemos o calor específico a baixas temperaturas no modelo de Debye,

$$C_V = \frac{\partial E(T, V)}{\partial T} = \frac{12\,\pi^4}{5}\,Nk_B\,\frac{T^3}{T_D^3} \qquad (T \ll T_D).$$

(33.34)

O comportamento em T^3 é entendido considerando que, para temperaturas baixas, todos os modos com $\hbar\omega \lesssim k_B T$ são excitados. O número destes modos é proporcional a $\int d^3k \propto k^3 \propto \omega^3 \propto T^3$. Cada modo dá uma contribuição da ordem de grandeza de $\mathcal{O}(k_B)$ para a capacidade calorífica.

A evolução global do calor específico, tal como se obtém de (33.28), encontra-se representada na figura 33.4. A transição entre o comportamento em T^3 e o limite clássico ocorre a temperaturas próximas de T_D.

Relacionemos, em princípio, ω_D com grandezas microscópicas (33.15, 33.11). A constante da força f é determinada pelo potencial entre os átomos do cristal. Na prática, considera-se T_D em (33.34) como um parâmetro que é ajustado à experiência. Obtemos, por exemplo,

$$T_D = \begin{cases} 105\,K \\ 343\,K \end{cases} \qquad T_S = \begin{cases} 601\,K & \text{para o chumbo,} \\ 1357\,K & \text{para o cobre.} \end{cases}$$

(33.35)

Indicaremos ainda a temperatura de fusão T_S. O chumbo é, em comparação com o cobre, um metal maleável. Isto vem expresso nas temperaturas mais baixas. Quando $T \to T_S$, as oscilações da rede cristalina são tão grandes que desfazem as ligações da rede. O modelo apresentado deixa de ser válido o mais tardar, neste caso. Tal como pode ver-se na figura 33.4, o limite clássico $c_V = 3k_B$ já é praticamente alcançado à temperatura T_D. A aproximação (33.31) pode também ser utilizada para $T \sim T_D$, ou seja, fora do domínio de validade indicado.

O modelo de Debye utilizado para os nossos cálculos reproduz corretamente dois aspectos. O número total de modos possíveis é $3N$ e para pequenos valores de ω, tem-se $z(\omega) \propto \omega^2$. Até aqui, os casos limite (33.31) e (33.34) são realistas. No domínio entre estes valores limite, verificam-se, em geral, desvios entre os valores calculados e medidos para $c_V(T)$. Estes afastamentos permitem concluir o afastamento do espectro de frequências $z(\omega)$ relativamente ao modelo de Debye (figura 33.3).

As ondas longitudinais e transversais aqui tratadas denominam-se também *acústicas*, visto que, para elas, se tem que $d\omega/dk$ é igual à velocidade do som. Simultaneamente existem as denominadas oscilações *ópticas*, que possam ser excitadas por campos eletromagnéticos (luz). Uma oscilação óptica consiste em, numa rede cristalina iónica (por exemplo, sal de cozinha, NaCl), os iões positivos e negativos oscilarem uns contra os outros. Ao contrário das oscilações acústicas, as oscilações ópticas têm uma energia finita quando $k \to 0$. Na figura 33.2, à direita, encontram-se esquematizados os ramos acústicos e o ramo óptico das relações de dispersão. Neste caso, o espectro das frequências deve ser adequadamente modificado, ver (33.37).

Exercícios

33.1 Modos vibracionais da cadeia linear

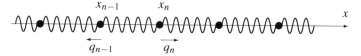

As posições de repouso das massas numa cadeia linear são $x_n = na$. Para as deflexões $q_n(t) = q(x_n, t)$ aplica-se a equação de movimento $m\ddot{q}_n = f(q_{n+1} + q_{n-1} - 2q_n)$. A cadeia consiste em $N + 1$ massas (com $N \gg 1$). Especificamente, estas são as massas em $x = 0$, $x = a$, $x = 2a$, ..., $x = Na = L$ para uma cadeia finita, ou $N + 1$ massas adjacentes de uma cadeia infinita, portanto, em ambos os casos um intervalo de comprimento $L = Na$. Deduza os possíveis valores discretos de k da solução para

- Condições de fronteira periódicas $q(x + L, t) = q(x, t)$
- Condições de fronteira físicas $q(0, t) = q(L, t) = 0$

Justifique que para a contagem estatística de estados, não resulta qualquer diferença em relação a qual destas condições de fronteira é utilizada.

33.2 Calor específico do gás fonões para baixas temperaturas

Para as vibrações da rede de um cristal, obtém-se a energia

$$E(T, V) = E_0(V) + \frac{9N}{(\hbar\omega_D)^3} (k_B T)^4 \int_0^{x_D} dx \, \frac{x^3}{\exp(x) - 1} \qquad (33.36)$$

onde $x_D = \hbar\omega_D/(k_B T) = T_D/T$. Para baixas temperaturas, $T \ll T_D$, obtém-se o conhecido comportamento $C_V \propto T^3$. Calcule a correção principal.

33.3 Número médio de fonões no modelo de Debye

Determine, para o modelo de Debye, o valor médio do número de fonões (na forma de um integral). Averigue o resultado para altas e baixas temperaturas.

33.4 Modelo de Einstein

1. Calcule o calor específico das vibrações da rede associado à *ansatz* $z_E(\omega) = \delta(\omega - \omega_E)$ para o espectro de frequências. Com uma frequência ω_E adequadamente escolhida este *modelo de Einstein* dá uma aproximação para a contribuição dos fonões ópticos.

2. Para um cristal de NaCl (com N átomos de sódio e de cloro), o espectro de fonões pode ser aproximado por

$$z(\omega) = z_D(\omega) + \delta(\omega - 2\omega_D) \qquad (33.37)$$

ou seja, é aproximado por um espectro Debye para os fonões acústicos e por um termo de Einstein para os fonões ópticos. Determine o calor específico para baixas e para altas temperaturas.

34 Gás de fotões

Consideremos sistemas, nos quais a matéria à temperatura T se encontre em equilíbrio com a radiação eletromagnética. Um tal sistema é, por exemplo, o plasma da superfície solar. Um dos resultados desse estudo é a explicação do espectro de radiação da luz solar. A distribuição de radiação de Planck e a lei Stefan-Boltzmann podem ser obtidas a partir deste modelo. O calor específico do gás de fotões aumenta com o cubo da temperatura.

A fim de fazermos o estudo teórico consideremos uma cavidade na qual pudessem ser excitadas ondas eletromagnéticas estacionárias. Cada uma destas ondas representa um modo independente de vibração do sistema que pode ser quantizado como um oscilador. Os *quanta* destas ondas denominam-se fotões. Determinemos quantos fotões se encontram excitados nos estados individuais (modos de oscilação), em equilíbrio estatístico. A partir daqui pode ser calculada a energia termodinâmica.

As ondas eletromagnéticas são soluções das equações de Maxwell no espaço sem fontes. Quando o campo magnético $B(r, t)$ é eliminado nestas equações, obtém-se, para o campo elétrico $E(r, t)$, a equação de onda

$$\left(\Delta - \frac{1}{c^2} \frac{\partial^2}{\partial t^2} \right) E(r, t) = 0 \,. \tag{34.1}$$

A *ansatz*

$$E(r, t) = E_0 \sin(k \cdot r + \varphi) \sin(\omega t + \psi) \,, \tag{34.2}$$

conduz à relação de dispersão

$$\omega^2 = c^2 k^2 \quad \text{ou} \quad \omega = c |k| = ck \,, \tag{34.3}$$

onde c é a velocidade da luz. O campo elétrico (34.2) representa uma onda estacionária. O campo magnético resulta da equação de Maxwell $\partial B / \partial t = -c \operatorname{rot} E$. A solução geral das equações de Maxwell para campos livres pode exprimir-se como uma sobreposição destas soluções.

De equação de Maxwell div $E = 0$ obtém-se a restrição

$$E_0 \cdot k = 0 \quad \text{ou} \quad E_0 \perp k \,. \tag{34.4}$$

Em particular, para $k = k e_z$, obtém-se, a partir de (34.2),

$$E(z, t) = (E_{0x} e_x + E_{0y} e_y) \sin(kz + \varphi) \sin(\omega t + \psi) \,, \tag{34.5}$$

302   Parte V   Sistemas especiais

onde $\omega = ck$. Isto significa que existem duas polarizações da onda linearmente independentes. Para $E_{0y} = 0$, obtém-se uma onda polarizada linearmente na direção x, para a qual E aponta na direção x e B aponta na direção y. Sendo os vetores E e B perpendiculares ao vetor de onda k, as ondas eletromagnéticas são *transversais*. Não existem ondas longitudinais, ao contrário do que se passa com as ondas de uma rede cristalina estudadas no capítulo anterior.

Consideremos agora ondas eletromagnéticas no interior de uma cavidade. A cavidade tem a forma de um cubo de volume $V = L^3$. Considerem-se metálicas as suas paredes. Nas paredes, anula-se a componente tangencial do campo elétrico. Para (34.5), isso significa que $E(0, t) = E(L, t) = 0$. Daqui resultam $\varphi = 0$ e $kL = i\,\pi$, ou seja, os valores k discretos

$$k_i = \frac{\pi}{L}\,i \quad \text{com} \quad i = 1, 2, 3, \dots, \tag{34.6}$$

para a contagem dos modos restringimos i aos valores positivos, visto que $\sin(kz)$ e $\sin(-kz)$ dão a mesma solução. Calculemos, como um integral, a soma sobre os valores k_i:

$$\sum_{k_i} \dots = \frac{L}{\pi} \int_0^\infty dk \dots = \frac{L}{2\pi} \int_{-\infty}^\infty dk \dots = \frac{1}{\Delta k} \int_{-\infty}^\infty dk \dots, \tag{34.7}$$

sendo

$$\Delta k = 2\pi/L \tag{34.8}$$

Consideramos que o integrando apenas depende de $|k|$. Passemos agora para o vetor k e consideremos a soma sobre todas as possíveis direções da quantidade de movimento,

$$\sum_{m=1}^2 \sum_k \dots = 2 \int_{-\infty}^\infty \frac{dk_x}{\Delta k} \int_{-\infty}^\infty \frac{dk_y}{\Delta k} \int_{-\infty}^\infty \frac{dk_z}{\Delta k} \dots = \frac{2V}{(2\pi)^3} \int d^3k \dots. \tag{34.9}$$

O resultado não depende da forma do volume V. A contagem decorre como em (30.8). Ao contrário das ondas numa rede o número de modos eletromagnéticos não é finito. Não existe um valor máximo para o número de onda. A soma sobre m dá conta de ambas as possíveis direções de polarização da onda.

A cavidade serve meramente como um expediente para enumerar os modos de oscilação. Por esse motivo, não apresentamos uma solução completa para os modos na cavidade. Para esse fim, o leitor é remetido à eletrodinâmica (capítulo 21 em [2]). Para as excitações estatisticamente relevantes, $\hbar\omega \sim k_B T$, as paredes da cavidade não são de facto essenciais, pois $\bar{k} \gg k_{\min} = \Delta k$. O resultado apenas depende do volume V disponível.

Enquanto soluções das equações de Maxwell para campos livres, as oscilações eletromagnéticas são harmónicas e desacopladas umas das outras. Cada modo representa um oscilador harmónico clássico. Tomemos agora em conta a Mecânica

Capítulo 34   Gás de fotões

303

Quântica permitindo apenas as energias quantizadas

$$e_j = \hbar\omega(k)\left(n_k^m + \frac{1}{2} \right), \qquad j = (k, m), \tag{34.10}$$

para as oscilações individuais, onde $\omega = ck$.

Esboçamos sucintamente o caminho formal que conduz a esta quantização. Relativamente ao campo clássico, as amplitudes dependentes do tempo $A_j(t)$ dos modos de oscilação individuais podem ser escolhidas como coordenadas generalizadas da função de Lagrange. Em (34.5), uma tal amplitude é representada por $A(t) = E_{0x}\sin(\omega t + \psi)$. Da função de Lagrange

$$L(A_1, A_2, ...\dot{A}_1, \dot{A}_2, ...) = \text{const.} \cdot \sum_j \left(\dot{A}_j^{\,2} - \omega_j^2 A_j^{\,2} \right), \tag{34.11}$$

são obtidas as equações de movimento $\ddot{A}_j = -\omega_j^2 A_j$ com as soluções $A_j(t) = a_j \sin(\omega_j t + \psi_j)$. Da função de Lagrange L determina-se a função de Hamilton $H(A_1, A_2, ..., P_{A_1}, P_{A_2}, ...)$. As constantes em (34.10) podem ser fixadas de modo que H seja igual à energia das oscilações da cavidade conhecida da eletrodinâmica. De seguida, passa-se da função de Hamilton para o operador Hamiltoniano. O operador Hamiltoniano descreve osciladores independentes e tem os valores próprios da energia $E_r = \sum e_j$, com e_j dado por (34.9).

Um microestado r da cavidade é definido indicando o número quântico de oscilação $n_j = n_k^m$ de cada onda estacionária:

$$r = (n_1, n_2, n_3 \ldots) = \left\{ n_k^m \right\}. \tag{34.12}$$

Os números quânticos de oscilação $n_j = n_k^m$ podem tomar os valores $0, 1, 2, \ldots$. Sendo os modos próprios de oscilação (as ondas estacionárias) independentes uns dos outros, a energia do microestado é igual a

$$E_r(V) = \sum_{j=1}^{\infty} e_j = \sum_{m,\,k} \hbar\omega(k)\left(n_k^m + \frac{1}{2} \right) = E_0 + \sum_{m,\,k} \varepsilon_k\, n_k^m, \tag{34.13}$$

onde

$$\varepsilon_k = \hbar\omega(k) \tag{34.14}$$

é a energia de um quantum de oscilação. No volume $V = L^3$, os valores k são múltiplos de (34.6), donde se segue que $\varepsilon_k = \hbar c k \propto V^{-1/3}$.

A menos da energia E_0 das oscilações do ponto zero, temos que (34.12) é da forma de (29.17) para um gás perfeito. Como

$$n_k^m = 0, 1, 2, \ldots, \tag{34.15}$$

trata-se de um *gás perfeito de Bose*. Neste ponto de vista, deixamos de falar de n_k^m *quanta* de oscilação mas em vez disso falamos de n_k^m bosões no estado individual

304 Parte V Sistemas especiais

de partícula $j = (k, m)$ com energia ε_k. Estes bosões são denominados *fotões* e representam ondas eletromagnéticas quantizadas. A estes fotões pode ser associada a quantidade de movimento $p = \hbar k$ e spin 1. As duas possibilidades de polarização correspondem à projeção de spin $\pm\hbar$ na direção de k. Para os fotões, não é possível outra orientação do spin.

Os fotões podem ser meramente uma construção conceptual ou um modo de falar, sugerido pela estrutura (34.11) – (34.14). No entanto, muitas experiências (por exemplo, o efeito de Compton) mostram que os fotões são partículas reais com valores determinados da energia, quantidade de movimento e spin.

O número de fotões na cavidade não é fixo

$$N_f = \sum_{m, k} n_k^m \neq \text{const.} \tag{34.16}$$

Visto que o operador Hamiltoniano e os valores próprios da energia $E_r(V)$ não dependem de N_f, o potencial químico anula-se,

$$\mu = \overline{\frac{\partial E_r(V)}{\partial N_f}} = 0 \qquad \text{(fotões)} . \tag{34.17}$$

Neste caso, o número médio de ocupação (29.39) é

$$\overline{n_k^m} = \overline{n_k} = \frac{1}{\exp(\beta \varepsilon_k) - 1} . \tag{34.18}$$

A quantidade $E_0 = \sum \hbar \omega / 2$, introduzida em (34.12), é infinita pois o número de modos de vibração não é limitado. Consideram-se, portanto, apenas as diferenças de energia que podem ser medidas efetivamente

$$E'(T, V) = \overline{E_r} - E_0 = E(T, V) - E(0, V) = \sum_{m, k} \varepsilon_k \, \overline{n_k} . \tag{34.19}$$

O cálculo da diferença é uma regra que permite obter um resultado com sentido físico a partir de um resultado infinito para $E(T, V)$. O processo é em si questionável, pois consiste em subtrair duas quantidades infinitas, $E(T, V)$ e $E_0 = E(0, V)$, uma da outra. Na eletrodinâmica quântica, este é um processo habitual e bem sucedido que aqui aprendemos de um modo particularmente simples.

Se bem que as oscilações numa cavidade representem um sistema totalmente diferente, as estruturas que ocorrem são em grande medida análogas às oscilações da rede. Compilamos alguns pontos para comparação entre o gás de fonões e o gás de fotões:

- A velocidade das ondas é num caso a velocidade do som (fonões), e no outro caso a velocidade da luz (fotões).

- Para os fotões, a relação de dispersão é exatamente linear ($\omega \propto k$) enquanto que para os fonões é apenas aproximadamente linear. Além disso, para os

Capítulo 34 Gás de fotões

fonões a relação de dispersão é limitada por um valor máximo ω_D. A relação $E \propto T^4$ é, portanto, válida para o gás de fotões, em geral, enquanto que para o gás de fonões só é válida a temperaturas baixas.

- Para os fotões, são possíveis valores arbitrariamente grandes de n_k, para os fonões o cristal desintegra-se perante excitações tão elevadas. Por outras palavras, a harmonicidade das oscilações é exata para o campo eletromagnético mas apenas aproximada para as oscilações da rede.

- Para uma rede cristalina, temos duas ondas transversais e uma longitudinal, enquanto que só temos duas ondas transversais eletromagnéticas. Numa representação de partículas, temos que o spin 1 dos fonões tem três orientações possíveis, enquanto que o spin 1 dos fotões apenas tem duas.

- A energia das oscilações do ponto zero é finita para os fonões e, pelo contrário, E_0 é infinita para os fotões.

Calculemos a energia E':

$$E'(T, V) = \sum_{m,k} \varepsilon_k \overline{n_k} \stackrel{(34.8)}{=} \frac{2V}{(2\pi)^3} \int d^3k \, \frac{\hbar c k}{\exp(\beta \hbar c k) - 1}$$

$$= \frac{V}{\pi^2 \beta^4 \hbar^3 c^3} \int_0^\infty dx \, \frac{x^3}{\exp(x) - 1} \stackrel{(33.33)}{=} \frac{\pi^2 V (k_B T)^4}{15 \hbar^3 c^3} . \tag{34.20}$$

Em termos da constante de Stefan-Boltzmann σ,

$$\sigma = \frac{\pi^2 k_B^4}{60 \hbar^3 c^2} = 5.67 \cdot 10^{-8} \, \frac{W}{m^2 \, K^4} , \tag{34.21}$$

o resultado é

$$E'(T, V) = \frac{4\sigma}{c} V T^4 . \tag{34.22}$$

A capacidade calorífica de uma cavidade com volume V é

$$\boxed{C_V = \frac{16\sigma}{c} V T^3} . \tag{34.23}$$

Lei da radiação de Planck

A energia (34.19) pode exprimir-se como um integral sobre as frequências ω,

$$\frac{E'(T, V)}{V} = \int_0^\infty d\omega \, u(\omega) . \tag{34.24}$$

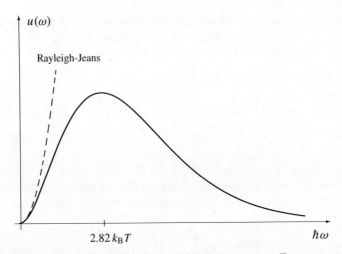

Figura 34.1 Lei da radiação de Planck: a matéria, à temperatura, T que se encontra em equilíbrio com a radiação eletromagnética, emite radiação que se distribui pelas várias frequências, segundo esta curva.

A comparação com (34.19) define a distribuição espetral $u(\omega)$ da densidade de energia,

$$u(\omega) = \frac{\hbar}{\pi^2 c^3} \frac{\omega^3}{\exp(\hbar\omega/k_B T) - 1} \quad \text{lei da radiação de Planck} \quad (34.25)$$

Esta é também a distribuição espetral dum *corpo negro*. Se se considerar a cavidade com um pequeno orifício, então, escapa por aí radiação com a distribuição $u(\omega)$. O orifício deverá ser pequeno de modo que a perturbação causada possa ser desprezada. A designação de "negro" deve-se ao facto de um tal orifício parecer negro do exterior.

A distribuição de Planck encontra-se esquematizada na figura 34.1. Para ω pequeno, $u(\omega)$ aumenta proporcionalmente a ω^2, para ω grande, $u(\omega)$ diminui exponencialmente. O crescimento de $u(\omega) \propto \omega^2$ é determinado pelo número de modos possíveis, portanto, pelo fator k^2 em $d^3k = 4\pi k^2 dk$. Para valores elevados de ω, domina a função exponencial no denominador de (34.24), sendo, então, $u(\omega) \propto \exp(-\hbar\omega/k_B T)$. A distribuição de Planck apresenta um máximo que é obtido a partir de

$$\frac{du(\omega)}{d\omega} = 0 \implies \beta\hbar\omega = 3\left[1 - \exp(-\beta\hbar\omega)\right]. \quad (34.26)$$

A solução numérica da equação $x/3 = 1 - \exp(-x)$ é $x \approx 2.82$, donde

$$\hbar\omega_{\max} = 2.82\, k_B T \quad \text{(lei do deslocamento de Wien)}. \quad (34.27)$$

Capítulo 34 Gás de fotões

307

Esta relação indica como varia com a temperatura a posição do máximo da distribuição da radiação.

A distribuição de radiação de Planck teve um significado especial no desenvolvimento da física quântica. O resultado de um tratamento estatístico clássico é obtido a partir do teorema da equipartição ou, formalmente, a partir (34.24), considerando o limite "$\hbar \to 0$":

$$u(\omega) = \frac{\hbar}{\pi^2 c^3} \frac{\omega^3}{\exp(\beta \hbar \omega) - 1} \xrightarrow{\hbar \to 0} u_{\text{RJ}}(\omega) = \frac{k_{\text{B}} T \omega^2}{\pi^2 c^3} . \tag{34.28}$$

Este resultado é conhecido como lei de Rayleigh-Jeans. Ele implica uma "catástrofe do ultravioleta". A cada possível oscilação clássica, mesmo aquelas com frequência muito elevada, ou comprimento de onda muito pequeno, corresponde, de acordo com o teorema da equipartição, uma energia média igual a $k_{\text{B}} T$. Visto que a densidade de possíveis oscilações cresce com ω^2, as frequências elevadas (ultravioletas) dão origem a uma contribuição infinita para a energia, $\int d\omega \, u_{\text{RJ}} = \infty$. Este resultado infinito diz respeito às diferenças de energia mensuráveis entre T finito e $T = 0$. Tal resultado não tem sentido físico. Está também naturalmente em contradição com a distribuição observada. Esta situação levou Planck a fazer a hipótese *ad hoc* de que a energia de cada oscilação apenas pode surgir em unidades discretas (por consequência *quanta*), que são proporcionais à frequência. A constante de proporcionalidade $\hbar$ dos *quanta* de energia $\hbar \omega$ podia, então, ser determinada a partir da comparação de (34.24) com a distribuição de radiação medida.

Lei de Stefan-Boltzmann

Calculemos a potência de radiação dum orifício negro. A grandeza

$$\frac{E'c}{V} = \frac{\text{energia}}{\text{área} \cdot \text{tempo}} , \tag{34.29}$$

é uma densidade de corrente de energia. Supondo esta densidade de corrente a atravessar a superfície f, temos que a potência transferida é igual a $f c E'/V$. Considere-se, agora, na parede da cavidade, uma abertura com área igual a f. Por este orifício, sai apenas uma parte da potência $f c E'/V$, visto que a densidade de energia E'/V é constituída por fotões tais que a direção da velocidade v (com $|v| = c$) está distribuída estatisticamente. Dos fotões na vizinhança mais próxima da abertura, apenas contribuem para a corrente para o exterior, aqueles para os quais $\theta = \arccos(v \cdot n/v)$ se encontra entre 0 e $\pi/2$, onde n é a normal à abertura. Para a potência de radiação (energia/tempo), apenas a componente da velocidade perpendicular à superfície f da abertura, $v \cdot n = c \cos \theta$ é relevante. Através da abertura com área f, é emitida a potência eletromagnética

$$P_{\text{em}} = \frac{E'c}{V} f \frac{1}{4\pi} \int_0^{2\pi} d\phi \int_0^1 d(\cos \theta) \, \cos \theta = \frac{E'c f}{4V} . \tag{34.30}$$

308 Parte V Sistemas especiais

De (34.21), obtém-se de (34.29) a *lei de Stefan-Boltzmann*

$$P_{\text{em}} = \sigma \, f \, T^4 \qquad \text{lei de Stefan-Boltzmann.}$$

(34.31)

Esta é a potência (energia/tempo) emitida por um corpo negro.

Aplicações

Na dedução, referimo-nos a uma cavidade porque aí as condições físicas são particularmente fáceis de formular. No vazio, as equações livres de Maxwell são exatas. A cavidade é definida por condições de fronteira particularmente fáceis. Também para o cálculo da emissão são feitas suposições simplificadoras (pequeno orifício na cavidade). O real campo de aplicação dos resultados vai muito para além deste sistema artificial. A radiação pode ser descrita por um gás de fotões sempre que a matéria está em equilíbrio com a radiação eletromagnética. A matéria pode conduzir a um desvio em relação à distribuição de Planck (por exemplo, a linhas de absorção). Em termos físicos, a presença de matéria é, normalmente, necessária a fim de definir a temperatura.

No tratamento do gás de fotões, foram incorporadas as propriedades das ondas eletromagnéticas e suposições estatísticas fundamentais. Devido à generalidade destas suposições, a distribuição de Planck e a lei de Stefan-Boltzmann são aplicáveis a muitíssimos sistemas. Apresentamos alguns exemplos:

- Aquecendo ferro de $1\,000$ K a $2\,000$ K, inicialmente, este apresenta-se vermelho incandescente e, depois, tem um aspecto branco incandescente. A parte visível do espectro de radiação encontra-se nos dois casos nitidamente acima do máximo do espectro de radiação de Planck.

- Na zona da superfície solar, o plasma está em equilíbrio com a radiação eletromagnética. A medida do espectro de radiação determina a temperatura da superfície do Sol (cerca de $5\,800$ K). Com este método, determina-se a temperatura da superfície de outras estrelas.

- A energia solar emitida incidente sobre a Terra tem, em média, o valor de $I_S = 340\,\text{W/m}^2$ (efetuando a média sobre o tempo e a superfície da Terra). Esta energia é emitida novamente para o espaço cósmico como radiação térmica, de acordo com (34.30). O calor da Terra pode ser desprezado neste balanço. Da lei de Stefan-Boltzmann $I_S = \sigma\, T_0^{\,4}$ obtém-se uma primeira estimativa grosseira T_0 para a temperatura média T_E da superfície da Terra. O efeito de estufa *natural* (ver o ponto seguinte), causado pela atmosfera não poluída, eleva a temperatura T_0 de cerca de 30 graus.

- Efeito estufa: através da combustão de combustíveis fósseis aumenta o conteúdo de CO_2 da atmosfera. O dióxido de carbono absorve mais a luz no

Capítulo 34 Gás de fotões

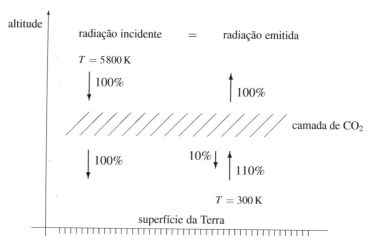

Figura 34.2 Esquema do balanço da potência radiante por reflexão parcial. Para o exterior, o balanço de radiação deve ser equilibrado em média. A potência recebida deverá ser igual à potência emitida. O efeito de estufa ocorre devido a uma camada de gás que absorve menos intensamente a radiação solar (5800 K), mas, pelo contrário, absorve com mais intensidade a radiação térmica (300 K). Uma estufa funciona pelo mesmo princípio, sendo a camada de gás substituída por vidro.

domínio do infravermelho que no domínio visível. Qualitativamente, isto significa que

$$\text{Absorção por CO}_2 = \begin{cases} \text{grande} & \hbar\omega \sim 1\,000\, k_B K, \\ \text{pequena} & \hbar\omega \sim 20\,000\, k_B K. \end{cases} \quad (34.32)$$

A Terra encontra-se a uma temperatura T_E de cerca de 300 K, de modo que o máximo da emissão de calor situa-se na proximidade de $\hbar\omega_{max} \sim 1\,000\, k_B K$. A superfície do Sol tem uma temperatura de cerca de 6000 K, de modo que o máximo da emissão de calor se situa próximo de $\hbar\omega_{max} \sim 20\,000\, k_B K$.

A luz absorvida na camada de CO_2 é novamente emitida noutras direções. Deste modo, ocorre efetivamente uma reflexão parcial. Se 10% da radiação térmica da Terra for refletida, devido à camada de CO_2, então, quando em equilíbrio a superfície da Terra deverá emitir 10% mais calor (figura 34.2). De acordo com (34.30), aumenta a quarta potência da temperatura da Terra T_E de 10% e, portanto, T_E aumenta cerca de 2.5% ou seja $\Delta T_E \approx 7.5$ K.

Vestígios de outros gases (por exemplo, metano) intensificam este efeito de estufa. O vidro conduz a um aumento da temperatura no interior de uma estufa, devido a semelhantes propriedades de absorção.

- Radiação cósmica de fundo: todo o cosmos está cheio de uma radiação de cavidade, que corresponde à temperatura 2.73 K. Penzias e Wilson mediram

Parte V   Sistemas especiais

em 1965 a intensidade desta radiação para um certo comprimento de onda e a partir daí deduziram uma temperatura. Nos anos posteriores, foi confirmado experimentalmente num maior intervalo de comprimentos de onda ($\lambda = 70\,\text{cm}\ldots 0.1\,\text{cm}$), que se tratava de uma distribuição de radiação de Planck. Também foi demonstrada a isotropia da radiação que distingue o gás de fotões em relação à radiação emitida por determinadas fontes.

No fim dos anos quarenta, foi prevista uma tal radiação tendo por base um modelo cosmológico que extrapolava a partir de tempos remotos a presente expansão do universo. Por esse motivo, a matéria no cosmos era inicialmente mais densa e correspondentemente mais quente. A radiação é um resíduo do tempo em que a matéria estava ionizada e em equilíbrio com a radiação. Isto ocorreu aproximadamente num tempo $t \approx 4 \cdot 10^5$ anos, o que deverá comparar-se com $t_{\text{hoje}} \approx 2 \cdot 10^{10}$ anos. (A extrapolação a tempos mais remotos conduz finalmente a uma singularidade (*big bang*), para a qual se considera $t = 0$). À medida que a matéria dava lugar a átomos neutros, com a temperatura a baixar, ocorria um desacoplamento entre o gás de fotões e a matéria. Na evolução posterior, a temperatura da distribuição de Planck deste gás de fotões baixou paralelamente à expansão do cosmos até aos valores de hoje.

Pressão da radiação

Devido a (34.6), tem-se $\varepsilon_k = \hbar c k \propto V^{-1/3}$. A partir de $E'_r(V) = \sum \varepsilon_k(V)\, n_k$ obtemos, então, para a pressão

$$P = -\overline{\frac{\partial E'_r(V)}{\partial V}} = \frac{E'}{3V}\,. \tag{34.33}$$

Numa descrição cinética, a pressão explica-se devido à transferência de quantidade de movimento das partículas do gás refletidas. Pode, também, ser aplicada a mesma descrição a um gás de fotões.

Como exemplo numérico, determinemos a pressão de uma radiação com a densidade de corrente de energia $j = c E'/V = 2000\,\text{W/m}^2$,

$$P \sim \frac{j}{c} = \frac{2000\,\text{W}}{\text{m}^2}\,\frac{1}{3 \cdot 10^8\,\text{m/s}} \approx 10^{-5}\,\frac{\text{N}}{\text{m}^2} \approx 10^{-10}\,\text{bar}\,. \tag{34.34}$$

A pressão da radiação solar é desta ordem de grandeza. No entanto, a fórmula (34.32) é válida para a pressão isotrópica da radiação em equilíbrio. A pressão da radiação orientada (como a radiação solar) distingue-se daquela através de um fator numérico.

Relação de dispersão e calor específico

A razão pela qual os calores específicos do gás de fonões e do gás de fotões têm a mesma dependência em T^3 está relacionada com a relação de dispersão comum $\varepsilon_k \propto k$. Estabeleçamos esta relação, em geral, para bosões com $\mu = 0$.

Capítulo 34 Gás de fotões

Para tal, partamos de uma relação de dispersão da forma

$$\varepsilon_k = \hbar\omega = a k^\nu \qquad (k \to 0, \ \nu > 0),\tag{34.35}$$

ou seja, admitamos que ε_k se comporta como determinada potência de k quando $k \to 0$. Para temperaturas baixas tem-se, para bosões com $\mu = 0$,

$$E = \sum_{m,k} \varepsilon_k \, \overline{n_k} \ \propto \ \int_0^\infty dk \, k^2 \, \frac{a k^\nu}{\exp(\beta a k^\nu) - 1} \,.\tag{34.36}$$

Quando $T \to 0$, apenas contribuem os estados com energia mais baixa. Por isso, pode considerar-se que o limite superior do integral é infinito, sem prejuízo da região de validade da relação de dispersão. Introduzamos a variável x sem dimensões,

$$x = \beta a k^\nu, \qquad k \propto (x\,T)^{1/\nu}, \qquad dk \propto T^{1/\nu} x^{1/\nu - 1} \, dx \,.\tag{34.37}$$

Obtém-se a energia

$$E \propto T^{3/\nu + 1} \int_0^\infty dx \, \frac{x^{3/\nu}}{\exp(x) - 1} \,.\tag{34.38}$$

O integral conduz a um número sem dimensões, tal que

$$E \propto T^{3/\nu + 1} \quad \text{e} \quad C_V \propto T^{3/\nu} \,.\tag{34.39}$$

Encontramos alguns exemplos, nomeadamente (i) o gás perfeito de Bose, com $\nu = 2$ e $C_V \propto T^{3/2}$ e (ii) o gás de fonões (para baixas temperaturas) e o gás de fotões, ambos com $\nu = 1$ e $C_V \propto T^3$.

No caso em que as excitações relevantes para $k \to 0$ têm uma energia finita Δ (por exemplo, os fonões ópticos da figura 33.2), tem-se que a exponencial que ocorre em $\overline{n}$ domina o comportamento para $T \to 0$. Daqui se obtém

$$C_V \propto \exp(-\Delta/k_{\rm B}T) \qquad \left(T \to 0, \ \hbar\omega \xrightarrow{k \to 0} \Delta\right).\tag{34.40}$$

Por exemplo, as vibrações num gás diatómico ou os fonões ópticos num cristal iónico conduzem a uma contribuição deste tipo.

312 Parte V Sistemas especiais

Exercícios

34.1 Número médio de fotões numa cavidade preenchida com radiação eletromagnética

Indique o número médio de fotões numa dada cavidade (volume V, temperatura T).

34.2 Diferença de temperatura entre a Europa e o equador

Efetue uma estimativa da diferença de temperatura entre as latitudes médias ($45°$) e os trópicos ($0°$), que resulta da diferença geométrica associada à radiação solar.

34.3 Banda de luz visível na distribuição de Planck

A luz visível tem comprimentos de onda no intervalo de $\lambda = 3800\,\text{Å}$ até $7800\,\text{Å}$. Indique de que fator as correspondentes frequências estão acima do máximo ω_{max} da distribuição correspondente ao ferro incandescente avermelhado ($T \approx 1000$ K) ou ao ferro incandescente esbranquiçado ($T \approx 2000$ K).

34.4 Temperatura da superfície do Sol

A constante solar $I_S = 1,37\,\text{kW/m}^2$ dá a intensidade da radiação solar incidente na posição da Terra. A distância entre a Terra e o Sol é de cerca de oito minutos-luz, e o raio do Sol é $R_\odot \approx 7 \cdot 10^5$ km. Determine a temperatura $T_\odot$ da superfície do Sol.

VI Transições de fase

35 Classificação

Na Parte VI, que aqui começa, ocupamo-nos de transições de fase. Este capítulo contém a parte introdutória. Estudaremos depois modelos simples do ferromagnetismo, da transição gás-líquido e da transição λ do hélio líquido. Finalmente, estudaremos fenómenos críticos no âmbito da teoria de Landau e deduzimos relações entre expoentes críticos.

Exposição sumária

Na figura 35.1, apresentam-se algumas das fases que ocorrem na Natureza. Consideremos substâncias homogéneas, constituídas por um determinado tipo de átomos ou moléculas. Excluímos substâncias não-homogéneas, como, por exemplo, a madeira. As fases óbvias à temperatura ambiente são a gasosa, a líquida e a sólida. Um gás a temperaturas elevadas é ionizado, sendo constituído por um plasma de iões e eletrões livres. Para além destas, existem ainda numerosas outras transições de fase, como por exemplo a transição grafite-diamante, estanho branco - estanho cinzento, paramagnete-ferromagnete, líquido-superfluido e condutor normal - supercondutor.

As três fases, gasosa, líquida e sólida, podem ser caracterizadas pela posição relativa espacial das moléculas. No estado gasoso, a distância média entre uma molécula e a mais próxima, é grande em comparação com as dimensões da molécula. A distância é, então, grande em comparação com o alcance da interação. A interação desempenha apenas um papel secundário. No estado líquido, a distância média é comparável com o alcance da interação atrativa entre as moléculas. A interação deixa de poder ser considerada como uma pequena perturbação. Porém, as moléculas são móveis e podem deslocar-se umas em relação às outras (incluindo deslocamentos grandes). O estado de equilíbrio de um sólido é, em geral, um cristal, ou seja, um arranjo espacial periódico de moléculas. As moléculas individuais podem oscilar na rede cristalina em torno das suas posições de equilíbrio.

Algumas substâncias apresentam fases que não são fáceis de classificar neste esquema. Assim, por exemplo, o vidro normal é sólido e homogéneo, mas, de facto, não tem estrutura cristalina. Trata-se dum "líquido congelado" (tomando à letra o sentido do processo de fabrico). Isto significa que as moléculas têm uma distribuição

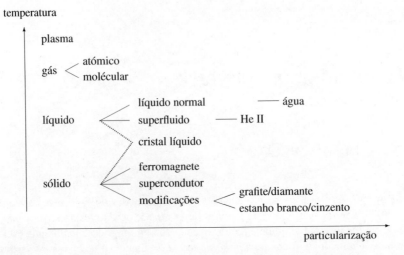

Figura 35.1 Resumo de algumas fases selecionadas que ocorrem na Natureza. A escala qualitativa de temperaturas refere-se apenas às fases mencionadas à esquerda.

espacial tal como num líquido (num determinado instante). Um cristal líquido é outra estrutura conhecida que não é possível classificar no esquema líquido-sólido. Aqui, no tocante à maleabilidade do material, tem-se um líquido. Existe, no entanto, uma ordem espacial periódica se considerarmos domínios com dimensões da ordem de muitíssimas distâncias intermoleculares.

Para valores dados de P e T, existe em equilíbrio a fase com potencial químico $\mu(T, P)$ mais baixo, (20.17). O *estabelecimento* do equilíbrio, ou seja, do estado com valor mínimo de μ, pode, no entanto, demorar muito, eventualmente até um tempo arbitrariamente grande. Por consequência, podem existir sistemas estáveis em fases que não são as fases de equilíbrio. A um tal estado damos a designação de *quase-equilíbrio*. Trata-se de um estado de equilíbrio parcial, no qual estão em equilíbrio os graus de liberdade com um tempo de relaxação finito (por exemplo, oscilações da rede). Um estado de quase-equilíbrio é apenas *metaestável*, visto que não corresponde ao mínimo de $G = N\mu(T, P)$. No entanto, a transição para o mínimo absoluto é dificultada por uma barreira energética. Estas barreiras não podem ser superadas pela energia térmica disponível (ou apenas com probabilidade ínfima). Apresentamos alguns exemplos de estados de quase-equilíbrio:

- Em condições normais, a grafite é o verdadeiro estado de equilíbrio do carbono. Apesar disso, ninguém deve temer que, por si só, os seus diamantes se transformem em grafite. Pelo contrário, a fase metaestável dos diamantes é estável. Os fulerenos (moléculas compostas por muitos átomos de carbono como C_{60}) constituem uma outra modificação consideravelmente estável do carbono.

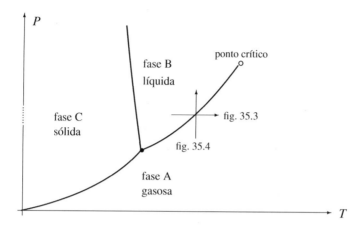

Figura 35.2 Diagrama de fases de uma substância simples. Nas figuras 35.3 e 35.4, encontra-se esquematizado o comportamento de μ ao atravessar a curva de vaporização a pressão constante ou a temperatura constante (setas).

- Acima de 13.2 °C, o estanho está em equilíbrio na fase β como um metal brilhante prateado, abaixo desta temperatura ocorre como estanho cinzento (estanho α, pó). No entanto, na prática, a forma branca é também estável a baixas temperaturas. O estanho em folha (folha de estanho) no frigorífico tem, inicialmente, um aspecto branco brilhante. Experimentalmente, é facilmente possível a transição entre estas modificações, ao contrário da produção de diamantes a partir da grafite.

- O vidro "líquido congelado" não se encontra no estado energeticamente mais baixo (cristalino); apesar disso é bastante estável.

- Os corpos sólidos encontram-se, em geral, numa forma policristalina (estável), e não no verdadeiro estado de equilíbrio de um único cristal sem defeitos.

A transição entre duas fases pode ocorrer de modo discreto ou contínuo. Para tal, consideremos o diagrama de fases simples (também denominado diagrama de estado) da figura 35.2. Este diagrama é típico, na medida em que a estrutura indicada ocorre para quase todas as substâncias simples. Com frequência, existem subdivisões adicionais. Nos capítulos 14 e 21 foi apresentada a figura 35.2 como diagrama de fases da água. Trata-se, de facto, de uma simplificação, pois existem várias modificações (formas cristalinas) do gelo que podem ser delimitadas através de linhas num diagrama de fases.

Se a transição de fase é discreta, então, as fases são separadas por uma linha no diagrama de fases. Este caso é discutido de seguida. As fases gasosa e líquida encontram-se separadas pela linha de vaporização, que termina, para cada substância, num *ponto crítico*. Isto implica que existe também a possibilidade de uma

316   Parte VI Transições de fase

transição contínua entre ambas as fases. Estados arbitrários nos domínios líquido e
gasoso podem ser ligados através de um percurso que contorna o ponto crítico. No
domínio das temperaturas elevadas ou das pressões elevadas ($T > T_{cr}$ ou $P > P_{cr}$),
deixa de ser definida a distinção entre gasoso e líquido.

Para as pressões alcançáveis tecnicamente, não se encontra qualquer ponto crítico ao longo da curva sólido-líquido. Como se desagrega a estrutura atómica para
pressões suficientemente elevadas (como, por exemplo, numa anã branca), esta curva não se estende indefinidamente.

Potencial químico

Investiguemos o comportamento do potencial químico na linha divisória discreta
entre duas fases. Algumas propriedades foram já discutidas no capítulo 21, nomeadamente, a condição de equilíbrio e a equação de Clausius-Clapeyron.

Consideremos um sistema no qual ocorrem uma ou várias fases. Existe equilíbrio em relação a transferências de calor e volume, portanto, $T = $ const. e
$P = $ const. em qualquer ponto da amostra da substância. Designemos os potenciais químicos das fases A e B por μ_A e μ_B. Visto que a estrutura de ambas as fases
é diferente, $\mu_A(T, P)$ e $\mu_B(T, P)$ são funções diferentes.

Em equilíbrio, o potencial químico $\mu(T, P)$ é mínimo, (20.17). Entre duas
possíveis fases ocorre, portanto, aquela com potencial químico mais baixo:

$$\mu(T, P) = \begin{cases} \mu_A(T, P) & \text{se } \mu_A \leq \mu_B, \\ \mu_B(T, P) & \text{se } \mu_B \leq \mu_A. \end{cases} \tag{35.1}$$

Esta alternativa permite separar as regiões do plano T-P uma da outra. A linha
divisória obtém-se a partir de

$$\boxed{\mu_A(T, P) = \mu_B(T, P) \implies \text{curva de transição } P = P(T).} \tag{35.2}$$

Esta relação torna plausível a existência de curvas de transição. A condição de
equilíbrio (20.20) para a transferência de partículas é satisfeita sobre a curva de
transição. Isto significa que ambas as fases podem coexistir. Para a discussão do
ponto triplo, é se remetido para os capítulos 14 e 21.

Investiguemos de mais perto como se altera μ, durante uma transição de fase
A $\leftrightarrow$ B. Na figura 35.2, são indicadas por meio de setas duas possibilidades simples
de atravessar a linha divisória entre as fases: modifica-se a temperatura a pressão
constante ou modifica-se a pressão a temperatura constante. Por definição, os potenciais químicos são iguais na linha de transição. Em geral, o mesmo não é válido
para as derivadas (ao longo dos percursos escolhidos). Pode, portanto, esperar-se
um salto na derivada de $\mu(T, P)$:

$$\left(\frac{\partial \mu_A}{\partial T}\right)_P \neq \left(\frac{\partial \mu_B}{\partial T}\right)_P \quad \text{ou} \quad \left.\frac{\partial \mu}{\partial T}\right|_{T_c^+} \neq \left.\frac{\partial \mu}{\partial T}\right|_{T_c^-}, \tag{35.3}$$

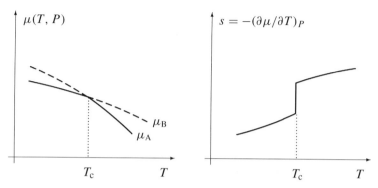

Figura 35.3 Os potenciais químicos das fases A e B como função da temperatura (à esquerda). No estado de equilíbrio, o sistema encontra-se na fase com menor potencial, a linha contínua é, portanto, o μ efetivo. Através de aumento da temperatura, a pressão constante, ocorre a transição B $\to$ A (seta horizontal da figura 35.2). Quando os declives de μ_A e μ_B no ponto de transição são diferentes, a entropia tem um salto (direita). O salto na entropia significa uma entalpia finita de transformação e um comportamento de c_P tipo função δ (figura 35.5, à esquerda).

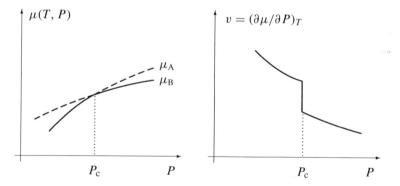

Figura 35.4 Os potenciais químicos das fases A e B em função da pressão (à esquerda). No estado de equilíbrio, o sistema encontra-se na fase com potencial mais baixo, sendo, portanto, a linha contínua o μ efetivo. Através do aumento da pressão, a temperatura constante, atinge-se a transição A $\to$ B (seta vertical da figura 35.2). O volume tem um salto, quando são diferentes os declives de μ_B e μ_A no ponto de transição (direita).

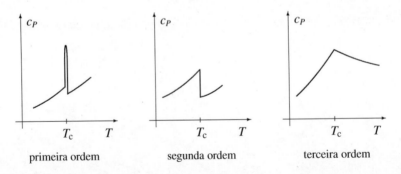

Figura 35.5 Classificação das transições de fase de acordo com Ehrenfest: quando a primeira, segunda ou terceira derivada do potencial químico tem um salto na temperatura de transição, trata-se de uma transição de fase de primeira, segunda ou terceira ordem.

onde $T_c^{\pm}$ designa a temperatura imediatamente acima ou abaixo da temperatura de transição. O salto em $\partial \mu / \partial T$ implica um salto $\Delta s = s(T_c^+, P) - s(T_c^-, P)$ na entropia, figura 35.3, por consequência uma entalpia de transição. Numa transição de fase, através de um aumento de pressão (seta vertical da figura 35.2) obtém-se analogamente um salto no volume (figura 35.4). Uma transição com um salto na primeira derivada parcial de μ denomina-se transição de fase de primeira ordem. O comportamento qualitativo discutido é também válido para transições sólido-líquido e sólido-gás.

Quando o ponto de transição considerado (ponto de intersecção das setas na figura 35.2) é deslocado até ao ponto crítico, os saltos na entropia e no volume tendem para zero. Neste caso, imediatamente após o ponto crítico a transição é contínua e, portanto, sem saltos. No ponto crítico, é, então, válido

$$\mu_A = \mu_B, \quad \left(\frac{\partial}{\partial T}\right)_P (\mu_A - \mu_B) = 0, \quad \left(\frac{\partial^2}{\partial T^2}\right)_P (\mu_A - \mu_B) \neq 0. \quad (35.4)$$

As derivadas parciais em ordem à pressão comportam-se analogamente. Tal transição é designada transição de fase de segunda ordem. A classificação de Ehrenfest é obtida prosseguindo este modo de classificação: quando surge um salto (uma descontinuidade) na derivada de ordem n de $\mu(T, P)$, fala-se de uma transição de fase de ordem n, assim

$$\left(\frac{\partial^m}{\partial T^m}\right)_P (\mu_A - \mu_B) = \begin{cases} 0 & (m < n), \\ \neq 0 & (m = n). \end{cases} \quad \text{(transição de ordem } n \text{ de acordo com Ehrenfest).} \quad (35.5)$$

O tratamento teórico da transição começa com a escolha de uma quantidade macroscópica que se modifica de um modo característico no ponto de transição. Pode ser, por exemplo, o volume para a transição líquido-gás, ou a magnetização para a transição ferromagnética. Este parâmetro (escolhido conforme a conveniência) é

Capítulo 35 Classificação

designado *parâmetro de ordem* (capítulo 39). Presentemente as transições de fase classificam-se, de acordo com o comportamento do parâmetro de ordem ψ:

$$\overline{\psi} = \begin{cases} \text{descontínuo} & \text{transição de primeira ordem,} \\ \text{contínuo} & \text{transição de segunda ordem.} \end{cases} \qquad (35.6)$$

Para as transições já discutidas, (líquido-gás e transição no ponto crítico), esta classificação coincide com a classificação de Ehrenfest (primeira e segunda ordem). No caso da condensação de Bose-Einstein, o parâmetro de ordem (parte condensada N_0/N da figura 31.3) varia de modo contínuo. De acordo com (35.6), trata-se de uma transição de fase de segunda ordem.

Cálculo microscópico

Discutimos a possibilidade de calcular microscopicamente as fases de uma substância. O procedimento fundamental é óbvio. Partindo do operador Hamiltoniano $H(V, N)$ do sistema, determinam-se os valores próprios da energia E_r dos microestados r, e a função de partição

$$Z(T, V, N) = \sum_r \exp\left(-\frac{E_r(V, N)}{k_{\mathrm{B}}T}\right). \qquad (35.7)$$

Assim, fica determinada a energia livre $F = -k_{\mathrm{B}}T \ln Z$ e todas as outras grandezas termodinâmicas. A partir de $F(T, V, N)$ obtêm-se, em particular, também a entalpia livre $G = N\mu(T, P)$ e o potencial químico μ. As linhas de transição do diagrama de fases são, então, determinadas de modo que o μ calculado tenha a primeira derivada (ou de ordem superior) descontínua. Deste modo, é, em princípio, óbvio como se deduz, a partir do operador Hamiltoniano do sistema, a existência de fases, assim como a sua posição num diagrama P-T.

Quando a primeira derivada (ou uma derivada de ordem superior) de μ é descontínua, o mesmo é também verdadeiro para a primeira derivada (ou uma derivada de ordem superior) de F. Em particular, para uma transição de fase de primeira ordem $S = -\partial F/\partial T$ tem um salto. Como consequência, no ponto de transição a primeira derivada (ou uma derivada de ordem superior) de $Z(T, V, N)$ deverá ser descontínua. A seguinte derivada de ordem superior é, então, singular.

Ocorre agora o seguinte problema resultante da possibilidade de princípio de determinação da transição de fase a partir de (35.7): cada termo do lado direito de (35.7) é uma função analítica, que é diferenciável um número arbitrário de vezes em ordem a T (para $T \neq 0$). Não deveria, então, o mesmo ser verdadeiro para uma soma de tais termos? Neste caso, não poderiam ocorrer singularidades nas derivadas de ordem superior de Z e, assim, não ocorreriam transições de fase. Então, seria posta em questão a possibilidade do tratamento estatístico a partir de (35.7), de estados de equilíbrio.

A solução deste problema é que uma soma *infinita* de funções analíticas pode ser uma função singular. Demonstramos esta possibilidade com um exemplo simples.

320　　　　　　　　　　　　　　　　　　　　　　　　　Parte VI　Transições de fase

As funções

$$f_\nu(x) = \sum_{n=1}^{\infty} \frac{\exp(-xn)}{n^\nu}, \tag{35.8}$$

dependem do argumento x e do parâmetro ν. No exercício 35.1, mostra-se que $f_{1/2}$ se comporta para $x \to 0$ como

$$f_{1/2} = \sqrt{\frac{\pi}{x}} + (\text{termos que são finitos quando } x \to 0). \tag{35.9}$$

Relativamente a este exemplo, note-se que:

- Cada termo individual no lado direito de (35.8) é diferenciável em ordem a x um número arbitrário de vezes. O mesmo é também verdadeiro para uma soma finita de tais termos. No entanto, para $\nu = 1/2$ a soma infinita dá lugar a uma função que é singular em $x = 0$.

- As derivadas de ordem m das funções f_ν com $\nu = m + 1/2$ têm uma singularidade. Isto resulta de $f'_\nu = -f_{\nu-1}$.

- O tratamento do gás perfeito de Bose conduz às funções $f_\nu(x)$ com $x = -\beta\mu$. Considerando como argumento $z = \exp(-x)$, a função $f_\nu(x)$ transforma-se na função generalizada de Riemann $g_\nu(z)$, (31.10). A derivada de $g_{3/2}(z) = f_{3/2}(x)$ dá lugar a uma função singular para $\mu = 0$. Neste ponto, ocorre a transição de fase do gás perfeito de Bose. O exemplo dado é também relevante para esta transição de fase particular.

Para o aparecimento da singularidade, é essencial que (35.7) e (35.8) sejam somas *infinitas*. Isto implica:

1. A função de partição não pode ser aproximada por uma soma finita.

2. Uma transição de fase apenas pode ocorrer num sistema infinito.

Entende-se por sistema infinito o *limite termodinâmico*

$$N \to \infty, \qquad V \to \infty, \qquad v = \frac{V}{N} = \text{const.}. \tag{35.10}$$

Aqui, referimo-nos à condensação de Bose-Einstein, único modelo microscópico para uma transição de fase no gás perfeito de Bose (capítulo 31).

Para o sistema finito, as singularidades (como a função δ, o salto ou o bico da figura 35.5) tornam-se suavizadas ou arredondadas. Cada sistema concreto é finito. No entanto, para $N = \mathcal{O}(10^{24})$ a largura da distribuição suavizada é menor que a precisão da medida.

Para justificar a substituição das somas sobre a quantidade de movimento por integrais, $\sum_p \to \int dp/\Delta p$, no cálculo das funções de partição, poderíamos referir--nos ao limite termodinâmico, pois este limite implica $\Delta p \to 0$. No entanto, na

Capítulo 35 Classificação

321

ausência de transição de fase as grandezas termodinâmicas são funções contínuas, de modo que não existe qualquer diferença essencial entre a condição $\overline{p} \gg \Delta p$ e o limite $\Delta p \to 0$.

Se para um sistema real pudéssemos calcular a função de partição (35.7) de um modo suficientemente exato, obter-se-ia como resultado a existência de transições de fase e as suas propriedades. Devido à diferente estrutura das fases, é de esperar, que as fases correspondem a diferentes tipos de soluções (classes de microestados). Na verdade, em (35.7) soma-se sobre todas as possíveis soluções (microestados). Consoante os valor de T e V, as diferentes soluções vão influenciar mais ou menos intensamente a função de partição.

O cálculo a partir de (35.7) da existência e propriedades das fases é um problema muito difícil não solúvel em geral. A discussão sobre a origem das singularidades já indicou isto. De facto, existem modelos particulares que são exatamente solúveis e cuja solução contém uma transição de fase. Um exemplo de um tal modelo é o gás perfeito de Bose estudado no capítulo 31. Nesse caso, a transição de fase era a condensação de Bose-Einstein. Nos seguintes capítulos, ocupamo-nos de modelos que, por um lado, descrevem transições de fase mas, por outro lado, não são completamente justificados em termos microscópicos. O modelo de Weiss do ferromagnetismo e o gás de van der Waals são exemplos de tais modelos.

Exercícios

35.1 Singularidade através de soma infinita

Deduza o comportamento da função $g(x)$ para $x \to 0^+$:

$$g(x) \equiv \sum_{n=1}^{\infty} \frac{\exp(-x\,n)}{\sqrt{n}} \quad \overset{x \to 0^+}{\longrightarrow} \quad \sqrt{\frac{\pi}{x}} \qquad (x > 0)$$

Este é um exemplo de que uma soma infinita de termos analíticos pode ser singular. Para resolver use a fórmula da soma de Euler.

$$\sum_{n=n_0}^{n_1} f(n) = \int_{n_0}^{n_1} dn\, f(n) + \frac{f(n_0) + f(n_1)}{2} - \frac{f'(n_0) - f'(n_1)}{12} \pm \ldots$$

e a substituição $y^2 = x\,n$.

36 Ferromagnetismo

Num sistema ideal de spins, a magnetização é proporcional ao campo magnético externo, sendo, portanto, o sistema paramagnético (capítulo 26). Em sistemas reais, a interação entre os spins pode conduzir a que ocorra também magnetização na ausência de campo externo, sendo, então, o material designado ferromagnético. Para temperaturas elevadas, um material ferromagnético torna-se paramagnético. A transição da fase paramagnética para a fase ferromagnética ocorre a temperatura determinada T_c. Abaixo de T_c surge uma magnetização espontânea. Estabelecemos a energia livre como uma função da temperatura, do campo externo e da magnetização.

A discussão de sistemas de spin exemplifica o tratamento de transições de fase.

Modelo de Weiss

Construamos um modelo simples para a descrição do ferromagnetismo. O operador Hamiltoniano do sistema ideal de spins apresentado no capítulo 26 é

$$H_0 = - \sum_i \boldsymbol{\mu}_i \cdot \boldsymbol{B} = -2 \sum_i \mu_B \, \widehat{\boldsymbol{s}}_i \cdot \boldsymbol{B} , \qquad (36.1)$$

onde $\mu_B = e\hbar/2m_e c$ é o magnetão de Bohr[1] e $\boldsymbol{B}$ é a indução campo magnética. De (36.1) obtêm-se os valores próprios da energia E_r, se substituirmos os operadores de spin $\widehat{\boldsymbol{s}}_i$ pelos números quânticos $s_{z,i}$, ou seja, $r = (s_{z,1}, ..., s_{z,N}) = (\pm 1/2, ..., \pm 1/2)$ para $\boldsymbol{B} = B\, \boldsymbol{e}_z$.

O sistema de spins considerado pode ser um cristal com um eletrão desemparelhado em cada ponto da rede. Apenas são considerados os graus de liberdade de spin. Num cristal real, os spins destes eletrões interaccionam entre si. Aqui, a contribuição essencial não é a interação magnética dipolo-dipolo, mas antes a interação de Coulomb em conjunto com a *simetria de troca*. Este facto será explicitado seguidamente, sendo apresentado o operador Hamiltoniano para o sistema que interatua.

As funções de onda reais posicionais de dois eletrões vizinhos são designadas por $\phi_a(\boldsymbol{r}_1)$ e $\phi_b(\boldsymbol{r}_2)$, sendo ϕ_a e ϕ_b funções localizadas em pontos vizinhos da rede. O estado de spin $|SS_z\rangle$ associado ao spin total S dos dois eletrões pode ser simétrico

---

[1] O potencial químico μ_B da fase B não é utilizado neste capítulo.

Capítulo 36 Ferromagnetismo 323

$(S = 1)$ ou anti-simétrico $(S = 0)$. A função de onda $\Psi(1, 2)$ dos dois eletrões deve ser globalmente anti-simétrica, assim

$$\Psi = \psi(\mathbf{r}_1, \mathbf{r}_2)\,|SS_z\rangle = \frac{1}{\sqrt{2}} \cdot \begin{cases} \left[\phi_a(\mathbf{r}_1)\,\phi_b(\mathbf{r}_2) + \phi_a(\mathbf{r}_2)\,\phi_b(\mathbf{r}_1)\right]|00\rangle \\ \left[\phi_a(\mathbf{r}_1)\,\phi_b(\mathbf{r}_2) - \phi_a(\mathbf{r}_2)\,\phi_b(\mathbf{r}_1)\right]|1S_z\rangle \end{cases}$$

(36.2)

Para a normalização, supusemos que $\langle\phi_a|\phi_b\rangle \approx 0$. Calculemos a energia de Coulomb E_C dos dois eletrões,

$$E_C = \left\langle\Psi\,\Big|\,\frac{e^2}{r_{12}}\,\Big|\,\Psi\right\rangle = \underbrace{\int d^3r_1 \int d^3r_2\,|\phi_a(\mathbf{r}_1)|^2\,|\phi_b(\mathbf{r}_2)|^2\,\frac{e^2}{r_{12}}}_{=\,I_0}$$

$$\pm\,\underbrace{\int d^3r_1 \int d^3r_2\,\phi_a(\mathbf{r}_1)\,\phi_b(\mathbf{r}_1)\,\phi_a(\mathbf{r}_2)\,\phi_b(\mathbf{r}_2)\,\frac{e^2}{r_{12}}}_{=\,I/2}\,.$$

(36.3)

O primeiro integral I_0 é o termo direto da energia de Coulomb, o segundo é designado *integral de troca*. Este é positivo e da ordem de grandeza $I/2 = \mathcal{O}(\text{eV}/10) = \mathcal{O}(10^3\,k_B\text{K})$. Dependendo do spin total o resultado é

$$E_C = \begin{cases} I_0 + I/2 & (S = 0)\,, \\ I_0 - I/2 & (S = 1)\,. \end{cases}$$

(36.4)

A partir de $\widehat{\mathbf{S}}^2 = (\widehat{\mathbf{s}}_1 + \widehat{\mathbf{s}}_2)^2 = \widehat{\mathbf{s}}_1^2 + \widehat{\mathbf{s}}_2^2 + 2\,\widehat{\mathbf{s}}_1 \cdot \widehat{\mathbf{s}}_2$ decorre

$$\langle SS_z|\widehat{\mathbf{S}}^2|SS_z\rangle = S(S+1) = 2s(s+1) + 2\langle SS_z|\widehat{\mathbf{s}}_1 \cdot \widehat{\mathbf{s}}_2|SS_z\rangle\,.$$

(36.5)

Como $s = 1/2$, tem-se então

$$\langle 00|\widehat{\mathbf{s}}_1 \cdot \widehat{\mathbf{s}}_2|00\rangle = -\frac{3}{4} \quad \text{e} \quad \langle 1S_z|\widehat{\mathbf{s}}_1 \cdot \widehat{\mathbf{s}}_2|1S_z\rangle = \frac{1}{4}\,.$$

(36.6)

Assim, podemos também escrever a energia de Coulomb (36.4) na seguinte forma

$$E_C = I_0 - I\left(\langle\widehat{\mathbf{s}}_1 \cdot \widehat{\mathbf{s}}_2\rangle + \frac{1}{4}\right)\,.$$

(36.7)

Os parênteses $\langle\ldots\rangle$ designam os valores expectáveis quânticos (36.6). A contribuição energética (36.7) é obtida para spins vizinhos arbitrários. Tomemos em conta esta interação spin-spin através de um termo adicional no operador Hamiltoniano (36.1),

$$\boxed{H = -2\sum_i \mu_B\,\widehat{\mathbf{s}}_i \cdot \mathbf{B} - I\sum_{\{i,\,j\}} \widehat{\mathbf{s}}_i \cdot \widehat{\mathbf{s}}_j \qquad \text{modelo de Heisenberg.}}$$

(36.8)

Os termos constantes em (36.7) são irrelevantes. O índice $\{i, j\}$ significa que a soma é extensiva a todos os pares de vizinhos, sendo cada par apenas contado uma vez. As funções posicionais localizadas ϕ_a e ϕ_b têm sobreposição apreciável apenas para posições vizinhas na rede. Por consequência, apenas estas contribuições são tomadas em conta.

O operador Hamiltoniano (36.8) define o *modelo de Heisenberg*. Quando se substitui $\widehat{s}_i \cdot \widehat{s}_j$ por $\widehat{s}_{z,i}\,\widehat{s}_{z,j}$ (ver exercício 36.1), obtém-se o *modelo de Ising*. O modelo de Ising é o ponto de partida para muitas investigações sobre transições de fase. Em redes a uma e duas dimensões, pode ser resolvido analiticamente. A três dimensões pode ser resolvido numericamente.

Resolvamos o modelo de Heisenberg na aproximação de Weiss, segundo a qual aproximamos a soma sobre operadores de spin $\widehat{s}_j$ dos vizinhos de uma dada posição pelo valor médio de todos os spins,

$$\sum_{\text{vizinhos } j} \widehat{s}_j \approx \nu\,\overline{s} \quad \text{(aproximação do campo molecular)}, \qquad (36.9)$$

onde ν representa o número de vizinhos mais próximos, por exemplo $\nu = 6$ numa rede cúbica. Formalmente, $\overline{s}$ é o valor médio estatístico do valor expectável quântico $\langle \widehat{s}_j \rangle$. Na *aproximação do campo molecular* (36.9), as interações das outras partículas sobre uma partícula arbitrária são substituídas por um campo médio efetivo. Nesta aproximação, obtemos $H \approx H_{\text{eff}}$ com o operador Hamiltoniano efetivo

$$H_{\text{eff}} = -2 \sum_i \mu_{\text{B}}\,\widehat{s}_i \cdot \left(B + \frac{\nu I\,\overline{s}}{2\,\mu_{\text{B}}} \right) = -2 \sum_i \mu_{\text{B}}\,\widehat{s}_i \cdot B_{\text{eff}}\,. \qquad (36.10)$$

No campo efetivo

$$B_{\text{eff}} = B + \frac{\nu I\,\overline{s}}{2\,\mu_{\text{B}}} = B + WM\,, \qquad (36.11)$$

intervém a magnetização M e um fator numérico W,

$$M = \frac{N}{V}\,\overline{\mu} = 2n\,\mu_{\text{B}}\,\overline{s}\,, \qquad W = \frac{\nu I}{4n\,\mu_{\text{B}}^2}\,. \qquad (36.12)$$

Considerando $I/2 = \mathcal{O}(\text{eV}/10)$, $\nu = 6$, $\mu_{\text{B}} = e\hbar/2m_e c$ e $n = (3\text{Å})^{-3}$ façamos uma estimativa da ordem de grandeza de W:

$$W = \frac{\nu I}{4n\,\mu_{\text{B}}^2} \approx \frac{6 \cdot \mathcal{O}(\text{eV}/10)}{\text{interação magnética}} \sim 10^3\,. \qquad (36.13)$$

O resultado $W \gg 1$ significa que a interação de troca ($\pm I/2$ em (36.4)) é muito mais intensa que a interação magnética ($\sim 2n\mu_{\text{B}}^2$) entre momentos magnéticos vizinhos.

Magnetização

O operador Hamiltoniano efetivo H_{eff} tem a mesma forma que o operador Hamiltoniano (36.1) para N spins independentes. Por este motivo, a função de partição pode

Capítulo 36 Ferromagnetismo 325

ser calculada exatamente como no capítulo 26, o que se faz simplesmente substituindo nas fórmulas B por B_{eff}. Para simplificar, consideremos B segundo a direção z, sendo o mesmo também verdadeiro para a magnetização $M = M\,e_z$. De (26.11) retiremos o resultado para M:

$$M = n\,\mu_{\text{B}} \tanh\left(\beta\mu_{\text{B}}B_{\text{eff}}\right) = M_0 \tanh\left[\beta\mu_{\text{B}}(B + WM)\right]. \tag{36.14}$$

Trata-se de uma *solução implícita* para a magnetização, visto que o M que se pretende calcular aparece no campo magnético efetivo B_{eff}. Deste modo, o modelo de Weiss toma em consideração a interação mútua entre os spins.

Para discussão de (36.14), consideremos dois casos limite. Para um campo externo B forte, a magnetização aproxima-se exponencialmente do valor máximo M_0,

$$\frac{M}{M_0} \approx 1 - 2\,\exp(-2\beta\mu_{\text{B}}B) \qquad (B \to \infty). \tag{36.15}$$

Quando $M = M_0 = n\,\mu_{\text{B}}$, os spins encontram-se todos alinhados. Para $M \ll M_0$, desenvolvamos (36.14):

$$\frac{\mu_{\text{B}}}{k_{\text{B}}T}\,(B + WM) = \operatorname{artanh}\left(\frac{M}{M_0}\right) = \frac{M}{M_0} + \frac{1}{3}\left(\frac{M}{M_0}\right)^3 + \dots . \tag{36.16}$$

Desprezemos os termos de ordem superior e resolvamos a relação em ordem a B,

$$B = W\left(\frac{T}{T_{\text{c}}} - 1\right)M + \frac{k_{\text{B}}T}{3\,\mu_{\text{B}}}\left(\frac{M}{M_0}\right)^3 \qquad (M \ll M_0), \tag{36.17}$$

onde introduzimos a temperatura crítica T_{c},

$$k_{\text{B}}T_{\text{c}} = \mu_{\text{B}}^2\,n\,W \overset{(36.13)}{=} \frac{\nu I}{4} \sim 10^3\,k_{\text{B}}\,\text{K}. \tag{36.18}$$

Na figura 36.1, representa-se graficamente a relação entre B e M. Para $T > T_{\text{c}}$, inicialmente M é proporcional a B. Quando $B \to \infty$, M tende para o valor de saturação M_0. Este comportamento paramagnético é igual ao dos spins independentes. Esta situação modifica-se qualitativamente quando $T < T_{\text{c}}$. Neste caso, existem valores de B com três soluções indicadas na figura 36.1 como pontos de intersecção da horizontal $B = \text{const.}$ com a curva cúbica (36.17). Como $M \parallel B$, só interessam como soluções de equilíbrio na figura 36.1 as soluções no primeiro e terceiros quadrantes. A curva que dá a solução termina no primeiro quadrante em $B = 0$ num valor finito de M que designamos *magnetização espontânea* M_{S}. Esta magnetização ocorre abaixo de T_{c} na ausência de campo exterior, portanto, por assim dizer, por si própria ou espontaneamente. Tal comportamento caracteriza o *Ferromagnetismo*. A solução no terceiro quadrante termina em $-M_{\text{S}}$.

Quando $B = 0$ nenhuma direção é distinta, sendo, portanto, possíveis todas as direções M_{s} (com $|M_{\text{s}}|$ fixo). Neste caso, $M_{\text{s}} \cdot e_z$ toma todos os valores possíveis

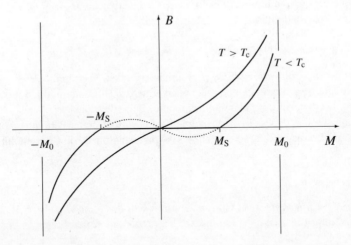

Figura 36.1 Relação entre a magnetização M e o campo magnético aplicado B no modelo de Weiss. Como $M \parallel B$, as partes pontedas das curvas não interessam como soluções.

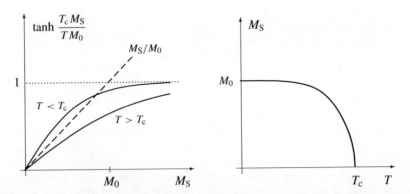

Figura 36.2 Na parte esquerda, estão representados os dois lados de (36.19). O ponto de intersecção é a solução procurada $M_S(T)$ que está representada do lado direito.

Capítulo 36 Ferromagnetismo 327

entre $-M_S$ e M_S. Ambas as soluções $-M_S$ e $+M_S$ podem, portanto, ser unidas na figura 36.1 por uma reta horizontal.

A intensidade da magnetização espontânea é obtida a partir de (36.14) fazendo $B = 0$:

$$\boxed{\frac{M_S}{M_0} = \tanh\left(\frac{T_c\, M_S}{T\, M_0}\right) \qquad \text{magnetização espontânea.}} \qquad (36.19)$$

Esta equação encontra-se resolvida graficamente na figura 36.2. Tem-se

$$M_S = M_S(T) \approx M_0 \cdot \begin{cases} 0 & (T \geq T_c)\,, \\[2mm] \sqrt{\dfrac{3\,(T_c - T)}{T_c}} & (T \to T_c^-)\,, \\[3mm] 1 - 2\,\exp\left(-\dfrac{2\,T_c}{T}\right) & (T \ll T_c)\,. \end{cases} \qquad (36.20)$$

Quando $T \approx T_c$, a solução é obtida a partir de (36.17) fazendo $B = 0$. A magnetização espontânea encontra-se representada na figura 36.2, à direita, como função da temperatura. Acima de T_c tem-se M_S igual a zero, enquanto que para valores inferiores é diferente de zero. O comportamento do sistema modifica-se qualitativamente à temperatura T_c. Trata-se, portanto, de uma transição de fase discreta. A grandeza M_S é o parâmetro de ordem natural para a caracterização desta transição. É uma transição de segunda ordem, uma vez que o parâmetro de ordem se modifica continuamente junto de T_c.

O comportamento magnético é caracterizado pelo parâmetro característico do material *suscetibilidade magnética* $\chi_m = (\partial M / \partial B)_T$. Quando $B \to 0$ e $T > T_c$, tem-se também $M \to 0$, de modo que χ_m é calculado a partir do termo linear em (36.17),

$$\chi_m = \left(\frac{\partial M}{\partial B}\right)_T \overset{B \to 0}{=} \frac{T_c / W}{T - T_c} \qquad \text{(lei de Curie-Weiss, } T \geq T_c)\,. \qquad (36.21)$$

Esta lei de Curie-Weiss é válida para um ferromagnete. Ela corresponde à lei de Curie (26.15) de um paramagnete. Para materiais paramagnéticos à temperatura ambiente, χ_m é aproximadamente da ordem de grandeza de 10^{-4}. Pelo contrário, (36.21) é da ordem de grandeza de 1 para $T - T_c = 1$ K.

A suscetibilidade magnética (36.21) torna-se singular no ponto de transição. Um campo arbitrariamente fraco dá origem a uma variação finita da magnetização, o que permanece válido quando $T \to T_c^-$ e $B \parallel M$ (exercício 36.2).

No caso tridimensional, cada direção de M_s representa um possível estado de equilíbrio (para $T < T_c$ e $B = 0$). Se se aplicar um campo magnético fraco B, o estado de equilíbrio é tal que $M_s \parallel B$. Assim, um campo magnético fraco pode, para $T < T_c$, provocar uma variação finita da magnetização. Portanto, a suscetibilidade, a três dimensões, é infinita para $T < T_c$. Este comportamento é, de facto, apenas válido no nosso modelo. Um ferromagnete real opõe resistência a uma variação de direção de M_s, sendo, portanto, finita a suscetibilidade.

328   Parte VI   Transições de fase

Domínios de Weiss

O exemplo mais conhecido dum ferromagnete é o ferro com temperatura de transição $T_c = 1041$ K. Arrefecendo o ferro abaixo de T_c com $B = 0$, a magnetização espontânea ocorre em domínios finitos, os *domínios de Weiss*. A sua dependência na temperatura é semelhante à indicada à direita na figura 36.2. No entanto, é nula a magnetização global $\langle M \rangle$ obtida considerando a média sobre vários domínios de Weiss. No conjunto, o ferro comporta-se como se não estivesse magnetizado embora $T < T_c$. Os domínios de Weiss podem ser parcialmente orientados por um campo magnético externo. A magnetização global resultante é aproximadamente proporcional ao campo

$$\langle M \rangle \approx \chi_{\text{ferro}} \, B \, . \tag{36.22}$$

Neste caso, a suscetibilidade pode tomar valores elevados, por exemplo, $\chi_{\text{ferro}} \sim 10^6$. Para campos intensos estabelece-se a magnetização de saturação M_0. A orientação dos domínios de Weiss exige um custo finito de energia. Assim, obtém-se um magnete permanente a partir de ferro não magnetizado pela aplicação de um campo magnético intenso. Além disso, os domínios de Weiss conduzem a efeitos de histerese.

Energia livre

Pretendemos ainda investigar o comportamento do calor específico na transição de fase. Para tal, começamos por determinar a energia livre do sistema.

O campo magnético é um parâmetro externo $x = B = \boldsymbol{B} \cdot \boldsymbol{e}_z$ do operador Hamiltoniano (36.8). Supomos, seguidamente, que os restantes parâmetros externos não são relevantes. Em especial, deverá o volume V ser constante. A força generalizada X associada a $x = B$ é igual ao momento magnético VM,

$$X = -\frac{\overline{\partial E_r(B)}}{\partial B} = 2\mu_{\text{B}} \sum_i \overline{s_{z,i}} = N \, \overline{\mu} = V M \, . \tag{36.23}$$

Aqui, há que utilizar os valores próprios de energia do operador Hamiltoniano (36.8) (mas não do operador Hamiltoniano efetivo (36.10)). Considerando a primeira e a segunda leis, tem-se $dE = T \, dS - \sum_i X_i \, dx_i = dE_0 - V M \, dB$. Em relação ao caso sem campo magnético (dE_0), adquire dE e, com este, todos os restantes potenciais termodinâmicos, o termo adicional $-V M \, dB$. A energia livre pode, então, exprimir-se na forma

$$dF = dF_0 - V M \, dB = dF_0 - V d(BM) + V B \, dM \, , \tag{36.24}$$

donde se tem $F = F_0 - V B M + V \int B \, dM$. Substituindo $B = B(M)$ de (36.17) e efetuando a integração:

$$\mathcal{F}(T, B, M) \; = \; F_0(T) - V M B + \frac{V W}{2} \, \frac{T - T_c}{T_c} \, M^2 + \frac{V k_{\text{B}} T}{12 \, \mu_{\text{B}}} \, \frac{M^4}{M_0^3}$$

Capítulo 36 Ferromagnetismo

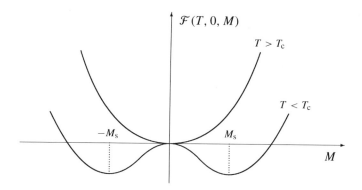

Figura 36.3 Energia livre $\mathcal{F}(T, B, M)$ do modelo de Weiss como função de M para $B = 0$. Para T_c, altera-se o sinal do termo quadrático. Para $T > T_c$, o mínimo encontra-se em $M = 0$, por outro lado, para $T < T_c$ situa-se num valor finito $M = M_s$.

$$= F_0(T) + V\left[a(T - T_c)M^2 + uM^4 - MB\right]. \quad (36.25)$$

O campo magnético não deverá ter influência sobre os graus de liberdade que aqui não são considerados explicitamente. Então, F_0 não depende de B. A temperatura é mantida constante ao calcular $\int B\,dM$, visto que a variação de F associada a variações de temperatura é tomada em conta em dF_0. Na vizinhança de T_c, as grandezas a e u em (36.25) podem ser consideradas aproximadamente constantes.

Na energia livre (36.25) são permitidos à partida valores arbitrários da magnetização M. Para T e x dados (aqui $x = B$) a energia livre em equilíbrio é mínima (capítulo 17), donde decorre o valor de equilíbrio $M(T, B)$ da magnetização:

$$\mathcal{F} = \text{mínimo} \quad \longrightarrow \quad \left(\frac{\partial \mathcal{F}}{\partial M}\right)_{T,B} = 0 \quad \longrightarrow \quad M = M(T, B) \quad (36.26)$$

Na figura 36.3, encontra-se esquematizado $\mathcal{F}$ para $B = 0$ em função de M. Para $T > T_c$, tem-se apenas um mínimo de $\mathcal{F}$ quando $M = 0$. Para $T < T_c$, muda o sinal do termo quadrático em (36.25) e, para pequenos valores de M, domina inicialmente este termo em relação ao termo com M^4. Daqui, obtêm-se dois mínimos, nomeadamente, para $M = M(T, 0) = \pm M_S(T)$. Os mínimos descrevem os estados possíveis de equilíbrio do sistema. Sem a restrição à direção z, tem-se um contínuo de mínimos (todas as direções de $\mathbf{M}_s$). No mínimo, situam-se os valores de equilíbrio da magnetização e da energia livre. Quando $B \neq 0$, um dos mínimos na figura 36.3 deslocar-se-ia para baixo, e o outro para cima. O estado de equilíbrio é, então, o mínimo absoluto.

Através da substituição $M = M(T, B)$ na energia livre (36.25) obtemos o valor de equilíbrio:

$$F(T, B) = \mathcal{F}\bigl(T, B, M(T, B)\bigr) \quad (36.27)$$

330　　　　　　　　　　　　　　　　　　　　　　　Parte VI Transições de fase

Para terminar, acentue-se a diferença entre as funções $\mathcal{F}(T, B, M)$ e $F(T, B)$. Ambas as grandezas dão para a energia livre o valor de equilíbrio $F(T, B)$, pelo contrário, $\mathcal{F}(T, B, M)$ dá também valores para estados fora do equilíbrio. A função $\mathcal{F}(T, B, M)$ é analítica em todas as suas variáveis (todas as derivadas são contínuas). Pelo contrário, a função $F(T, B)$ não é analítica para $T = T_c$: assim, por exemplo, $M(T, 0) = M_S(T)$ tem derivada descontínua em T_c. Com a introdução de $\mathcal{F}$, obtém-se, portanto, uma função F, a qual para T_c tem um salto na segunda derivada, (36.30).

Quebra espontânea de simetria

A solução de $\mathcal{F} = $ mínimo representa para $T < T_c$ uma *quebra espontânea de simetria*. Isto significa que o estado do sistema não satisfaz uma determinada simetria que o operador Hamiltoniano do sistema possui. O operador Hamiltoniano (36.8) é invariante em relação a rotações, não distinguindo qualquer direção. O estado de equilíbrio para $T > T_c$ tem esta simetria, para ele nenhuma direção é distinta. Pelo contrário, para $T < T_c$ a solução de facto, M_s, distingue uma direção. A simetria de rotação é quebrada por esta direção. A quebra ocorre *espontaneamente*, o que significa que do exterior não é imposta a direção de M_s. As várias soluções, aqui as diferentes orientações de M_s, estão relacionadas por operações de simetria (rotações).

Landau desenvolveu uma teoria generalizada (capítulo 39) para transições de fase de segunda ordem, na qual ele partiu de um desenvolvimento da energia livre $\mathcal{F}$ em potências de um parâmetro de ordem (neste caso M), análogo a (36.25).

Calor específico

Para $B = 0$ e $T \approx T_c$, substituímos a solução de equilíbrio (36.20),

$$M(T, 0) = M_S(T) = M_0 \cdot \begin{cases} 0 & (T \geq T_c) \\ \sqrt{3(T_c - T)/T_c} & (T \to T_c^-) \end{cases} \qquad (36.28)$$

em $\mathcal{F}$ dado por (36.25):

$$F(T, B = 0) = \mathcal{F}(T, 0, M_S(T)) = F_0(T) + \begin{cases} 0 \\ -K(T - T_c)^2 \end{cases} \qquad (36.29)$$

A expressão superior é válida para $T \geq T_c$, e a inferior é válida para $T \to T_c^-$. A constante K é calculada no exercício 36.3. Calculemos a capacidade calorífica para um campo constante ínfimo B:

$$C_B(T) = -T \left(\frac{\partial^2 F}{\partial T^2} \right)_B \overset{(B=0)}{=} C_0(T) + \begin{cases} 0 & (T \geq T_c) \\ 2KT_c & (T \to T_c^-) \end{cases} \qquad (36.30)$$

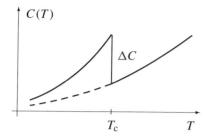

Figura 36.4 No modelo de Weiss, a capacidade calorífica tem um salto na temperatura de transição.

Esta capacidade calorífica está ilustrada na figura 36.4, exibindo um salto para T_c. A solução exata do modelo de Heisenberg (36.8) tem, pelo contrário, uma capacidade calorífica divergente. A aproximação de Weiss é neste aspecto insuficiente. Para o ferro, o calor específico diverge logaritmicamente no ponto de transição.

Exercícios

36.1 Energia livre no modelo de Weiss

No modelo de Weiss, a energia livre pode ser expressa na forma

$$\mathcal{F}(T, B, M) = F_0(T) + V\left[a\,(T - T_c)\,M^2 + u\,M^4 - M\,B \right]$$

A partir da condição $\partial\mathcal{F}/\partial M = 0$ obtém-se a magnetização de equilíbrio $\overline{M}$. Determine $\overline{M_0}$ para $B = 0$, e $\overline{M_0} + \delta M$ para um campo fraco $B = \delta B$. Calcule (na aproximação linear nas grandezas pequenas) a suscetibilidade magnética $\chi_m = \delta M/\delta B$ para $T > T_c$ e $T < T_c$.

36.2 Calor específico no modelo de Weiss

No modelo de Weiss obtém-se para a energia livre $\mathcal{F}(T, B, M)$ a expressão

$$\mathcal{F}(T, B, M) = F_0(T) - VMB + \frac{VW}{2}\frac{T - T_c}{T_c}\,M^2 + \frac{V k_B T}{12\,\mu_B}\frac{M^4}{M_0{}^3}$$

onde, W é o fator de Weiss, a temperatura crítica é dada por $k_B T_c = \mu_B^2\,n\,W$, $M_0 = N\mu_B/V$ é a magnetização de saturação, e $F_0(T)$ contém as partes não magnéticas. Comece por exprimir todos os parâmetros em $\mathcal{F} - F_0(T)$ em termos de k_B, T_c e M_0. Em seguida, determine para $B = 0$ e $T \approx T_c$ o valor de equilíbrio $M_S(T)$ e o comportamento (salto!) da capacidade calorífica.

37 Gás de van der Waals

O gás de van der Waals é apresentado e analisado como um modelo para a transição de fase gás-líquido. Van der Waals introduziu este modelo em 1873 na sua tese de doutoramento. A equação térmica de estado é completada com a chamada construção de Maxwell. O modelo de van der Waals explica a existência de uma curva de vaporização $P_v(T)$ que termina num ponto crítico, e a existência de uma série de propriedades da transição de fase gás–líquido.

As propriedades do *gás de van der Waals* são dadas pelas equações de estado:

$$P = P(T, v) = \frac{k_B T}{v - b} - \frac{a}{v^2}, \tag{37.1}$$

$$E = E(T, V, N) = N e(T) - N \frac{a}{v}, \tag{37.2}$$

onde $v = V/N$, e a e b são parâmetros positivos. Consideremos a equação térmica de estado (também chamada equação de van der Waals) apresentada em (28.29). Na equação calórica de estado (28.37), substituamos o termo independente do volume $3Nk_B T/2$ por $N e(t)$. Assim, damos conta de possíveis contribuições associadas a rotações ou vibrações de moléculas poliatómicas.

Deduzimos as equações (37.1) e (37.2) no capítulo 28 para um gás rarefeito clássico. Aí associamos os parâmetros a e b à interação microscópica $w(r)$. A parte atrativa da interação origina o abaixamento da pressão de a/v^2. O volume próprio finito dos átomos (portanto, a parte repulsiva da interação) tem, como consequência, que por partícula apenas está disponível o volume efetivo $v - b$.

A dedução no capítulo 28 apoiou-se no pressuposto de suficiente rarefação (nomeadamente $v \gg b$). Prescindamos agora deste pressuposto, considerando (37.1) e (37.2) como equações fenomenológicas e discutindo-as para todos os valores possíveis de T e v. Para uma rarefação moderada, a dedução microscópica apresentada no capítulo 28 pode ser encarada como um argumento de plausibilidade para a equação de estado. No caso limite $v \to b$, os pressupostos desta dedução são, obviamente, violados. A equação (37.1) é construída de tal modo que manifesta um comportamento plausível quando $v \to b$ (isto é, $P \to \infty$). Se tomarmos em conta o volume próprio finito do átomo, reencontramos o comportamento característico de um gás perfeito ($P = k_B T/v \to \infty$ quando $v \to 0$).

Na figura 37.1, estão representadas diferentes isotérmicas num diagrama P-v. Em relação a um gás perfeito, com $P = k_B T/v$, as isotérmicas encontram-se deslocadas de b para a direita, $k_B T/v \to k_B T/(v-b)$. Além disso, o termo $-a/v^2$ conduz

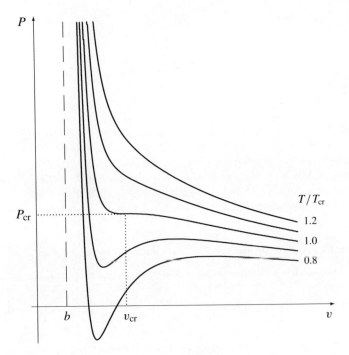

Figura 37.1 Isotérmicas do gás de van der Waals para alguns valores de T/T_{cr}. Para $T > T_{cr}$, todas as isotérmicas decaem monotonamente, para $T < T_{cr}$, têm um mínimo e um máximo.

a um abaixamento da pressão. Para temperaturas elevadas, este termo é pequeno em comparação com $k_B T/(v-b)$ e apenas conduz a uma diminuta deformação das isotérmicas que decaem monotonamente. Pelo contrário, para temperaturas baixas o termo $-a/v^2$ é responsável pelo dobrar da isotérmica quando v diminui. A isotérmica apresenta um máximo. Finalmente, a isotérmica deve novamente orientar-se para cima, visto que $P \to \infty$ quando $v \to b$. Entre o máximo e $v = b$ ela apresenta também um mínimo.

Visto que as isotérmicas se sucedem suavemente e de modo contínuo umas às outras, existe uma isotérmica para a qual o mínimo e o máximo coincidem, antes de, para temperaturas mais elevadas, se obter o comportamento de decrescimento monótono. Esta isotérmica tem um ponto de inflexão horizontal. A sua temperatura é designada por T_{cr} e as coordenadas do ponto de inflexão são designadas por P_{cr} e v_{cr}.

Normalmente, a pressão P e a temperatura T são determinadas experimentalmente. O volume $v(T,P)$ do gás de van der Waals é obtido na figura 37.1 como ponto de intersecção da horizontal $P = $ const. com a isotérmica T. Quando a isotérmica apresenta um mínimo e um máximo, podemos ter três pontos de intersecção, ou seja, três soluções para v. Coloca-se, então, a questão de atribuir um significado

Capítulo 37 Gás de van der Waals

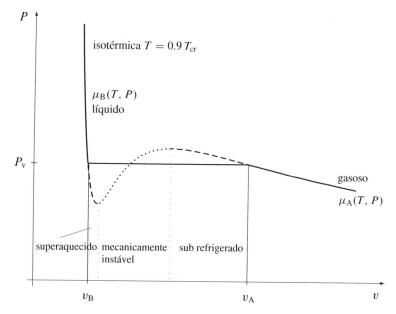

Figura 37.2 Transição de fase no modelo de van der Waals: a parte esquerda da isotérmica descreve a fase líquida, a parte da direita descreve a fase gasosa. A parte horizontal descreve a transição da fase líquida para a fase gasosa. Ao longo da horizontal, a parte gasosa cresce de 0% até 100%. A posição da horizontal é determinada de modo que com a isotérmica teórica (traçada a tracejado e ponteado) sejam englobadas áreas iguais.

a cada uma destas soluções e saber qual é a solução que efetivamente descreve o estado de equilíbrio.

Construção de Maxwell

A compressibilidade é sempre positiva,

$$\kappa_T = -\frac{1}{V}\left(\frac{\partial V}{\partial P}\right)_T > 0, \text{ portanto, } \left(\frac{\partial P}{\partial V}\right)_T < 0. \qquad (37.3)$$

Um sistema com $\kappa_T < 0$ seria mecanicamente instável, visto que não daria origem a uma força restauradora correspondente a uma oscilação de volume arbitrariamente pequena. Por este motivo, excluímos, como não físicas, as porções das isotérmicas na figura 37.1 que têm um declive positivo.

Na figura 37.2, mostra-se uma isotérmica num diagrama P-v. Se excluirmos a região com declive positivo (ponteada), uma horizontal entre o mínimo e o máximo tem ainda dois pontos de intersecção com a isotérmica. Designamos por $v_B(T, P)$ a solução da esquerda e por $v_A(T, P)$ a solução da direita. Nas duas partes da isotér-

336 Parte VI Transições de fase

mica, designamos o potencial químico, respectivamente, por

$$\mu_A(T, P) = \mu(v_A(T, P), T), \qquad \mu_B(T, P) = \mu(v_B(T, P), T). \qquad (37.4)$$

Para uma pressão suficientemente baixa, existe na figura 37.2 apenas uma solução, ou seja, a solução com μ_A. Aqui, a isotérmica difere pouco da de um gás perfeito. Esta parte da solução descreve, portanto, a fase gasosa. Para uma pressão suficientemente elevada, existe também apenas uma solução, com efeito correspondente a μ_B. Para esta parte da isotérmica, tem-se $v = \mathcal{O}(b)$, o que caracteriza a fase líquida, na qual o volume por partícula é da ordem de grandeza do volume próprio. Podemos associar aos dois ramos da isotérmica as fases *gasosa* e *líquida*.

Mostremos que para uma isotérmica com máximo e mínimo, a equação

$$\mu_A(T, P_v) = \mu_B(T, P_v), \qquad (37.5)$$

tem exatamente uma solução, o que significa que existe uma determinada pressão $P = P_v(T)$, para a qual ambas as fases estão em equilíbrio.

Utilizemos a relação $\mu = G/N = F/N + PV/N = f + Pv$, onde $f = F/N$ é a energia livre por partícula. Então, de (37.5) tem-se

$$f_B - f_A = P_v(v_A - v_B). \qquad (37.6)$$

Por outro lado, a diferença $f_B - f_A$ pode ser obtida através da integração ao longo da isotérmica,

$$f_B - f_A = f(T, v_B) - f(T, v_A) = \int_{v_A}^{v_B} dv \, \frac{\partial f(T, v)}{\partial v} = \int_{v_B}^{v_A} dv \, P(T, v), \quad (37.7)$$

onde $P(T, v)$ é dado por (37.1), a curva tracejada e ponteada da figura 37.2. Esta curva não descreve estados de equilíbrio, mas pode ser utilizada para calcular a diferença de energias livres entre estados de equilíbrio. Das duas últimas equações decorre

$$P_v(v_A - v_B) = \int_{v_B}^{v_A} dv \, P(T, v). \qquad (37.8)$$

No diagrama P-v da figura 37.2, o lado esquerdo de (37.8) é a área do retângulo abaixo da horizontal $P = P_v(T)$. O lado direito é, por outro lado, a superfície abaixo da isotérmica $P(T, v)$ (curva tracejada e ponteada). Deste modo, têm de ser iguais as áreas das duas regiões que a isotérmica e a horizontal delimitam. Para uma isotérmica com um máximo e um mínimo, esta *construção de Maxwell* fixa inequivocamente a posição da horizontal $P = P_v(T)$.

Para $P = P_v$, tem-se $\mu_A = \mu_B$. O comportamento do potencial químico na vizinhança desta posição obtém-se a partir de

$$\frac{\partial \mu_A(T, P)}{\partial P} = v_A = v_{\text{gás}} \quad \text{e} \quad \frac{\partial \mu_B(T, P)}{\partial P} = v_B = v_{\text{líquido}}. \qquad (37.9)$$

Capítulo 37 Gás de van der Waals

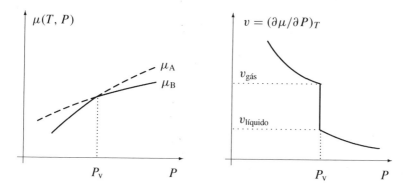

Figura 37.3 No ponto de transição, os potenciais químicos das duas fases são iguais. Têm, no entanto, diferentes declives em função da pressão (esquerda). O estado de equilíbrio é a fase com menor valor de μ. A derivada do potencial químico (linha contínua na parte esquerda) representa o volume v indicado na parte direita. A parte direita corresponde à figura 37.2 com P e v trocados.

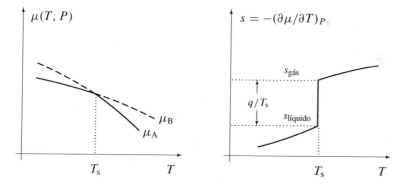

Figura 37.4 No ponto de transição, os potenciais químicos das duas fases são iguais. Têm, no entanto, diferentes declives em função da temperatura (esquerda). O estado de equilíbrio é a fase com menor valor de μ. A derivada do potencial químico (linha contínua) é a entropia s representada na parte direita. O salto da entropia no ponto de transição determina o calor latente q.

338   Parte VI   Transições de fase

Como $v_{\text{gás}} > v_{\text{líquido}}$, o declive de μ_A é maior que o de μ_B. Isto explica o comportamento descrito, à esquerda, na figura 37.3. O correspondente comportamento de $v(T, P)$ é manifestado no salto $v_{\text{gás}} - v_{\text{líquido}}$ e na condição $\partial v / \partial P < 0$, figura 37.3, à direita.

Da condição de equilíbrio $\mu(T, P) = $ mínimo tem-se

$$\mu(T, P) = \begin{cases} \mu_A(T, P) & (P \geq P_v(T)), \\ \mu_B(T, P) & (P \leq P_v(T)). \end{cases} \tag{37.10}$$

Deste modo, fica inequivocamente determinada a isotérmica física. É representada pela linha contínua da figura 37.2. O seguinte processo quase-estático evolui ao longo desta isotérmica. Comecemos com a fase gasosa A e elevemos lentamente a pressão, a temperatura constante. Neste caso, o sistema move-se ao longo da parte direita da isotérmica. Exatamente à pressão $P = P_v$ as fases A e B encontram-se em equilíbrio. A variação infinitesimal de pressão de $P_v - \epsilon$ até $P_v + \epsilon$ (com ϵ arbitrariamente pequeno) conduz à transformação contínua de 100% gás em 100% líquido. Neste caso, diminui o volume de v_A até v_B, e a entalpia de vaporização é cedida ao banho térmico (que garante $T = $ const.). Os estados de equilíbrio, através dos quais o sistema evolui, produzem a horizontal traçada na figura 37.2. Continuando a aumentar a pressão, o sistema desloca-se ao longo da parte esquerda íngreme da isotérmica. A variação do potencial químico no processo considerado (aumento da pressão acima de $P = P_v$) encontra-se representada na figura 37.3, à esquerda.

Na região das soluções múltiplas, a isotérmica teórica deverá ser substituída pela horizontal $P = P_v(T)$, figura 37.2. Por meio desta prescrição, as isotérmicas (37.1) são alteradas de modo bem definido e fundamentado. Na região das isotérmicas assim modificadas, tínhamos anteriormente excluído, como não física, a parte com declive positivo (ponteada) devido à instabilidade mecânica. Agora são também suprimidas partes (tracejadas) com declive negativo, porque têm potencial químico mais elevado. Elas não correspondem a estados de equilíbrio, sendo, portanto, termodinamicamente instáveis. Tais estados de não-equilíbrio podem, no entanto, ser alcançados transitoriamente em determinadas condições. Estes estados metaestáveis são designados por líquido superaquecido (atraso da ebulição) ou gás sub refrigerado.

Entalpia de vaporização

A entalpia de vaporização é o calor Q que o sistema recebe quando passa, a pressão constante, da temperatura $T_s - \epsilon$ a $T_s + \epsilon$. Com $dH = T\, dS + V\, dP$ e $dP = 0$, obtemos

$$Q = \int_{T_s-\epsilon}^{T_s+\epsilon} T\, dS = \int_{T_s-\epsilon}^{T_s+\epsilon} dH = H_A - H_B. \tag{37.11}$$

Capítulo 37   Gás de van der Waals   339

As entalpias H_A e H_B devem ser tomadas nos pontos T, P da curva de vaporização considerada. De acordo com (37.2), obtém-se para a entalpia por partícula

$$h = \frac{H}{N} = \frac{E + PV}{N} = e(T) - \frac{a}{v} + Pv. \tag{37.12}$$

Assim, obtemos uma entalpia do vaporização $q = Q/N$ por partícula,

$$q = h_A - h_B = \frac{a}{v_B} - \frac{a}{v_A} + P(v_A - v_B) \approx \frac{a}{v_{\text{líquido}}} + P\,v_{\text{gás}}. \tag{37.13}$$

Simplificamos o resultado para $v_{\text{gás}} \gg v_{\text{líquido}}$. O termo $a/v_{\text{líquido}}$ representa a energia que tem de ser fornecida para libertar os átomos da região da interação mútua atrativa. O segundo termo $P\,v_{\text{gás}}$ é o trabalho de expansão executado a pressão constante. Estas conclusões dizem respeito à transição de líquido para gás.

O modelo de van der Waals fornece uma entalpia finita de vaporização, ou seja, um salto na entropia. Daqui e de $\partial s/\partial T > 0$ decorre o comportamento de s no ponto de transição, esquematizado na figura 37.4, à direita. Na parte esquerda, encontra-se esquematizada a correspondente dependência do potencial químico na temperatura. De acordo com a classificação do capítulo 35, a transição de fase é de primeira ordem.

Ponto crítico

Para uma isotérmica com mínimo e máximo, a construção de Maxwell conduz à pressão da transição de fase, logo, um ponto da curva de vaporização. De acordo com a discussão na figura 37.1, o máximo e o mínimo da isotérmica aproximam-se quando a temperatura se eleva. Existe, então, exatamente uma isotérmica $T = T_{\text{cr}}$ para a qual coincidem. Quando $T \to T_{\text{cr}}$ (e $T \leq T_{\text{cr}}$), o comprimento do segmento horizontal na figura 37.2 tende para zero. Isto significa

$$v_{\text{gás}} - v_{\text{líquido}} = v_A - v_B \xrightarrow{T \to T_{\text{cr}}} 0, \qquad q = T(s_A - s_B) \xrightarrow{T \to T_{\text{cr}}} 0. \tag{37.14}$$

Deste modo, $\partial\mu(T, P)/\partial T$ é contínuo para $T = T_{\text{cr}}$, e a transição de fase de primeira ordem ($T < T_{\text{cr}}$) torna-se, no ponto crítico, uma transição de segunda ordem. Acima do ponto crítico ($T > T_{\text{cr}}$ ou $P > P_{\text{cr}}$) não existe mais qualquer transição de fase discreta. As mudanças na estrutura dependem de modo contínuo de T e P. Por conseguinte, a curva de vaporização termina em $T = T_{\text{cr}}$. Este ponto terminal denomina-se *ponto crítico*. As grandezas relativas a este ponto são designadas pelo índice cr de *crítico*. O modelo de van der Waals explica a existência do ponto crítico.

Determinemos a isotérmica para a qual coincidem o máximo e o mínimo. Os extremos coincidem no ponto crítico. Aí, a isotérmica tem um ponto de inflexão horizontal, que é definido pelas três equações seguintes:

$$P(T, v) = \frac{k_B T}{v - b} - \frac{a}{v^2}, \qquad \left(\frac{\partial P}{\partial v}\right)_T = 0, \qquad \left(\frac{\partial^2 P}{\partial v^2}\right)_T = 0 \tag{37.15}$$

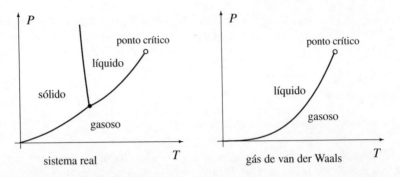

Figura 37.5 Comparação do diagrama de fase de um sistema real com o de um gás de van der Waals. O modelo de van der Waals explica a existência da curva de vaporização e do ponto crítico, e descreve a correspondente transição de fase de modo qualitativamente correto.

Estas três equações fixam as três grandezas P, T e v (exercício 37.1):

$$v_{cr} = 3b, \qquad k_B T_{cr} = \frac{8}{27}\frac{a}{b}, \qquad P_{cr} = \frac{a}{27 b^2}. \qquad (37.16)$$

As grandezas a e b dependem da interação entre os átomos ou da interação entre as moléculas. Tal relação foi estabelecida em (28.26). Evidentemente, utilizamos aqui o modelo de van der Waals fora do limite de validade da dedução apresentada no capítulo 28.

De (37.16) decorre

$$\frac{P_{cr} v_{cr}}{k_B T_{cr}} = \frac{3}{8} = 0.375. \qquad (37.17)$$

Os valores medidos para o lado esquerdo são na maior parte dos casos ligeiramente inferiores:

$$\frac{P_{cr} v_{cr}}{k_B T_{cr}} = \begin{cases} 0.230 & \text{água} & H_2O, \\ 0.291 & \text{argon} & Ar, \\ 0.292 & \text{oxigénio} & O_2, \\ 0.304 & \text{hidrogénio} & H_2, \\ 0.308 & \text{hélio} & {}^4He. \end{cases} \qquad (37.18)$$

Quando T, P e v se referem às grandezas críticas,

$$P^* = \frac{P}{P_{cr}}, \qquad T^* = \frac{T}{T_{cr}}, \qquad v^* = \frac{v}{v_{cr}}, \qquad (37.19)$$

(37.1) transforma-se numa equação sem dimensões

$$P^* + \frac{3}{v^{*2}} = \frac{8 T^*}{3 v^* - 1}. \qquad (37.20)$$

Muitos gases apresentam, relativamente a esta forma da equação de van der Waals, um desvio inferior a 10%. Nesta medida, o gás de van der Waals é um modelo

Capítulo 37   Gás de van der Waals
341

assinalável. A validade universal na forma (37.20) é também designada por lei dos estados correspondentes: em relação às grandezas críticas os estados de diferentes sistemas comportam-se de modo semelhante.

Resumo

A figura 37.5 compara o diagrama de fases do gás de van der Waals com o de substâncias reais. O modelo de van der Waals explica a existência de uma curva de vaporização e do ponto crítico. A transição gás-líquido é reproduzida de modo qualitativamente correto (segunda ordem no ponto crítico, primeira ordem abaixo e nenhuma transição de fase acima). Da figura 37.1 e da construção de Maxwell depreende-se que, para temperaturas mais elevadas, a pressão de transição P_v é também mais elevada. Assim, a curva de vaporização tem um declive positivo, $dP_v/dT > 0$. Portanto, não existe neste modelo qualquer fase sólida. A evolução da curva de vaporização para temperaturas baixas não possui qualquer significado prático.

Globalmente, o gás de van der Waals é um modelo notável, que reproduz propriedades essenciais da transição de fase líquido-gás de sistemas reais.

342   Parte VI   Transições de fase

Exercícios

37.1   Equação adimensional de van der Waals

Determine os valores críticos v_{cr}, T_{cr} e P_{cr}, para os quais as três equações a seguir
são satisfeitas:

$$P(T, v) = -\frac{a}{v^2} + \frac{k_B T}{v - b}, \qquad \left(\frac{\partial P}{\partial v}\right)_T = 0, \qquad \left(\frac{\partial^2 P}{\partial v^2}\right)_T = 0 \qquad (37.21)$$

Escreva a equação de van der Waals para as grandezas $P^* = P/P_{cr}$, $T^* = T/T_{cr}$ e
$v^* = v/v_{cr}$.

37.2   Equação de van der Waals para nitrogénio

Para nitrogénio, os valores críticos experimentais são $T_{cr} = 126, 2 \, \mathrm{K}$ e $P_{cr} = 33, 9 \, \mathrm{bar}$. À pressão normal $P_0 \approx 1$ bar nitrogénio ferve a $T_0 \approx 77, 4 \, \mathrm{K}$. A entalpia
de transformação correspondente é $q_{exp} = 5, 6 \, \mathrm{kJ/mol}$.

Aplique o modelo van der Waals a esta transição de fase: primeiro determine
os valores numéricos dos volumes v_A^* (gás) e v_B^* (líquido), para os quais ocorre
a transição. Verifique se a construção de Maxwell para a transição em P_0, T_0 é
satisfeita e faça uma estimativa da entalpia de transformação q.

37.3   Energia e entropia do gás de van der Waals

Mostre que a energia por partícula para o gás de van der Waals é da forma

$$e(T, v) = \frac{E(T, V, N)}{N} = u(T) - \frac{a}{v} \qquad (37.22)$$

onde $u(T)$ é um função desconhecida. Determine a entropia por partícula $s(T, v)$.
Mostre que com essa entropia se pode calcular a entalpia de transformação

$$q = T\left(s_A - s_B\right) = h_A - h_B = \frac{a}{v_B} - \frac{a}{v_A} + P(v_A - v_B)$$

37.4   Gás de Dieterici

Um gás satisfaz a chamada equação de estado de Dieterici:

$$P \exp\left(\frac{\alpha}{v R T}\right) (v - \beta) = R T \qquad \text{(gás de Dieterici)}$$

onde $v = V/\nu$ é o volume molar, e α e β são parâmetros. Exprima as variáveis
críticas P_{cr}, T_{cr} e v_{cr} em termos de α e β. Escreva a equação de Dieterici nas variáveis adimensionais $P^* = P/P_{cr}$, T^*/T_{cr} e v^*/v_{cr}. Esboce algumas isotérmicas no
diagrama P-v.

38 Hélio líquido

Consideremos a transição λ do ^{4}He líquido. Algumas das propriedades importantes, que se encontram ligadas a esta transição, podem ser compreendidas no âmbito do modelo do gás ideal de Bose (GIB) apresentado no capítulo 31.

O hélio tem os isótopos estáveis ^{4}He e ^{3}He. A partir do hélio que ocorre naturalmente (atmosfera, jazigos de gás natural) podem tecnicamente ser produzidos os gases raros ^{4}He e ^{3}He. De facto, ^{3}He ocorre apenas em vestígios escassos. À pressão normal, estes gases passam a líquidos, respectivamente, a 4.2 K e 3.2 K. Em contraste com todas as outras substâncias conhecidas, o hélio permanece também líquido (à pressão normal) quando $T \to 0$. Isto deve-se ao facto de a interação entre os átomos ser relativamente fraca. Uma descrição realista desta interação é o potencial de Lennard-Jones

$$w(r) = \epsilon \left(\frac{r_0^{12}}{r^{12}} - 2 \frac{r_0^6}{r^6} \right) \qquad (\epsilon = 10.2\, k_B\, \text{K}, \quad r_0 = 2.87\, \text{Å}), \qquad (38.1)$$

com os valores indicados para os parâmetros. Este potencial encontra-se representado na figura 38.1.

Pode resolver-se a equação de Schrödinger para dois átomos de hélio com o potencial (38.1). A existência de um estado ligado na proximidade do mínimo significaria a existência de moléculas estáveis de He$_2$. Para tal estado, o movimento relativo seria limitado a uma região em torno do mínimo do potencial. A partir da figura 38.1 é possível estimar a extensão desta região, obtendo-se um valor da ordem de $\Delta x \approx 1\, \text{Å}$. A relação de incerteza implica um valor correspondente para a energia cinética,

$$\Delta E_{\text{cin}} \approx \frac{1}{2 m_r} \frac{\hbar^2}{\Delta x^2} = \frac{1}{4 m_n c^2} \left(\frac{\hbar c}{e^2} \right)^2 \left(\frac{e^2}{\text{Å}} \right)^2 \approx 12\, k_B\, \text{K}. \qquad (38.2)$$

A massa reduzida dos dois átomos de hélio é aproximadamente igual ao dobro da massa de um nucleão, $m_r = 2 m_n$. Para o cálculo, foi utilizado $m_n \approx 1\, \text{GeV}/c^2$, $\hbar c/e^2 \approx 137$, $e^2/\text{Å} \approx 14.4\, \text{eV}$ e $1\, \text{eV} \approx 1.2 \cdot 10^4\, k_B \text{K}$.

A energia cinética (38.2) é da mesma ordem de grandeza que a intensidade do potencial atrativo ($w_{\text{min}} = -\epsilon \approx -10\, k_B \text{K}$). Esta é a razão pela qual a molécula de He$_2$ não existe. Por este motivo, o hélio permanece líquido, à pressão normal, quando $T \to 0$. O hélio sólido apenas ocorre a pressão elevada, sendo o corpo sólido mais macio que é conhecido.

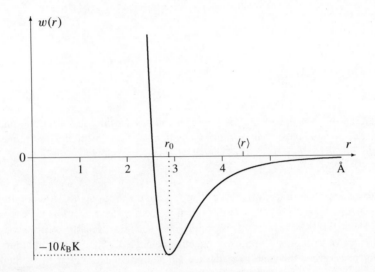

Figura 38.1 Potencial entre dois átomos de hélio à distância r um do outro. O mínimo encontra-se em $r_0 = 2.87\,\text{Å}$. No líquido, a distância média entre dois átomos é $\langle r \rangle \approx 4.44\,\text{Å}$.

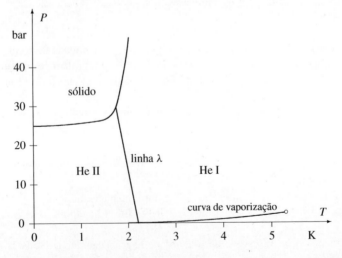

Figura 38.2 Diagrama de fases do ^{4}He. A curva de vaporização começa em $T = 0$ e $P = 0$ e termina no ponto crítico aproximadamente em 2.2 bar e 5.3 K. Discute-se neste capítulo a transição λ, ou seja, a transição do fluido normal He I para o superfluido He II.

Capítulo 38   Hélio líquido

Transição λ

Na figura 38.2, mostra-se o diagrama de fases de ^{4}He, onde está assinalada a transição de fase a $T_\lambda = 2.17$ K (à pressão normal) a qual se manifesta numa singularidade do calor específico e num conjunto de propriedades não habituais que surgem abaixo desta transição. Propriedades muito diferentes distinguem o He II (abaixo de T_λ) do He I (acima de T_λ). Em particular, uma destas propriedades é a superfluidez do He II.

Tal transição de fase não ocorre no ^{3}He líquido. Fica assim claro que esta transição está associada à diferente simetria de troca, ou seja, os átomos de ^{4}He são bosões enquanto os átomos de ^{3}He são fermiões. Os potenciais de interação entre os átomos são, nos dois casos, praticamente iguais. As massas diferentes poderiam, quando muito, alterar a temperatura de transição.

Visto que a simetria de troca, e não a interação, é que é decisiva para esta transição, faz sentido comparar este sistema com os modelos teóricos do gás ideal de Bose (GIB) e do gás ideal de Fermi. Nestes modelos, os graus de liberdade de translação são considerados em termos quânticos e estatísticos, sendo desprezada a interação. Num líquido, são mantidos os graus de liberdade de translação (mas não num sólido). No entanto, ao contrário do gás ideal de Bose ou do gás ideal de Fermi, o movimento de translação nos líquidos ^{4}He ou ^{3}He é influenciado pela interação.

O GIB (capítulo 31) mostra, de facto, uma transição de fase aproximadamente à temperatura correta, já o mesmo não acontece, no entanto, com o gás ideal de Fermi (capítulo 32). Discutiremos, seguidamente, como podem ser compreendidas no GIB algumas propriedades essenciais da transição λ e da fase He II.

Note-se, como complemento, que ^{3}He é também superfluido abaixo de $2.7 \cdot 10^{-3}$ K. No entanto, esta transição de fase tem outras causas. Em princípio, as super propriedades, tais como ocorrem no laser, na supercondutividade, e na superfluidez, estão associadas a uma *função de onda macroscópica* que é uma função de onda quântica adotada por um conjunto macroscópico de muitas partículas. Isto só é possível para os bosões, por exemplo, para os fotões na luz do laser ou para os átomos de ^{4}He, no hélio superfluido. No caso da supercondutividade, os eletrões associam-se em pares (pares de Cooper) e assim formam bosões. Um mecanismo comparável conduz também à superfluidez do ^{3}He. A temperatura de transição está nestes casos associada à intensidade da interação de *pairing*. Pelo contrário, no ^{4}He líquido a temperatura de transição T_λ é determinada de modo que o comprimento de onda térmico seja comparável à distância média entre as partículas.

Gás ideal de Bose

Comecemos por discutir algumas propriedades do modelo do gás ideal de Bose (GIB) que depois compararemos com propriedades de ^{4}He líquido.

No modelo GIB, foi obtida a temperatura de transição (31.14),

$$k_B T_c = \frac{2\pi}{[\zeta(3/2)]^{2/3}} \, \frac{\hbar^2}{m \, v^{2/3}} \approx 3.13 \, k_B \, \text{K} \qquad (^4\text{He}, \ v = 46 \, \text{Å}^3). \qquad (38.3)$$

346   Parte VI Transições de fase

Concentremo-nos, seguidamente, no condensado do GIB e apresentemos algumas
das suas propriedades.

Mostrou-se, no capítulo 31, que, abaixo de T_c, uma fração finita de todas as
partículas ocupa o nível mais baixo. Designemos por $\varrho_0 = N_0/V$ a correspondente
densidade de partículas. Podemos, então, separar a densidade numa componente
condensada e numa componente não condensada:

$$\varrho = \varrho_0 + \varrho_{\text{n.c.}} \quad \text{com} \quad \frac{\varrho_0}{\varrho} = \frac{N_0}{N} \overset{(31.24)}{=} 1 - \left(\frac{T}{T_c}\right)^{3/2}. \tag{38.4}$$

Na figura 38.3, à esquerda, encontra-se representada a dependência na temperatura
da fração condensada ϱ_0/ϱ.

A função de onda diz-se *macroscópica* por ser a mesma para todas as partículas
condensadas. A função de onda $\psi_0(r)$ das partículas condensadas, considerada no
capítulo 31, foi a solução de mais baixa energia na caixa que contém o gás. Pretendemos, seguidamente, investigar possíveis movimentos do condensado e assim
permitir uma função de onda mais geral (no entanto, independente do tempo) $\psi_0(r)$.
Cada função de onda quântica $\psi_0(r)$ pode ser expressa por dois campos reais $\phi(r)$
e $S(r)$:

$$\psi_0(r) = \phi(r) \exp\left[i\, S(r) \right]. \tag{38.5}$$

A densidade do condensado

$$\varrho_0(r) = \left| \phi(r) \right|^2, \tag{38.6}$$

é independente da fase S. Calculemos a densidade de corrente do condensado,

$$j_0(r) = \frac{\hbar}{2mi} \left(\psi_0^* \nabla \psi_0 - \psi_0 \nabla \psi_0^* \right) = \frac{\hbar}{m} \left| \phi(r) \right|^2 \operatorname{grad} S(r) = \varrho_0\, v_0(r). \tag{38.7}$$

A corrente da densidade condensada pode, pois, ser descrita por uma fase $S(r)$
dependente da posição. O campo das velocidades da corrente é

$$v_0(r) = \frac{\hbar}{m} \operatorname{grad} S(r). \tag{38.8}$$

Admitiremos doravante que a densidade do condensado ϱ_0 é homogénea,

$$\frac{\varrho_0}{\varrho} = \frac{N_0/V}{N/V} = 1 - \left(\frac{T}{T_c}\right)^{3/2}. \tag{38.9}$$

As partículas condensadas deslocam-se *coerentemente*, visto que todas têm a
mesma função de onda ψ_0. Para a densidade do condensado e para o seu movimento,
verifica-se que:

1. ESTABILIDADE: Um estado ocupado por muitos bosões é particularmente
   estável. Esta propriedade deve-se ao facto de o espalhamento de uma partícula individual não alterar o campo das velocidades $v_0(r)$, visto que as restantes

Capítulo 38 Hélio líquido

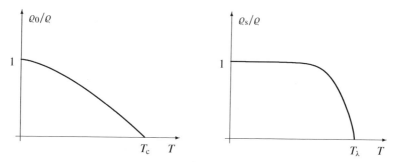

Figura 38.3 Dependência na temperatura da densidade do condensado (esquerda) num gás ideal de Bose e da densidade superfluida (direita) no ^{4}He líquido.

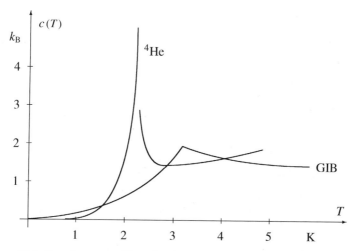

Figura 38.4 Os calores específicos do gás ideal de Bose (GIB) e do ^{4}He líquido mostram uma semelhança qualitativa. Quantitativamente o comportamento é diferente, tanto na transição de fase, como a baixas temperaturas. A designação ponto λ deve-se à forma semelhante a um λ do calor específico do ^{4}He.

348   Parte VI Transições de fase

$N_0 - 1$ partículas permanecem no estado ψ_0 com a fase $S(r)$ que determina $v_0(r)$ de acordo com (38.8). Quando uma partícula não condensada é espalhada para o estado ψ_0, ela adota a fase das outras partículas.

No estado de equilíbrio estatístico exato, tem-se $v_0 \equiv 0$, visto que aqui não pode ser distinguida qualquer direção. Devido à estabilidade excepcional mencionada, pode, no entanto, existir um estado metaestável com um campo de corrente $v_0(r) \neq 0$. A investigação teórica da estabilidade é difícil, visto que têm que ser tomados em conta todos os possíveis modos que conduzem a uma diminuição do campo de corrente. Portanto, apenas são possíveis no GIB afirmações muito qualitativas relativas à estabilidade.

2. IRROTACIONALIDADE: Decorre de (38.8), que o campo das velocidades v_0 da corrente do condensado é irrotacional:

$$\operatorname{rot} v_0(r) = 0. \tag{38.10}$$

Esta propriedade resulta da descrição do condensado por uma função de onda macroscópica (38.5).

3. ENTROPIA: Como todas as partículas condensadas estão no mesmo estado, o número Ω_0 de possíveis microestados das N_0 partículas é igual a um. Por essa razão, o condensado não fornece qualquer contribuição para a entropia:

$$S_0 = S(\varrho_0) = k_B \ln \Omega_0 = 0. \tag{38.11}$$

Hélio

Calor específico

Na figura 38.4, são comparados os calores específicos de ^{4}He e de um gás ideal de Bose. O calor específico do ^{4}He apresenta um salto e uma componente logarítmica, sendo $c_V \approx c_P$. Para c_P, o comportamento logarítmico é observado num intervalo que abrange muitas ordens de grandeza da temperatura relativa t ($c_P \approx -A \ln |t| +$ ... no domínio $|t| = |T - T_\lambda|/T_\lambda = 10^{-2} \ldots 10^{-6}$).

O calor específico c_V do GIB tem um comportamento qualitativamente semelhante ao do calor específico do hélio líquido, no entanto, quantitativamente, o comportamento é diferente. Outro tanto se passa a temperaturas baixas, para as quais as quase-partículas do líquido determinam o calor específico (última secção deste capítulo).

Modelo dos dois fluidos

Abaixo da transição λ o hélio apresenta um conjunto de propriedades invulgares, que podem ser entendidas quantitativamente, quando se supõe que a densidade do

Capítulo 38   Hélio líquido   349

líquido é constituída por uma componente superfluida e por uma componente normal,

$$\varrho = \varrho_s(T) + \varrho_n(T)\,.\tag{38.12}$$

Esta *ansatz* é designada por *modelo dos dois fluidos*. As duas partes não estão separadas espacialmente, mas distinguem-se claramente pelo respectivo comportamento. Em especial, a densidade superfluida ϱ_s pode passar por capilares estreitos sem resistência. Esta e outras experiências confirmam experimentalmente a decomposição (38.12). As densidades ϱ_s e ϱ_n são, por isso, grandezas mensuráveis. A dependência da densidade superfluida na temperatura encontra-se representada na figura 38.3, à direita.

Para a densidade superfluida e para o seu movimento, verifica-se experimentalmente:

1. VISCOSIDADE E ESTABILIDADE: A densidade superfluida tem viscosidade zero. Sobre a viscosidade e atrito interno, ver (43.40). A viscosidade η do líquido está apenas associada à densidade normal,

$$\eta_s = 0, \qquad \eta = \eta_n\,.\tag{38.13}$$

Isto significa que a densidade superfluida se escoa sem oposição por capilares estreitos e que um campo de corrente dum superfluido pode ser estável. Um campo de corrente existente num fluido normal decai devido ao atrito interno.

Um campo de corrente de um superfluido é um estado metaestável. No estado de equilíbrio estatístico exato, nenhuma direção é distinta e deve-se ter $v_s \equiv 0$. O decaimento de um campo de corrente metaestável de um superfluido depende de modo decisivo da velocidade v_s. Em particular, a corrente do superfluido não tem velocidades acima de uma determinada velocidade crítica (onde $v_{cr} \sim 10^2\,\mathrm{cm/s}$).

2. IRROTACIONALIDADE: O campo das velocidades de uma corrente superfluida é irrotacional

$$\operatorname{rot} v_s(r) = 0\,.\tag{38.14}$$

3. ENTROPIA: Dentro dos limites da precisão de medida (1 a 2 % da entropia total), a entropia da parte superfluida anula-se

$$S_s = S(\varrho_s) = 0, \qquad S_n = S(\varrho_n) = S\,.\tag{38.15}$$

A entropia total está, portanto, associada à densidade normal.

Apresentemos, seguidamente, experiências-chave relativas às propriedades do He II (38.12) – (38.15), aqui salientadas.

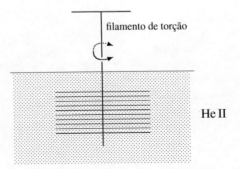

Figura 38.5 Num filamento de torção, encontra-se suspenso um pêndulo de torção composto de placas de metal paralelas e circulares. O pêndulo de torção encontra-se mergulhado em hélio líquido com temperatura abaixo de T_λ. Rodando os discos, a densidade normal entre estes discos é arrastada, mas não a densidade superfluida. A densidade normal e a sua dependência na temperatura podem ser determinadas pela massa efetiva do pêndulo.

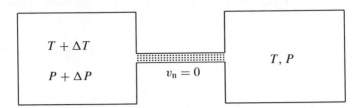

Figura 38.6 Efeito de repuxo: a ligação que une dois reservatórios contendo He II, apenas permite a passagem da densidade superfluida. Nesse caso, qualquer diferença de temperatura implica uma diferença de pressão, e vice-versa. A diferença de entropia entre as fases normal e superfluida pode ser determinada pela razão $\Delta P/\Delta T$.

Capítulo 38 Hélio líquido 351

Experiência de Andronikashvili

Um pêndulo de torção, constituído por placas metálicas, encontra-se mergulhado em hélio líquido suspenso de um filamento de torção (figura 38.5). Os discos encontram-se tão próximos que o fluido viscoso é arrastado pelo pêndulo, contribuindo, assim, para a massa do pêndulo. Para He II, a densidade normal contribui para a massa efetiva do pêndulo, mas não a densidade superfluida. A partir daqui, em 1946, Andronikashvili determinou a dependência da decomposição (38.12) na temperatura, tal como é reproduzida na figura 38.3, à direita.

Esta experiência confirma e quantifica a decomposição $\varrho_s + \varrho_n$ de (38.12) e (38.13).

Efeito de repuxo

Dois reservatórios com He II encontram-se unidos por um tubo que está obstruído com um pó fino (figura 38.6). Inicialmente, a temperatura e a pressão são iguais nos dois reservatórios. Aumente-se agora a pressão no reservatório da esquerda. Então, o hélio líquido é compelido a fluir para o reservatório da direita. Devido às condições experimentais, só a densidade superfluida pode passar. Fluem, portanto, partículas com entropia zero para a direita, o que conduz a uma diferença de temperatura (efeito mecano calórico).

Uma diferença de temperatura dá também origem a uma diferença de pressão (efeito termomecânico). Numa das primeiras demonstrações deste efeito (Allen e Jones 1938), devido à pressão mais elevada, foi esguichado hélio para o exterior do reservatório aquecido, razão pela qual o efeito é também denominado efeito repuxo ou efeito fonte.

Na experiência da figura 38.6, estabelece-se equilíbrio relativamente à transferência de partículas, de modo que o potencial químico seja igual nos dois reservatórios, $\mu_1 = \mu_2$. Designemos por dT e dP as diferenças de temperatura e pressão entre os reservatórios. De $d\mu = -s\,dT + v\,dP = 0$, tem-se

$$\left(\frac{dP}{dT}\right)_{\text{FP}} = \frac{S}{V} \qquad \text{(pressão da fonte)} . \qquad (38.16)$$

A diferença de pressão causada pela diferença de temperatura é denominada *pressão da fonte* (PF).

Para este efeito, é decisivo que a densidade superfluida não transporte entropia. A confirmação experimental de (38.16) justifica, assim, (38.15).

Segundo som

Comecemos por considerar o som habitual (primeiro som) num gás, num líquido ou num sólido. Para P e T dados, a densidade da substância tem um determinado valor de equilíbrio constante ϱ_0. Desvios $\delta\varrho(\mathbf{r}, t) = \varrho - \varrho_0$, originam forças de restauração. Os desvios do valor de equilíbrio, conduzem a oscilações. Para pequenos

352   Parte VI   Transições de fase

afastamentos, as oscilações são harmónicas e são descritas pela equação de onda

$$\left(\frac{1}{c_1^2}\frac{\partial^2}{\partial t^2} - \Delta\right)\delta\varrho(\boldsymbol{r}, t) = 0 \qquad \text{(primeiro som)}, \qquad (38.17)$$

sendo as soluções da forma

$$\varrho(\boldsymbol{r}, t) = \varrho_0 + \delta\varrho = \varrho_0 + A\cos(\boldsymbol{k}\cdot\boldsymbol{r} - \omega t), \qquad (38.18)$$

onde $\omega = c_1 k$, sendo c_1 a velocidade do som. Nesta secção, t designa o tempo e não a temperatura relativa.

Visto que He II se comporta como se fosse constituído por duas densidades independentes, para além das oscilações da densidade total são também possíveis variações locais e dependentes do tempo das partes integrantes (superfluida e normal). Para $\varrho = $ const., portanto, sem excitação do primeiro som, tem-se $\delta\varrho_s(\boldsymbol{r}, t) = -\delta\varrho_n(\boldsymbol{r}, t)$. Também as flutuações $\delta\varrho_s$ originam uma força restauradora dirigida para o equilíbrio (independente da posição e do tempo) que conduz à equação de onda

$$\left(\frac{1}{c_2^2}\frac{\partial^2}{\partial t^2} - \Delta\right)\delta\varrho_s(\boldsymbol{r}, t) = 0 \qquad \text{(segundo som)}. \qquad (38.19)$$

As soluções da equação de onda são novamente da forma (38.18). A velocidade do som c_2 é da ordem de grandeza $20\,\mathrm{m/s}$ (no intervalo de temperaturas de 1 a 2 K) em comparação com $c_1 \approx 220\,\mathrm{m/s}$ para o primeiro som.

A densidade ϱ_n transporta a entropia total, e, portanto, apenas esta componente é capaz de transferir calor. Assim, quanto mais elevada for a fração ϱ_n/ϱ, tanto mais elevada é a temperatura. Deste modo $\delta\varrho_n = A\cos(\boldsymbol{k}\cdot\boldsymbol{r} - \omega t)$ representa uma *onda de temperatura*. Tal onda pode ser excitada por um aquecedor alimentado a corrente alterna. O segundo som é apenas fracamente amortecido, razão pela qual He II é um bom condutor de calor.

As ondas de temperatura têm origem na decomposição (38.12) e em (38.15). A existência do segundo som confirma estes resultados.

Balde em rotação com He II

Discutamos agora uma experiência relativa à irrotacionalidade da densidade superfluida. Um balde cheio de líquido roda com velocidade angular $\boldsymbol{\omega}$ em torno do seu eixo de simetria vertical (no campo da gravidade). Para um líquido normal, estabelece-se, ao fim de algum tempo, o campo das velocidades

$$\boldsymbol{v}(\boldsymbol{r}) = \boldsymbol{\omega} \times \boldsymbol{r}, \qquad \text{rot}\,\boldsymbol{v} = 2\,\boldsymbol{\omega}. \qquad (38.20)$$

Este é o campo das velocidades correspondente a uma *rotação rígida*, ou seja, o campo das velocidades de um corpo rígido em rotação.

Capítulo 38   Hélio líquido   353

Consideremos agora a experiência análoga realizada com hélio a $T = 0$. Nesse caso, em virtude de (38.15), este campo das velocidades não pode ocorrer. Seria imaginável que devido a $\eta_s = 0$, o hélio líquido ignorasse completamente a rotação do balde. Podemos, no entanto, obrigar o hélio líquido a rodar começando por solidificá-lo através de uma pressão de 30 bar, colocando depois o balde em rotação e finalmente regressando novamente à pressão normal. Então, ao hélio líquido fica associado um momento angular que se manifesta no campo das velocidades. Admitimos por hipótese que o campo das velocidades é da forma $v = v_s(\rho)\, e_\varphi$, em termos de coordenadas cilíndricas ρ, φ e z, sendo o eixo z o eixo de rotação. Da irrotacionalidade resulta então

$$v_s = v_s(\rho)\, e_\varphi \quad \xrightarrow[\text{irrotacionalidade}]{\text{rot } v_s = 0} \quad v_s(\rho) = \frac{\text{const.}}{\rho} \tag{38.21}$$

Se o campo das velocidades for diferente de zero (o que deve acontecer na situação inicial descrita) então torna-se singular quando $\rho \to 0$. Pressupõe o termo *campo das velocidades* (em vez das velocidades de átomos individuais) uma média sobre regiões com dimensões de algumas distâncias interatómicas que deixa de ser válida à escala do angstrom. O campo das velocidades (38.21) é, portanto, válido apenas na região $\rho > 1$ Å. A configuração com $v_s = \text{const.}/\rho$ para $\rho > 1$ Å e const. $\neq 0$ representa uma *linha de vórtice*. A posição da linha de vórtice é o eixo z ($\rho = 0$).

No âmbito da descrição do gás de Bose ideal, o campo das velocidades do superfluido é descrito por (38.8), ou seja, descrito por $v_s = v_0 = (\hbar/m)\,\text{grad}\, S(r)$. A comparação com (38.21) dá $S(r) = \text{i}\, n\, \varphi$ para a fase da função de onda do condensado, e $v_s(\rho) = n\hbar/(m\rho)$. A função de onda (38.5) deve ser a mesma para φ e $\varphi + 2\pi$, portanto n deve ser um número inteiro. Consequentemente, o momento angular de uma linha de vórtice é quantificado:

$$\oint dr \cdot v_s = 2\pi\rho\, v_s(\rho) = \frac{2\pi\hbar}{m}\, n \qquad \text{com } n = 0, \pm 1, \pm 2, \ldots \tag{38.22}$$

A existência de linhas de vórtice e sua quantização foram postuladas em 1949 por Onsager. A confirmação experimental ocorreu em 1961. No cenário descrito acima formam-se em geral muitas linhas de vórtice com o momento angular $\hbar$. As linhas de vórtice transportam no seu conjunto o mesmo momento angular que um líquido rígido em rotação; portanto, a superfície do líquido no balde é também curva como num líquido normal. As linhas de vórtice terminam nas paredes do recipiente e na superfície do líquido. Na superfície as linhas de vórtice podem ser tornadas visíveis; elas formam um padrão regular. Esta experiência é uma prova impressionante da irrotacionalidade da corrente de um superfluido.

Comparação entre o GIB e ^{4}He

O simples facto de existir a transição de fase no GIB e de esta estar ausente num gás ideal de Fermi é notável. Assim, o GIB fornece ume *explicação* para o aparecimento da transição λ no ^{4}He e para a sua ausência no ^{3}He.

354 Parte VI Transições de fase

Uma vez que a interação no GIB é completamente desprezada, deverá considerar-se bom o acordo de T_c com T_λ. Basta uma massa efetiva $m \to m^* = 3m/2$, em (38.3), para tornar as temperaturas quase iguais. Tal massa efetiva pode ser, por exemplo, entendida no modelo de uma esfera mergulhada numa corrente laminar (exercício 8.6 em [2]).

Devido à ausência da interação, não é surpreendente que muitas propriedades da transição λ não possam ser descritas quantitativamente pelo GIB. Isto é válido, em particular, para a energia e para o calor específico. De facto, os calores específicos apenas manifestam uma semelhança qualitativa (figura 38.4).

Coligimos em (38.4) – (38.11) resultados essenciais para o condensado do GIB, os quais podem ser comparados com os resultados experimentais (38.12) – (38.15) para He II. Desta comparação resulta:

1. A função de onda macroscópica do GIB é a base de uma explicação qualitativa da superfluidez.

2. O GIB conduz, de imediato, ao modelo de dois fluidos, no contexto do qual podem ser entendidas muitas propriedades do He II. Em particular, fica compreensível a separação em duas componentes (condensada/não condensada ou superfluido/normal) sem delimitação espacial. A dependência na temperatura da parte condensada mostra semelhanças qualitativas com a parte superfluida (figura 38.3).

3. O GIB explica a irrotacionalidade da corrente superfluida.

4. O GIB explica que a entropia da parte superfluida se anula.

O GIB reproduz propriedades essenciais do hélio líquido. No entanto, em detalhe, o GIB conduz a resultados quantitativamente errados:

1. O GIB não explica a singularidade logarítmica do calor específico (figura 38.4).

2. As dependências na temperatura de ϱ_0 e ϱ_s são quantitativamente muito diferentes. No ponto de transição, tem-se $\varrho_s \propto |t|^{2/3}$ (hélio líquido) em comparação com $\varrho_0 \propto |t|$ (GIB), ver figura 38.3. Também, quando $T \to 0$, a dependência na temperatura do GIB não é realista ($\varrho_n \propto T^3$ no ^{4}He em comparação com $\varrho_{n.c.} \propto T^{3/2}$ no GIB).

A ligação entre o GIB e o ^{4}He foi primeiramente estabelecida por F. London (Physical Review 54 (1938) 947). Informação mais completa pode ser encontrada no livro de London *Superfluids*, Vol. II (Dover Publications, Inc., New York 1954). A explicação das propriedades hidrodinâmicas de ^{4}He pelo GIB é desenvolvida em pormenor por S. J. Putterman em *Superfluid Hydrodynamics* (North Holland Publishing Company, London 1974). Um estudo aprofundado do GIB foi apresentado por R. M. Ziff, G. E. Uhlenbeck e M. Kac em Physics Reports 32 (1977) 169.

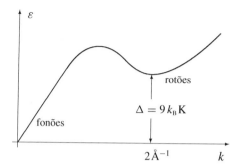

Figura 38.7 espectro das quase-partículas do hélio líquido ^{4}He a baixas temperaturas.

As semelhanças entre o GIB e o ^{4}He sugerem modificações do GIB com o fim de melhor descrever as propriedades reais da transição λ e do He II. Como referência das primeiras tentativas de tais modificações, indica-se o livro de London, *Superfluids*. Para uma nova *ansatz*, refere-se T. Fliessbach, Physical Review B59 (1999) 4334.

Modelo das quase-partículas

A transição λ está relacionada de perto com a condensação de Bose-Einstein do GIB. As excitações relevantes do GIB são dadas pelas energias de uma partícula individual $\varepsilon = \hbar^2 k^2 / 2m$. No entanto, para $T \ll T_\lambda$, as excitações mais baixas e, portanto, estatisticamente relevantes têm outra forma. Estas excitações elementares podem ser determinadas pelo espalhamento inelástico de neutrões. A sua relação de dispersão está representada na figura 38.7. O ramo linear (pequeno k) está associado aos fonões. As excitações na região do mínimo denominam-se rotões, de acordo com Landau. Globalmente, as excitações denominam-se quase-partículas. Os fonões são os *quanta* das ondas de densidade (primeiro som, (38.17) e capítulo 33). As excitações com quantidade de movimento mais elevada correspondem a excitações de uma partícula individual modificadas pela interacção. A noção histórica de "rotão" não tem nada a ver com rotação.

A relação de dispersão medida (figura 38.7) é válida para $T \lesssim 1$ K. A 1 K, a largura Γ das excitações dos rotões torna-se comparável com a sua energia ε. A largura é devida à interacção mútua das excitações, e conduz a um tempo de vida $\tau \sim \hbar/\Gamma$ finito. Com Γ crescente (em particular, para $\Gamma > \varepsilon$), a energia e a quantidade de movimento das quase-partículas tornam-se, gradualmente, menos precisas. As excitações do sistema deixam, então, de ser simples excitações elementares. Como consequência, a definição de quase-partícula perde, gradualmente, o sentido.

Entende-se por modelo das quase-partículas (MQP), um gás ideal de Bose com a energia ε_p representada na figura 38.7, mas sem número fixo de partículas. O tratamento estatístico do MQP é análogo ao desenvolvido no capítulo 33 para o gás de fonões. Devido à crescente largura das quase-partículas, de facto, o MQP

356   Parte VI Transições de fase

deverá ser limitado ao intervalo $T \lesssim 1$ K. No entanto, na prática, ele conduz ainda a resultados válidos até cerca de 2 K. Na região da transição λ, o modelo MQP falha. O modelo não pode, pois, ser usado para descrever a transição de fase. No domínio de validade do MQP, as quase-partículas excitadas constituem a densidade ϱ_n com viscosidade normal.

Para temperaturas suficientemente baixas, as excitações mais baixas, ou seja, os fonões, desempenham um papel decisivo. Tal como foi mostrado no capítulo 33, o calor específico é proporcional a T^3, o que é também verdade para o número de fonões e, portanto, para ϱ_n

$$c_V = c_{\text{fon}} \propto T^3, \qquad \varrho_n = \varrho_{\text{fon}} \propto T^3 \qquad (T \ll 1\,\text{K})\,. \tag{38.23}$$

A partir de cerca de 1 K, as excitações dos rotões fornecem a contribuição principal. A sua probabilidade de excitação é, na verdade, exponencialmente pequena (proporcional a $\exp(-\Delta/k_B T)$, onde $\Delta \approx 9\,k_B$ K). O seu espaço das fases (número de possíveis modos) é, porém, muito maior que o dos fonões. Devido ao fator exponencial, as excitações no mínimo dos rotões são muito importantes. Pode, pois, admitir-se que a relação de dispersão consiste de duas partes

$$\varepsilon_{\text{fon}} = c_1 k \quad \text{e} \quad \varepsilon_{\text{rot}} = \Delta + \frac{\hbar^2}{2\,m^*}\,(k - k_0)^2\,. \tag{38.24}$$

A comparação com a relação de dispersão medida, dá $c_1 \approx 220$ m/s, $\Delta \approx 9 k_B$K, $m^* \approx 0.16\,m$ e $k_0 \approx 2\,\text{Å}$. Segundo a decomposição (38.22), podem calcular-se separadamente as correspondentes componentes do calor específico e da densidade normal:

$$c_V = c_{\text{fon}} + c_{\text{rot}}, \qquad \varrho_n = \varrho_{\text{fon}} + \varrho_{\text{rot}}, \tag{38.25}$$

o que conduz a uma boa descrição quantitativa.

39 Teoria de Landau

Nos capítulos 39 e 40 discutimos transições de fase gerais de segunda ordem. Como exemplo, encontramos o modelo de Weiss do Ferromagnetismo (capítulo 36), o gás de van der Waals no ponto crítico (capítulo 37) e o gás ideal de Bose que constitui um modelo do hélio líquido e da transição λ (capítulo 38). Em analogia com a designação de "ponto crítico", designam-se por "fenómenos críticos" aqueles que ocorrem na vizinhança imediata de uma transição de fase de segunda ordem.

Neste capítulo, generalizamos a energia livre $\mathcal{F}$ do modelo de Weiss à ansatz de Landau e à ansatz de Ginzburg-Landau. Esta ansatz representa, então, um modelo geral e fenomenológico para os fenómenos críticos. Na teoria de Landau, investigamos o calor específico, a suscetibilidade e as flutuações.

Numa transição de fase, as grandezas termodinâmicas sofrem uma modificação fundamental. O ponto de partida da teoria de Landau é a escolha de uma grandeza macroscópica adequada, cuja alteração caracteriza a transição. Esta poderia ser a magnetização numa transição ferromagnética, ou o volume na condensação dum gás. Esta grandeza é denominada *parâmetro de ordem* e é representada pela letra ψ. A escolha de ψ é em muitos casos natural (como no caso da magnetização), no entanto, não é inequívoca. Assim, por exemplo, para a transição líquido-gás pode escolher-se o volume ou a densidade.

Numa transição de fase de segunda ordem, o valor médio $\overline{\psi}(T)$ do parâmetro de ordem no ponto de transição T_c é contínuo. No entanto, a derivada do valor médio dá um salto. As grandezas críticas são indexadas neste capítulo por um índice c (no capítulo 37 foi, em vez deste, utilizado o índice cr). O parâmetro de ordem é definido de modo que o seu valor médio se anule para T_c, ou seja,

$$\overline{\psi(T_c)} = 0 . \tag{39.1}$$

Exemplos de tais parâmetros de ordem são:

$$\psi = \begin{cases} M/M_0 & \text{(paramagnete-ferromagnete),} \\ \sqrt{\varrho_0/\varrho} & \text{(condensação de Bose-Einstein),} \\ \sqrt{\varrho_s/\varrho} & \text{(transição } \lambda \text{),} \\ (n - n_c)/n_c & \text{(gás-líquido).} \end{cases} \tag{39.2}$$

No último caso, foi considerada a diferença da densidade de partículas n em relação ao seu valor no ponto crítico n_c, de modo que (39.1) seja válida. No segundo e

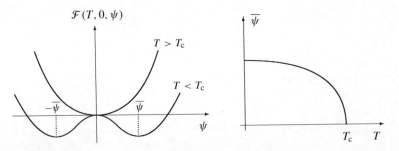

Figura 39.1 Na figura da esquerda, está representada a energia livre (39.4) da teoria de Landau como função do parâmetro de ordem ψ, considerando-se nulo o campo externo h. O valor de equilíbrio $\overline{\psi}$, obtido de $\mathcal{F}$ = mínimo, está representado na figura à direita em função da temperatura.

terceiro casos, ocorreu a raiz quadrada, porque a função de onda macroscópica é a grandeza fundamental. Também sabemos de (38.4) e (36.28) que $(\varrho_0/\varrho)^{1/2}$ e M/M_0 mostram próximo de T_c o mesmo comportamento como potência de $(T - T_c)$.

Nos primeiros três exemplos, ψ descreve a modificação da estrutura ou ordem na transição de fase através de

$$\overline{\psi} = \begin{cases} 0 & T \geq T_c \,, \\ \neq 0 & T < T_c \,. \end{cases} \quad (39.3)$$

No quarto exemplo, é por outro lado $\overline{\psi}$ diferente de zero também para $T > T_c$. Por ora, afastamo-nos deste caso especial.

Para $T = T_c$, $\overline{\psi}$ é contínuo e tem valor nulo. Daí, deveria ser possível desenvolver a energia livre em ordem a ψ na vizinhança de T_c. Para $|T - T_c| \ll T_c$, assumimos a forma de (36.25) para este desenvolvimento,

$$\boxed{\mathcal{F}(T, h, \psi) = F_0(T) + V\left(a(T - T_c)\,\psi^2 + u\,\psi^4 - h\,\psi\right).} \quad (39.4)$$

O campo externo h, que pode influenciar o parâmetro de ordem diretamente, é por exemplo

$$h = \begin{cases} B & \text{(campo magnético)}, \\ P - P_c & \text{(pressão)}, \end{cases} \quad (39.5)$$

onde foi escolhido $h = P - P_c$ em vez de P, porque é uma grandeza pequena na vizinhança do ponto crítico. Para o gás de Bose ideal ou hélio líquido, não é conhecido qualquer campo com o papel de h. O termo correspondente tem, então, apenas um papel formal. Seja o volume constante, não sendo portanto incluído nos argumentos de $\mathcal{F}$. Para T e P dados deveríamos partir de uma *ansatz* correspondente para a entalpia livre $\mathcal{G}(T, P, h, \psi)$.

No ponto de transição, anula-se o valor médio do parâmetro de ordem, sendo também contínuo nesta posição. Donde ψ é pequeno quando $T \approx T_c$, e a energia

Capítulo 39 Teoria de Landau

359

livre pode ser desenvolvida em potências de ψ. Os coeficientes de ψ^n dependem, em geral, da temperatura, podem, no entanto, ser desenvolvidos em termos da quantidade pequena $T - T_c$. Quando o desenvolvimento do coeficiente de ψ^2 começa com a primeira potência de $T - T_c$ (como considerado), e quando apenas ocorrem potências pares de ψ, obtém-se o comportamento (39.3), como se mostra a seguir. O termo linear $h\psi$ implica a proporcionalidade $\overline{\psi} \propto h$ (por exemplo, $M \propto B$) quando $T > T_c$.

Globalmente, (39.4) representa um desenvolvimento plausível da energia livre em potências de ψ e $T - T_c$. A *ansatz* (39.4) foi introduzida em 1937 por Landau, sendo denominada *teoria de Landau* a descrição dos fenómenos críticos que se faz por seu intermédio.

Para o gás de van der Waals, (39.4) deveria ser completado com um termo que fosse linear em ψ e não dependesse do campo exterior. Tal termo implicaria que $n - n_c$ também fosse diferente de zero acima de T_c.

A figura 39.1 ilustra a determinação, a partir da condição $\mathcal{F} = $ mínimo, do valor de equilíbrio $\overline{\psi}$ do parâmetro de ordem. O sinal do termo $(T - T_c)\psi^2$ é tal que $\overline{\psi}$ se anula ($h = 0$), para $T > T_c$, sendo, no entanto, diferente de zero para $T < T_c$. Por meio da substituição de $\overline{\psi} = \overline{\psi}(T, h)$ em $\mathcal{F}$, obtém-se o valor de equilíbrio F da energia livre:

$$F(T, h) = \mathcal{F}\left(T, h, \overline{\psi}(T, h)\right). \tag{39.6}$$

Este é um passo decisivo: enquanto que são contínuas todas as derivadas de $\mathcal{F}$, a segunda derivada de F tem um salto para T_c, e a terceira derivada é, então, singular.

Calculemos agora algumas grandezas na teoria de Landau, nomeadamente o calor específico e a suscetibilidade. Os resultados são em parte conhecidos do capítulo 36. O caso ferromagnético pode também, em geral, servir de exemplo no qual as grandezas calculadas têm um significado conhecido.

Em primeiro lugar, determinemos o mínimo de $\mathcal{F}(T, 0, \psi)$ relativamente a ψ,

$$\frac{1}{V}\frac{\partial \mathcal{F}(T, 0, \psi)}{\partial \psi} = 2a\,(T - T_c)\,\psi + 4u\,\psi^3 = 0 \qquad (h = 0). \tag{39.7}$$

Daí, obtemos para o valor de equilíbrio que, para $h = 0$, designamos com o índice 0:

$$\overline{\psi_0}^2 = \begin{cases} 0 & (T \geq T_c), \\[2mm] \dfrac{a}{2u}\,(T_c - T). & (T < T_c). \end{cases} \tag{39.8}$$

Para o ferromagnetismo, isto é conhecido de (36.28). Para o gás ideal de Bose, coincide com (38.4) para $|T - T_c| \ll T_c$. No local do mínimo, $\mathcal{F}$ tem o valor de equilíbrio da energia livre:

$$F(T, 0) = \mathcal{F}(T, 0, \overline{\psi_0}) = F_0(T) + \begin{cases} 0 & (T \geq T_c), \\[2mm] -\dfrac{Va^2}{4u}\,(T_c - T)^2 & (T < T_c). \end{cases} \tag{39.9}$$

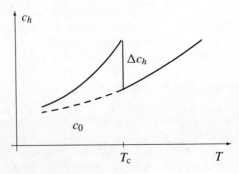

Figura 39.2 Na teoria de Landau, o calor específico c_h na transição de fase tem um salto de grandeza $\Delta c_h = a^2 T_c / 2u$.

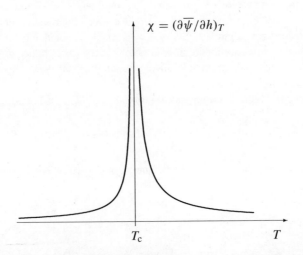

Figura 39.3 Na teoria de Landau, a suscetibilidade χ diverge no ponto crítico, como $1/|T - T_c|$. O primeiro fator tem para $T > T_c$ o dobro da magnitude que tem para $T < T_c$. Na transição ferromagnética, χ é a suscetibilidade magnética χ_m. No ponto crítico da transição de fase gás-líquido, χ é, a menos de um fator, a compressibilidade isotérmica κ_T.

Capítulo 39 Teoria de Landau
361

A grandeza $\overline{\psi_0}^2$ tem um bico para T_c, a sua segunda derivada é, então, singular. A substituição de $\overline{\psi_0}^2$ faz da função analítica $\mathcal{F}(T, h, \psi)$ a função não analítica $F(T, h)$. O calor específico para campo constante obtém-se a partir de

$$c_h(T, h) = \frac{C_h}{V} = \frac{T}{V} \frac{\partial S(T, h)}{\partial T} = -\frac{T}{V} \frac{\partial^2 F(T, h)}{\partial T^2} \ . \qquad (39.10)$$

Para (39.9), obtemos

$$c_h(T, 0) = c_0(T) + \begin{cases} 0 & (T > T_c), \\ \dfrac{a^2}{2u} T & (T < T_c), \end{cases} \qquad (39.11)$$

onde c_0 designa a parte contínua proveniente de F_0. A contribuição $c_h - c_0$, ligada à transição de fase, começa por aumentar linearmente com a temperatura e tem um salto para zero em T_c, sendo, portanto, o calor específico descontínuo. Este comportamento encontra-se esboçado na figura 39.2.

Consideremos agora os afastamentos $\delta\psi$ do valor de equilíbrio $\overline{\psi_0}$ que podem ser provocados por um campo externo fraco h,

$$\psi = \overline{\psi_0} + \delta\psi \ . \qquad (39.12)$$

Substituamos esta expressão em (39.4) e determinemos o valor de equilíbrio a partir de

$$\frac{1}{V} \frac{\partial \mathcal{F}(T, h, \psi)}{\partial \psi} = 2a(T - T_c)\left(\overline{\psi_0} + \delta\psi\right) + 4u\left(\overline{\psi_0} + \delta\psi\right)^3 - h = 0 \ . \quad (39.13)$$

Restringindo-nos à primeira ordem em $\delta\psi$, obtemos

$$\left[2a(T - T_c)\overline{\psi_0} + 4u\overline{\psi_0}^3\right] + \left[2a(T - T_c) + 12u\overline{\psi_0}^2\right]\delta\psi - h = 0 \ . \quad (39.14)$$

O primeiro parênteses é, de acordo com (39.7), igual a zero. No segundo parênteses, substituímos $\overline{\psi_0}^2$ de (39.8). A solução $\delta\psi$ é o valor de equilíbrio $\overline{\delta\psi}$. O quociente entre $\overline{\delta\psi}$ e h é a suscetibilidade,

$$\chi = \left(\frac{\partial \overline{\psi}}{\partial h}\right)_T = \frac{\overline{\delta\psi}}{h} = \begin{cases} \dfrac{1}{2a|T - T_c|} & (T > T_c), \\ \dfrac{1}{4a|T - T_c|} & (T < T_c). \end{cases} \qquad (39.15)$$

Esta suscetibilidade encontra-se representada na figura 39.3. No caso ferromagnético, $\overline{\psi}$ é a magnetização $\overline{M} = M$ (a barra é habitualmente suprimida), h é o campo magnético B e χ é a suscetibilidade magnética $\chi_m = \partial M / \partial B$. Para o ponto crítico da transição de fase líquido-gás, com $\overline{\psi} = \overline{n - n_c}/n_c = (n - n_c)/n_c$ (barra novamente suprimida), $h = P - P_c$, obtemos a suscetibilidade

$$\chi = \frac{1}{n_c}\left(\frac{\partial(n - n_c)}{\partial(P - P_c)}\right)_T = \frac{1}{n_c}\left(\frac{\partial(N/V)}{\partial P}\right)_T = -\frac{n}{Vn_c}\left(\frac{\partial V}{\partial P}\right)_T = \frac{n}{n_c}\kappa_T \ . \qquad (39.16)$$

362 Parte VI Transições de fase

A suscetibilidade é aqui a compressibilidade isotérmica κ_T. A divergência da compressibilidade no ponto crítico significa que perturbações arbitrariamente fracas podem provocar oscilações da densidade. As oscilações da densidade podem, então, também ser excitadas termicamente.

Consideremos ainda o caso $T = T_c$ e $h \neq 0$. Então, $\overline{\psi_0} = 0$, e de (39.13) tem-se

$$\frac{1}{V} \frac{\partial \mathcal{F}(T_c, h, \psi)}{\partial \psi} = 4u\,(\delta\psi)^3 - h = 0\,. \tag{39.17}$$

O valor de equilíbrio do parâmetro de ordem é então

$$\overline{\psi} = \overline{\psi_0 + \delta\psi} = \overline{\delta\psi} = \left(\frac{h}{4u}\right)^{1/3} \qquad (T = T_c)\,. \tag{39.18}$$

Esta é, por exemplo, a magnetização que no ponto de transição (onde se tem $M_S = 0$) é provocada por um campo magnético externo. Em (36.17), tínhamos obtido este resultado na forma $B = (k_B T/3\mu_B)(M/M_0)^3$.

Flutuações

Obtemos uma generalização da teoria de Landau, se admitirmos uma dependência do parâmetro de ordem nas coordenadas locais, ou seja $\psi = \psi(\boldsymbol{r})$. Então, a *ansatz* de Landau (39.4) dá lugar à *ansatz* de Ginzburg-Landau:

$$\mathcal{F}(T, h, \psi) = F_0(T) + \int d^3r \left(A\,(\nabla\psi)^2 + a\,(T - T_c)\,\psi^2 + u\,\psi^4 - h\,\psi \right)\,. \tag{39.19}$$

Afastamentos do valor de equilíbrio são denominados *flutuações* (ver também capítulo 10). Em particular, nesta secção investigamos flutuações $\delta\psi(\boldsymbol{r})$ do parâmetro de ordem dependentes das coordenadas.

A *ansatz* (39.4) é plausível como um desenvolvimento, na vizinhança do ponto crítico, em termos das grandezas pequenas ψ e $T - T_c$. Para um ψ dependente das coordenadas locais, deverá, em primeiro lugar, substituir-se o fator V pelo integral sobre o volume do sistema. Além disso, no desenvolvimento deverão ser tomadas em conta derivadas de ψ. O termo expresso em (39.19) é o mais simples possível. Um termo linear $\nabla\psi$ daria uma contribuição para a energia que depende da direção da variação de ψ, o que não é possível num sistema isotrópico. O coeficiente A deverá ser escolhido positivo, de modo que no equilíbrio (para $\mathcal{F}$ mínimo) se obtenha um ψ constante.

A energia livre (39.4) é uma função do número ψ. Como condição para o mínimo, tem-se $\partial\mathcal{F}/\partial\psi = 0$, (39.7). Pelo contrário, a energia livre em (39.19) depende da função $\psi(\boldsymbol{r})$. Deste modo, $\mathcal{F}$ é uma *funcional* de ψ. O mínimo de $\mathcal{F}$ deverá ser procurado relativamente a todas as funções $\psi(\boldsymbol{r})$, o que é uma questão de cálculo variacional (Parte III em [1]). As condições necessárias para a existência do mínimo são as equações de Euler-Lagrange:

$$\delta\mathcal{F} = \delta\int d^3r \; f(\nabla\psi, \psi, \boldsymbol{r}) = 0 \quad \longleftrightarrow \quad \sum_{i=1}^{3} \frac{\partial}{\partial x_i} \frac{\partial f}{\partial(\partial\psi/\partial x_i)} = \frac{\partial f}{\partial\psi}\,, \tag{39.20}$$

Capítulo 39 Teoria de Landau

onde f é a densidade de energia

$$f(\nabla\psi, \psi, \boldsymbol{r}) = A\,(\nabla\psi)^2 + a\,(T - T_c)\,\psi^2 + u\,\psi^4 - h\,(\boldsymbol{r})\,\psi\,. \tag{39.21}$$

A relação (39.20) é conhecida da Mecânica: o lado esquerdo traduz o princípio de Hamilton $\delta\int dt\,\mathcal{L} = 0$ com a função de Lagrange $\mathcal{L}$, o lado direito traduz as equações de Lagrange. As equações de Euler-Lagrange de (39.20) conduzem a

$$2A\,\Delta\psi = 2a\,(T - T_c)\,\psi + 4u\,\psi^3 - h\,, \tag{39.22}$$

onde $\Delta = \sum(\partial/\partial x_i)^2$ é o operador Laplaciano. Para um campo externo fraco da forma

$$h(\boldsymbol{r}) = h_k\,\exp(i\boldsymbol{k}\cdot\boldsymbol{r})\,, \tag{39.23}$$

procuramos uma solução da forma

$$\psi = \overline{\psi_0} + \delta\psi_k\,\exp(i\boldsymbol{k}\cdot\boldsymbol{r})\,. \tag{39.24}$$

Até primeira ordem em $\delta\psi$ obtém-se de (39.22)

$$2a\,(T - T_c)\,\overline{\psi_0} + 4u\,\overline{\psi_0}^3 + \tag{39.25}$$

$$\left(2A\,k^2 + 2a\,(T - T_c) + 12u\,\overline{\psi_0}^2\right)\delta\psi_k\,\exp(i\boldsymbol{k}\cdot\boldsymbol{r}) - h_k\,\exp(i\boldsymbol{k}\cdot\boldsymbol{r}) = 0\,.$$

Devido a (39.7), anula-se a primeira linha. Assim, obtemos para a suscetibilidade

$$\chi_k = \left(\frac{\partial\overline{\psi_k}}{\partial h_k}\right)_T = \frac{\overline{\delta\psi_k}}{h_k} = \frac{1}{2A\,k^2 + 2a\,(T - T_c) + 12u\,\overline{\psi_0}^2}\,. \tag{39.26}$$

Substituamos aqui o valor de equilíbrio $\overline{\psi_0}^2$ de (39.8):

$$\chi_k = \frac{\chi}{1 + k^2\,\xi^2} = \begin{cases} \dfrac{1}{2A\,k^2 + 2a\,|T - T_c|} & (T > T_c), \\[3mm] \dfrac{1}{2A\,k^2 + 4a\,|T - T_c|} & (T < T_c). \end{cases} \tag{39.27}$$

O resultado pode ser expresso na forma $\chi\,/(1 + k^2\,\xi^2)$, onde $\chi = \chi_{k=0}$ é a suscetibilidade (39.15) do sistema homogéneo. O *alcance da correlação* ξ

$$\xi = \begin{cases} \sqrt{\dfrac{A}{a\,|T - T_c|}} & (T > T_c), \\[4mm] \sqrt{\dfrac{A}{2a\,|T - T_c|}} & (T < T_c), \end{cases} \tag{39.28}$$

364 Parte VI Transições de fase

determina a dependência em k da suscetibilidade. Para interpretação de ξ, considere-remos um campo externo, localizado numa posição,

$$h(r) = h_0 \, \delta(r) = \frac{h_0}{(2\pi)^3} \int d^3k \, \exp(i k \cdot r) = \int d^3k \, h_k \exp(i k \cdot r) \, . \quad (39.29)$$

A amplitude no espaço k é constante, $h_k = h_0/(2\pi)^3$. Este campo origina a flutuação

$$\begin{aligned} \overline{\delta\psi(r)} &= \int d^3k \, \overline{\delta\psi_k} \exp(i k \cdot r) = \int d^3k \, \chi_k \, h_k \exp(i k \cdot r) \\ &= \frac{h_0 \, \chi(T)}{(2\pi)^3} \int d^3k \, \frac{\exp(i k \cdot r)}{1 + k^2 \xi^2} \propto \exp\left(-\frac{r}{\xi}\right) . \end{aligned} \quad (39.30)$$

Esta flutuação do parâmetro de ordem desvanece-se para distâncias superiores a ξ, embora a perturbação externa (39.29) não determine comprimento algum. O comprimento ξ é, por isso, um comprimento característico do sistema. Ele determina, em particular, a dimensão típica da extensão de flutuações excitadas termicamente.

Muito longe da transição de fase, ξ é da ordem de grandeza da distância média entre as partículas, então, de aproximadamente alguns angströms. Com a aproximação do ponto crítico, ξ diverge, de acordo com (39.28). Existem então, flutuações termicamente excitadas com alcance da ordem do comprimento de onda da luz visível ($\lambda = 4000 \ldots 7500 \,\text{Å}$). Estas flutuações conduzem a um espalhamento da luz mais forte, que é observado como *opalescência crítica*. Com a aproximação do ponto crítico, ocorre uma turvação esbranquiçada da substância.

A fim de prosseguirmos a discussão, referimo-nos à transição de fase ferromagnética. A suscetibilidade indica-nos qual é a intensidade da resposta do sistema (magnetização) a uma perturbação exterior (campo magnético). Um campo magnético com periodicidade espacial como em (39.23) pode, por exemplo, ser produzido por uma onda eletromagnética. No entanto, neste caso, acresce ainda uma dependência temporal.

Acima da transição de fase não existe qualquer ordem de longo alcance, sendo a magnetização nula em média. Um $\delta\psi \neq 0$ num domínio da ordem de grandeza ξ significa que se alinham os spins vizinhos num tal domínio. Existe, então, ordem local para $T > T_c$ numa extensão da ordem ξ. No entanto, globalmente, tem-se $\overline{\delta\psi} = 0$ (para $h = 0$). Quando $T \to T_c^+$, tem-se que ξ diverge. Com a aproximação do ponto de transição, existem por consequência, sempre maiores domínios nos quais os spins se orientam concertadamente. Os domínios individuais têm, no entanto, orientações diferentes, razão pela qual a magnetização global é nula. Para T_c, ξ torna-se infinito, ocorrendo uma ordem de longo alcance que é descrita pela magnetização espontânea.

Abaixo de T_c mantém-se uma ordem de longo alcance, cuja intensidade é dada pela magnetização espontânea. As flutuações térmicas tendem a perturbar esta ordem. O comprimento característico destas perturbações diverge também quando

Capítulo 39   Teoria de Landau   365

$T \to T_c^-$. Estas perturbações podem ser de longo alcance na vizinhança do ponto de transição. Para T_c, as flutuações tornam-se tão intensas, que se anula a magnetização espontânea.

Flutuações térmicas

Próximo de T_c, χ_k é tão grande que um campo arbitrariamente fraco pode provocar uma flutuação $\delta\psi_k$. Então, tais flutuações são também excitadas termicamente, portanto, na ausência de um campo externo. Em termos espaciais, estas flutuações térmicas estendem-se sobre domínios da ordem de grandeza de ξ. Faremos, seguidamente, uma estimativa quantitativa da intensidade destas flutuações térmicas

$$\Delta\psi_{\text{term}}^2 = \overline{\left(\psi(r) - \overline{\psi_0}\right)^2} . \tag{39.31}$$

Consideremos, para já, flutuações espacialmente constantes em torno do valor de equilíbrio $\overline{\psi_0}$ para $h = 0$. Para isso, desenvolvamos (39.4) em torno de $\psi = \overline{\psi_0}$,

$$\mathcal{F}(T, 0, \psi) = \mathcal{F}_0 + \left.\frac{\partial\mathcal{F}}{\partial\psi}\right|_0 \left(\psi - \overline{\psi_0}\right) + \frac{1}{2}\left.\frac{\partial^2\mathcal{F}}{\partial\psi^2}\right|_0 \left(\psi - \overline{\psi_0}\right)^2 + \dots \tag{39.32}$$

O índice 0 significa que se faz a substituição $\psi = \overline{\psi_0}$. Visto que o valor de equilíbrio ocorre no mínimo de $\mathcal{F}$, anula-se, portanto, a primeira derivada. Com

$$\left.\frac{\partial^2\mathcal{F}}{\partial\psi^2}\right|_{\overline{\psi_0}} = V\left[2a(T - T_c) + 12u\psi^2\right]_{\overline{\psi_0}} = V\left\{\begin{array}{c} 2a(T - T_c) \\ -4a(T - T_c) \end{array}\right\} \overset{(39.15)}{=} \frac{V}{\chi}, \tag{39.33}$$

e desprezando os termos de ordem superior tem-se, de (39.32),

$$\mathcal{F}(T, 0, \psi) = \mathcal{F}(T, 0, \overline{\psi_0}) + \frac{V}{2\chi}\left(\psi - \overline{\psi_0}\right)^2 = \mathcal{F}(T, 0, \overline{\psi_0}) + \Delta\mathcal{F} . \tag{39.34}$$

De acordo com (10.9), as flutuações de um parâmetro macroscópico arbitrário conduzem a flutuações da entropia $\Delta S \sim k_B$. Isto implica $\Delta F \sim k_B T$, portanto,

$$\Delta F = \frac{V}{2\chi}\overline{\left(\psi - \overline{\psi_0}\right)^2} \sim k_B T . \tag{39.35}$$

Para chegarmos a (39.32)–(39.35), partimos de (39.4), ou seja, de um ψ espacialmente constante. De (39.35) decorre que afastamentos homogéneos $\psi - \overline{\psi_0}$ tendem para zero quando $V \to \infty$, não ocorrendo, portanto, em sistemas macroscópicos.

Flutuações *limitadas espacialmente* podem, no entanto, ser excitadas termicamente. Para um parâmetro de ordem dependente das coordenadas locais, temos que substituir (39.4) pela *ansatz* mais geral (39.19). Então, de (39.35) tem-se

$$\Delta F = \frac{1}{2\chi}\int d^3r \overline{\left(\psi - \overline{\psi_0}\right)^2} \sim k_B T . \tag{39.36}$$

366 Parte VI Transições de fase

De acordo com (39.30), as flutuações locais estendem-se sobre o alcance da correlação ξ. Para um tal afastamento,

$$\overline{\left(\psi - \overline{\psi_0}\right)^2} = \begin{cases} \Delta \psi_{\text{term}}^2 & \text{num domínio da ordem de } \xi^3, \\ 0 & \text{caso contrário.} \end{cases} \tag{39.37}$$

obtemos, de (39.36),

$$\Delta F \sim \frac{\Delta \psi_{\text{term}}^2 \, \xi^3}{\chi} \sim k_{\text{B}} T \,. \tag{39.38}$$

Para uma discussão algo mais geral, consideremos d em vez de três dimensões espaciais,

$$\Delta \psi_{\text{term}}^2 \sim \frac{\chi \, k_{\text{B}} T}{\xi^d} \qquad \text{(flutuação térmica).} \tag{39.39}$$

Inserimos χ de (39.15) e ξ de (39.28),

$$\Delta \psi_{\text{term}}^2 \sim \frac{\chi \, k_{\text{B}} T}{\xi^d} \sim \frac{k_{\text{B}} T}{A^{d/2}} \left| a \left(T - T_{\text{c}} \right) \right|^{d/2 - 1} . \tag{39.40}$$

Esta equação determina a intensidade das flutuações térmicas em função da temperatura T. Estas flutuações são afastamentos do valor de equilíbrio com um alcance da ordem de grandeza de ξ.

Validade da teoria de Ginzburg-Landau

Na teoria de Ginzburg-Landau, as flutuações podem ser discutidas e entendidas qualitativamente. As flutuações térmicas na vizinhança de T_{c} tornam-se efetivamente tão fortes, que a validade do modelo é questionável. O desenvolvimento de Ginzburg-Landau (39.19) pressupõe, implicitamente, que as flutuações térmicas $\Delta \psi_{\text{term}}$ são pequenas em relação ao valor médio,

$$\Delta \psi_{\text{term}}^2 \ll \overline{\psi_0}^2 = \frac{a}{2u} \left| T - T_{\text{c}} \right| . \tag{39.41}$$

Só quando isto for verdade é que o desenvolvimento (39.19) em ordem às derivadas de ψ pode ser terminado no termo $(\nabla \psi)^2$. Doutro modo, as derivadas de ordem superior seriam igualmente grandes ou maiores.

Substituamos (39.40) em (39.41),

$$\frac{u}{A^{d/2}} \, k_{\text{B}} T \left| a \left(T - T_{\text{c}} \right) \right|^{d/2 - 2} \ll 1 \,. \tag{39.42}$$

Finalmente, esta condição da validade da teoria de Ginzburg-Landau é sempre violada para $d = 3$ na proximidade de T_{c}. Pelo contrário, a condição para $d > 4$, próximo do ponto de transição, é sempre satisfeita. Para $d = 4$, a mesma poderia ser satisfeita.

Capítulo 39 Teoria de Landau 367

Em face desta condição, é de esperar que a teoria de Ginzburg-Landau falhe em sistemas reais ($d = 3$) na vizinhança de T_c. Ela conduz a resultados que, efetivamente, são quantitativamente falsos. Qualitativamente a teoria de Ginzburg-Landau descreve os fenómenos críticos de modo razoavelmente correto. Por este motivo, ela é também ponto de partida para outras teorias mais gerais.

O caso $d = 4$, no qual (como investigações mais precisas mostram) a teoria de Ginzburg-Landau é aproximadamente válida, pode servir como ponto de partida para a aproximação a sistemas reais (com $d = 3$). Esta é a razão para a generalização a d dimensões, que à primeira vista parece artificial. Também no próximo capítulo apresentaremos uma lei de escala na qual ocorre a dimensão d.

Resumo

Salvo os problemas discutidos na última secção, a teoria de Ginzburg-Landau descreve os fenómenos críticos satisfatoriamente de modo qualitativo. Quantitativamente, fornece, porém, resultados errados, em especial no que respeita aos coeficientes críticos (capítulo 40).

No âmbito deste livro, é apenas possível uma breve introdução aos fenómenos críticos e à teoria de Ginzburg-Landau. Neste caso, para simplificação, apenas considerámos um parâmetro de ordem, (39.2). Com efeito, pode ter-se $n \geq 1$ parâmetros de ordem. Deste modo, a magnetização de um ferromagnete é descrita por um vector $\boldsymbol{M}$, ou seja, por três quantidades independentes ($n = 3$). A função de onda macroscópica de um gás ideal de Bose ou do He II é complexa, sendo composta de duas funções independentes ($n = 2$).

Um modelo tal como a teoria de Ginzburg-Landau realça o que as transições de fase têm em comum, as quais são totalmente diferentes na sua aparência. Devido às características comuns das transições de fase, deverão as suas propriedades essenciais depender apenas de n e d como, por exemplo, o tipo de singularidade da suscetibilidade χ ou o alcance da correlação ξ. Tal *universalidade* é efetivamente encontrada em sistemas reais. Pelo contrário, as constantes A, a e u dependem da *ansatz* de Ginzburg-Landau do respectivo sistema.

40 Expoentes críticos

Quando $T \to T_c$, as grandezas termodinâmicas mostram, com frequência, um comportamento em termos de potências das suas variáveis, que é determinado por expoentes críticos. A teoria de Ginzburg-Landau fornece certos valores para os expoentes que ocorrem, os quais, no entanto, não estão, em geral, de acordo com os valores experimentais. Neste capítulo, introduzimos os expoentes críticos e deduzimos relações gerais válidas entre estes. Chamam-se leis de escala a estas relações.

Definição

Na transição de fase, a temperatura relativa

$$t = \frac{T - T_c}{T_c} \tag{40.1}$$

tende para zero. Quando $|t| \to 0$, as grandezas termodinâmicas variam com frequência, como potências daquela variável. Assim este comportamento é caracterizado por um expoente, o *expoente crítico*. Na teoria de Ginzburg-Landau, calculamos as seguintes grandezas tendo, nessa altura, encontrado comportamentos descritos por potências:

$$
\begin{array}{lll}
\text{calor específico} & c & \propto |t|^{-\alpha}\,, \\[4pt]
\text{parâmetro de ordem para } t < 0 & \overline{\psi_0} & \propto |t|^{\beta}\,, \\[4pt]
\text{suscetibilidade} & \chi & \propto |t|^{-\gamma}\,, \\[4pt]
\text{relação } \psi\text{-}h \text{ a } t = 0 & h & \propto \overline{\psi}^{\,\delta}\,, \\[4pt]
\text{alcance da correlação} & \xi & \propto |t|^{-\nu}\,.
\end{array}
\tag{40.2}
$$

No caso do ferromagnetismo, ψ é identificado com a magnetização e h é identificado com o campo magnético B.

O calor específico, a suscetibilidade e o alcance da correlação são definidos acima e abaixo do ponto de transição. Os expoentes são definidos em ambas as regiões $t > 0$ e $t < 0$, e são considerados separadamente, sendo os expoentes para $t < 0$ assinalados com uma linha, ou seja,

$$
c \propto \begin{cases} |t|^{-\alpha} \\ |t|^{-\alpha'} \end{cases}
\qquad
\chi \propto \begin{cases} |t|^{-\gamma} \\ |t|^{-\gamma'} \end{cases}
\qquad
\xi \propto \begin{cases} |t|^{-\nu} & (t > 0), \\ |t|^{-\nu'} & (t < 0). \end{cases}
\tag{40.3}
$$

Capítulo 40 Expoentes críticos

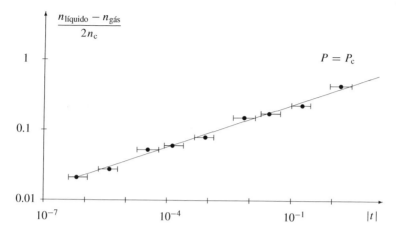

Figura 40.1 Consideramos um ponto na curva de vaporização logo abaixo do ponto crítico, por exemplo $t = -10^{-4} < 0$. Ao cruzar a curva de vaporização, a densidade apresenta um salto ao passar de $n_{\text{gás}}$ para $n_{\text{líquido}}$. No diagrama logarítmico, é traçada a amplitude do salto das densidades para CO_2 em função da temperatura relativa $|t|$. Os dados podem ser descritos por uma reta. O declive da reta dá o expoente crítico $\beta \approx 1/3$.

Em geral, são iguais os expoentes críticos nos dois lados da transição.

Consideramos o comportamento crítico do parâmetro de ordem (segundo caso em (40.2)) para a transição de fase líquido-gás. Tomamos como parâmetro de ordem $\psi = (n - n_c)/n_c$ com a densidade de partículas $n = N/V$. Para $h = P - P_v = 0$ (ou seja, na curva de vaporização) aplica-se

$$\overline{\frac{n - n_c}{n_c}} = \begin{cases} \dfrac{n_{\text{gás}} - n_c}{n_c} = C_1 |t|^\beta \\ \dfrac{n_{\text{líquido}} - n_c}{n_c} = C_2 |t|^{\beta'} \end{cases} \quad (40.4)$$

Ambas as afirmações referem-se a $t < 0$. A este respeito a designação dos expoentes com β e β' difere de (40.3).

Experimentalmente, obtém-se o comportamento (40.4) com $\beta = \beta' \approx 1/3$. Por ser $\beta = \beta'$, pode, tal como indicado na figura 40.1, representar-se graficamente a diferença $n_{\text{líquido}} - n_{\text{gás}}$, a fim de determinar β. Nos exercícios 40.1 e 40.2 examina-se especificamente o comportamento crítico do gás van der Waals.

370   Parte VI   Transições de fase

Valores absolutos

Comparemos, os valores absolutos dos expoentes críticos da teoria de Ginzburg-
-Landau (GL) com os valores experimentais (exp):

$$\text{GL:} \quad \alpha = \alpha' = 0, \quad \beta = 1/2, \quad \gamma = \gamma' = 1, \quad \delta = 3, \quad \nu = \nu' = 1/2,$$

$$\text{exp:} \quad \alpha \approx \alpha' \approx 0, \quad \beta \approx 1/3, \quad \gamma \approx \gamma' \approx 4/3, \quad \delta \approx 4.5, \quad \nu \approx \nu' \approx 1/3.$$

$$(40.5)$$

Na teoria de Ginzburg-Landau, os valores de α e α' são obtidos de (39.11), β é
obtido de (39.8), γ e γ' são obtidos de (39.15), δ é obtido de (39.18), e ν e ν' são
obtidos de (39.28). Os valores experimentais indicados encontram-se, em particular,
em sistemas magnéticos e no ponto crítico da transição líquido-gás.

Discutamos resumidamente o significado de $\alpha = 0$. Para $\alpha > 0$, o calor especí-
fico c divergiria. Para $\alpha < 0$, $c \propto |t|^{|\alpha|}$ tornar-se-ia arbitrariamente pequeno quando
$|t| \to 0$. Então, c seria contínuo. Tem-se $c \propto |t|^0 = \text{const.}$ quando $\alpha = 0$. Para os
primeiros fatores que são diferentes abaixo e acima de T_c, isto significa um salto,
tal como obtivemos em (39.11). De facto, não se faz afirmação alguma a respeito da
amplitude do salto, não sendo também nesta medida de excluir um comportamento
contínuo. Devido a

$$\lim_{\alpha \to 0} \frac{|t|^\alpha - 1}{\alpha} = \ln |t| \, , \qquad (40.6)$$

$\alpha = 0$ pode também significar uma singularidade logarítmica (portanto, muito fraca), como ocorre, por exemplo, na transição λ no hélio.

A teoria de Ginzburg-Landau conduz a resultados errados para os expoentes
críticos. A razão para a falha quantitativa deste modelo foi esquematizada na última
secção do capítulo anterior. Seguidamente, referir-nos-emos de modo abreviado a
modelos mais elaborados que conduzem a valores realistas dos expoentes críticos.
No preliminar do capítulo 35, explicou-se que uma transição de fase implica singularidades nas quantidades termodinâmicas e que tais singularidades apenas podiam
ocorrer num sistema infinito ($V \to \infty$, $N \to \infty$). Para uma energia livre com uma
singularidade no ponto de transição, falham os argumentos que conduziram à justificação da *ansatz* de Ginzburg-Landau. Com efeito, esta *ansatz* era plausível como
um desenvolvimento analítico para ψ pequeno e t pequeno que é um desenvolvimento em torno do ponto crítico. No entanto, a *ansatz* de Ginzburg-Landau pode
ser entendida como o desenvolvimento da energia livre num volume *finito* do sistema considerado, visto que, num volume finito, ainda não podem ocorrer quaisquer
singularidades. Para começar, este volume finito deverá estender-se sobre algumas
unidades microscópicas de comprimento (por exemplo, algumas constantes da rede). Investiga-se, então, como é alterada a energia livre, se este volume for aumentado de um determinado fator. Tal aumento é equivalente a uma renormalização da
unidade de comprimento e conduz a uma correspondente renormalização dos parâmetros da *ansatz* de Ginzburg-Landau. Seguidamente, calcula-se como se alteram
os parâmetros quando o volume tende para infinito. A resultante *teoria do grupo
de renormalização* (também teoria de Landau-Wilson) foi desenvolvida por K. G.

Capítulo 40 Expoentes críticos

Wilson. Um estudo geral encontra-se na Review of Modern Physics 55 (1983) 583. A teoria do grupo de renormalização conduz a expoentes críticos não triviais (que se afastam dos valores de Ginzburg-Landau em (40.5)). Da bibliografia referimos Shang-Keng Ma, *Modern Theory of Critical Phenomena* (Benjamin/Cummings Publishing Company 1976).

Leis de escala

A ideia básica das teorias que vão para além do modelo Ginzburg-Landau é a *invariância de escala*: Quando $T \rightarrow T_c$ as escalas naturais de comprimento do sistema (como, por exemplo, a constante da rede) perdem o seu significado. Nesse caso são *funções homogéneas* as partes singulares (que sobrevivem quando $T \rightarrow T_c$) dos potenciais termodinâmicos. Nós prescindimos, no que se segue, de uma dedução que se baseia na auto-semelhança dos sistemas resultantes da subdivisão do sistema em subsistemas cada vez mais pequenos (palavras-chave „coarse-graining" e „block spins"). Em vez disso usamos como hipótese a propriedade de homogeneidade dos potenciais termodinâmicos. A partir desta *hipótese de escala* deduzimos o comportamento de lei de potência (40.2) e as relações (leis de escala) entre os expoentes críticos.

Funções homogéneas

Começamos por explicar o conceito de *função homogénea*. Como exemplo, primeiro consideramos o volume $V(x)$ dum cubo com comprimento de aresta x. A função $V(x)$ na transformação de escala $x \rightarrow \mu x$ comporta-se do seguinte modo: $V(\mu x) = \mu^3 V(x)$. Em termos mais gerais pode uma função de uma variável apresentar uma transformação de escala, como $F(\mu x) = \lambda(\mu) F(x)$ onde para começar $\lambda(\mu)$ é indeterminado. Realizando duas transformações de escala uma a seguir à outra $x \rightarrow \mu_1 x$ e $x \rightarrow \mu_2 x$, conclui-se a propriedade $\lambda(\mu_1 \mu_2) = \lambda(\mu_1) \lambda(\mu_2)$, que se aplica para μ_1 e μ_2 arbitrários. Por esta razão λ só pode depender de uma potência de μ, ou seja $\lambda(\mu) = \mu^{1/a}$ ou $\mu = \lambda^a$ onde a é um expoente real. Esta propriedade define uma *função homogénea*.

$$F(\lambda^a x) = \lambda F(x) \tag{40.7}$$

Substituindo $\lambda = x^{-1/a}$, resulta o comportamento de potência $F(x) = F(1) x^{1/a}$. Correspondentemente para uma função homogénea de duas variáveis tem-se:

$$F(\lambda^a x, \lambda^b y) = \lambda F(x, y) \tag{40.8}$$

onde figuram dois expoentes, a e b. Com $\lambda = x^{-1/a}$ escrevemos a propriedade de homogeneidade de uma forma algo diferente:

$$F(x, y) = x^{1/a} F(1, y/x^{b/a}) \equiv x^{1/a} G(y/x^{b/a}) \tag{40.9}$$

A recém-introduzida função G depende apenas da combinação de variáveis $y/x^{b/a}$. Funções homogéneas de mais de duas variáveis podem ser definidas analogamente.

372   Parte VI   Transições de fase

Energia livre como uma função homogénea

Consideramos agora que a energia livre é uma função homogénea das variáveis t e ψ:

$$
\begin{aligned}
\mathcal{F}(t, h, \psi) &= F_0(T) + V \left[f(-t, \psi) - h\,\psi \right] \\
&= F_0(T) + V \left[(-t)^{1/a} G\big(\psi/(-t)^{b/a}\big) - h\,\psi \right] \quad (40.10)
\end{aligned}
$$

Para a densidade de energia livre f (sem a contribuição do campo h) foi usada a suposição de homogeneidade. Consideramos primeiro $h = 0$. A condição necessária para o mínimo de $\mathcal{F}$ é

$$
\frac{\partial \mathcal{F}}{\partial \psi} = 0 \quad \Longrightarrow \quad G'(\psi/(-t)^{b/a}) = 0 \qquad (40.11)
$$

Esta condição determina o valor de equilíbrio

$$
\overline{\psi_0} = \text{const.} \cdot (-t)^{b/a} = \begin{cases} \text{const.} \cdot (-t)^\beta & (t < 0) \\ 0 & (t > 0) \end{cases} \qquad (40.12)
$$

Deste modo obtivemos um comportamento de potência com o expoente crítico $\beta = b/a$. Nos nossos exemplos (como o modelo de Weiss) a constante desaparece para $t > 0$.

Para $h \neq 0$ a condição $\partial F/\partial \psi = 0$ implica

$$
h = (-t)^{1/a-\beta} G'\big(\bar{\psi}/(-t)^\beta\big) \xrightarrow{(-t) \to 0} \text{const.} \cdot (-t)^{1/a-\beta-\delta\beta}\, \overline{\psi}^{\,\delta} \qquad (40.13)
$$

No limite $(-t) \to 0$, conclui-se $h \propto \overline{\psi}^{\,\delta}$. Donde se segue $1/a = \beta(1 + \delta)$ e de (40.10) vem

$$
\mathcal{F}(t, h, \psi) = F_0(T) + V \left((-t)^{\beta\delta+\beta} G\big(\psi/(-t)^\beta\big) - h\,\psi \right) \qquad (40.14)
$$

Aqui escrevemos novamente a condição $\partial F/\partial \psi = 0$:

$$
h\big(t, \overline{\psi}\big) = (-t)^{\beta\delta} G'\big(\overline{\psi}/(-t)^\beta\big) \qquad (40.15)
$$

Deste modo, definimos formalmente h como função de t e $\overline{\psi}$. Em termos físicos $\overline{\psi}$ é entendido como uma grandeza dependente de t e h. As equações (40.14) e (40.15) são o ponto de partida para o estabelecimento das leis de escala.

A teoria de Landau e o modelo de Weiss são casos particulares de (40.14) e (40.15). Por exemplo, (40.15) no modelo de Weiss torna-se

$$
B(t, M) \overset{(36.17)}{=} t M + M^3 = (-t)^{3/2} \left(-\frac{M}{(-t)^{1/2}} + \frac{M^3}{(-t)^{3/2}} \right) \qquad (40.16)
$$

Aqui $\beta = 1/2$, $\delta = 3$ e $G'(x) = -x + x^3$; as constantes que ocorrem foram suprimidas.

Capítulo 40 Expoentes críticos 373

Calor específico

Calculamos o calor específico c_h para $h = 0$. Para tal partimos do potencial termo-dinâmico da energia livre $F(T, h)$:

$$F(T, 0) = \mathcal{F}(t, 0, \overline{\psi_0}) = F_0 + V (-t)^{\beta\delta+\beta} \, G\big(\overline{\psi_0}/(-t)^\beta\big) \qquad (40.17)$$

Inserindo o valor de equilíbrio $\overline{\psi_0} = 0$ para $t > 0$ e $\overline{\psi_0} \propto (-t)^\beta$ para $t < 0$ obtemos da função G as constantes

$$G_+ = G(0), \qquad G_- = G\big(\overline{\psi_0}/(-t)^\beta\big) = G(\text{const.}) \qquad (40.18)$$

Assim, de (40.17) vem

$$F(T, 0) = F_0(T) + V \, |t|^{\beta\delta+\beta} \cdot \begin{cases} G_+ & (t > 0) \\ G_- & (t < 0) \end{cases} \qquad (40.19)$$

Um sinal que possa eventualmente ocorrer pode ser integrado nas constantes. Na teoria de Landau, $G_+ = 0$, (39.9).

A capacidade calorífica é obtida a partir da energia livre

$$C_h(t, h) = T \, \frac{\partial S(t, h)}{\partial T} = \frac{T}{T_c} \frac{\partial S}{\partial t} = -\frac{T}{T_c^2} \frac{\partial^2 F(t, h)}{\partial t^2} \qquad (40.20)$$

Com (40.19) e $\partial^2/\partial t^2 = \partial^2/\partial |t|^2$ obtemos para o calor específico

$$c_h(t, 0) - c_0(T) = -\frac{V}{N} \frac{T}{T_c^2} G_\pm \, \frac{\partial^2 |t|^{\beta\delta+\beta}}{\partial |t|^2} \; \overset{|t|\to 0}{\propto} \; G_\pm \, |t|^{\beta\delta+\beta-2} \propto |t|^{-\alpha}$$

$$(40.21)$$

onde, c_0 é a parte de F_0 e $c_h - c_0$ é a contribuição crítica. Os coeficientes G_+ e G_- valem respectivamente, para $t > 0$ e $t < 0$. Na última expressão, foi introduzida a definição de α. O expoente $\beta\delta + \beta - 2$ é válido para ambos os lados da transição de fase. Segue-se

$$\alpha = \alpha' \qquad (40.22)$$

Os expoentes críticos do calor específico são, portanto, iguais abaixo e acima da transição de fase. De (40.21) obtém-se ainda a lei de escala

$$2 - \alpha = \beta\delta + \beta \qquad (40.23)$$

suscetibilidade

Calculemos a suscetibilidade a partir de (40.15)

$$\frac{1}{\chi} = \left(\frac{\partial h}{\partial \overline{\psi}}\right)_t = (-t)^{\beta\delta} \left(\frac{\partial G'\big(\overline{\psi}/(-t)^\beta\big)}{\partial \overline{\psi}}\right)_t = (-t)^{\beta\delta-\beta} \, G''\big(\overline{\psi}/(-t)^\beta\big)$$

$$(40.24)$$

374 Parte VI Transições de fase

Na segunda derivada G'' da função G substituímos as soluções de equilíbrio para $h \to 0$, $\overline{\psi} = 0$ para $t > 0$ e $\overline{\psi} = \overline{\psi}_0$ para $t < 0$. Tal como em (40.18), daqui resultam as constantes G''_+ and G''_-, que já não dependem de t. De (40.24) obtém-se

$$\frac{1}{\chi} = G''_{\pm} \cdot |t|^{\beta\delta - \beta} \propto |t|^{\gamma} \tag{40.25}$$

Na última expressão introduziu-se a definição (40.2) de γ. Daqui segue-se

$$\gamma = \gamma' \tag{40.26}$$

e a lei de escala

$$\gamma = \beta (\delta - 1) \tag{40.27}$$

A eliminação de δ de (40.23) e (40.27) conduz a

$$\alpha + 2\beta + \gamma = 2 \tag{40.28}$$

Invariância de escala

Obtenhamos uma outra lei de escala a partir da aceitação da hipótese da *invariância de escala*. A invariância de escala significa que, quando $|t| \to 0$, apenas existe uma escala relevante de comprimentos, que é dada pelo alcance da correlação ξ. Na escala do alcance da correlação ξ, as flutuações $\Delta\psi_{\text{term}}$ deverão ter a mesma grandeza que $\overline{\psi}_0$,

$$\Delta\psi_{\text{term}} \sim \overline{\psi}_0 \qquad \text{(quando } |t| \to 0, \text{ invariância de escala)}. \tag{40.29}$$

Em (39.39), é fornecida a grandeza das flutuações térmicas na escala de ξ. Assim, obtemos

$$\Delta\psi_{\text{term}}^2 \sim \frac{\chi\, k_{\text{B}} T}{\xi^d} \propto |t|^{-\gamma + d\nu} \propto \overline{\psi}_0^{\,2} \propto |t|^{2\beta}, \tag{40.30}$$

onde utilizamos (40.29) e a definição de (40.2) de γ, ν e β. A partir de (40.30), obtemos a lei de escala $d\nu = \gamma + 2\beta$. Atendendo a (40.28), tem-se

$$2 - \alpha = d\nu. \tag{40.31}$$

Devido a (40.22), tem-se também $\nu = \nu'$.

Resumo

As nossas considerações conduziram a

$$\boxed{\alpha = \alpha', \qquad \gamma = \gamma', \qquad \nu = \nu',} \tag{40.32}$$

e às *três leis de escala* seguintes:

$$\boxed{\alpha + 2\beta + \gamma = 2, \qquad \delta = 1 + \frac{\gamma}{\beta}, \qquad 2 - \alpha = d\nu,} \tag{40.33}$$

Capítulo 40 Expoentes críticos 375

sendo, portanto, duas quantidades independentes dos cinco expoentes considerados $(\alpha, \beta, \gamma, \delta$ e ν). Observa-se que há ainda outros expoentes críticos e outras leis de escala.

As leis de escala são, em geral, bem satisfeitas, como se vê por exemplo, a partir dos valores experimentais dados em (40.5). Os valores da teoria de Ginzburg--Landau satisfazem, à exceção de (40.31), todas as outras leis de escala introduzidas. Pelo contrário, a relação (40.31) apenas é válida para $d = 4$.

376   Parte VI Transições de fase

Exercícios

40.1 Expoentes críticos do gás de van der Waals

Desenvolva a equação do estado $P = k_B T/(v - b) - a/v^2$ (com $v = V/N$) do gás
de van der Waals em torno do ponto crítico, ou seja em potências das variáveis

$$t = \frac{T - T_c}{T_c}, \qquad v = \frac{v - v_c}{v_c}, \qquad p = \frac{P - P_c}{P_c} \qquad (40.34)$$

Despreze os termos da ordem $t v^2$ e $t v^3$. Prove que

$$p = 4t - 6tv - \frac{3}{2} v^3 + \mathcal{O}(v^4) \qquad (40.35)$$

Esta equação de estado deve ser usada a seguir. Determinar a pressão de vapor $p_v(t)$
usando a construção de Maxwell. Calcule $v_{gás}$ e $v_{líquido}$, e determine os expoentes
críticos β e β' para $t < 0$. Determine também a compressibilidade isotérmica κ_T a
partir de

$$\frac{1}{\kappa_T} = -v \left(\frac{\partial P}{\partial v} \right)_T \approx - P_c \left(\frac{\partial p}{\partial v} \right)_t$$

Determine os expoentes críticos γ e γ'. Por fim, examine a relação p-v para $t = 0$,
e determine a partir desta o expoente crítico δ.

40.2 Energia de Landau para o gás van der Waals

Considere a entalpia livre como função das variáveis T, P e V

$$\mathcal{G}(T, P, V) = F(T, V) + P V \qquad (40.36)$$

Dados T e P, o equilíbrio é obtido através do mínimo de $\mathcal{G}(T, P, V)$ como
função de V. O potencial termodinâmico $G(T, P) = \mathcal{G}(T, P, V_{min})$ é então mínimo. Mostre que $\mathcal{G}(T, P, V) = $ mínimo conduz à equação de estado térmica
$P = P(T, V)$.

Agora considere em particular o gás de van der Waals. Pressuponha a energia livre

$$F(T, V) = F_0(T) - N \left[k_B T \, \ln \left(\frac{v - b}{v_c - b} \right) + a \left(\frac{1}{v} - \frac{1}{v_c} \right) \right]$$

como conhecida e considere (40.36). Use as variáveis t, v e p de (40.34) e desenvolva até a ordem $\mathcal{O}(v^4)$ em torno do ponto crítico. Despreze o termo de ordem
$t v^3$. Verifique que este desenvolvimento é consistente com o desenvolvimento da
equação de estado térmica (40.35). A parte dependente do parâmetro de ordem v é
da forma padrão (39.4) da teoria de Landau

$$\mathcal{G}(T, P, V) = \ldots + C \left[h v + 3 t v^2 + \frac{3}{8} v^4 \right] \qquad (C = \text{const.}) \qquad (40.37)$$

Especifique o „campo externo" h. Discuta o valor de equilíbrio do parâmetro de
ordem v como função de t para $h = 0$.

VII Processos de não-equilíbrio

41 Estabelecimento do equilíbrio

Na Parte VII, apresentamos de forma sucinta o tratamento de processos de não--equilíbrio, a que pertencem, em particular, os processos de transferência descritos por equações de transporte (como, por exemplo, a condução de calor ou a equação de difusão).

Nos capítulos 41 e 42, são apresentadas equações que podem ser consideradas equações fundamentais dos fenómenos de transporte; No capítulo 43, que se não apoia em capítulos anteriores e, por isso, pode ser lido de imediato, as diferentes equações de transporte são obtidas no contexto de um modelo cinético elementar.

Neste capítulo, apresentamos a equação mestra como uma simples equação de balanço em Mecânica Quântica. Da equação mestra resulta o aumento da entropia de um sistema fechado (teorema H) e, por consequência, o estabelecimento do equilíbrio. Discutimos a dedução da equação mestra a partir da equação de von Neumann.

Equação mestra

Recorremos aos conceitos introduzidos no capítulo 5. Consideremos um sistema quântico fechado com microestados r. Os microestados são estados próprios dum operador Hamiltoniano H_0 com energia E_r. O operador Hamiltoniano $H = H_0 + V$ do sistema distingue-se de H_0 por uma pequena perturbação V. Para um sistema fechado, V é independente do tempo. Tal perturbação conduz a probabilidades de transição (capítulo 41 em [3]),

$$W_{rr'} = \frac{\text{probabilidade de } r \to r'}{\text{tempo}} = \frac{2\pi}{\hbar} \left| \langle r \,|\, V \,|\, r' \rangle \right|^2 \delta(E_r - E_{r'}). \qquad (41.1)$$

Estas quantidades são simétricas,

$$W_{rr'} = W_{r'r}. \qquad (41.2)$$

O macroestado de um sistema é dado por um *ensemble* estatístico, ou seja, pela especificação das probabilidades $\{P_1, P_2, P_3, ...\}$, onde P_r representa a probabilidade de um sistema do *ensemble* (ou um sistema físico num determinado instante) se encontrar no estado r.

378   Parte VII   Processos de não-equilíbrio

De acordo com (41.1), a derivada temporal das probabilidades $P_r(t)$ é dada pela equação de balanço ou *equação mestra*

$$\frac{dP_r(t)}{dt} = -\sum_{r'} W_{rr'} P_r + \sum_{r'} W_{r'r} P_{r'} = \sum_{r'} W_{rr'} (P_{r'} - P_r) \,. \tag{41.3}$$

No lado direito desta equação são somadas as probabilidades por unidade de tempo, de um sistema do *ensemble* deixar o estado r ou passar para este estado.

Teorema H

Da equação mestra decorre o estabelecimento do estado de equilíbrio, que introduzimos *a posteriori* no capítulo 5 como um dado experimental. Para provarmos este facto, definamos a grandeza

$$H(t) = \sum_r P_r \ln P_r \,, \tag{41.4}$$

e calculemos a sua variação temporal atendendo a (41.3):

$$\begin{aligned}
\frac{dH}{dt} &= \sum_r \left(\dot{P}_r \ln P_r + \dot{P}_r \right) = \frac{1}{2} \left(\sum_r \dot{P}_r \ln(e\,P_r) + \sum_{r'} \dot{P}_{r'} \ln(e\,P_{r'}) \right) \\
&= -\frac{1}{2} \sum_{r,r'} W_{rr'} (P_r - P_{r'}) \left(\ln(e\,P_r) - \ln(e\,P_{r'}) \right) \\
&= \frac{1}{2} \sum_{r,r'} W_{rr'} P_r \underbrace{\left(1 - \frac{P_{r'}}{P_r} \right) \ln \left(\frac{P_{r'}}{P_r} \right)}_{\leq 0} \,.
\end{aligned} \tag{41.5}$$

De $W_{rr'} P_r \geq 0$ e $(1 - x) \ln x \leq 0$ decorre

$$\frac{dH(t)}{dt} \leq 0 \qquad \text{(teorema } H\text{)} \,. \tag{41.6}$$

Este resultado, denominado teorema H, distingue uma *direção no tempo*. A equação mestra não é invariante relativamente à inversão do tempo.

Apresentámos em (23.36) a entropia $S = -k_B \sum_r P_r \ln P_r$ para um macroestado $\{P_r\}$ arbitrário. Com

$$S = -k_B H = -k_B \sum_r P_r \ln P_r \,, \tag{41.7}$$

tem-se de (41.6) a segunda lei para um sistema fechado. Estado de equilíbrio é por definição o macroestado para o qual as grandezas macroscópicas (como a entropia) deixam de sofrer variações. Assim,

$$\frac{dH(t)}{dt} = 0 \qquad \text{(equilíbrio)} \,. \tag{41.8}$$

Capítulo 41 Estabelecimento do equilíbrio

Numa situação de não-equilíbrio, H diminui sempre, de acordo com (41.6). Por essa razão, o valor de equilíbrio de H representa um mínimo, ou

$$S = -k_B H = \text{máximo} \qquad \text{(equilíbrio)}. \qquad (41.9)$$

Este resultado foi discutido em pormenor nos capítulos 9–12 (para macroestados com equilíbrio local). De (41.8) e (41.5) resulta para o equilíbrio

$$P_r = P_{r'} \quad \text{para todos os } r, \ r' \text{ com } E_r = E_{r'}. \qquad (41.10)$$

A condição $P_r = P_{r'}$ é apenas obtida para estados com $E_r = E_{r'}$, visto que, apenas neste caso, o coeficiente $W_{rr'}$ em (41.5) é diferente de zero. Em sistemas fechados, só podem ser alcançados estados com a mesma energia $E_r = E$. Para todos os restantes estados, tem-se $P_r = 0$.

$$P_r = \begin{cases} \text{const.} & \text{para } E_r = E \\ 0 & \text{caso contrário} \end{cases} \qquad \text{(equilíbrio)}. \qquad (41.11)$$

No equilíbrio, são igualmente prováveis todos os microestados r, que por transições, de acordo com (41.1), podem transformar-se uns nos outros (isto é, todos os estados acessíveis). Este é o postulado fundamental introduzido no capítulo 5.

O percurso de um estado de não-equilíbrio para o estado de equilíbrio encontra-se associado, de acordo com (41.6), com $dS > 0$. Deste modo, a equação mestra descreve processos irreversíveis.

Equação de von Neumann

A equação mestra é uma equação de balanço plausível para as probabilidades P_r. Nesta medida, a discussão prévia torna plausível o resultado $\Delta S \geq 0$.

O verdadeiro problema consiste na dedução da equação mestra a partir das leis fundamentais da Física. Estas leis fundamentais (ou também leis da Natureza), tais como os axiomas de Newton, as equações de Maxwell ou a equação de Schrödinger, são invariantes em relação a uma inversão do tempo. A equação mestra não é invariante relativamente à inversão do tempo, visto que da mesma se segue $dS/dt \geq 0$, o que determina uma direção no tempo. Na dedução da equação mestra a partir da equação de Schrödinger (ou, equivalentemente, da equação de von Neumann), ocorrem necessariamente passos que violam a simetria relativa à inversão do tempo. Nesta secção (que é algo formal podendo ser omitida), esquematizamos o caminho possível de tal dedução.

Consideremos um *ensemble* de N sistemas, que se encontram nos estados quânticos $|i\rangle = |1\rangle, |2\rangle, \ldots, |N\rangle$. Estes estados são normalizados mas de resto são arbitrários. Podem encontrar-se no mesmo estado vários sistemas. O *operador densidade* (ou também operador estatístico)

$$\widehat{\rho}(t) = \frac{1}{N} \sum_{i=1}^{N} |i\rangle\langle i|, \qquad (41.12)$$

380 Parte VII Processos de não-equilíbrio

determina este *ensemble* estatístico, visto que fixa os valores médios de todos os operadores:

$$\overline{F} = \frac{1}{N} \sum_{i=1}^{N} \langle i \,|\, \widehat{F} \,|\, i \rangle = \mathrm{tr}\left(\widehat{F} \,\widehat{\rho}\right). \qquad (41.13)$$

O exemplo mais simples, para o qual pode estudar-se o operador densidade, é um sistema com dois estados, ou seja, por exemplo, uma partícula com spin 1/2. Para tal, considere-se o exercício 36.4 em [3].

Os estados $|i\rangle$ são, em geral, dependentes do tempo e satisfazem a equação de Schrödinger $i\hbar\,(\partial/\partial t)|i\rangle = H|i\rangle$. Obtém-se daqui a derivada em ordem ao tempo do operador densidade:

$$i\hbar\,\frac{\partial\widehat{\rho}}{\partial t} = \left[H,\,\widehat{\rho}(t)\right] \qquad \text{(equação de von Neumann)}. \qquad (41.14)$$

A solução $\widehat{\rho}(t)$ desta *equação de von Neumann* determina as probabilidades

$$P_r(t) = \langle r\,|\,\widehat{\rho}(t)\,|\,r\rangle. \qquad (41.15)$$

Os vetores $\{|r\rangle\}$ devem, tal como em (41.1), constituir uma base completa de estados ortonormalizados. A equação de von Neumann determina $P_r(t)$ e descreve, assim, a evolução temporal de um macroestado arbitrário $\{P_1(t),\,P_2(t),\,...\}$. Em particular, descreve, a evolução de um estado de não-equilíbrio.

A equação de von Neumann não deverá ser confundida com a equação, que na representação de Heisenberg se obtém para a evolução temporal de operadores (capítulo 34 em [3]). Ao contrário da representação de Heisenberg, consideramos aqui estados dependentes do tempo. A equação de von Neumann é a equação de Schrödinger para o operador densidade.

Mostra-se facilmente que

$$\widehat{\rho}(t+dt) = \exp(-\mathrm{i}\,H\,dt/\hbar)\,\widehat{\rho}(t)\,\exp(+\mathrm{i}\,H\,dt/\hbar), \qquad (41.16)$$

é equivalente à equação de von Neumann. Deste modo, calculamos

$$\begin{aligned} P_r(t+dt) &= \langle r\,|\,\widehat{\rho}(t+dt)\,|\,r\rangle \qquad\qquad\qquad\qquad\qquad (41.17)\\[4pt] &= \sum_{r',r''} \langle r\,|\,\exp(-\mathrm{i}\,H\,dt/\hbar)\,|\,r'\rangle\,\rho_{r'r''}\,\langle r''\,|\,\exp(+\mathrm{i}\,H\,dt/\hbar)\,|\,r\rangle, \end{aligned}$$

onde inserimos (41.16), e à esquerda e à direita de $\widehat{\rho}$ introduzimos uma base completa de estados (assim, $1 = \sum_{r'} |r'\rangle\langle r'|$ e $1 = \sum_{r''} |r''\rangle\langle r''|$). Designou-se o elemento de matriz $\langle r'\,|\,\widehat{\rho}(t)\,|\,r''\rangle$ por $\rho_{r'r''}$.

No entanto, para um sistema macroscópico deverão ser somados em (41.17) muitíssimos estados $|r'\rangle$ e $|r''\rangle$. Supomos que as fases dos elementos de matriz

Capítulo 41 Estabelecimento do equilíbrio

381

$\langle r \mid \exp(-iH\,dt/\hbar) \mid r' \rangle$ estão estatisticamente distribuídas e que, portanto, todas as contribuições com $r' \neq r''$ desaparecem ao ser tomada a média[1]. Assim, obtemos

$$P_r(t+dt) \approx \sum_{r'} \left| \langle r \mid \exp(-iH\,dt/\hbar) \mid r' \rangle \right|^2 P_{r'}(t) . \qquad (41.18)$$

Designemos o quadrado do módulo do elemento de matriz por

$$W_{rr'} = \frac{|\langle r \mid \exp(-iH\,dt/\hbar) \mid r' \rangle|^2}{dt} . \qquad (41.19)$$

Os estados $|r\rangle$ são estados próprios de um operador Hamiltoniano (modelo) H_0, $H_0|r\rangle = E_r|r\rangle$. Poder-se-ia tratar do modelo do gás perfeito. O verdadeiro operador Hamiltoniano $H = H_0 + V$ contém adicionalmente um operador perturbativo V que conduz a transições entre os estados $|r\rangle$. Este operador V poderia, por exemplo, descrever os choques elásticos no gás. No âmbito da teoria das perturbações dependente do tempo da Mecânica Quântica, mostra-se (capítulo 41 em [3]), que os $W_{rr'}$ em (41.19) são iguais às probabilidades de transição por unidade de tempo consideradas em (41.1).

Para os $W_{rr'}$, tem-se

$$\sum_{r'} W_{rr'} = \sum_{r'} \frac{\langle r \mid \exp(-iH\,dt/\hbar) \mid r' \rangle \langle r' \mid \exp(+iH\,dt/\hbar) \mid r \rangle}{dt} = \frac{1}{dt} , \qquad (41.20)$$

onde foi utilizada a identidade $1 = \sum_{r'} |r'\rangle\langle r'|$. Calculemos a derivada de P_r em ordem ao tempo,

$$\frac{dP_r}{dt} = \frac{P_r(t+dt) - P_r(t)}{dt} = \sum_{r'} W_{rr'} P_{r'}(t) - \sum_{r'} W_{rr'} P_r(t) , \qquad (41.21)$$

onde no primeiro termo utilizamos (41.18) e (41.19), no segundo termo utilizamos (41.20). O resultado é a equação mestra (41.3). O passo decisivo na dedução consiste em tomar a média nas fases em (41.17), o que conduz a (41.18).

No limite clássico, ocorre, em vez de P_r, a densidade de probabilidade $\rho(q_1, .., q_f, p_1, .., p_f, t)$ no espaço das fases. Dos axiomas de Newton resulta para esta quantidade a equação de Liouville (ver apêndice A.13 em [5]). A equação de Liouville é o limite clássico da equação de von Neumann.

---

[1] Para uma análise das condições em que esta suposição é satisfeita, refere-se G. V. Chester, Rep. Progr. Phys. 26 (1963) 411.

42 Equação de Boltzmann

Para um gás clássico rarefeito, a equação mestra transforma-se na equação de Boltzmann. Tomando como exemplo a condutividade elétrica, demonstramos que os fenómenos de transporte podem, em príncipio, ser descritos usando a equação de Boltzmann.

O microestado de um gás perfeito clássico de N partículas (átomos ou moléculas) é dado por

$$r = \left(\boldsymbol{r}_1, \boldsymbol{v}_1, \boldsymbol{r}_2, \boldsymbol{v}_2, \dots, \boldsymbol{r}_N, \boldsymbol{v}_N \right), \qquad (42.1)$$

não sendo tomados em conta os graus de liberdade internos das partículas do gás (excitações dos eletrões, rotações ou vibrações das moléculas). Ocupar-nos-emos do gás rarefeito.

Para o tratamento estatístico de N partículas idênticas, basta agora fornecer a distribuição de probabilidade $f(\boldsymbol{r}, \boldsymbol{v}, t)$ para uma partícula escolhida ao acaso. Quando a função f é normalizada ao número N de partículas, tem-se

$$f(\boldsymbol{r}, \boldsymbol{v}, t)\, d^3r\, d^3v = \begin{cases} \text{número de partículas contidas no volume } d^3r\, d^3v \\ \text{do espaço das fases localizado em } \boldsymbol{r}, \boldsymbol{v}. \end{cases}$$

$$(42.2)$$

A densidade de probabilidade $f(\boldsymbol{r}, \boldsymbol{v}, t)$ determina o estado macroscópico do gás rarefeito clássico. Substitui as probabilidades $P_r(t)$ previamente consideradas.

A equação de balanço para $f(\boldsymbol{r}, \boldsymbol{v}, t)$, análoga à equação mestra, é a *equação de Boltzmann*:

$$\boxed{\begin{aligned} \left(\boldsymbol{v} \cdot \frac{\partial}{\partial \boldsymbol{r}} + \frac{\boldsymbol{F}}{m} \cdot \frac{\partial}{\partial \boldsymbol{v}} + \frac{\partial}{\partial t} \right) f(\boldsymbol{r}, \boldsymbol{v}, t) = \int d^3v_1 \int d\Omega \; V \, \frac{d\sigma(\Omega)}{d\Omega} \cdot \\ \left(f(\boldsymbol{r}, \boldsymbol{v}', t)\, f(\boldsymbol{r}, \boldsymbol{v}_1', t) - f(\boldsymbol{r}, \boldsymbol{v}, t)\, f(\boldsymbol{r}, \boldsymbol{v}_1, t) \right). \end{aligned}}$$

$$(42.3)$$

O lado esquerdo toma em conta a variação devida ao movimento das partículas e devida ao campo de forças externo $\boldsymbol{F}(\boldsymbol{r}, t)$. O lado direito toma em conta as mudanças devidas a choques de duas partículas (figura 42.1). Aqui, Ω é a direção de espalhamento no sistema do centro de massa, $V = |\boldsymbol{v} - \boldsymbol{v}_1|$ é a velocidade relativa, e $d\sigma/d\Omega$ é a secção eficaz.

Capítulo 42 Equação de Boltzmann

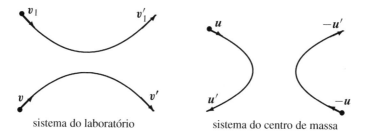

Figura 42.1 Choques entre duas partículas idênticas no sistema do laboratório e no sistema do centro de massa. No sistema do centro de massa, o processo é determinado pela velocidade u e pela direção de espalhamento $\Omega = (\theta, \phi)$.

Os dois lados da equação de balanço (42.3) correspondem aos respectivos lados da equação mestra (41.3). A equação mestra é a equação de balanço para as probabilidades P_r dos microestados quânticos do sistema total. A equação de Boltzmann é a equação de balanço para a densidade de probabilidade $f(r, v, t)$ do estado clássico (r, v) de uma partícula individual.

Na equação de Boltzmann, descrevemos o estado do gás como se fosse um gás perfeito (visto que o gás considerado é rarefeito), mas tomamos em conta explicitamente os choques binários. Apenas são considerados choques elásticos. Seguidamente apresentamos uma justificação qualitativa da equação de Boltzmann.

O lado esquerdo de (42.3) descreve a variação de f na *ausência* de choques. Para tal, descrevemos as partículas, de acordo com (42.2). Estas partículas, num instante $t + dt$ ligeiramente posterior, encontram-se na posição $r + v\,dt$ e têm velocidade $v + F\,dt/m$. Visto que o seu número é conservado, mantém-se, na nova posição, o valor de f. Com efeito,

$$\begin{aligned}
f(r, v, t)\,d^3r\,d^3v &= f(r', v', t')\,d^3r'\,d^3v' \\
&= f(r + v\,dt,\ v + F\,dt/m\,,\ t + dt)\,d^3r\,d^3v \quad (42.4)
\end{aligned}$$

Visto que $r' = r + v\,dt$ e $v' = v + (F/m)\,dt$ facilmente se calcula o jacobiano $|J|$ em $d^3r'\,d^3v' = |J|\,d^3r\,d^3v$. Desprezando o termo $\mathcal{O}(dt^2)$, obtém-se $|J| = 1$.

Desenvolvamos o lado direito de (42.4) em ordem às quantidades infinitesimais. Obtemos, então, de (42.4) a *equação de Boltzmann sem termo das colisões*

$$\left(v \cdot \frac{\partial}{\partial r} + \frac{F}{m} \cdot \frac{\partial}{\partial v} + \frac{\partial}{\partial t} \right) f(r, v, t) = 0 \quad \text{(sem colisões)}, \quad (42.5)$$

onde utilizamos a notação $\partial/\partial a = e_x\,\partial/\partial a_x + e_y\,\partial/\partial a_y + e_z\,\partial/\partial a_z$.

O lado direito de (42.3) é denominado termo de colisões. O termo de colisões toma em conta que, as partículas, devido às colisões, são espalhadas para dentro ou para fora do volume do espaço das fases $d^3r\,d^3v$ localizado em r, v. Na figura 42.1, à esquerda, uma partícula com velocidade v espalha uma outra partícula.

384   Parte VII   Processos de não-equilíbrio

Seguidamente, a partícula abandona, em geral, o elemento de volume considerado d^3v localizado em v. Consideramos, de seguida, o termo de perda associado a este processo de colisão.

O número de colisões, por unidade de tempo, é igual à secção eficaz vezes a densidade de corrente de partículas incidentes vezes o número de partículas no alvo. Na célula do espaço das fases $d^3r\,d^3v$ encontram-se $f(r, v, t)\ d^3r\,d^3v$ partículas (do alvo), (42.2). A densidade de partículas incidentes é $f(r, v_1, t)\ d^3v_1$, onde, para começar, apenas consideramos um intervalo finito de velocidades. O número de colisões depende da velocidade relativa $V = |v - v_1|$, sendo a densidade de corrente incidente igual a $V\,f(r, v_1, t)\ d^3v_1$. Em relação à secção eficaz, começamos por considerar um ângulo sólido finito, $d\sigma = (d\sigma/d\Omega)d\Omega$. Seguidamente calcula-se o produto do número de partículas do alvo vezes a densidade de corrente e vezes a secção eficaz $d\sigma$. Assim como fizemos do lado esquerdo da equação de Boltzmann, omitimos o volume $d^3r\,d^3v$ do espaço das fases. Soma-se, então, sobre todos os possíveis processos de espalhamento, portanto, integra-se sobre v_1 e Ω. Aqui $\Omega = (\theta, \phi)$ é a direção de $V' = v'_1 - v'$ relativamente a $V = v_1 - v$, e é simultaneamente a direção de espalhamento no sistema do centro de massa. Para velocidades dadas v e v_1, o processo de colisão elástica (em que são conservadas a energia e a quantidade de movimento) é completamente determinado.

Deste modo, obtemos o termo de perda do lado direito de (42.3). Se invertermos as setas da figura 42.1, obtemos um espalhamento para o interior do domínio considerado d^3v localizado em torno de v. O termo de ganho resultante obtém-se de modo análogo ao termo de perda. Uma vez que $|v - v_1| = |v' - v'_1|$, o módulo da velocidade relativa é novamente V. Os argumentos v' e v'_1 no termo de ganho são determinados por v e pelas variáveis de integração v_1 e Ω. Estão relacionados, juntamente com estas quantidades, pelas leis de conservação da quantidade de movimento e da energia.

Distribuição de Maxwell

Mostramos que a equação de Boltzmann, no caso de ausência de forças ($F = 0$), conduz à distribuição de velocidades de Maxwell. Limitamo-nos ao caso em que a distribuição não depende da posição, ou seja, $f = f(v, t)$. No caso em que não há forças, esta hipótese é válida para a distribuição de equilíbrio devido à homogeneidade do espaço. Para a distribuição inicial, esta é, no entanto, uma hipótese adicional.

Nos sistemas clássicos considerados, todas as grandezas macroscópicas podem ser calculadas a partir de $f(v, t)$. O equilíbrio é o macroestado no qual as grandezas macroscópicas permanecem inalteradas. Representemos por $f_0(v)$ a correspondente distribuição de equilíbrio.

Deduzamos a distribuição de equilíbrio $f_0(v)$ a partir da equação de Boltzmann. Como $F = 0$ e $\partial f(v, t)/\partial r = 0$, o lado esquerdo de (42.3) reduz-se a $\partial f/\partial t$. Para a distribuição de equilíbrio, tem-se $\partial f_0(v)/\partial t = 0$. Logo, o lado direito de (42.3) deve anular-se. Por v' e v'_1, designamos as velocidades que resultam de v e v_1 em

Capítulo 42 Equação de Boltzmann

385

determinada colisão elástica. Aqui, $d\sigma/d\Omega \neq 0$. Daí decorre que deve anular-se a expressão entre parênteses no integral em (42.3):

$$f_0(\boldsymbol{v})\, f_0(\boldsymbol{v}_1) - f_0(\boldsymbol{v}')\, f_0(\boldsymbol{v}'_1) = 0\,, \tag{42.6}$$

tomando o logaritmo, temos

$$\ln f_0(\boldsymbol{v}) + \ln f_0(\boldsymbol{v}_1) = \ln f_0(\boldsymbol{v}') + \ln f_0(\boldsymbol{v}'_1)\,. \tag{42.7}$$

O lado esquerdo é uma função das velocidades antes do choque, o lado direito é a mesma função depois do choque (ou ao contrário). A equação (42.7) significa que esta função é uma *constante do movimento*. Nos choques elásticos, as constantes do movimento são a energia (cinética), a quantidade de movimento e o momento angular. Apenas a energia e a quantidade de movimento se exprimem unicamente em termos das velocidades. Para estas constantes do movimento, tem-se

$$m\,(\boldsymbol{v} + \boldsymbol{v}_1) = m\,(\boldsymbol{v}' + \boldsymbol{v}'_1)\,, \qquad \frac{m}{2}\left(\boldsymbol{v}^2 + \boldsymbol{v}_1^2\right) = \frac{m}{2}\left(\boldsymbol{v}'^2 + \boldsymbol{v}'^2_1\right)\,. \tag{42.8}$$

A constante do movimento mais geral, que apenas depende das velocidades e que tal como em (42.7) é aditiva nas contribuições de ambas as partículas, é uma combinação linear da energia e da quantidade de movimento. Ou seja

$$\ln f_0(\boldsymbol{v}) = a + \boldsymbol{b}\cdot\boldsymbol{v} + c\,\boldsymbol{v}^2\,. \tag{42.9}$$

Daqui se obtém, para o valor médio da velocidade, $\overline{\boldsymbol{v}} \propto \int d^3v\, \boldsymbol{v}\, f_0 \propto \boldsymbol{b}$. Passemos agora para o sistema de inércia no qual este valor médio se anula. Formalmente, conseguimos este objetivo através de uma transformação de Galileu. Fazendo $\boldsymbol{b} = 0$, resulta de (42.9) a distribuição de Maxwell das velocidades:

$$f_0(\boldsymbol{v}) = f_0(v) = A\,\exp(-\beta m v^2/2)\,, \tag{42.10}$$

onde substituímos a constante c em (42.9) por $-\beta m/2$ onde surge outra constante β, por ora desconhecida. De (42.10) resulta para a energia média por partícula $m\,\overline{v^2}/2 = 3/(2\beta)$. Assim, fica determinado o significado físico de β, em concordância com o significado anterior $\beta = 1/k_{\mathrm{B}}T$.

Da equação mestra obtivemos o equilíbrio microcanónico, da equação de Boltzmann obtivemos o equilíbrio canónico (42.10). Este facto deve-se a que os P_r se referem à distribuição de microestados do sistema fechado, enquanto que $f(\boldsymbol{v})$ reproduz a distribuição de velocidades das partículas individuais.

Aproximação do termo de colisões

Introduzamos uma aproximação simples para o termo de colisões da equação de Boltzmann. Consideremos pequenos afastamentos da distribuição de equilíbrio f_0 (42.10):

$$f(\boldsymbol{r}, \boldsymbol{v}, t) = f_0(v) + \delta f(\boldsymbol{r}, \boldsymbol{v}, t)\,. \tag{42.11}$$

386 Parte VII Processos de não-equilíbrio

Aproximemos o lado direito da equação de Boltzmann por

$$\int d^3v_1 \int d\Omega\, V\, \frac{d\sigma}{d\Omega}\, \Big(f(\boldsymbol{r}, \boldsymbol{v}', t)\, f(\boldsymbol{r}, \boldsymbol{v}'_1, t) - f(\boldsymbol{r}, \boldsymbol{v}, t)\, f(\boldsymbol{r}, \boldsymbol{v}_1, t) \Big) \approx -\frac{\delta f(\boldsymbol{r}, \boldsymbol{v}, t)}{\tau}\,.$$
(42.12)

O termo de colisões anula-se para $f = f_0$ e será portanto, proporcional a δf para pequenos afastamentos. Efetuemos uma aproximação grosseira para o coeficiente $1/\tau$ de δf: aproximemos $\int d\Omega\ d\sigma/d\Omega \ldots$ pela secção eficaz σ, $\int d^3v\, f_0(v) \ldots$ pelo valor médio da densidade de partículas n, e V pela velocidade média $\bar{v}$. Esta estimativa despreza fatores numéricos e os termos quadráticos em δf. Toma, no entanto, corretamente em conta as dimensões dos fatores. Para o coeficiente τ, obtemos

$$\frac{1}{\tau} \approx \bar{v}\, n\, \sigma\,.$$
(42.13)

Raciocínios cinéticos elementares expostos no próximo capítulo mostram que τ é o tempo médio de colisão entre as partículas do gás. Um cálculo mais exato do termo de colisões pode conduzir à determinação dos fatores numéricos e da dependência de τ na velocidade.

Condutividade elétrica

A equação de Boltzmann é o ponto de partida para o cálculo de diferentes coeficientes de transporte, por exemplo, viscosidade, condutividade elétrica ou condutividade térmica. Analisaremos a exequibilidade de princípio de um cálculo deste tipo no contexto da condutividade elétrica.

Consideremos um gás clássico de partículas carregadas (carga q) num campo elétrico homogéneo. Inserimos no lado esquerdo da equação de Boltzmann a força

$$\boldsymbol{F} = q\, E_z\, \boldsymbol{e}_z = \text{const.}\,.$$
(42.14)

Visto que a força é constante no tempo e no espaço, procuremos uma correção independente do tempo e da posição para a distribuição de equilíbrio,

$$f(\boldsymbol{r}, \boldsymbol{v}, t) = f_0(\boldsymbol{v}) + \delta f(\boldsymbol{v})$$
(42.15)

Uma vez que o lado direito da equação de Boltzmann é da ordem de grandeza de δf, o mesmo é também verdade para o lado esquerdo.

Por conseguinte, basta introduzir f_0 do lado esquerdo. Uma vez que f_0 não depende nem da posição nem do tempo, o lado esquerdo é igual a $(\boldsymbol{F}/m) \cdot \partial f_0/\partial \boldsymbol{v}$. Do lado direito utilizamos a aproximação (42.12) do termo de colisões:

$$\frac{q\, E_z}{m}\, \frac{\partial f_0(v)}{\partial v_z} \approx -\frac{\delta f(\boldsymbol{v})}{\tau}$$
(42.16)

Para $f_0(v)$ utilizamos a distribuição de Maxwell (42.10). Tem-se então

$$\frac{\partial f_0}{\partial v_z} = -\beta\, f_0\, m\, v_z\,.$$
(42.17)

Capítulo 42   Equação de Boltzmann

Das duas últimas equações resulta

$$\delta f(\boldsymbol{v}) \approx \tau\, q\, E_z\, \beta\, f_0(v)\, v_z\,. \tag{42.18}$$

Calculemos, para $f = f_0 + \delta f$, a densidade de corrente média:

$$
\begin{aligned}
j_z &= q \int d^3v\; v_z \left(f_0(v) + \delta f(\boldsymbol{v}) \right) \approx \tau\, q^2\, E_z\, \beta \int d^3v\; v_z^2\, f_0 \\
&= \frac{\tau\, q^2\, E_z}{k_{\mathrm{B}} T}\, n\, \overline{v_z^2} = \frac{n\, q^2\, \tau}{m}\, E_z\,.
\end{aligned}
\tag{42.19}
$$

No último passo, usamos o resultado $m\,\overline{v_z^2}/2 = k_{\mathrm{B}} T/2$ do teorema da equipartição. De (42.19) decorre a *condutividade elétrica* σ_{el},

$$\sigma_{\mathrm{el}} = \frac{j_z}{E_z} = \frac{n\, q^2}{m}\, \tau\,. \tag{42.20}$$

No próximo capítulo, deduziremos este e outros coeficientes de transporte diretamente a partir de considerações cinéticas elementares. Aqui, ilustramos a exequibilidade de um cálculo mais exato baseado na equação de Boltzmann.

Exercícios

42.1 Equação de continuidade para a densidade de partículas

Um sistema de $N \gg 1$ partículas tem o hamiltoniano clássico

$$H = \sum_{i=1}^{N} \frac{\boldsymbol{p}_i^2}{2m} + V(\boldsymbol{r}_1, \ldots, \boldsymbol{r}_N, t)$$

Para a densidade de probabilidade $\varrho(\boldsymbol{r}_1, \ldots, \boldsymbol{r}_N, \boldsymbol{p}_1, \ldots, \boldsymbol{p}_N, t)$ no espaço das fases a $6N$ dimensões, tem-se $d\varrho/dt = 0$. Trata-se da *Equação de Liouville*

$$\frac{\partial \varrho}{\partial t} + \sum_{i=1}^{N} \left(\frac{\partial \varrho}{\partial \boldsymbol{r}_i} \cdot \dot{\boldsymbol{r}}_i + \frac{\partial \varrho}{\partial \boldsymbol{p}_i} \cdot \dot{\boldsymbol{p}}_i \right) = 0 \tag{42.21}$$

em que $\partial/\partial \boldsymbol{r}_i$ e $\partial/\partial \boldsymbol{p}_i$ são os gradientes em relação às coordenadas $\boldsymbol{r}_i$ e aos momentos lineares $\boldsymbol{p}_i$. Deduza a partir da equação de Liouville uma equação de continuidade para a densidade local de partículas

$$n(\boldsymbol{r}, t) = \int d^{3N}r\; d^{3N}p\; \varrho(\boldsymbol{r}_1, \ldots, \boldsymbol{r}_N, \boldsymbol{p}_1, \ldots, \boldsymbol{p}_N, t) \sum_{i=1}^{N} \delta(\boldsymbol{r} - \boldsymbol{r}_i) \tag{42.22}$$

em que $d^{3N}r\; d^{3N}p$ é o elemento de volume no espaço das fases a $6N$ dimensões.

43 Modelo cinético do gás

Deduzimos, no âmbito de um modelo cinético elementar do gás, as equações de transporte para a corrente elétrica, difusão, viscosidade e condução de calor. Neste modelo, as partículas do gás têm localmente a distribuição de velocidades do gás perfeito. No entanto, ao contrário do gás perfeito, os choques entre as partículas são explicitamente tomados em conta por meio do tempo médio de colisão.

Nas equações de transporte, ocorrem coeficientes que determinam a intensidade ou a velocidade do processo. Calculemos estes coeficientes de transporte no contexto do modelo cinético do gás, desprezando frequentemente fatores da ordem $\mathcal{O}(1)$. Os coeficientes de transporte dependem, em geral, da temperatura e da pressão.

Tempo médio de colisão

Consideraremos um gás clássico de átomos ou moléculas. A maior parte dos raciocínios são, no entanto, aplicáveis a outros sistemas (por exemplo eletrões). As grandezas que ocorrem são calculadas numericamente para o ar em condições normais.

Em experiências de espalhamento, um feixe de densidade de corrente incidente j (partículas incidentes por unidade de superfície e de tempo) atinge um alvo. É medido o número de partículas espalhadas por unidade de tempo, dN_{col}/dt. A secção eficaz σ é o quociente destas grandezas

$$\sigma = \frac{dN_{col}/dt}{j}\,, \tag{43.1}$$

sendo, portanto, σ a área da superfície onde incidem as partículas (do feixe com a densidade de corrente incidente j) que efetivamente são espalhadas. Aplicamos agora estes conceitos a um gás de átomos. Imaginemos os átomos do gás como esferas de diâmetro d. A secção eficaz para um espalhamento clássico de esferas rígidas é a secção eficaz geométrica

$$\sigma = \pi d^2\,. \tag{43.2}$$

Um átomo que descreve o percurso l colide com todas as partículas existentes no interior do cilindro de volume σl (figura 43.1). Para uma dada densidade $n = N/V$, tem-se,

$$N_{col} = n\,\sigma\,l = \text{número de partículas que sofreram colisão}\,. \tag{43.3}$$

Capítulo 43 Modelo cinético do gás

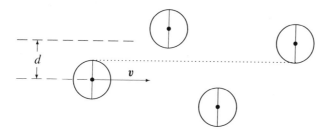

Figura 43.1 Na ausência de colisões, as partículas têm trajetórias retilíneas. Consideremos, em particular, uma trajetória retilínea para a partícula indicada à esquerda. Todas as outras partículas, cujo centro de gravidade diste desta trajetória uma distância inferior a d (diâmetro da partícula) sofrem uma colisão. A partícula da direita é ainda atingida. Ao longo do percurso l, uma partícula poderia chocar com todas as outras, cujo centro de gravidade se encontre num cilindro de secção circular com volume igual a σl, onde $\sigma = \pi d^2$. No volume σl, o número de partículas que sofreram colisão será $N_{col} = n\sigma l$, onde n representa a densidade de partículas. O percurso livre médio é o valor de $\lambda \approx 1/(n\sigma)$, ou seja é tal que $N_{col} = 1$.

Uma partícula arbitrária descreve, em média, no tempo t o percurso $l = \overline{v}t$. Visto que as partículas se movem umas relativamente às outras, o percurso efetivo é $l = \overline{v}_{rel}\tau$, onde $\overline{v}_{rel}$ é o valor médio do módulo da velocidade relativa das duas partículas.

O *tempo médio de colisão* τ, é determinado de modo que neste intervalo de tempo, em média, ocorra precisamente uma colisão. Substituamos $N_{col} = 1$ e $l = \overline{v}_{rel}\tau$ em (43.3):

$$1 = N_{str} = n\sigma \overline{v}_{rel}\tau = \sqrt{2}\,n\sigma\overline{v}\tau \qquad (43.4)$$

O último passo $\overline{v}_{rel} = \sqrt{2}\,\overline{v}$ resulta da solução do Exercício 24.5, onde consideramos uma distribuição de velocidades de Maxwell. Deste modo obtemos

$$\boxed{\tau = \frac{1}{\sqrt{2}\,n\sigma\overline{v}}} \quad \text{tempo médio de colisão.} \qquad (43.5)$$

O percurso descrito em média por uma partícula durante este tempo, é $\lambda = \overline{v}\tau$:

$$\boxed{\lambda = \frac{1}{\sqrt{2}\,n\sigma}} \quad \text{percurso livre médio.} \qquad (43.6)$$

Façamos uma estimativa de τ e λ para o ar à pressão normal ($P \approx 1$ bar) e à temperatura ambiente ($T \approx 300$ K). Comecemos por considerar a densidade de partículas

$$n = \frac{N}{V} = \frac{6 \cdot 10^{23}}{22\,l} = 2.7 \cdot 10^{25} \frac{1}{m^3}, \qquad (43.7)$$

sendo contadas todas as moléculas do ar, ou seja, essencialmente as moléculas de N_2 e O_2, as quais contribuem conjuntamente para a pressão P e para a densidade

390   Parte VII   Processos de não-equilíbrio

$n \approx P/k_B T$. Cada partícula dispõe, em média, do volume $v = V/N = 1/n$. Decorre daí que a distância média $\langle r \rangle$ entre duas moléculas é:

$$\langle r \rangle \approx \frac{1}{n^{1/3}} = 30\,\text{Å}. \tag{43.8}$$

De (24.24) obtemos a velocidade média

$$\bar{v} = \sqrt{\frac{8}{\pi}\frac{k_B T}{m}} \approx 440\,\frac{\text{m}}{\text{s}}, \tag{43.9}$$

onde substituímos $k_B T \approx \text{eV}/40$ e $m \approx 30\,\text{GeV}/c^2$ para N_2 ou O_2. As moléculas do ar não têm a forma esférica, tal como foi suposto na figura 43.1. No entanto, tomando a média sobre todas as direções obtém-se o diâmetro efetivo d das partículas, sendo plausível o valor $d \approx 3\,\text{Å}$. Deste modo, obtém-se

$$\lambda = \frac{1}{\sqrt{2}\,\pi\,d^2 n} \approx 10^{-7}\,\text{m} = 1000\,\text{Å}, \qquad \tau = \frac{\lambda}{\bar{v}} \approx 2\cdot 10^{-10}\,\text{s}. \tag{43.10}$$

Estes valores são realistas. As relações das ordens de grandeza entre $d \approx 3\,\text{Å}$, $\langle r \rangle \approx 30\,\text{Å}$ e $\lambda \approx 1000\,\text{Å}$ tornam-se claras à escala dos angströms num plano microscópico. O volume disponível por partícula é cerca de um fator $10^3 \approx \langle r \rangle^3/d^3$ maior que o volume próprio. Trata-se, portanto, de um gás rarefeito. Também por essa razão o percurso livre médio é muito maior que a distância média entre as partículas.

A transição de um estado de não-equilíbrio para um estado de equilíbrio ocorre localmente (num intervalo de alguns λ) através de um pequeno número de colisões. Neste aspecto, o tempo de colisão determina também o estabelecimento do equilíbrio local. Pelo contrário, o estabelecimento do equilíbrio global é descrito pelas equações de transporte que vamos discutir.

Condutividade elétrica

Partamos de um gás clássico com um determinado tempo de colisão τ. As partículas transportam a carga q. Investiguemos o transporte de carga elétrica, causado por um campo elétrico externo E. Estas considerações aplicam-se ao gás de eletrões num metal.

A equação de movimento da partícula i (massa m, carga q) no intervalo de tempo *entre duas colisões* é

$$m\,\dot{v}_i = F = q\,E, \tag{43.11}$$

donde decorre

$$v_i = \frac{q\,E}{m}\,t_i + v_{i,0}, \tag{43.12}$$

sendo $v_{i,0}$ a velocidade da partícula imediatamente após o último choque no instante t_i medido a partir deste choque.

Capítulo 43 Modelo cinético do gás 391

Consideremos um conjunto de $N_0 \gg 1$ partículas (por exemplo, todas as partículas contidas em dado elemento de volume) logo a seguir a uma colisão. A probabilidade de colisão, por unidade de tempo, para cada partícula é $1/\tau$. O número de partículas que, no intervalo de tempo t, não voltou a colidir, obtém-se de $dN(t)/dt = -N(t)/\tau$, sendo $N(t) = N_0 \exp(-t/\tau)$. A probabilidade da ocorrência de um valor t_i em (43.12) é proporcional a $N(t_i)$, donde se conclui a densidade de probabilidade $w(t) \propto \exp(-t/\tau)$ para a distribuição dos intervalos de tempo $t_1, t_2, ..., t_{N_0}$. A densidade de probabilidade $w(t) = \exp(-t/\tau)/\tau$ é normalizada de acordo com $\int_0^\infty w(t)\, dt = 1$ e usamo-la para o cálculo da velocidade média do conjunto de partículas, devida ao campo aplicado:

$$\boldsymbol{v}_{\text{deriva}} = \frac{qE}{m}\,\bar{t_i} = \frac{qE}{m}\frac{1}{N_0}\sum_1^{N_0} t_i = \frac{qE}{m}\int_0^\infty dt\; w(t)\, t = \frac{qE}{m}\,\tau\,. \qquad (43.13)$$

Supomos que esta *velocidade de deriva* é pequena em relação à velocidade média,

$$\left|\boldsymbol{v}_{\text{deriva}}\right| = \frac{qE}{m}\,\tau \ll \left|\boldsymbol{v}(0)\right|\,. \qquad (43.14)$$

Como exemplo, consideremos uma molécula de O_2 ionizada uma vez ($m = 32\,\text{GeV/c}^2$ e $q = e = 1.6 \cdot 10^{-19}$ coulomb) no ar ($\tau = 2 \cdot 10^{-10}$ s) sujeita a um campo de intensidade $E = 10\,000$ volt/metro. Neste caso, $qE\tau/M \approx 6\,\text{m/s}$ é pequeno em comparação com $|\boldsymbol{v}(0)| \sim \bar{v} \approx 440\,\text{m/s}$.

Visto que o incremento da velocidade, $\boldsymbol{v}_{\text{deriva}}$, é pequeno, podemos admitir que imediatamente após um choque as velocidades $\boldsymbol{v}_{i,0}$ estão aproximadamente distribuídas de forma isotrópica, sendo, portanto, $\overline{\boldsymbol{v}_{i,0}} \approx 0$. Assim, obtemos a velocidade média

$$\bar{\boldsymbol{v}_i} = \frac{qE}{m}\,\bar{t_i} + \overline{\boldsymbol{v}_{i,0}} \approx \boldsymbol{v}_{\text{deriva}}\,. \qquad (43.15)$$

A densidade de corrente elétrica é igual ao produto da densidade de carga $n\,q$ pela velocidade média:

$$\boldsymbol{j} = \sigma_{\text{el}}\,\boldsymbol{E} = n\,q\,\bar{\boldsymbol{v}_i} \approx q\,n\,\boldsymbol{v}_{\text{deriva}}\,. \qquad (43.16)$$

O coeficiente de proporcionalidade σ_{el} entre a densidade de corrente $\boldsymbol{j}$ e o campo $\boldsymbol{E}$ é denominado *condutividade elétrica*. No modelo cinético de gás apresentado, obtemos

$$\boxed{\sigma_{\text{el}} \approx \frac{n\,q^2\,\tau}{m} \quad \begin{array}{l} \text{condutividade} \\ \text{elétrica.} \end{array}} \qquad (43.17)$$

A relação $\boldsymbol{j} = \sigma_{\text{el}}\,\boldsymbol{E}$ é denominada *lei de Ohm* e pressupõe que σ_{el} é independente de $\boldsymbol{E}$. Num circuito, a corrente é, pois, proporcional à tensão aplicada. Em sistemas reais, σ_{el} é independente do campo aplicado, apenas aproximadamente.

No sistema de unidades de Gauss, tem-se $[q] = \text{UEC} = \text{cm}^{3/2}\,\text{g}^{1/2}/\text{s}$ (UEC = unidade eletrostática de carga), $[m] = \text{g}$, $[n] = \text{cm}^{-3}$ e $[\tau] = \text{s}$; donde se segue que $[\sigma] = \text{s}^{-1}$. No sistema SI, tem-se, por outro lado, $[\sigma] = \text{A/(Vm)}$, como pode ver-se, por exemplo, de $[j] = \text{ampere/m}^2 = \text{A/m}^2$ e $[E] = \text{volt/m} = \text{V/m}$.

392 Parte VII Processos de não-equilíbrio

O resultado (43.17) já tinha sido obtido em (42.20) a partir de uma aproximação grosseira da equação de Boltzmann. A grandeza τ, introduzida no termo de colisão (42.12), tem um significado claro no modelo cinético do gás.

Em geral, um gás clássico está apenas parcialmente ionizado. Insere-se, para n, a densidade dos iões, enquanto que τ é relativo aos choques de todas as partículas do gás. O valor real de σ_{el} depende, pois, do grau de ionização.

O gás de eletrões ($q = -e$, $m = m_e$) num metal é um caso prático importante. Pode considerar-se que os eletrões constituem aproximadamente um gás perfeito de Fermi. De acordo com o capítulo 32, apenas contribuem para a capacidade calorífica os eletrões da superfície de Fermi difusa. Pelo contrário, *todos* os eletrões participam na corrente elétrica. Por meio do campo aplicado, todos os eletrões adquirem adicionalmente a velocidade de deriva v_{deriva}. Deste modo, toda a esfera de Fermi é deslocada, o que não é impedido pelo princípio de Pauli. Tal como para um gás clássico, o campo elétrico aplicado tende a acelerar eletrões individuais. Também aqui, como previamente, os choques dão origem à velocidade de deriva finita.

Podemos aplicar (43.17) aos eletrões móveis de um metal. O tempo de colisão não é aqui determinado por colisões eletrão-eletrão, mas antes por choques com a rede cristalina, portanto, pela interação eletrão-fonão. O tempo médio de colisão depende então da densidade de fonões, dependente da temperatura (capítulo 33). Neste caso, (43.17) determina o tempo de colisão τ a partir da condutividade elétrica facilmente mensurável. Em particular, para o cobre tem-se

$$\sigma_{el} \approx 6 \cdot 10^{17}\,\text{s}^{-1}\,, \qquad \tau \approx 2 \cdot 10^{-14}\,\text{s} \qquad (\text{cobre},\ T = 0^\circ\text{C})\,. \qquad (43.18)$$

O tempo de colisão $\tau = m\sigma_{el}/(ne^2)$ é determinado a partir do valor experimental σ_{el}. Considerou-se que existe um eletrão livre por átomo. Deverá, então, substituir-se n pela densidade de átomos $n \approx 1/(12\,\text{Å}^3)$ num cristal de cobre. Foi utilizado o sistema de unidades de Gauss.

A relação (43.14) é válida para os eletrões num metal. O lado esquerdo em (43.14) é, para os eletrões, da ordem de grandeza que foi estimada para os iões recorrendo a (43.14) porque, neste caso, tanto o tempo de colisão como a massa são aproximadamente mais pequenos de um fator 10^4. No entanto, as velocidades dos eletrões são da ordem de grandeza da velocidade de Fermi (capítulo 32), portanto, $|v(0)| \sim c/100$, e assim ordens de grandeza maiores que os possíveis valores de v_{deriva}.

Atrito

Devido aos choques entre as partículas, uma força constante gera uma velocidade de deriva finita $v_{deriva} = \tau\,F/m$, (43.13), e não uma aceleração constante. Tal comportamento pode ser descrito postulando um termo de atrito na equação do movimento (lei de Newton),

$$m\,\dot{v} = F - \gamma\,v\,, \qquad (43.19)$$

Capítulo 43 Modelo cinético do gás

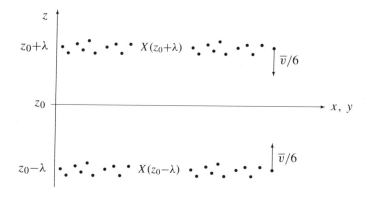

Figura 43.2 Designemos por X uma quantidade (densidade, temperatura, velocidade média) não homogénea segundo a direção z. As velocidades das partículas do gás distribuídas aleatoriamente conduzem a uma corrente líquida que tende a uniformizar estas quantidades. No cálculo desta corrente, toma-se em conta que as partículas apenas mantêm a sua direção ao longo do comprimento λ. Numa aproximação estatística grosseira, pode considerar-se que 1/6 das partículas se desloca com velocidade $\bar{v}$ em cada uma das seis diferentes direções (direções $\pm x$, $\pm y$ e $\pm z$).

onde γ designa o *coeficiente de atrito* (ou constante de atrito). Quando $t \to \infty$, a solução da equação de movimento é $v(\infty) = F/\gamma$. Identificando $v(\infty)$ com a velocidade de deriva $v_{\text{deriva}} = \tau F/m$, tem-se $\gamma = m/\tau$ ou

$$\boxed{\gamma = \frac{m\bar{v}}{\lambda} \quad \text{coeficiente de atrito.}} \tag{43.20}$$

A medida da razão F/v_{deriva} determina o coeficiente de atrito γ, sendo a sua dimensão $[\gamma] = \text{kg/s}$. O coeficiente de atrito, assim como os outros coeficientes de transporte, depende, em geral, da temperatura e da pressão.

Difusão

Os choques entre as partículas do gás conduzem à uniformização da densidade quando inicialmente esta não é homogénea. Este processo denomina-se difusão.

A densidade do gás apenas depende da coordenada z, logo, $n = n(z)$. Na figura 43.2, representamos por $X = n$ as partículas que hão de atravessar a superfície $z = z_0$. Desprezemos fatores da ordem 1. As direções das velocidades das partículas localizadas em z_0 encontram-se uniformemente distribuídas e, portanto, não dão origem a qualquer corrente líquida através da superfície $z = z_0$. As partículas em $z_0 \pm \lambda$ têm também todas as direções possíveis. Quando a sua velocidade aponta na direção $\mp z$, contribuem para a corrente que atravessa a superfície $z = z_0$. Cerca de 1/6 das partículas têm essa direção, sendo o módulo da velocidade da ordem de grandeza de $\bar{v}$. Considera-se também que $\bar{v}$ não depende de z. As partículas que se

394 Parte VII Processos de não-equilíbrio

encontram a uma distância maior que λ de z_0, colidem, em média, antes de alcança-rem a superfície $z = z_0$, razão pela qual no instante considerado não contribuem para a corrente. Assim, obtemos em z_0 a densidade de corrente de partículas

$$j_z = \frac{\text{número de partículas}}{\text{tempo} \cdot \text{superfície}} \approx \frac{1}{6}\,\overline{v}\left(n(z_0 - \lambda) - n(z_0 + \lambda)\right) = \frac{\overline{v}}{6}\frac{\partial n}{\partial z}\left(-2\lambda\right).$$

$$(43.21)$$

Isto mostra que a intensidade da corrente de difusão é proporcional a menos o gra-diente da densidade. A *constante de difusão D* é definida pela equação de transporte

$$j_z = n\, v_{\text{dif}} = -D\,\frac{\partial n}{\partial z}\,,$$

$$(43.22)$$

a qual define a velocidade de difusão v_{dif}. Segundo a nossa estimativa

$$\boxed{D \approx \frac{\overline{v}\,\lambda}{3}} \qquad \text{constante de difusão}$$

$$(43.23)$$

Para o ar, entremos com (43.9) e (43.10):

$$D \approx 1.5 \cdot 10^{-5}\,\frac{\text{m}^2}{\text{s}} \qquad (\text{ar})\,.$$

$$(43.24)$$

Experimentalmente, obtém-se $D \approx 1.8 \cdot 10^{-5}\,\text{m}^2/\text{s}$ para O_2 no ar em condições normais.

A difusão é o processo de uniformização da densidade num meio em repou-so. De facto, a uniformização da densidade ocorre, com frequência, por meio de convecção, por exemplo, por ação de ventos atmosféricos.

Através de (43.22), (43.23), pode-se também estudar a uniformização da densi-dade de um gás residual (por exemplo um perfume no ar). Seja $n(z)$ a densidade do gás residual. O percurso livre médio λ é dado pelos choques das partículas do gás residual com todas as outras partículas acessíveis do gás. Os choques das partículas residuais entre si não desempenham qualquer papel importante. Para a distribuição do gás residual (por exemplo numa sala) o processo dominante é em geral a con-vecção e não a difusão.

Equação de difusão

Deduzimos ainda a equação de difusão. Visto que o número de partículas é con-servado, a corrente de difusão deverá satisfazer a equação de continuidade $\dot{\varrho} = -\text{div}\,j$,

$$\frac{\partial n(z,t)}{\partial t} = -\frac{\partial(n\, v_{\text{dif}})}{\partial z}\,.$$

$$(43.25)$$

Substituindo aqui (43.22), obtemos a *equação de difusão*

$$\frac{\partial n(z,t)}{\partial t} = D\,\frac{\partial^2 n(z,t)}{\partial z^2}$$

$$(43.26)$$

Capítulo 43 Modelo cinético do gás

A generalização para três direções espaciais é

$$\boxed{\frac{\partial n(\mathbf{r}, t)}{\partial t} = D \, \Delta n(\mathbf{r}, t) \qquad \text{equação de difusão}} \qquad (43.27)$$

onde Δ é o operador laplaciano. Verifica-se facilmente que

$$n(z, t) = \frac{N}{\sqrt{4\pi D t}} \, \exp\left(-\frac{z^2}{4D t}\right), \qquad (43.28)$$

é solução da equação de difusão (43.26). Esta solução está normalizada, $\int dz \, n(z, t) = N$. A solução de (43.27) é obtida no exercício 43.1.

As considerações expostas são aplicáveis, tanto a uma molécula, como a uma pequena partícula dissolvida num líquido, ou ainda a um gás residual misturado no ar. O percurso livre médio λ obtém-se, neste caso, da dispersão das partículas consideradas com as do meio. A velocidade média é predeterminada pela temperatura uniforme do meio. No entanto, o gradiente da densidade refere-se apenas às partículas dissolvidas ou seja ao gás residual. Para estas aplicações, a solução (43.28) descreve a propagação de uma distribuição inicialmente localizada. A medida da propagação é

$$(\Delta z)^2 = \overline{(z - \bar{z})^2} = \overline{z^2} = \frac{1}{N} \int_{-\infty}^{\infty} dz \, z^2 \, n(z, t) = 2D t \,. \qquad (43.29)$$

Façamos uma estimativa, recorrendo a (43.24), do deslocamento médio de uma molécula no ar relativamente à sua posição inicial:

$$\Delta z = \sqrt{2D t} \approx \begin{cases} 5 \, \text{mm} & (t = 1 \, \text{segundo}) \,, \\ 1 \, \text{m} & (t = 1 \, \text{dia}) \,. \end{cases} \qquad (43.30)$$

Estes valores são válidos para uma molécula de ar no ar, e são também da ordem de grandeza dos respectivos valores para uma molécula de um gás residual ou de uma substância aromática no ar. Tendo em conta as velocidades relativamente grandes ($\bar{v} \approx 440 \, \text{m/s}$) das moléculas, as distâncias percorridas são modestas. Deve-se este facto aos frequentes choques que conduzem a um movimento em ziguezague (passeio aleatório). Relativamente ao processo de difusão, a propagação de uma substância aromática numa sala a partir de uma fonte localizada espacialmente, é relativamente demorada. Na prática, devido à convecção do ar, a dispersão ocorre muito mais rapidamente.

Movimento browniano

A difusão e o atrito podem ser estudados recorrendo ao *movimento browniano*. Na superfície de um líquido, flutuam pequenas partículas (brownianas) que efetuam um

396 Parte VII Processos de não-equilíbrio

movimento visível em ziguezague. Este passeio aleatório a duas dimensões corresponde ao movimento das moléculas no modelo cinético do gás. O movimento em ziguezague é o resultado dos choques da partícula browniana com moléculas do líquido em movimento térmico.

Para o movimento browniano, γ e D podem ser determinados experimentalmente do seguinte modo: transmite-se à partícula browniana uma pequena carga elétrica e aplica-se-lhe um campo $E = E\,e_z$. Resulta daí um movimento de deriva com $v_{\text{deriva}} = qE/\gamma$, e, portanto, a um deslocamento médio

$$\overline{z} = \frac{qE}{\gamma}\, t\,. \tag{43.31}$$

A este deslocamento médio devido ao campo aplicado sobrepõe-se o movimento não orientado de difusão com

$$(\Delta z)^2 = \overline{(z - \overline{z})^2} = 2Dt\,, \tag{43.32}$$

segundo o cálculo em (43.29) para $\overline{z} = 0$. O resultado é válido, no entanto, também para $\overline{z} \neq 0$. O desvio padrão Δz pode também ser medido na ausência de campo.

As grandezas $\overline{z}$ e $\overline{\Delta z^2}$ podem ser determinadas experimentalmente pela observação de muitas partículas brownianas. Observa-se a partícula i e faz-se $z_i(0) = 0$. Então, observa-se o movimento desta partícula e determina-se a sua posição $z_i(t)$ após um intervalo de tempo t (com $t \gg \tau$). A observação do conjunto de partículas $i = 1, ..., N$ (com $N \gg 1$) permite obter os valores médios

$$\overline{z} = \frac{1}{N} \sum_{i=1}^{N} z_i(t)\,, \qquad (\Delta z)^2 = \overline{(z - \overline{z})^2} = \frac{1}{N} \sum_{i=1}^{N} \Big(z_i(t) - \overline{z}(t) \Big)^2\,. \tag{43.33}$$

Gráficos destas grandezas em função de t devem conduzir a duas retas, (43.32) e (43.33) cujos declives determinam γ e D.

Relação de Einstein

Tanto o atrito (em geral, *dissipação*), como também a difusão (em geral, *flutuação*) têm a sua origem nos choques entre as partículas. Daí existe uma relação entre γ e D. Esta relação denomina-se relação de Einstein ou, num contexto mais geral, teorema da flutuação-dissipação.

De (43.20) e (43.23), obtemos $\gamma D \approx m\,\overline{v}^2/3 = \mathcal{O}(1)\,k_B T$. Através de considerações particulares, foi encontrado para o coeficiente $\mathcal{O}(1)$ o valor 1. Assim se obteve a *relação de Einstein*,

$$\boxed{\gamma D = k_B T \qquad \text{relação de Einstein.}} \tag{43.34}$$

Determina-se o fator numérico recorrendo à fórmula barométrica da altitude

$$n(z) = n(0)\,\exp\left(-\frac{mgz}{k_B T}\right)\,, \tag{43.35}$$

Capítulo 43 Modelo cinético do gás

a qual pode ser entendida como distribuição de equilíbrio que se estabelece devido aos seguintes processos:

1. De acordo com (43.21), a força da gravidade $F = -mg$ conduz, no caso estacionário, à velocidade média de queda das partículas v_{deriva},

$$v_{\text{deriva}} = -\frac{mg}{\gamma}. \tag{43.36}$$

2. Por outro lado, a inomogeneidade da densidade origina, de acordo com (43.22), uma corrente de difusão com a velocidade

$$v_{\text{dif}} = -\frac{D}{n}\frac{\partial n}{\partial z} = D\frac{mg}{k_B T}. \tag{43.37}$$

Ambas as velocidades estão orientadas segundo o eixo dos zz. No equilíbrio, a corrente líquida anula-se. Assim

$$v_{\text{deriva}} + v_{\text{dif}} = -\frac{mg}{\gamma} + D\frac{mg}{k_B T} = 0, \tag{43.38}$$

donde decorre (43.34). Nesta dedução, apenas foram utilizadas as definições $\gamma = F/v_{\text{deriva}}$ e $D = -j_z/(\partial n/\partial z)$, mas não as fórmulas aproximadas do modelo cinético do gás.

Viscosidade

A viscosidade η de um líquido ou de um gás é definida através da experiência esquematizada na figura 43.3. Para manter o gradiente da velocidade $\partial u_x/\partial z$, é necessária uma força F por unidade de área A:

$$\frac{F}{A} = -\eta\frac{\partial u_x}{\partial z}. \tag{43.39}$$

A constante de proporcionalidade η é, por definição, a *viscosidade*. A velocidade u_x é a velocidade da corrente do gás (ou do líquido). A velocidade da corrente é igual ao valor médio da velocidade das partículas do gás, $u = \overline{v}$, devendo ter-se $|u| \ll \overline{|v|}$.

Sem força externa o perfil da velocidade decai. Então, abandonado a si próprio, o sistema em equilíbrio move-se com $u = \overline{v} = 0$. Tal amortecimento do campo das velocidades é comparável à diminuição exponencial das soluções de (43.19) por influência do termo de atrito. A viscosidade é, assim, designada por atrito interno.

A experiência representada na figura 43.3 foi escolhida tendo em vista facilitar o cálculo de η. Na prática, a viscosidade é medida pela força $F = 6\pi\eta r u$ exercida sobre uma esfera de raio r, num meio resistente, que se move com velocidade u (fórmula de Stokes), pressupondo-se que a corrente em torno da esfera é laminar. Outra aplicação importante é a corrente de líquido $I = \text{volume/líquido}$ ao longo de

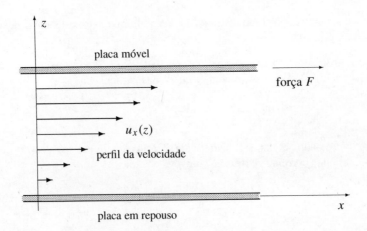

Figura 43.3 Duas placas paralelas com área A são movidas uma em relação à outra com velocidade constante. Entre as placas encontra-se um gás ou um líquido. Na superfície das placas, o meio é arrastado (é nula a velocidade relativa de cada placa em relação ao fluido em contacto com a placa).
Sob condições experimentais adequadas (pequenas velocidades) ocorre o perfil esquematizado da corrente laminar. A fim de manter esta corrente deverá ser exercida uma força F sobre a placa móvel. A força por unidade de área é proporcional à viscosidade do meio e ao gradiente da velocidade.

um tubo cilíndrico de raio r. Tem-se aqui $I = \pi r^4 (\Delta P / \Delta l)/(8\eta)$, onde $\Delta P / \Delta l$ é o gradiente da pressão ao longo do tubo (equação de Hagen-Poiseuille).

Deduziremos agora (43.39). Consideremos, para tal, a figura 43.2 com $X = u_x$. O raciocínio seguinte é análogo ao que desenvolvemos no estudo da difusão. Na ausência de força externa o perfil do campo das velocidades uniformiza-se devido ao seguinte mecanismo. As partículas com maior valor de u_x deslocam-se (sem colisões) ao longo do percurso λ em todas as direções incluindo em particular a direção para baixo. As partículas com menor valor de u_x descrevem o referido percurso em todas as direções e, em particular, para cima. As partículas vindas de cima transportam a quantidade de movimento $m\,u_x(z_0+\lambda)$, as que provêm de baixo transportam a quantidade de movimento $m\,u_x(z_0 - \lambda)$. Assim, a densidade de corrente de quantidade de movimento é

$$J_p = \frac{\text{quantidade de movimento}}{\text{tempo} \cdot \text{área}} \approx \frac{1}{6}\, n\, m\, \overline{v} \left(u_x(z_0 - \lambda) - u_x(z_0 + \lambda) \right). \quad (43.40)$$

A força externa por unidade de superfície deverá ser igual a esta transferência de quantidade de movimento por unidade de tempo e por unidade de superfície para que se mantenha o perfil do campo das velocidades

$$\frac{F}{A} = J_p \approx \frac{1}{6}\, n\, m\, \overline{v}\, \frac{\partial u_x}{\partial z} (-2\lambda). \quad (43.41)$$

Capítulo 43 Modelo cinético do gás 399

Este resultado mostra, por um lado, que F/A é proporcional ao gradiente das velocidades, de acordo com a definição da viscosidade (43.39). Por outro lado, obtemos deste modo uma estimativa do coeficiente de viscosidade,

$$\boxed{\eta \approx \frac{n\,\lambda\,\bar{v}\,m}{3} \quad \text{viscosidade.}}$$
(43.42)

Usando $m = 5 \cdot 10^{-26}$ kg para moléculas de N_2 ou O_2 e substituindo (43.7) – (43.10), vem

$$\eta \approx 2 \cdot 10^{-5}\,\frac{\text{Ns}}{\text{m}^2} \quad \text{(ar)}.$$
(43.43)

Em condições normais, o valor experimental é $1.7 \cdot 10^{-5}\,\text{Ns/m}^2$. Para a água, mede-se $10^{-3}\,\text{Ns/m}^2$, e para a glicerina cerca de $1\,\text{Ns/m}^2$.

Substituindo (43.6) e (43.9) em (43.42) obtém-se

$$\eta \approx \frac{m}{3\sqrt{2}\,\sigma} \sqrt{\frac{8}{\pi}\frac{k_{\text{B}}T}{m}} = \text{const.} \cdot \sqrt{T}\,.$$
(43.44)

Por ser $\lambda \propto 1/n$, (43.6), a viscosidade do gás é aproximadamente independente da pressão.

Condução de calor

O gradiente da densidade origina uma corrente de partículas. O gradiente das velocidades origina uma corrente de quantidade de movimento. Analogamente, o gradiente da temperatura origina uma corrente de calor. O mecanismo comum a todos estes processos de transferência está esquematizado na figura 43.2, onde no primeiro caso $X = n$, no segundo $X = u_x$ ou $X = m\,u_x$, e no terceiro $X = T$ ou também $X = c\,T$, onde c é a capacidade calorífica por partícula.

As partículas que, na figura 43.2, se deslocam para baixo transportam a energia térmica $c\,T(z_0 + \lambda)$, as que se deslocam para cima transportam a energia térmica $c\,T(z_0 - \lambda)$. Admitamos que c, n e $\bar{v}$ não dependem de z. Daqui se obtém a densidade de corrente de calor

$$J_Q = \frac{\text{calor}}{\text{tempo} \cdot \text{área}} \approx \frac{1}{6}\,n\,\bar{v}\,c\left(T(z_0 - \lambda) - T(z_0 + \lambda)\right) = -\frac{1}{3}\,n\,\bar{v}\,\lambda\,c\,\frac{\partial T}{\partial z}\,.$$
(43.45)

A eventual dependência na temperatura do fator $n\,\bar{v}\,c$ conduziria simplesmente a um fator numérico diferente. O resultado mostra que a densidade de corrente de calor J_Q é proporcional ao gradiente da temperatura

$$J_Q = -\kappa\,\frac{\partial T}{\partial z}\,.$$
(43.46)

Esta proporcionalidade é exata no caso limite de gradiente da temperatura pequeno e na ausência de outros processos, tais como convecção ou radiação. A *condutividade*

400   Parte VII   Processos de não-equilíbrio

térmica κ define-se de acordo com (43.46). A nossa estimativa (43.45) conduz ao resultado

$$\boxed{\kappa \approx \frac{n \lambda \bar{v} c}{3} \quad \text{condutividade térmica.}} \tag{43.47}$$

Da comparação com (43.42) tem-se

$$\kappa = \frac{c}{m} \eta = \text{const.} \cdot \eta , \tag{43.48}$$

onde se supõe que o calor específico por partícula c não depende da temperatura. Por λ ser proporcional a $1/n$, (43.6), tanto η como κ são aproximadamente independentes da pressão. Para pressões muito baixas (portanto, densidades muito baixas), λ em (43.6) pode, evidentemente, ser maior que a distância L entre as paredes do recipiente. Então, passa L a desempenhar o papel do percurso livre médio e deverá ser substituído em (43.47). Como $\lambda \approx L$ e $n \approx P/k_B T$, a condutividade térmica é, neste caso, proporcional à pressão. A baixa pressão numa garrafa térmica de paredes duplas melhora, portanto, a capacidade de isolamento.

Tomando em conta (43.7)–(43.10) e $c = 7 k_B/2$ para um gás perfeito diatómico, fazemos uma estimativa de κ a partir de (43.47) para o ar:

$$\kappa \approx \frac{7}{6} n \lambda \bar{v} k_B \approx 2 \cdot 10^{-2} \, \text{W K}^{-1} \text{m}^{-1} \quad \text{(ar em repouso)}. \tag{43.49}$$

Em condições normais, encontra-se experimentalmente $2.4 \cdot 10^{-2} \, \text{W K}^{-1} \text{m}^{-1}$. Em geral, a convecção fornece a contribuição principal para o transporte de calor no ar, razão pela qual é importante a restrição *em repouso*. Valores analogamente baixos como em (43.49) são alcançados com a lã de vidro ou a esferovite ($\kappa \approx 4 \cdot 10^{-2} \, \text{W K}^{-1} \text{m}^{-1}$).

O resultado (43.47) pode também ser aplicado a sólidos, nos quais os fonões são responsáveis pela transferência de calor. Nos metais, há ainda a tomar em conta os eletrões. O caso limite clássico (lei de Dulong-Petit) é $n c = 3 k_B N / V$, onde N é o número de átomos. No entanto, o percurso livre médio λ não é proporcional a $1/n$ (como para os gases usuais). Como regra empírica, pode dizer-se que a condutividade térmica dos sólidos é proporcional à sua densidade de massa $m N / V$. Por essa razão, as paredes de uma casa em cimento isolam muito pior que tijolos e os materiais leves são, em geral, bons isoladores de calor (madeira, esferovite, lã de vidro).

A espessura d de uma camada isoladora de calor, entra no gradiente da temperatura $\partial T / \partial z \approx -|T_1 - T_2|/d$. A corrente de calor através de uma tal camada é então

$$J_Q = k \, |T_1 - T_2| , \qquad k = \frac{\kappa}{d} , \qquad [k] = \frac{\text{W}}{\text{m}^2 \, \text{K}} . \tag{43.50}$$

Este coeficiente k denomina-se condutividade térmica ou valor k. Ele caracteriza o isolamento térmico de janelas ou paredes. Para janelas duplas de vidro, os valores situam-se entre $k = 3 \, \text{W}/(\text{m}^2 \text{K})$ para vidros com 20 anos, e de cerca de

Capítulo 43 Modelo cinético do gás

$k = 1.3 \, \text{W}/(\text{m}^2 \, \text{K})$ para vidros atuais. Através de uma janela velha de 1 m², flui, no inverno ($\Delta T = 20 \, \text{K}$), uma corrente de calor de 60 watt. Relativamente ao balanço efetivo de energia da janela, deverão ser tomadas em conta, além da condução de calor aqui considerada, a contribuição da convecção (por exemplo, passagem de ar pelas juntas) e a radiação térmica (ver o efeito de estufa no capítulo 34).

Equação da condução de calor

A generalização a três dimensões de (43.46) é

$$\boldsymbol{J}_Q = -\kappa \, \text{grad} \, T(\boldsymbol{r}, t) \, , \tag{43.51}$$

onde admitimos a dependência temporal do campo da temperatura. Abstraindo de fontes externas de calor, a equação de continuidade é válida para o conteúdo de calor do meio considerado,

$$\frac{\partial (n c T)}{\partial t} + \text{div} \, \boldsymbol{J}_Q = 0 \, . \tag{43.52}$$

Pressupomos que as propriedades materiais (κ, n, c) não dependem da posição e do tempo. Decorre, então, das duas últimas equações a *equação da condução de calor*

$$\boxed{\frac{\partial T(\boldsymbol{r}, t)}{\partial t} = \frac{\kappa}{n c} \, \Delta T(\boldsymbol{r}, t)} \quad \text{equação da condução de calor.} \tag{43.53}$$

Esta equação tem a mesma estrutura que a equação de difusão. Distribuições de calor inomogéneas tornam-se uniformes de modo análogo a distribuições de densidade inomogéneas. Em aplicações práticas, deve-se considerar nos dois casos outros processos de transferência, em especial a convecção.

A constante material κ/nc denomina-se *condutividade térmica*. De (43.47) com (43.9) – (43.10), obtemos

$$\frac{\kappa}{n c} \approx \frac{\lambda \, \bar{v}}{3} \approx 1.5 \cdot 10^{-5} \, \frac{\text{m}^2}{\text{s}} \quad (\text{ar em repouso}) \, . \tag{43.54}$$

No modelo cinético do gás, esta grandeza coincide com a constante de difusão D. O valor medido situa-se à volta de $1.8 \cdot 10^{-5} \, \text{m}^2/\text{s}$.

A equação da condução de calor descreve a uniformização da temperatura no espaço e no tempo. Desta equação decorre, por exemplo, que numa região de dimensão da ordem de grandeza de R, a diferença de temperatura uniformiza-se no intervalo de tempo

$$\tau_{\text{relax}} \approx \frac{n c}{\kappa} \, R^2 \, . \tag{43.55}$$

Correspondentemente o amortecimento de oscilações periódicas da temperatura (com a frequência ω) ocorre para a distância $R \approx (\kappa/n c \, \omega)^{1/2}$ (exercício 43.2).

402   Parte VII Processos de não-equilíbrio

Exercícios

43.1 Solução da equação de difusão

Realize na equação de difusão

$$\frac{\partial n(\boldsymbol{r}, t)}{\partial t} = D \,\Delta n(\boldsymbol{r}, t)$$

uma transformação de Fourier no espaço das coordenadas da posição. Integre a equação diferencial no tempo resultante. Particularize a solução para a condição inicial $n(\boldsymbol{r}, 0) = N \,\delta(\boldsymbol{r})$, e deduza a solução $n(\boldsymbol{r}, t)$.

43.2 Variação de temperatura no solo

Na superfície da Terra a flutuação sazonal da temperatura é

$$T(z = 0, t) = T_0 + A \,\sin(\omega_0 t)$$

onde $A = 10\,^{\circ}\mathrm{C}$ e $2\pi/\omega_0 = 1$ ano. Pretende-se investigar a distribuição de temperatura $T(z, t)$ no solo; z denota a profundidade. Resolva a equação de condução de calor com uma abordagem de separação adequada. A que profundidade é preciso construir uma adega, na qual a variação de temperatura seja inferior a $1\,^{\circ}\mathrm{C}$? A que profundidade a temperatura é mais elevada no inverno?

O calor da Terra pode ser desprezado, visto que aqui só estamos a considerar zonas de alguns metros de profundidade. A condutividade térmica à superfície da Terra situa-se à volta de $\kappa/n\,c \approx 7 \cdot 10^{-7}\,\mathrm{m^2/s}$.

Índice remissivo

Símbolos

= const.	igual a uma quantidade constante
≡	identicamente igual ou assim definido
$\overset{\text{def}}{=}$	fixado por definição, p. e. $T_{\text{t}} \overset{\text{def}}{=} 273.16\,\text{K}$
$\overset{(5.20)}{=}$	obtém-se-se com ajuda da equação (5.20)
$\hat{=}$	corresponde
∝	proporcional a
≈	aproximadamente igual
∼	da ordem de grandeza, aproximação muito grosseira
$= \mathcal{O}(...)$	da ordem de grandeza

A

Å: angström, $1\,\text{Å} = 10^{-10}\,\text{m}$
alcance da correlação, 363, 366, 374
anã branca, 288
anti-simetria, 236, 251–252
aproximação do campo molecular, 324
ar, coeficientes de transporte, 389–390
arrefecimento (produção de temperaturas mais baixas), 152, 154
atmosfera terrestre, 145
atraso da ebulição, 338
atrito, 392–393

B

balanço
na troca de volume, 82
banho térmico, 97
Boltzmann, 66, 70
constante de, 78, 118
equação de, 382, 387
fator de, 189
bomba de calor, 162, 164
bosões, partículas bosónicas, 251, 258, 268, 296, 303

C

cadeia linear, 290–292, 299
cal (caloria), 112
calor
de transformação, 175
específico, 89, 124–125, 148
expoente crítico, 373
ferromagnete, 330
gás ideal, 131–133
hélio, 348
latente, 175
quantidade de, 50–54
medida, 112
caloria, 112
canónica, função de partição, 189
canónico, *ensemble*, 187–192
capacidade calorífica, 89, 124–125, 146–147
diferença $C_P - C_V$, 147
cavidade, radiação de uma , 301–310
ciclo, 54, 161–162, 176
de Carnot, 161–162, 165
de Stirling, 166
coeficiente
de atrito, 393
de expansão, 147, 148
do virial, 243, 248
quântico, 265
comportamento de potência, ver expoentes críticos, 368–376
compressão, 147–150
compressibilidade, 136, 147, 148
comprimento de onda térmico, 206, 265
condensação de Bose-Einstein, 268–278
condensado, 271, 272, 276, 279
condição
de extremo, 64, 69–70, 82, 142–143, 200–202
de mínimo, 202
subsidiária (relativa à condição de extremo), 200
de quantização, linhas de vórtice em ^{4}He lído, 353
condições normais, 120

404   Índice remissivo

condução de calor, 399–402
    equação da,
condutividade elétrica, 386–387, 390–392
condutividade térmica (valor k), 400
constante
    de Avogadro, ver também constante de
        Loschmidt, 118
    de Loschmidt, 118–119
    dos gases, 119
    solar, 312
construção de Maxwell, 342
convecção, equilíbrio, 313
corpo negro, 306
correções quânticas, 262–267
crítico
    expoente, 376
    fenómeno, 376
curva
    da pressão do vapor, 315
    de inversão, efeito de Joule-Thomson,
        155
    de vaporização, 170, 174–178, 315,
        339–341

D

Debye
    frequência de, 293
    modelo de, 294–299
    temperatura de, 297
densidade
    de estados de
        eletrões, 280
        fonões, 294
    de probabilidade, 19, 24
descida do ponto de congelação, 180–182
desenvolvimento do virial, 243
desmagnetização adiabática, 226
desvio
    médio quadrático, 6–7, 14
    padrão, 6, 19–20
    padrão da energia, 195
    padrão do número de partículas, 195
Deutério, 240
diagrama
    de estados (diagrama de fases), 115,
        173–175, 315–316
        ^{4}He, 344
        gás de van der Waals, 340
    de fases, 115, 173–175, 315–316
        ^{4}He, 344
        gás de van der Waals, 340

diferencial
    exata, 125–127
    símbolo $\bar{d}$, 53
    total, 125–128
difusão, 23, 393–395
    equação de, 394–395
Dirac
    estatística de Fermi-Dirac, 254, 256–257
direção no tempo, 159, 378, 379
dissipação, 396
distribuição
    binomial, 14
    de Maxwell, 213
    de Poisson, 22
    de quantidades de movimento, gás ideal,
        205–207
    normal, 17–21, 24, 27
domínios de Weiss, 328

E

efeito
    de repuxo, 350–351
    de Joule-Thomson, 155
    de Richardson, 289
    estufa, 308–309
    fonte, 351
    mecano calórico, 351
efeitos quânticos, 230–231, 266
eficiência
    ideal, 159–162
    máquina térmica, 159–162
Ehrenfest, classificação de mudanças de fase,
    318–319
Einstein
    condensação de Bose-Einstein, 268–278
    estatística de Bose-Einstein, 254, 258–
        259
    modelo de, 299
    relação de, 396–397
eletrões, gás de, 255, 280–288, 390
energia
    calor e trabalho, 50–54
    conservação da, primeira lei, 49–54
    gás ideal, 129–131
    livre, 138–140
        ferromagnete, 328–329
        relação com a função de partição, 197
        teoria de Landau, 358–359
    medida, 111–112
    microestado, 38

Índice remissivo

405

gás ideal, 43
   potencial termodinâmico, 138–140
   valor médio, 49–50
ensemble
   canónico, 187–192
   de Gibbs (canónico), 189
   estatístico, 35–36, 187–195
   grand canónico, 192–195
   média de, 3, 35
   microcanónico, 39, 187, 190
entalpia, 138–140
   de fusão, 175
   de transformação, 175, 181, 317
   de vaporização, 175, 338–339
   livre, 138–140
entropia, 66–72
   gás ideal, 134–135
   macroestado geral, 200, 378
   medida, 117–118
equação
   adiabática, 133–134
   de Clausius-Clapeyron, 175–177
   de difusão, 23, 402
   de estado, 108–109, 129
      calórica, 109
      térmica, 109
   de Hagen-Poiseuille, 398
   de Liouville, 381, 387
   de von Neumann, 379–381
   mestra, 377–379
equações de transporte, coeficientes das, 388
equilíbrio, 36, 82
   convectivo, 145, 213
   de fases, 170, 173–175, 316
   de uma reação, 182–184
   estabelecimento do, 73–75, 377–381, 402
   estatístico, 76–78
   local, 70, 72
   na troca de partículas, 170
   numa reação química, 183
   relativo à troca de calor, 69–70
   relativo à troca de partículas, 98–101, 169
   relativo à troca de volume, 80–81
escala
   de Celsius, 115–116
   de Kelvin, 116
espaço das fases, 33–34, 41
espectro de frequências das oscilações da rede, 294
estado

de equilíbrio, 36, 39-40, 109, 121
de uma partícula, 249
macro-, 34–36, 40
metaestável, 338, 348, 349
micro-, 31–34, 40
termodinâmico, 121
estatística
   (contagem dos estados de fermiões ou bosões), 252-254
   de Bose, também estatística de Bose-Einstein, 254, 258–259
   matemática, 3–30
estrela de neutrões, 288
eventos
   distribuição de, 10–30
   fundamentos físicos, 7–8
excitações elementares, 255–256
expansão, 64, 148–150
   adiabática, 101–104
      não-quase-estática, 103–104
      quase-estática, 102–103, 151–152
   de Joule-Thomson, 152–154
   livre, 98–101, 130–131, 150–151
experiência
   de Andronikashvili, 351
   de Gay-Lussac, 130, 149–151
expoente crítico, 368–375

F

Física Estatística
   e Termodinâmica, 105–109
   objetivos da F. E., 105–107
fórmula
   barométrica da altitude, 207
   da soma de Euler, 235
   de Stirling, 22
fase, 114, 173
   metaestável, 314–315
fatorial, 22
fenómenos críticos, 357–375
Fermi
   energia de, 281
   estatística de, também estatística de Fermi-Dirac, 254, 256–257
   gás perfeito de Fermi, 262, 280–288
   mar de, 281
   pressão de, 287–288
   quantidade de movimento de, 281
fermiões, 236, 251
ferromagnetismo, 322–332
flutuação, 6–7, 14

406   Índice remissivo

flutuações
    (difusão), 396
    de parâmetro de ordem, 362–367
    flutuação em torno do valor médio, 76–78, 190–192
    térmicas, 365–366
fonões
    (^{4}He), 355–356
    ópticos, 298
    acústicos, 298
    gás de, 255, 290
força
    generalizada, 56–57, 76–82, 106
        medida, 112–113
    termodinâmica, 137, 139
fotões, gás de, 255, 301–310
frigorífico, 162
função
    de onda macroscópica, 345, 346
    de partição, 187–195
        canónica, 189
        gás ideal, 42–47
        grand canónica, 194
        microcanónica, 38
    de partição clássica, 204
    gama, 22
    zeta, 269
    zeta de Riemann, 269
funções homogéneas, 371

G

gás
    clássico
        rarefeito, 241, 248
    de Bose, 263, 268–278
    de Bose (perfeito), 263, 268–278
        num oscilador, 276
    de Bose ideal, 279
    de Bose ideal em 2 dimensões, 279
    de Bose ideal no oscilador, 279
    de Bose numa armadilha magnética, 277–278
    de Dieterici, 342
    de Fermi, 262, 280–288
        perfeito, 262, 280–289
    de van der Waals, 129, 244–246, 333–343
    diatómico, 227–240
        perfeito, 210–211, 227, 240
    ideal, 32, 42–46, 129–227, 136
        potencial químico, 171

ideal diatómico, 240
modelo de gás cinético, 388–390
perfeito de Bose, 263, 268–278, 296
    comparação com ^{4}He, 353–355
    num oscilador, 276
quântico, 249–260, 262–267
    bosões ($m \neq 0$), 268–278
    fermiões, 280–288
    fonões, 290–310
    perfeito, 249–260
    rarefeito, 262–267
sub refrigerado, 335, 338
gaussiana, 20
Gibbs
    ensemble de (canónico), 189
    paradoxo de, 220
    potencial de (entalpia livre), 138–140
    relação de Duhem-Gibbs, 169
grand canónica, função de partição, 194
grand canónico, *ensemble*, 192–195
grandeza
    de estado, 39, 53, 109, 121–127
    extensiva, 76, 122
    intensiva, 122
    mensurável macroscópica, 111–120

H

hélio, 255, 266
    He I, He II, 344
    líquido ^{4}He, 343–356
        comparação com gás perfeito de Bose, 353–355
hidrogénio, 231, 236, 237
humidade do ar, 177–178

I

ideal
    gás, 136
ideal, gás de Bose
    no oscilador, 279
    a 2 dimensões, 279
ideal, sistema de spins, 226
incompressibilidade, 287, 288
indistinguibilidade (de partículas), 46, 230, 252
interação
    átomo-átomo, 228, 241, 245, 248
    spin-spin, 323, 324
invariância

Índice remissivo

de escala, 374
relativa à inversão no tempo, 379
inversão, curva de
efeito de Joule-Thomson, 155
irreversibilidade, 62–64, 94–104, 379
irrotacionalidade, 348, 349
isentrópica, 133
isotérmica, 133
isótopos, separação de, 213

J

Joule-Thomson, efeito de, 155

K

K: Kelvin
k (condutividade térmica), 400

L

líquido superaquecido, 335, 338
lã de vidro, 400
lançar dados, física dos dados, 7–8
Landau
conceito de quase-partícula, 256
modelo das quase-partículas (^{4}He), 355–356
teoria de, 357–367
lei
da radiação de Planck, 305–310
da Termodinâmica
primeira, 49–54
segunda, 84–88
terceira, 90–91
de ação das massas, 183
de Boyle-Mariotte, 133
de Curie, 224
de Curie-Weiss, 327
de Dulong e Petit, 297
de Ohm, 391
de Rayleigh-Jeans, 306, 307
de Stefan-Boltzmann, 307–308
do deslocamento de Wien, 306
do limite central, 24–30
dos grandes números, 10–16, 26
leis de escala, 371–376
Lennard-Jones, potencial de, 248
limite termodinâmico, 272, 276, 320
linear, cadeia, 299
linha divisória (diagrama de fases), 316
loto, 16

Lussac, experiência de Gay-Lussac, 130, 149–151

M

máquina
de frio, 152
térmica, 156–166
média
de *ensemble*, 3, 35
temporal, 3, 35
macroestado, 34–36, 39–40
macroscópico, 39–40
magnões, 256
magnetização, 57, 110, 222, 223, 289, 324–328
espontânea, 327
Maxwell
construção de, 342, 335–338
Demónio de, 158–159
distribuição de velocidades de, 205–207, 212, 213, 384–385
estatística de, também estatística de Maxwell-Boltzmann, 254
relações de, 139–140
medida da temperatura, 113–118
metal, 255, 282–288
microcanónico
ensemble, 39
microestado, 31–34, 39–40
clássico, 33–34
microscópico, 39–40
modelo
das quase-partículas (^{4}He), 355–356
de Einstein, 299
de gás cinético, 388–390
de Heisenberg, 323, 324
de Ising, 324
de Weiss, 322–324, 332
dos dois fluidos, 348–349
mole, mol, 119
movimento browniano, 12, 211–212, 395–396
mudança de fase, 176, 313–375
cálculo microscópico, 319–321

N

não-equílibrio, processos de, 401
números
de ocupação, 252, 257, 258
médios de ocupação, 257, 258

408   Índice remissivo

quânticos, 31
Neumann, equação de von Neumann, 379–381

O

ondas de spin, 256
Onsager, condição de quantização, 353
opalescência crítica, 364
operador
    densidade, 379
    estatístico, 379
orto-hidrogénio, 236–239
oscilações
    da densidade, 292
    da rede, 290
    moleculares (vibrações), 211, 228

P

paradoxo de Gibbs, 220
parâmetro
    de Lagrange, (multiplicador de), 201
    de ordem, 319, 357–358
        flutuações, 362–367
    externo, 38
para-hidrogénio, 236–239
paramagnetismo, 221, 224
paramagnetismo de Pauli, 289
passeio aleatório, 10–14
percurso livre médio, 388–390
perpetuum mobile, de segunda espécie, 156–159
Poisson
    distribuição de, 22
    equação de, 134
polarização
    onda da rede, 293, 295–296
    onda eletromagnética, 302, 304
ponto
    crítico, 174, 315, 339–341
    triplo, 114, 115, 175
postulado fundamental, 31–40
potencial
    átomo-átomo, 228, 241, 245, 248, 343, 344
    de barreira, 205
    de Lennard-Jones, 248, 343, 344
    grand canónico, 168
        relação com a função de partição, 198–199
    químico, 316, 167–319

termodinâmico, 137–143, 168
pressão, 57–61
    da radiação, 310
    medida da, 113
    osmótica, 178–180
    parcial, 83, 177, 178
    relação com a energia, 259–260
princípio de Pauli, 251–252
probabilidade, 3–8
    adição, multiplicação, 5
    distribuição de, 10–30
processo, 50
    adiabático ($đQ = 0$), 51, 81, 151
    de não-equilíbrio, 370–402
    não-quase-estático, 61–64
    quase-estático, 55–64, 93

Q

quase-equilíbrio, 314–315
quase-partículas, 255–256
quase-estático
    processo, 64
quebra espontânea de simetria, 330

R

radiação
    cósmica de fundo, 309
    térmica, 308, 309
reação química, 182–184
rede cristalina (ondas da rede), 292, 300
refrigerador, 162, 164
relação
    de dispersão, 291, 301, 305
        e calor específico, 310–311
    de Duhem-Gibbs, 169
remoinho no ^{4}He líquido, 352–353
reservatório de calor, 97
reversibilidade, 62–64, 94–104
Richardson, efeito de, 289
rotões, 355–356
rotação (molécula), 211, 229, 234–236, 240

S

separação de isótopos, 213
simetria
    de permuta, 230, 236, 249–252, 266, 275
    quebra espontânea de simetria, 330
sistema
    clássico, 203–212

Índice remissivo

de spins, 48, 110, 226
  ideal, 221, 226
    real (ferromagnetismo), 322–332
  fechado, 31, 38
  homogéneo, 108
solução ideal, 182
som, onda de, 292
  segundo som, 351, 352
Stirling, ciclo de, 166
subida do ponto de ebulição, 180–182
superfluidez (^{4}He), 348–355
suscetibilidade
  expoente crítico, 373–374
  magnética, 223, 327–328
  teoria de Ginzburg-Landau, 363–364
  teoria de Landau, 360–362

T

técnica de Sommerfeld, 283
temperatura, 66–72
  crítica, 325
  de ebulição, 174
  dependência na posição e no tempo, 72
  onda de, 352
temperatura negativa (fictícia), 225
tempo
  de relaxação, 55, 73–75
  médio de colisão, 388–390
teorema
  H, 378–379
  da equipartição, 208–209
  da flutuação dissipação, 396–397
  de Nernst (terceira lei da Termodinâmica), 91
teoria
  de Ginzburg-Landau, 362–367
    critério para a validade, 366–367
  de Landau, 376
  de Landau-Wilson, 370–371
  do grupo de renormalização, 370–371
termómetro, 117
termo de colisões (equação de Boltzmann), 383, 385–386
Termodinâmica, 121–184, 186
  informação completa, 141–142
  objetivos da T., 107–108
termostática, 138
trabalho, 50–54
transferência de calor, 88–90, 146–148
transformação de Legendre, 138, 168
transição λ, 275, 343–355

transição de fase, 376
translação (molécula), 232
troca de calor, 69, 96–98

U

uniformização da temperatura, 96–98
universalidade, 367

V

valor
  k (condutividade térmica), 400
  médio, 6–7, 14
    da energia, 49–50
van der Waals, gás de , 341, 342
variável
  aleatória, 24
  de estado, 40, 109, 121–122
    natural, 139
  natural, 139
  termodinâmica (variável de estado), 121–122
velocidade
  de deriva, 391–392
  do som, 136, 292
vibração (molécula), 211, 228, 232–233
vibrações da rede, 300
virial, coeficiente do, 248
viscosidade, 397–399
  superfluido ^{4}He, 349
volume esférico, n dimensões, 48
volume molar, 119
vórtices
  no ^{4}He líquido, 353

W

Waals, gás de van der Waals, 129, 244–246, 333–342
Weiss, lei de Curie-Weiss, 327

Z

zero absoluto, 71, 116

Impresso na Prime Graph
em papel offset 75 g/m^2
julho / 2024